"国家级一流本科课程"配套教材系列

集合论与图论

姜守旭 陈建文 王义和 编著

清华大学出版社

北京

内容简介

本书是国家级一流本科课程"集合论与图论"的指定教材。"集合论与图论"课程不仅对计算机专业，对所有信息类专业（如通信工程、电子工程、自动控制等）甚至经济学等专业都具有重要意义，是计算机与电子通信专业集群的一门重要专业基础课，它为后继课及将来的科学研究提供必要的数学工具，为描述离散模型提供数学语言，帮助读者正确地理解概念、使用概念进行推理，培养读者抽象思维和逻辑推理的能力，理解理论与实践关系，引导读者分析事物间的联系，建立系统的模型，锻炼其提出和解决复杂工程问题的能力。

本书结合了作者所在教学团队40余年在哈尔滨工业大学讲授该课程的经验和体会，根据本科生教学的实际需要选择和组织有关内容撰写而成，包含了集合论与图论课程需涵盖的概念、理论、方法和应用，主要包括两部分：集合论与图论。集合论部分主要包括集合及其运算、映射及其合成、关系及其运算、无穷集合及其基数；图论主要包括图的一些基本概念、一些特殊的图、树及其性质、割点和桥、连通度和匹配、平面图和图的着色、有向图等。

本书适合高等学校计算机与电子通信专业集群的本科生使用，也可以供相关专业的学生、教师和科研人员参考。

版权所有，侵权必究。举报：010-62782989，beiqinquan@tup.tsinghua.edu.cn。

图书在版编目(CIP)数据

集合论与图论/姜守旭，陈建文，王义和编著. -- 北京：清华大学出版社，2025.3.
（"国家级一流本科课程"配套教材系列）. -- ISBN 978-7-302-68546-3

Ⅰ.O144;O157.5

中国国家版本馆 CIP 数据核字第 2025V94M53 号

责任编辑：龙启铭
封面设计：刘　键
责任校对：王勤勤
责任印制：沈　露

出版发行：清华大学出版社
网　　址：https://www.tup.com.cn, https://www.wqxuetang.com
地　　址：北京清华大学学研大厦A座　　邮　编：100084
社 总 机：010-83470000　　邮　购：010-62786544
投稿与读者服务：010-62776969，c-service@tup.tsinghua.edu.cn
质量反馈：010-62772015，zhiliang@tup.tsinghua.edu.cn
课件下载：https://www.tup.com.cn, 010-83470236

印 装 者：三河市龙大印装有限公司
经　　销：全国新华书店
开　　本：185mm×260mm　　印　张：15.5　　字　数：376千字
版　　次：2025年4月第1版　　印　次：2025年4月第1次印刷
定　　价：59.00元

产品编号：102386-01

前 言

　　数学的魅力在于简单而且美的同时，能够不失全面地描述事物及其结构或空间，不仅能描述静态的，还能描述动态的；不仅能描述连续的，还能描述离散的；更为重要的是，人们还可以利用数学系统进行严谨的推理，以得到所需要的各种各样的结论。

　　离散数学的目标主要是教会人如何进行逻辑推理、如何进行正确的抽象思维、如何在纷繁的事物中抓住主要的联系、如何使用明确的概念等，这对计算机科学、技术及应用是至关重要的，且在其他任何领域也同样重要。而形式化是离散数学乃至数学的基本特征，能形式化就能自动化，对计算机专业而言，形式化尤为重要，利用形式化描述可以为程序设计提供方便，从而实现自动化。

　　离散数学主要包含四部分内容：集合论、图论、近世代数和数理逻辑。集合论是整个数学的基础，也是计算机科学的基础，计算机科学领域中的大多数基本概念和理论，几乎均采用集合论的有关术语来描述和论证，而图论的基本知识则将始终陪伴着每一个计算机工作者的职业生涯。近世代数通过研究代数系统或代数结构来训练更高层次的抽象思维能力，数理逻辑则通过研究形式化的推理系统来加强逻辑思维能力的训练，这两种能力是计算思维的核心。

　　集合论是从"集合"这个基本概念开始建立的，从某种观点来看，"集合"与"性质"是同义词，是不加定义的基本概念之一。集合用来描述事物的性质——研究对象，映射用来描述事物之间的联系——运算、关系，从而为集合建立了结构。于是，为建立系统的数学模型提供了数学描述语言——工具，代数系统就是引入运算以后的集合。集合论还提供了研究数学模型的性质、发现新联系的推理方法，从而有助于找出事物的运动规律。

　　图论是上述思想的一个具体应用，事实上，图论为任何一个包含了一种二元关系的有穷系统提供了一个数学模型。图论还因为使用了图解式表示方法，因而具有一种直观的和符合美学的外形，所以应用广泛。图论在计算机科学中起着相当重要的作用，它是从事计算机科学的研究和应用人员必备的基本知识。

　　在研究一个系统时，人们常在所研究的系统中引入各种运算，它们服从某些熟知的规律，这样不仅简化所获得的公式，而且能够简化科学结论的逻辑结构，当这些运算与某些关系发生联系时则更为有用。当一个集合或几个集合间引入代数运算后，就称集合与代数运算一起形成了一个代数系统或构成了一个代数结构，近世代数就是专门研究代数运算的规律及各种代数结构的性质的。

  逻辑是探索、阐述和确立有效推理原则的学科,数理逻辑则是用数学方法研究推理的形式结构和推理规律的学科,也叫符号逻辑,其研究对象是对证明和计算这两个直观概念进行符号化以后的形式系统。所谓数学方法是指数学所采用的一般方法,包括使用符号和公式、已有的数学成果和方法,特别是使用形式的公理方法。用数学方法研究逻辑可以使逻辑更为精确和便于演算,数理逻辑就是精确化、数学化的形式逻辑,它是现代计算机技术的基础。

  本书主要讲解集合论与图论,它是数据结构与算法、形式语言与自动机、计算机网络、数据库原理、计算理论等课程的基础。

  学习理论总是感觉很困难,但理论是基础,可以用于指导实践,因此必须掌握学习理论的一般方法。其实,如果了解了理论的直观与抽象过程,不仅学习起来要容易得多,而且有可能在合适的背景下创造新的理论。本书正是从这一角度出发,试图引导读者越过学习理论的障碍,不仅能够熟练运用所学理论,并能体会大师当年的思维过程。

  由于作者水平有限,书中的错误和不当之处在所难免,敬请读者批评指正。

作 者

2025 年 1 月

目 录

第 1 章　集合及其运算 …………………………………………………… 1
1.1　集合 …………………………………………………………………… 1
1.1.1　集合的概念 ………………………………………………………… 1
1.1.2　集合的表示 ………………………………………………………… 2
1.1.3　集合分类 …………………………………………………………… 3
1.2　子集、集合的相等 …………………………………………………… 4
1.2.1　子集 ………………………………………………………………… 4
1.2.2　集合的相等 ………………………………………………………… 5
1.2.3　幂集 ………………………………………………………………… 6
1.3　集合的基本运算 ……………………………………………………… 8
1.3.1　并运算 ……………………………………………………………… 8
1.3.2　交运算 ……………………………………………………………… 11
1.3.3　差运算 ……………………………………………………………… 13
1.3.4　对称差运算 ………………………………………………………… 14
1.3.5　求补运算、德·摩根公式 ………………………………………… 15
1.4　笛卡儿乘积运算 ……………………………………………………… 17
1.4.1　序对 ………………………………………………………………… 17
1.4.2　笛卡儿乘积的定义 ………………………………………………… 18
1.4.3　n 元组 …………………………………………………………… 18
1.5　有穷集合的基数 ……………………………………………………… 19
1.5.1　映射 ………………………………………………………………… 20
1.5.2　有穷集合的基数的定义 …………………………………………… 20
1.5.3　计数法则 …………………………………………………………… 20
1.5.4　容斥原理 …………………………………………………………… 21
1.6　逻辑与证明 …………………………………………………………… 24
1.6.1　数理逻辑简介 ……………………………………………………… 24
1.6.2　公理系统 …………………………………………………………… 25
1.6.3　命题逻辑 …………………………………………………………… 26
1.6.4　谓词逻辑 …………………………………………………………… 28
1.6.5　推理与证明 ………………………………………………………… 29
1.7　习题选解 ……………………………………………………………… 32
1.7.1　建立语言的数学模型 ……………………………………………… 32

1.7.2　证明集合相等 ……………………………………………………… 34
　　　1.7.3　建立数学模型 ……………………………………………………… 35
　1.8　本章小结 …………………………………………………………………… 37
　习题 ……………………………………………………………………………… 38

第 2 章　映射 ……………………………………………………………………… 40

　2.1　函数的一般概念——映射 ………………………………………………… 40
　　　2.1.1　函数概念的回顾 ……………………………………………………… 40
　　　2.1.2　映射的定义 …………………………………………………………… 41
　　　2.1.3　有穷集合间的映射 …………………………………………………… 42
　2.2　抽屉原理 …………………………………………………………………… 44
　　　2.2.1　抽屉原理的形式 ……………………………………………………… 44
　　　2.2.2　抽屉原理的应用 ……………………………………………………… 44
　2.3　映射的一般性质 …………………………………………………………… 46
　　　2.3.1　导出映射 ……………………………………………………………… 46
　　　2.3.2　映射的一般性质及其证明 …………………………………………… 46
　2.4　映射的合成 ………………………………………………………………… 48
　　　2.4.1　映射的合成的定义 …………………………………………………… 49
　　　2.4.2　合成运算的性质 ……………………………………………………… 49
　2.5　逆映射 ……………………………………………………………………… 50
　　　2.5.1　逆映射的存在条件及其唯一性 ……………………………………… 51
　　　2.5.2　左(右)可逆映射 ……………………………………………………… 51
　2.6　置换 ………………………………………………………………………… 52
　　　2.6.1　置换的定义 …………………………………………………………… 52
　　　2.6.2　置换的乘积 …………………………………………………………… 53
　　　2.6.3　循环置换与对换 ……………………………………………………… 53
　　　2.6.4　置换的循环置换分解 ………………………………………………… 54
　　　2.6.5　奇置换和偶置换 ……………………………………………………… 55
　2.7　序列、矩阵与运算 ………………………………………………………… 56
　　　2.7.1　序列 …………………………………………………………………… 56
　　　2.7.2　矩阵 …………………………………………………………………… 56
　　　2.7.3　运算 …………………………………………………………………… 57
　　　2.7.4　代数结构 ……………………………………………………………… 58
　2.8　集合的特征函数 …………………………………………………………… 59
　　　2.8.1　特征函数 ……………………………………………………………… 59
　　　2.8.2　集合在计算机中的存储 ……………………………………………… 60
　2.9　习题选解 …………………………………………………………………… 61
　　　2.9.1　再论集合相等 ………………………………………………………… 61
　　　2.9.2　利用映射建立数学模型 ……………………………………………… 62

	2.9.3	抽屉原理的应用	64
	2.9.4	映射的性质	67
	2.9.5	置换	69
2.10		本章小结	69
习题			69

第 3 章　关系　71

3.1 关系的概念　71
3.1.1 关系的等价定义　71
3.1.2 n 元关系与关系数据库　73

3.2 几种特殊的二元关系　74
3.2.1 自反关系、反自反关系　74
3.2.2 对称关系、反对称关系　74
3.2.3 传递关系　75
3.2.4 相容关系、关系的计数　75

3.3 关系的运算　76
3.3.1 关系的集合运算　76
3.3.2 关系的合成运算　77
3.3.3 关系合成运算的性质　77

3.4 二元关系的传递闭包　79
3.4.1 二元关系的传递闭包、自反传递闭包　79
3.4.2 传递闭包的性质　79
3.4.3 迷宫问题　81

3.5 关系矩阵与关系图　81
3.5.1 关系矩阵　81
3.5.2 $(0,1)$-矩阵的运算　82
3.5.3 Warshall 算法　82
3.5.4 关系的图　83

3.6 等价关系与集合的划分　83
3.6.1 等价关系　83
3.6.2 等价类　84
3.6.3 集合的划分　85
3.6.4 等价关系与集合划分互相确定　86
3.6.5 从等价关系看线性代数　87
3.6.6 等价闭包与等价关系的合成　87

3.7 映射按等价关系分解　88
3.7.1 由映射确定的等价关系与集合划分　88
3.7.2 商集、自然映射　88
3.7.3 映射按等价关系分解　89

   3.7.4 与映射相容的等价关系 ………………………………………… 89
 3.8 偏序关系与偏序集 ……………………………………………………… 90
   3.8.1 偏序关系与偏序集的定义 ……………………………………… 90
   3.8.2 Hasse 图 ………………………………………………………… 91
   3.8.3 上(下)界、最大(小)元素、上(下)确界 ……………………… 91
   3.8.4 链与反链 ………………………………………………………… 93
 3.9 习题选解 ………………………………………………………………… 95
   3.9.1 利用关系建立数学模型 ………………………………………… 95
   3.9.2 二元关系的概念 ………………………………………………… 97
   3.9.3 二元关系的闭包 ………………………………………………… 98
   3.9.4 二元关系与映射 ………………………………………………… 99
   3.9.5 等价关系和偏序关系 ………………………………………… 101
 3.10 本章小结 ……………………………………………………………… 102
 习题 ……………………………………………………………………………… 102

第 4 章　无穷集合及其基数 …………………………………………… 104

 4.1 可数集 …………………………………………………………………… 104
   4.1.1 关于无穷 ……………………………………………………… 104
   4.1.2 可数集的定义 ………………………………………………… 105
   4.1.3 可数集的性质 ………………………………………………… 105
   4.1.4 无穷集合 ……………………………………………………… 107
 4.2 连续统集 ………………………………………………………………… 108
   4.2.1 康托对角线法 ………………………………………………… 108
   4.2.2 连续统 ………………………………………………………… 109
   4.2.3 连续统的性质 ………………………………………………… 109
   4.2.4 例题 …………………………………………………………… 111
 4.3 基数及其比较 …………………………………………………………… 112
   4.3.1 基数的定义 …………………………………………………… 112
   4.3.2 基数的比较 …………………………………………………… 113
   4.3.3 连续统假设 …………………………………………………… 113
   4.3.4 康托定理 ……………………………………………………… 113
 4.4 康托-伯恩斯坦定理 …………………………………………………… 114
   4.4.1 问题 …………………………………………………………… 114
   4.4.2 康托-伯恩斯坦定理的定义 ………………………………… 114
   4.4.3 选择公理 ……………………………………………………… 116
   4.4.4 基数的算术运算 ……………………………………………… 116
 4.5 公理化集合论 …………………………………………………………… 117
   4.5.1 直觉集合论中一些著名的悖论 ……………………………… 117
   4.5.2 一些非数学上的悖论 ………………………………………… 118

4.5.3　公理集合论简介 ·················· 118
4.6　图灵机、可计算性与计算复杂性 ················ 120
　　4.6.1　图灵机产生的背景 ·················· 120
　　4.6.2　图灵其人 ······················ 121
　　4.6.3　图灵机的直观模型 ·················· 122
　　4.6.4　图灵机的形式定义 ·················· 123
　　4.6.5　可计算性 ······················ 124
　　4.6.6　计算复杂性 ····················· 126
4.7　习题选解 ··························· 127
　　4.7.1　可数集 ······················· 127
　　4.7.2　对角线法 ······················ 128
　　4.7.3　康托-伯恩斯坦定理的应用 ··············· 129
　　4.7.4　连续统 ······················· 130
4.8　本章小结 ··························· 130
习题 ······························· 131

第 5 章　图 ·························· 132

5.1　利用图模型解决问题 ······················ 132
　　5.1.1　图论史上的标志性问题 ················· 133
　　5.1.2　游戏类问题 ····················· 137
　　5.1.3　应用类问题 ····················· 138
5.2　基本概念 ··························· 138
　　5.2.1　图的定义 ······················ 138
　　5.2.2　子图 ························ 141
　　5.2.3　度 ························· 142
　　5.2.4　正则图 ······················· 142
　　5.2.5　图的同构 ······················ 143
5.3　路、圈与连通图 ························ 144
　　5.3.1　路与圈 ······················· 145
　　5.3.2　图的连通性 ····················· 145
　　5.3.3　连通图的判定 ···················· 146
　　5.3.4　有圈图的判定 ···················· 148
5.4　补图与偶图 ·························· 149
　　5.4.1　补图 ························ 149
　　5.4.2　偶图 ························ 151
　　5.4.3　极值图论 ······················ 151
5.5　欧拉图 ···························· 154
　　5.5.1　欧拉图的定义 ···················· 154
　　5.5.2　欧拉定理 ······················ 154

5.6 哈密顿图 ·· 155
　5.6.1 哈密顿图及背景 ································· 155
　5.6.2 哈密顿图的判定 ································· 155
　5.6.3 哈密顿图的几个充分条件 ····················· 156
　5.6.4 K_p 的哈密顿圈分解 ··························· 157
　5.6.5 比赛图 ··· 158
5.7 图的表示 ·· 159
　5.7.1 邻接矩阵 ··· 159
　5.7.2 可达矩阵 ··· 161
　5.7.3 邻接表 ··· 161
　5.7.4 关联矩阵 ··· 161
5.8 带权图 ·· 163
　5.8.1 最短路径问题 ···································· 163
　5.8.2 巡回售货员（货郎担或旅行商）问题 ····· 165
　5.8.3 中国邮路问题 ···································· 165
5.9 习题选解 ·· 165
　5.9.1 连通图、圈 ······································ 165
　5.9.2 同构 ·· 167
　5.9.3 哈密顿图 ··· 168
　5.9.4 最长路 ··· 169
5.10 本章小结 ··· 169
习题 ··· 169

第 6 章 树和割集 ··· 171

6.1 树 ··· 171
　6.1.1 树和森林 ··· 171
　6.1.2 树的性质 ··· 172
　6.1.3 树的中心 ··· 173
6.2 生成树 ·· 174
　6.2.1 生成树的定义 ··································· 174
　6.2.2 生成树计数 ······································ 175
　6.2.3 最小生成树 ······································ 176
6.3 有根树与有序树 ···································· 179
　6.3.1 有根树 ··· 179
　6.3.2 有序树 ··· 181
6.4 割点、桥和割集 ···································· 182
　6.4.1 割点和桥 ··· 182
　6.4.2 割点和桥的特征性质 ························· 182
　6.4.3 割集 ·· 184

6.5 习题选解 ·· 185
6.6 本章小结 ·· 187
习题 ·· 187

第 7 章 连通度、匹配和覆盖 ·· 188

7.1 连通度 ·· 188
7.1.1 连通度的定义 ·· 188
7.1.2 $\kappa(G)$、$\lambda(G)$、$\delta(G)$ 的关系 ·········· 189
7.1.3 n-连通 ·· 191

7.2 门格尔定理 ·· 192
7.2.1 门格尔定理及推论 ·· 192
7.2.2 网络流 ·· 193
7.2.3 割集 ·· 195
7.2.4 求最大流 ·· 196

7.3 匹配 ·· 198
7.3.1 匹配问题及模型 ·· 199
7.3.2 独立集 ·· 199
7.3.3 相异代表系 ·· 201
7.3.4 Hall 定理 ·· 202
7.3.5 求最大匹配 ·· 204

7.4 覆盖与支配集 ·· 205
7.4.1 覆盖 ·· 206
7.4.2 支配集 ·· 206

7.5 习题选解 ·· 208
7.5.1 建立网络流模型 ·· 208
7.5.2 连通度 ·· 209
7.5.3 匹配与覆盖 ·· 210
7.5.4 门格尔定理 ·· 211

7.6 本章小结 ·· 211
习题 ·· 212

第 8 章 平面图与图的着色 ·· 213

8.1 平面图及欧拉公式 ·· 213
8.1.1 背景 ·· 213
8.1.2 平面图的定义 ·· 213
8.1.3 平面图的欧拉公式 ·· 214
8.1.4 K_5、$K_{3,3}$ 不可平面 ···································· 215

8.2 非哈密顿平面图 ·· 216
8.3 库拉托夫斯基定理 ·· 218

8.4 图的顶点着色 ·· 219
　　8.4.1 图的顶点着色的概念 ································· 219
　　8.4.2 色数的上下界 ··· 220
　　8.4.3 平面图的 4 色定理 ··································· 221
　　8.4.4 平面图的 5 色定理 ··································· 223
8.5 图的边着色 ·· 224
　　8.5.1 边着色及边色数 ······································· 224
　　8.5.2 几个主要结果 ··· 224
8.6 习题选解 ·· 225
8.7 本章小结 ·· 230
习题 ··· 230

参考文献 ·· **233**

第 1 章

集合及其运算

作为最基本的数学工具,集合及其运算用于描述各种事物群体及它们的基本组合和扩展,但集合及其组成元素、元素和集合间的属于关系是三个无法定义的基本概念,本章首先给出这三个概念的基本描述,在此基础上将严格定义子集、集合的相等、幂集等概念,然后再引入集合的运算,并引导学生理解引入运算的目的;本章还将展示符号化或形式化的好处:运用学到的很少的几个概念或符号就已经可以方便地建立数学模型了——以跳舞问题为例介绍数学模型的建立及其对分析问题和解决问题的帮助;在讲授笛卡儿乘积时引入一次抽象训练,介绍数据库系统中的关系模型,为后续的数据库课程埋下伏笔;本章还将介绍有穷集合的基数与基本的计数法则,古典概率的计算会用到这些计数法则;最后,在简单引入命题逻辑和谓词逻辑的基础上,介绍一些常用的证明方法。

1.1 集合

集合论是 19 世纪 40 年代由康托(Georg Cantor,1845—1918)创立的,现在已发展为独立的数学分支。它的基本概念与方法已渗入数学的各个领域,成为现代数学的基石。

康托凭借古代与中世纪哲学著作中关于无穷的思想导出了关于数的本质的新的思想模式,建立了处理数学中的无穷的基本技巧。康托集合论的确立,使人类认识史在自古希腊时代以来的两千多年里,第一次给无穷建立起了抽象的形式符号系统和确定的运算,并从本质上揭示了无穷的特性,使无穷的概念发生了一次革命性的变化,并渗透到所有的数学分支,从根本上改造了数学的结构,促进了数学许多新的分支的建立和发展,成为实变函数论、代数拓扑、群论和泛函分析等理论的基础,还给逻辑学和哲学带来了深远的影响。

1.1.1 集合的概念

集合(set)是数学的基本概念之一,基本概念是不能定义的,因为没有比它更基本的概念了。基本概念只能通过非形式描述来说明,康托最初讨论集合时是这样描述的:"将具有某种特征或满足一定性质的所有对象或事物视为一个整体时,这一整体就称为集合,而这些事物或对象就称为属于该集合的元素。"这就给出了数学的三个基本概念——集合、元素和属于关系的描述。

根据逻辑学的叙述,概念是反映对象特有属性或本质属性的思维形式(注意:知识是教育的载体,思维则具有无尽的妙用,要多训练!)。在康托关于集合的描述中,"特征"一词指的是特有属性,"性质"一词指的是本质属性,所以康托的关于集合的描述符合逻辑学的要求，因此，康托给出的关于集合这种基本概念的描述是正确的。

简单地讲，一个集合就是一些互不相同的东西（对象或事物）构成的整体。

对象或事物（以后称为元素）可以是具体的，也可以是抽象的。重要的是这些对象是可以区分的，而集合则是一些这样的对象的整体。构成这个整体的那些对象称为它的元素。一个对象相对于一个集合而言要么在这个整体里要么不在这个整体里，前者称为该对象属于给定集合——是它的一个元素，后者称为该对象不属于该集合。

集合中的元素具有如下三方面的特性：

(1) 确定性。给定一个集合，任何对象是不是这个集合的元素是确定的，因此，构成某个集合的元素决不能是这个集合本身。

(2) 互异性。集合中的元素一定是互不相同的。

(3) 无序性。集合中的元素没有固定的顺序。

在数学里，我们常用一个符号，例如 A，来称呼一个集合。在语言上，A 是集合的名字，在这里实际上是它的缩写。例如，由 1、2、3 构成的整体记为 $A=\{1,2,3\}$。设 A 为一个集合，若元素 a 在 A 中，则记为 $a \in A$，读作"a 属于 A"；若 a 不在 A 中，则记为 $a \notin A$ 或 $a \overline{\in} A$，并且读作"a 不属于 A"。

于是，我们引出三个基本概念：集合、元素、属于关系 $\in$。谓词 $x \in A$ 反映了元素 x 与集合 A 间的属于或不属于关系，它是二值的。

为便于讨论，本书使用如下字母表示几个常用的集合。

N：表示全体自然数组成的集合；

Z：表示全体整数组成的集合；

Z_+：表示全体正整数组成的集合；

Z_-：表示全体负整数组成的集合；

Q：表示全体有理数组成的集合；

Q_+：表示全体正有理数组成的集合；

Q_-：表示全体负有理数组成的集合；

R：表示全体实数组成的集合；

R_+：表示全体正实数组成的集合；

R_-：表示全体负实数组成的集合；

C：表示全体复数组成的集合。

1.1.2 集合的表示

概念具有两个基本的逻辑特征，即内涵与外延，康托关于集合的描述包含了下面两个逻辑原则。

(1) 外延原则：集合由其元素完全确定。

(2) 概括原则：若 P 是描述或刻画对象的特有属性或本质属性的命题或条件，则 $\{x \mid P(x)\}$ 是集合，其中 $P(x)$ 指"$P(x)$ 为真"或"x 满足条件 P"。

从上面的概括原则立即可以得到，若 P 是一个命题或条件，则 $\{x \mid P(x)\}$ 可能是一个集合，也可能不是一个集合。只有当 P 是关于 x 的特有属性或本质属性的命题时，$\{x \mid P(x)\}$ 才是一个集合。

上述逻辑原则同时揭示了集合的如下两种表示方法。

1. 枚举集合的元素

列出集合中的所有元素,在左右加上花括号"{"与"}","{"与"}"表示其间的元素构成一个整体。例如 $A=\{1,2,3,4\}$ 是由 1、2、3、4 构成的集合。注意,集合中的元素没有次序关系,因此 A 也可以写成 $A=\{1,3,4,2\}$。由 1 到 100 的整数构成的集合记为 $B=\{1,2,\cdots,100\}$,其中"$\cdots$"不是集合的元素,它用来代表那些未列出的但已为我们所知的整数。用这种方法,借助于有关知识,还可描述无穷多个元素构成的集合。例如,全体自然数构成的集合可以记为 $\mathbf{N}=\{1,2,3,\cdots\}$。

2. 概括组成集合的元素的性质

描述集合的另一种十分重要的方法是给出其元素所应具有的性质,其一般形式如下:
$$C=\{x \mid P(x)\}=\{x:P(x)\}$$
即具有性质 P 的那些元素构成的集合。$P(x)$ 是关于变量 x 的命题,C 是 $P(x)$ 为真时的 x 的集合,于是 $x \in C \Leftrightarrow P(x)$。

例 1.1 $B=\{x \mid x \text{ 是正偶数}\}=\{x \mid x \in \mathbf{N} \text{ 且 } 2 \mid x\}$ 是集合。符号 $\mid$ 表示整除,$m \mid n$ 当且仅当 $n=km$,$m \mid n$ 读作 n 能被 m 整除或 m 能够整除 n。

以后,我们常用这种方式描述或定义具体的集合。

在此我们并没有使集合的定义更明确,因为"性质"和"集合"从某种观点看来是同义词。20 世纪最伟大的逻辑学家、数学家、科学家、哲学家、思想家库尔特·哥德尔(Kurt Gödel,1906—1978)认为:本体论的两大基本范畴——也就是"东西"或全体存在物的两大基本类型——是客体与概念。客体由数学客体及其他客体组成。数学客体即是"纯粹"集合。集合在某种意义上包括在概念中,因为哥德尔猜想每个集合都是某个概念的外延。集合是外延,概念则是内涵。

显然,在这里讨论集合论中的哲学问题是不合适的,也为时过早。在第 4 章末将略作窥探并引出公理化集合论,但不深入探讨。

1902 年,罗素在其提出的悖论中指出,利用概括原则表示的集合 $T=\{A \mid A \notin A\}$ 存在逻辑上的矛盾:如果 $T \notin T$ 则 $T \in T$,如果 $T \in T$ 则 $T \notin T$。罗素悖论的概括原则存在的问题是:$A \notin A$ 不是集合的特有属性或本质属性,所以 T 不是集合。后来,罗素发现了这一问题,他建议称 T 为类,集合必然是类,但类可能不是集合,不是集合的类又称为真类。ZF 公理系统使用"分离公理模式"排除了罗素悖论,关于悖论将在第 4 章进行讨论。

1.1.3 集合分类

为了便于在 1.5 节讨论有穷集合的基数这一概念,在此,我们先给出有穷集合和无穷集合的直观描述,即含有有穷个元素的集合称为有穷集,不是有穷集的集合称为无穷集。于是,$B=\{1,2,\cdots,100\}$ 和 $Z=\{a,b,c,\cdots,x,y,z\}$ 就是有穷集,自然数集 $\mathbf{N}$ 和实数集 $\mathbf{R}$ 则是无穷集。第 4 章将深入讨论无穷集合的定义及其性质。

有穷集合的一个特例是仅由一个元素形成的集合,称为单元素集。例如,方程 $x^3-x^2+x-1=0$ 的实根构成的集合就是单元素集 $\{1\}$。注意,不要把单元素集 $\{x\}$ 与它的唯一元素 x 混为一谈,否则会引出矛盾。例如,假设 x 为集合,则 $x \in \{x\}$ 有意义,但 $x \in x$ 是无意义的,作为逻辑命题就是永假的命题。

在集合论的应用中，研究对象的全体所构成的集合称为**全集**，记为 U 或 S。在实际的具体问题中，涉及的通常是具有某种性质的对象所形成的集合，这样的集合也参加运算。但事先不知道是否存在这种性质的元素，如果后来发现这种元素不存在，那么具有这种性质的元素之集合中就不含有任何元素。于是，有必要引入一个不含任何元素的集合。不含任何元素的集合称为**空集**，记为 Φ。于是，$\Phi = \{x \mid x \neq x\}$ 或 $\Phi = \{x \mid x\ \text{为集合}, x \in x\}$。

我们假定空集是存在的，例如，$x^2 + 1 = 0$ 的实根之集就是空集。空集的引入可以使许多问题的叙述得到简化。

下面给出一些集合的示例。

- A：全体中国人的人脸图像的集合。
- B：全体黑龙江人的指纹集合。
- C：全体哈尔滨人的住房集合。
- D：哈尔滨市南岗区的路段集合。
- E：2024 年 8 月 30 日哈尔滨市出租车的运行轨迹集合。
- F：全体微信用户的好友集合的集合。
- G：2024 年 8 月 30 日到访过哈尔滨秋林商厦的顾客的集合。
- H：最有可能购买俄罗斯糖果的前 1000 个顾客的集合。

……

想一想：你感兴趣的事业又牵扯哪些集合呢？如何表示它们？

1.2　子集、集合的相等

1.1 节给出了集合、元素、属于关系这三个基本概念，这一节将利用这些基本概念来定义其他概念，新定义的概念称为导出概念。

1.2.1　子集

定义 1.1　设 A、B 是两个集合，如果对 A 的每一个元素 x 都有 $x \in B$，则称 A 是 B 的一个子集（subset），记为 $A \subseteq B$，并读作"A 包含在 B 里或 B 包含着 A"。

于是 $A \subseteq B$ 当且仅当对 A 的每个元素 x 均有 $x \in B$。以后常用记号"$\Leftrightarrow$"表示"当且仅当"；用记号"$\forall x \cdots$"表示"对所有的 $x \cdots$"；用记号"$\exists x \cdots$"表示"存在一个 $x \cdots$"。于是，$\forall x \in A$ 就读作对 A 的所有元素 x。于是，$A \subseteq B \Leftrightarrow \forall x \in A, x \in B$。或者，$A \subseteq B \Leftrightarrow$ 如果 $x \in A$，那么 $x \in B$。

"如果 $x \notin B$，那么 $x \notin A$"是"如果 $x \in A$，那么 $x \in B$"的逆否命题，每个命题都等价于其逆否命题。于是，$A \subseteq B \Leftrightarrow$ 如果 $x \notin B$，那么 $x \notin A$，意即 $A \subseteq B$ 当且仅当不属于 B 的元素也必不属于 A。

有时候，理解概念的否定同样重要，请大家思考 $A \subseteq B$ 的否定（记为 $A \nsubseteq B$）是什么含义。

子集反映的实际是集合间的包含关系，等到学习了关系这个数学工具后，利用关系的相关结论很容易就能理解并牢记子集的一些性质。

定理 1.1　假设 A 是集合，则 $A \subseteq A$。

定理1.1描述的是集合间的包含关系的自反性(自反性是关系的一种性质,每个事物都与其自身满足某个关系时,该关系就具有自反性。每个集合与其自身都满足包含关系,因此,集合间的包含关系具有自反性),关于关系及其性质的讨论详见第3章。

定理 1.2 设 A、B、C 是集合且 $A \subseteq B$, $B \subseteq C$,则 $A \subseteq C$。

定理1.2描述的则是集合间的包含关系的传递性。

定理 1.3 空集是任一集合的子集,即对 $\forall A, \Phi \subseteq A$。

【证明方法一】 根据子集的定义,只需证明其逆否命题,而不在 A 中的任何元素也一定不在 Φ 中,这是显然的。

【证明方法二】 "如果 $x \in \Phi$,则 $x \in A$"是一个假言命题,对于假言命题来说,如果其前件为假,则整个假言命题为真。因为 $x \in \Phi$ 为假,因此"如果 $x \in \Phi$,则 $x \in A$"为真。∎

假言命题是指形如"如果 P 那么 Q"的复合命题,又称为条件命题。其中,前面的支命题 P 称为前件,后面的支命题 Q 称为后件。假言命题陈述的是一种事物的情况是另一种事物情况的条件,分为充分条件假言命题、必要条件假言命题和充要条件假言命题。

在数学中,特别是在数理逻辑中,我们规定一个假言命题是假的,当且仅当其前件是真的,后件是假的。利用此规定进行推理是安全的,不会推出假的复合命题;利用此规定进行推理还是有效的,不会推不出某些真的复合命题。

思考:为什么规定"假言命题是假的,当且仅当其前件是真的,后件是假的。"是合理的?
提示:假言命题不仅仅表达因果,其所表达的还有命题间的更为复杂的组合关系。

定义 1.2 设 $A \subseteq B$ 且 $\exists b \in B$ 使 $b \notin A$,则称 A 是 B 的一个真子集,记为 $A \subset B$。

易见,$\Phi \subset A$ 当且仅当当 $A \neq \Phi$。"当且仅当"反映的是两个命题之间的"互为充分必要条件"的关系。同样地,请大家思考 $A \subset B$ 的否定(记为 $A \not\subset B$)是什么含义。

类似于定理1.2,集合间的真包含关系同样具有传递性:如果 $A \subset B$ 且 $B \subset C$,则 $A \subset C$。

有了子集的概念,我们便可以使用这一概念对已有的集合进行扩展,从而产生新的集合。例如,如果 $B = \{1, 2, 3, 4, 5\}$ 为集合,则根据子集的概念可知,$\{1, 2\}$、$\{3, 4, 5\}$ 和 $\{1, 4, 5\}$ 也都是集合,且都是 B 的子集。

注意,$\{\Phi\} \in \{\{\Phi\}\}$ 且 $\Phi \subseteq \{\{\Phi\}\}$,但 $\{\Phi\} \not\subseteq \{\{\Phi\}\}$。

例 1.2 设 A、B、C 为集合,若 $A \in B$ 且 $B \in C$ 成立,问 $A \in C$ 是否成立?

【解】 若 $A \in B$ 且 $B \in C$ 成立,则 $A \in C$ 不一定成立。令 $A = \{1\}, B = \{\{1\}\}, C = \{\{\{1\}\}\}$,此时,$A \in B$ 且 $B \in C$ 成立,但 $A \in C$ 不成立。令 $A = \{1\}, B = \{\{1\}\}, C = \{\{1\}, \{\{1\}\}\}$,此时,$A \in B$ 且 $B \in C$ 成立,且 $A \in C$ 也成立。

例 1.3 设 A、B、C 为集合,问 $A \in B$ 和 $A \subseteq B$ 能否同时成立?

【解】 $A \in B$ 和 $A \subseteq B$ 可以同时成立,令 $A = \{1\}, B = \{1, \{1\}\}$,此时,$A \in B$ 和 $A \subseteq B$ 均成立。

通过上面两个例子,读者可以试着分析一下属于 $\in$ 和包含于 $\subseteq$ 这两个关系的不同之处。

1.2.2 集合的相等

定义 1.3 如果集合 X 与 Y 有相同的元素,则称 X 与 Y 相等,并记为 $X = Y$。形式地,如果 $X \subseteq Y$ 且 $Y \subseteq X$ 则称 X 与 Y 相等,记为 $X = Y$。

$X = Y$ 并不意味着 X 与 Y 的定义方式一样,它表达的是集合间的一种关系。

由定义 1.3 可知,要证明两个集合 X 与 Y 相等的方法是:既要证明 $X\subseteq Y$,也要证明 $Y\subseteq X$。这是证明集合相等的最基本方法,数学上或实践中经常需要证明两个集合是相等的,因此,必须要掌握这种证明集合相等的方法,下一节我们将给出一些示例。

我们发现集合之间的包含关系"$\subseteq$"与数间的小于或等于关系"$\leqslant$"有类似的性质:

(1) 对 $\forall A, A\subseteq A$; 对 $\forall a, a\leqslant a$。

(2) 如果 $A\subseteq B$ 且 $B\subseteq A$,则 $A=B$; 如果 $a\leqslant b$ 且 $b\leqslant a$,则 $a=b$。

(3) 如果 $A\subseteq B$ 且 $B\subseteq C$,则 $A\subseteq C$; 如果 $a\leqslant b$ 且 $b\leqslant c$,则 $a\leqslant c$。

但也有不同之处:对任两个数 a、b,则

$$a\leqslant b, \quad a=b, \quad b\leqslant a$$

有且仅有一个成立。对集合而言则不成立,因为可找到 A、B 使 $A\subseteq B$、$A=B$、$B\subseteq A$ 都不成立。例如 $A=\{1\}, B=\{2\}$。

注意:

(1) $A\subset B \Leftrightarrow A\subseteq B$ 且 $A\neq B$。

(2) $A\neq B \Leftrightarrow A\not\subseteq B$ 或 $B\not\subseteq A$。

(3) $A\not\subseteq B \Leftrightarrow \exists a\in A$ 使 $a\notin B$。

这可以训练读者的逻辑思维,而这种逻辑思维能力对程序设计至关重要。

设 A、B、C 是集合,则显然有下面的三个定理成立。

定理 1.4 $A=A$。

定理 1.5 如果 $A=B$,则 $B=A$。

定理 1.6 如果 $A=B$ 且 $B=C$,则 $A=C$。

这三个定理说明,集合相等作为一种集合间的关系具有自反性、对称性和传递性(将在第 3 章介绍),学习完 1.3 节的集合运算之后,可以运用集合相等的这些性质以及集合运算的有关性质来证明两个集合的运算式是相等的,这可以看作证明集合相等的等价替换法(简称等替法),但其本质仍然是利用"互为子集的概念"来证明集合相等。

1.2.3 幂集

定义 1.4 设 X 是一个集合,X 的所有子集(包括 Φ 和 X 在内)所构成的集合称为 X 的幂集(Power Set),记为 2^X 或 $\mathscr{P}(X)$ 或 $P(X)$,即 $2^X = \mathscr{P}(X) = P(X) = \{A | A\subseteq X\}$。

例如,若 $X=\{1,2,3\}$,则

$$2^X = \{\Phi, \{1\}, \{2\}, \{3\}, \{1,2\}, \{1,3\}, \{2,3\}, \{1,2,3\}\}$$

于是有 $\Phi\in 2^X$ 且 $\Phi\subseteq 2^X$ 成立。

一般地,以集合为元素的集合称为集族。这并不是新概念,集族也是集合,只是提醒读者,其元素又是集合。这没有什么不好理解的,因为集合也是东西——对象,一些集合也可构成一个整体,即集合。

设 I 为一个集合,让 I 的每个元素 i 对应一个集合 A_i,这些 A_i 构成的整体就是集族 $\mathscr{A}=\{A_i | i\in I\} = \{A_i\}_{i\in I}$,$I$ 称为标号集。例如,$I=\{1,2,3\}$,则

$$\mathscr{A}=\{A_1, A_2, A_3\} = \{A_i\}_{i\in\{1,2,3\}}$$

若集合 X 中只有有穷个元素,则 X 称为有穷集,其元素的个数记为 $|X|$。例如 $|\Phi|=0$;若 $X=\{1,2,3\}$,则 $|X|=3$。

设 X 是一个集合,$A\subseteq X$。若 $|A|=k$,则称 A 是 X 的一个 k 子集。如果 $|X|=n$,则 X 的所有 k 子集共有 C_n^k 个。

定理 1.7 设 X 是一个集合且 $|X|=n$,则
$$|2^X|=|P(X)|=2^{|X|}=2^n$$

【证明】 应用数学归纳法,施归纳于 n。

$n=0$ 时,$X=\Phi$,$2^0=1$,X 只有一个子集 Φ,因此 $|2^X|=2^{|X|}=2^n$,即结论成立。

假设 $n=k$ 时结论成立,往证 $n=k+1$ 时结论成立。$|X|=k+1$,不妨设 $X=\{x_1,x_2,\cdots,x_{k+1}\}$,令 $A=\{x_1,x_2,\cdots,x_k\}$,根据归纳假设,$|2^A|=2^k$,即 A 恰有 2^k 个子集。由于 X 的子集要么恰好是 A 的子集,要么是通过把 x_{k+1} 加入 A 的子集后形成的子集,因此 X 的子集个数为 $2^k+2^k=2^{k+1}$,于是 $|2^X|=2^n$,即 $n=k+1$ 时结论成立。∎

从定理 1.7 容易看出幂集名称和记号的由来。

注意:$\Phi\neq\{\Phi\}$,$2^\Phi=\{\Phi\}$,$\Phi\in 2^\Phi$ 且 $\Phi\subseteq 2^\Phi$,$\Phi\notin\Phi$ 但 $\Phi\subseteq\Phi$。

定理 1.8 设 X 是一个集合,$|X|=n$ 且 $n\geqslant 0$,$0\leqslant m\leqslant n$,则 X 的恰好含有 m 个元素的子集个数为
$$\frac{n!}{m!(n-m)!}$$

【证明】 应用数学归纳法,施归纳于 n。

$n=0$ 时,$X=\Phi$,此时 $m=0$,X 有且仅有 1 个含有 0 个元素的子集,即 Φ,而 $\frac{0!}{0!0!}=1$,所以 $n=0$ 时结论成立。

假设 $n\leqslant k$ 时结论成立,往证 $n=k+1$ 时结论成立。不妨设 $X=\{x_1,x_2,\cdots,x_{k+1}\}$,$0\leqslant m\leqslant k+1$,易见,$m=0$ 和 $m=k+1$ 时结论成立。

令 A 是 X 的恰好具有 m 个元素的子集,$1\leqslant m\leqslant k$。这时有两种情况需要考虑:

第一种情况:$x_{k+1}\notin A$。

此时 A 是 $\{x_1,x_2,\cdots,x_k\}$ 的具有 m 个元素的子集,根据归纳假设,这样的子集共有 $\frac{k!}{m!(k-m)!}$ 个。

第二种情况:$x_{k+1}\in A$。

此时从 A 中去掉 x_{k+1} 得到的就是 $\{x_1,x_2,\cdots,x_k\}$ 的具有 $m-1$ 个元素的子集,根据归纳假设,这样的子集共有 $\frac{k!}{(m-1)!(k-(m-1))!}$ 个。

综合以上两种情况,X 的恰好具有 m 个元素的子集个数为
$$\frac{k!}{m!(k-m)!}+\frac{k!}{(m-1)!(k-m+1)!}$$
$$=\frac{k!(k-m+1)}{m!(k-m)!(k-m+1)}+\frac{k!m}{m(m-1)!(k-m+1)!}$$
$$=\frac{k!(k-m+1)}{m!(k-m+1)!}+\frac{k!m}{m!(k-m+1)!}=\frac{(k+1)!}{m!(k-m+1)!}$$

将上式中的 $k+1$ 替换为 n 就是 $\frac{n!}{m!(n-m)!}$,亦即 $n=k+1$ 时结论成立。∎

许多计数问题需要知道具有 n 个元素的集合的 k-元子集的个数，我们将该数记为 C_n^k，于是有 $C_n^k = \dfrac{n!}{k!(n-k)!}$。

有了集族和幂集的概念，我们就可以思考一个当年令康托陷入困境的问题了：令 M 为所有集合所构成的集合，则 $|M| < |2^M|$（康托定理，第 4 章将介绍），但由于 M 是所有集合所构成的集合，2^M 中的每个元素都是集合，因此也都是 M 中的元素，故 $2^M \subseteq M$，从而 $|2^M| \leqslant |M|$，矛盾。这就是著名的康托悖论，M 其实就是罗素悖论中的 $T = \{A \mid A \notin A\}$，因为每个集合 A 均满足 $A \notin A$，所以 $T = \{A \mid A \notin A\}$ 就是所有集合所构成的集合，详细内容参见第 4 章。

学习了集族和幂集的概念之后，还可以利用其分析航天和运输领域经常遇到的一个重要应用问题——背包问题。

问题 1.1 给定一组物品，每种物品都有自己的重量和价格，在限定的总重量内，如何选择才能使得所选物品的总价格最高？

问题 1.1 称为背包问题，是由 Merkle 和 Hellman 在 1978 年提出的，是组合优化中的一个问题。请读者试着用集合论的语言给出背包问题的数学描述和简单分析。

1.3 集合的基本运算

在许多精确的科学领域中，常常采用各种各样的符号运算。这些运算服从熟知的规律，它们不仅能使所获得的公式简单化，而且在许多重要场合中，也往往可以简化科学结论的逻辑结构。另外，由已知的对象通过运算后可以得到新对象。

在集合上引入运算之后，大大增强了集合的表达能力，之后，我们将尽量训练自己使用这种符号化、形式化的语言来描述事物，这样不仅可以简化问题，还能提升我们的抽象能力，而且可以为事物处理的自动化提供便利。

在集合论中，给定集合 X 和 Y，有各种方法把 X 和 Y 组合成一个新集合。集合运算大多都反映某种逻辑运算。用直观的文氏图描述这些运算及其性质富有启发性，但不能当作逻辑证明的依据。因为我们认为：直观是真理的源泉，而不是检验真理的最终标准。

本节的内容在中学学过一些，理解这些内容并不困难。因此，本节的重点在于：

(1) 使用明确的概念，学会从概念开始进行正确的逻辑推理。

(2) 学会证明两个集合相等的方法。

1.3.1 并运算

在许多实际问题中，常以某个集合 S 为出发点，而所涉及的集合都是 S 的子集。这个包含所考虑的所有研究对象的集合 S 称为问题的全集。这时，经常使用图示的方法表示全集的各个子集间的包含关系及其运算，其中，矩形中各点表示全集 S 的各个元素，矩形中的圆里的各点表示 S 的子集的各个元素。于是，若 A、$B \subseteq S$，则 $B \subseteq A$ 可用图 1.1 表示，这种表示法称为文氏图表示法。

图 1.1 $B \subseteq A$ 的文氏图

用文氏图来表示集合间的包含关系及其运算，富有直观性和启发性,有助于思考,但绝不能用作推理的依据。因为直观是不可靠的,很难表示各种可能的逻辑。然而它的直观性可以帮助我们进行思考,理解概念和定理,找出解决问题的思路。

直观地,由属于 A 或属于 B 的所有元素所构成的集合称为 A 与 B 的并(Union)集,其文氏图如图 1.2 所示。

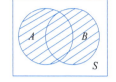

图 1.2 $A \cup B$ 的文氏图

定义 1.5 设 A 与 B 为集合,则集合 $\{x \mid x \in A \text{ 或 } x \in B\}$ 称为 A 与 B 的并集,记为 $A \cup B$。

在这里,逻辑联接词"或"是可兼的,即如果 $x \in A \cup B$,则有以下 3 种情况:

(1) $x \in A, x \notin B$。
(2) $x \notin A, x \in B$。
(3) $x \in A, x \in B$。

以后我们要习惯于用符号化、形式化的语言来描述问题,$x \in A \cup B \Leftrightarrow x \in A$ 或 $x \in B$,同时还得注意概念的否定,$x \notin A \cup B \Leftrightarrow x \notin A$ 且 $x \notin B$。历史上,马克·吐温就曾经利用概念的否定来进行政治斗争,1.3.5 节再进行简要介绍。

定理 1.9 给出了并运算的一些基本运算性质。

定理 1.9 设 A、B、C 是任意三个集合,则

(1) 并运算满足交换律:$A \cup B = B \cup A$。
(2) 并运算满足结合律:$(A \cup B) \cup C = A \cup (B \cup C)$。
(3) 并运算满足幂等律:$A \cup A = A$。
(4) 空集 Φ 是并运算的单位元:$\Phi \cup A = A$。
(5) $A \cup B = B \Leftrightarrow A \subseteq B$。

【证明】 (1)、(3)、(4)、(5)是显然成立的,为便于记忆,可以将(5)看作子集的并运算特性——大吃小。以证明(2)为示范,说明如何证明两个集合相等。

(1) 先证 $(A \cup B) \cup C \subseteq A \cup (B \cup C)$。

根据子集的定义,假设 $x \in (A \cup B) \cup C$,往证 $x \in A \cup (B \cup C)$。

由 $x \in (A \cup B) \cup C$ 及并运算的定义可知,$x \in A \cup B$ 或 $x \in C$。

① 如果 $x \in A \cup B$,则根据并运算的定义可知 $x \in A$ 或 $x \in B$。由 $x \in A$ 且根据并运算的定义可得 $x \in A \cup (B \cup C)$。如果 $x \in B$,则根据并运算的定义可知 $x \in B \cup C$,再由 $x \in B \cup C$ 且根据并运算的定义可得 $x \in A \cup (B \cup C)$。

② 如果 $x \in C$,则根据并运算的定义可知 $x \in B \cup C$,再由 $x \in B \cup C$ 且根据并运算的定义可得 $x \in A \cup (B \cup C)$。

综合上面①、②可知:不管 $x \in A \cup B$ 还是 $x \in C$ 均有 $x \in A \cup (B \cup C)$ 成立,根据子集的定义可知 $(A \cup B) \cup C \subseteq A \cup (B \cup C)$。

(2) 再证 $A \cup (B \cup C) \subseteq (A \cup B) \cup C$。

根据子集的定义,假设 $x \in A \cup (B \cup C)$,往证 $x \in (A \cup B) \cup C$。

由 $x \in A \cup (B \cup C)$ 及并运算的定义可知,$x \in A$ 或 $x \in B \cup C$。

① 如果 $x \in A$,则根据并运算的定义可知 $x \in A \cup B$,再由 $x \in A \cup B$ 且根据并运算的定义可得 $x \in (A \cup B) \cup C$。

② 如果 $x \in B \cup C$,则根据并运算的定义可知 $x \in B$ 或者 $x \in C$。如果 $x \in B$,则根据并

运算的定义可知 $x \in A \cup B$。再由 $x \in A \cup B$ 且根据并运算的定义可得 $x \in (A \cup B) \cup C$。如果 $x \in C$，则根据并运算的定义亦可得 $x \in (A \cup B) \cup C$。

综合上面①、②可知：不管 $x \in A$ 还是 $x \in B \cup C$ 均有 $x \in (A \cup B) \cup C$ 成立，再根据子集的定义可知，$A \cup (B \cup C) \subseteq (A \cup B) \cup C$。

综合上述(1)、(2)，再根据集合相等的定义可知，$(A \cup B) \cup C = A \cup (B \cup C)$。 ■

为清楚起见，我们将上述证明过程表示为图 1.3 和图 1.4 所示的逻辑判定树。

$(A \cup B) \cup C \subseteq A \cup (B \cup C)$ 的证明逻辑如图 1.3 所示，这种图示有助于展示全面的证明逻辑，但不建议将其当作证明过程。

$A \cup (B \cup C) \subseteq (A \cup B) \cup C$ 的证明逻辑如图 1.4 所示。

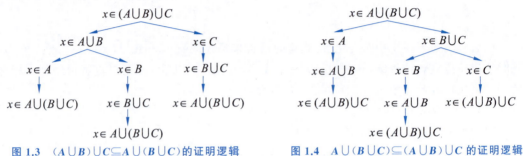

图 1.3　$(A \cup B) \cup C \subseteq A \cup (B \cup C)$ 的证明逻辑　　图 1.4　$A \cup (B \cup C) \subseteq (A \cup B) \cup C$ 的证明逻辑

根据定理 1.9 中的性质(2)，$A \cup B \cup C$ 这种表示方法是有意义的，即多个集合参与并运算时，其运算结果与运算顺序无关，于是，若 $A_1, A_2, \cdots, A_n$ 为集合，则它们的并可简记为 $\bigcup\limits_{i=1}^{n} A_i$，$\bigcup\limits_{i=1}^{n} A_i = A_1 \cup A_2 \cup \cdots \cup A_n = \{x \mid \exists i \in \{1, \cdots, n\} \text{ 使 } x \in A_i\}$。换成逻辑命题的表达形式可以描述为 $x \in \bigcup\limits_{i=1}^{n} A_i \Leftrightarrow \exists i \in \{1, \cdots, n\}$ 使 $x \in A_i$。"$\exists i \in \{1, \cdots, n\}$ 使 $x \in A_i$"表达的是符号 $x \in \bigcup\limits_{i=1}^{n} A_i$ 的含义，能够使用合适的语言给出符号的准确含义也是非常重要的，这会有利于完成与对应符号有关的形式化描述的证明。

设 $A_1, A_2, \cdots$ 是以集合为项的集序列，则它们的并记为 $\bigcup\limits_{i=1}^{\infty} A_i$，$\bigcup\limits_{i=1}^{\infty} A_i = A_1 \cup A_2 \cup \cdots = \{x \mid \exists i \in \mathbf{N} \text{ 使 } x \in A_i\}$，其中 $\mathbf{N} = \{1, 2, 3, \cdots\}$。

同样地，$x \in \bigcup\limits_{i=1}^{\infty} A_i \Leftrightarrow \exists i \in \mathbf{N}$ 使 $x \in A_i$。

更一般地，集族 $\{A_\xi\}_{\xi \in I}$ 中各集之并记为 $\bigcup\limits_{\xi \in I} A_\xi$，$\bigcup\limits_{\xi \in I} A_\xi = \{x \mid \exists \xi \in I \text{ 使得 } x \in A_\xi\}$，此处的 I 是一个下标记号集，一般指不能排成一个连续数列的自然数集的子集。$\{A_\xi\}_{\xi \in I} = \{A_\xi \mid \xi \in I\}$，其并集记为 $\bigcup\limits_{\xi \in I} A_\xi$。

只用上面这很少的几个概念就可以帮助建立数学模型，并进而简化对问题的分析和求解。

例 1.4　跳舞问题。

毕业舞会上，小伙子与姑娘跳舞。已知每个小伙子至少与一个姑娘跳过舞，但未能与所有姑娘跳过舞。同样地，每个姑娘也至少与一个小伙子跳过舞，但也未能与所有的小伙子跳过舞。试证明：在所有参加舞会的小伙子与姑娘中，必可找到两个小伙子和两个姑娘，这两个小伙子中的每一个只与这两个姑娘中的一个跳过舞，而这两个姑娘中的每一个也只与这两个小伙子中的一个跳过舞。

【分析】 首先建立数学模型,用集合 F 表示所有小伙子的集合,$F=\{f_1,f_2,f_3,\cdots,f_m\}$,用集合 G 表示所有姑娘的集合,$G=\{g_1,g_2,g_3,\cdots,g_n\}$,对 $\forall f_i \in F$,用 G_{f_i} 表示与 f_i 跳过舞的所有姑娘的集合,其中,$i=1,2,\cdots,m$,根据题意,显然有 $G_{f_i} \neq \Phi$ 且 $G_{f_i} \subseteq G$。下面我们来分析一下要证明的结论。在所有参加舞会的小伙子和姑娘中,必可找到两个小伙子和两个姑娘,这两个小伙子中的每一个只与这两个姑娘中的一个跳过舞,而这两个姑娘中的每一个也只与这两个小伙子中的一个跳过舞。即存在如图 1.5 所示的两个小伙子 f 与 f' 以及两个姑娘 g 与 g',使得 $g \in G_f$ 但 $g \notin G_{f'}$,而且 $g' \in G_{f'}$ 但 $g' \notin G_f$。根据子集概念的否定,上述结论等价于 $G_f \not\subseteq G_{f'}$ 且 $G_{f'} \not\subseteq G_f$。于是,我们只要证明存在 G_f 与 $G_{f'}$,使得 $G_f \not\subseteq G_{f'}$ 且 $G_{f'} \not\subseteq G_f$ 即可。

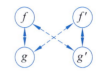

图 1.5 跳舞问题示意图

【证明】 采用反证法,假设 $G_{f_1},G_{f_2},\cdots,G_{f_m}$ 中不存在 G_{f_i},G_{f_j} 使得 $G_{f_i} \not\subseteq G_{f_j}$ 且 $G_{f_j} \not\subseteq G_{f_i}$,其中,$1 \leq i,j \leq m$,即对 $\forall i \forall j (1 \leq i,j \leq m)$ 均有 $G_{f_i} \subseteq G_{f_j}$ 或 $G_{f_j} \subseteq G_{f_i}$,于是有 $\Phi \neq G_{f_{i_1}} \subseteq G_{f_{i_2}} \subseteq \cdots \subseteq G_{f_{i_m}} \subseteq G$,根据定理 1.9 中集合并运算的性质(5),$G_{f_{i_m}} = \bigcup_{j=1}^{m} G_{f_{i_j}} = G$,从而有 $G \subseteq G_{f_{i_m}}$,这与 $G_{f_{i_m}} \subset G$ 相矛盾,因此,$G_{f_1},G_{f_2},\cdots,G_{f_m}$ 中存在 G_{f_i},G_{f_j} 使得 $G_{f_i} \not\subseteq G_{f_j}$ 且 $G_{f_j} \not\subseteq G_{f_i}$。

如果 $G_{f_i} \not\subseteq G_{f_j}$,则 $\exists g \in G_{f_i}$,但 $g \notin G_{f_j}$。如果 $G_{f_j} \not\subseteq G_{f_i}$,则 $\exists g' \in G_{f_j}$,但 $g' \notin G_{f_i}$。于是,f_i 与 f_j、g 与 g' 就是满足结论中条件的两个小伙子和两个姑娘。 ■

思考:等学习了集合的交运算以后,利用交运算的性质同样可以很方便地推出上述反证过程中的矛盾,读者可以尝试着自己求证一下,从而体会一下符号化对分析问题和解决问题的帮助。

1.3.2 交运算

直观地,由属于 A 与 B 的公共元素构成的集合称为 A 与 B 的交(Intersection)集,其文氏图如图 1.6 所示。

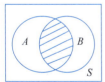

图 1.6 $A \cap B$ 的文氏图

定义 1.6 设 A 和 B 为集合,则集合 $\{x \mid x \in A \text{ 且 } x \in B\}$ 称为 A 与 B 的交集,记为 $A \cap B$。若 $A \cap B = \Phi$,则称 A 与 B 不相交。

关于交运算,可以有如下的一些形式化描述:

(1) $A \cap B = \{x \mid x \in A \text{ 且 } x \in B\}$。

(2) $x \in A \cap B \Leftrightarrow x \in A$ 且 $x \in B$。

(3) $x \notin A \cap B \Leftrightarrow x \notin A$ 或 $x \notin B$。

定理 1.10 给出了交运算的一些基本运算性质。

定理 1.10 设 A、B、C 为三个任意集合,则

(1) 交运算满足交换律:$A \cap B = B \cap A$。

(2) 交运算满足结合律:$(A \cap B) \cap C = A \cap (B \cap C)$。

(3) 交运算满足幂等律:$A \cap A = A$。

(4) 空集是交运算的零元素:$\Phi \cap A = \Phi$。

(5) $A\cap B=A \Leftrightarrow A\subseteq B$。

为便于记忆,可以将(5)看作子集的交运算特性——小吃大。

由定理 1.10 中的性质(2)可知,$A\cap B\cap C$ 这种表示法是有意义的,即多个集合参加交运算时其运算结果与运算顺序无关,于是,若 $A_1,A_2,\cdots,A_n$ 为集合,则它们的交可简记为 $\bigcap\limits_{i=1}^{n}A_i$,形式化地,有

$$\bigcap_{i=1}^{n}A_i=A_1\cap A_2\cap\cdots\cap A_n=\{x\mid \forall i\in\{1,\cdots,n\},x\in A_i\}$$

换成逻辑命题的表达形式可以有如下的描述,即 $x\in\bigcap\limits_{i=1}^{n}A_i \Leftrightarrow \forall i\in\{1,\cdots,n\}$ 均有 $x\in A_i$。

集合 $A_1,A_2,\cdots$ 的交记为 $\bigcap\limits_{i=1}^{\infty}A_i$,形式化地,有

$$\bigcap_{i=1}^{\infty}A_i=A_1\cap A_2\cap\cdots=\{x\mid \forall i\in \mathbf{N},x\in A_i\}$$

其中 $\mathbf{N}=\{1,2,3,\cdots\}$。

同样地,$x\in\bigcap\limits_{i=1}^{\infty}A_i \Leftrightarrow \forall i\in \mathbf{N}$ 均有 $x\in A_i$。

更一般地,集族 $\{A_\xi\}_{\xi\in I}$ 中各集之交可简记为 $\bigcap\limits_{\xi\in I}A_\xi$,形式化地,有

$$\bigcap_{\xi\in I}A_\xi=\{x\mid \forall \xi\in I \text{ 均有 } x\in A_\xi\}$$

此处的 I 是一个下标记号集,一般指不能排成一个连续数列的自然数集的子集。$\{A_\xi\}_{\xi\in I}=\{A_\xi\mid \xi\in I\}$,其交集为 $\bigcap\limits_{\xi\in I}A_\xi$。

设 $A_1,A_2,\cdots,A_n,\cdots$ 为集序列,若对 $\forall i,j\in \mathbf{N}, i\neq j$ 时均有 $A_i\cap A_j=\Phi$,则称该序列为两两不相交的集序列。

定理 1.11 描述的是并运算与交运算之间的联系,即并运算对交运算满足分配律,反之亦然。

定理 1.11 设 $\{A_\xi\}_{\xi\in I}$ 为集族,A 是集合,则

(1) $A\cap\left(\bigcup\limits_{\xi\in I}A_\xi\right)=\bigcup\limits_{\xi\in I}(A\cap A_\xi)$。

(2) $A\cup\left(\bigcap\limits_{\xi\in I}A_\xi\right)=\bigcap\limits_{\xi\in I}(A\cup A_\xi)$。

【证明】 下面只证明(2)。证明方法利用并运算和交运算的定义。

设 $x\in A\cup\left(\bigcap\limits_{\xi\in I}A_\xi\right)$,则根据并运算的定义,有 $x\in A$ 或 $x\in\bigcap\limits_{\xi\in I}A_\xi$,从而 $x\in A$ 或对 $\forall \xi\in I, x\in A_\xi$,于是对 $\forall \xi\in I$,有 $x\in A\cup A_\xi$,故 $x\in\bigcap\limits_{\xi\in I}(A\cup A_\xi)$,所以 $A\cup\left(\bigcap\limits_{\xi\in I}A_\xi\right)\subseteq \bigcap\limits_{\xi\in I}(A\cup A_\xi)$。

反之,设 $x\in\bigcap\limits_{\xi\in I}(A\cup A_\xi)$,则对 $\forall \xi\in I$,有 $x\in A\cup A_\xi$,因此,$x\in A$ 或对 $\forall \xi\in I$ 均有 $x\in A_\xi$。于是存在如下两种情况:

① 如果 $x\in A$,则 $x\in A\cup\left(\bigcap\limits_{\xi\in I}A_\xi\right)$。

② 如果对 $\forall \xi\in I$ 均有 $x\in A_\xi$,则 $x\in\bigcap\limits_{\xi\in I}A_\xi$,从而 $x\in A\cup\left(\bigcap\limits_{\xi\in I}A_\xi\right)$。

综合①、②可得：$x \in A \cup \left(\bigcap\limits_{\xi \in I} A_\xi\right)$，故 $\bigcap\limits_{\xi \in I}(A \cup A_\xi) \subseteq A \cup \left(\bigcap\limits_{\xi \in I} A_\xi\right)$。

综上，根据集合相等的定义可得 $A \cup \left(\bigcap\limits_{\xi \in I} A_\xi\right) = \bigcap\limits_{\xi \in I}(A \cup A_\xi)$。

利用定理 1.11 可以很容易地证明下面的定理 1.12 成立。

定理 1.12 设 A、B、C 为任意三个集合，则

(1) 交运算对并运算满足分配律：$A \cap (B \cup C) = (A \cap B) \cup (A \cap C)$。

(2) 并运算对交运算满足分配律：$A \cup (B \cap C) = (A \cup B) \cap (A \cup C)$。

(3) 交运算对并运算的吸收律（小吃大）：$A \cap (A \cup B) = A$。

(4) 并运算对交运算的吸收律（大吃小）：$A \cup (A \cap B) = A$。

(5) $A \cap (B \cup C) = (A \cap B) \cup (A \cap C) \Leftrightarrow A \cup (B \cap C) = (A \cup B) \cap (A \cup C)$。

【证明】 下面只证明(5)。必要性⇒，证明方法是利用已有定理进行符号化的演绎推理，这种证明方法的科学性会在后续的数理逻辑章节中讨论，在此只是给大家一个演示。为了增强大家对定义的理解，打好逻辑推理的基础，学习本课程时尽量不要采用这种方法做题。

$(A \cup B) \cap (A \cup C)$

$= ((A \cup B) \cap A) \cup ((A \cup B) \cap C)$　　/*根据交运算对并运算的分配律*/

$= A \cup ((A \cup B) \cap C)$　　　　　　　　/*根据交运算的交换律和交运算对并运算的吸收律*/

$= A \cup ((A \cap C) \cup (B \cap C))$　　　　/*根据并运算对交运算的分配律*/

$= (A \cup (A \cap C)) \cup (B \cap C)$　　　　/*根据并运算的结合律*/

$= (A \cup (B \cap C))$　　　　　　　　　　/*根据并运算对交运算的吸收律*/

例 1.5 设 A、B、C 为集合，如果 $A \cup B = A \cup C$ 且 $A \cap B = A \cap C$，试证明：$B = C$。

【证明方法一】 假设 $x \in B$，则 $x \in A \cup B$，又因为 $A \cup B = A \cup C$，所以 $x \in A \cup C$，从而 $x \in A$ 或 $x \in C$。

如果 $x \in C$，则有 $B \subseteq C$ 成立。

如果 $x \in A$，则有 $x \in A \cap B$，又因为 $A \cap B = A \cap C$，故 $x \in A \cap C$，从而 $x \in C$，亦有 $B \subseteq C$ 成立。

同理可证，$C \subseteq B$ 成立。

因此 $B = C$。

【证明方法二】

$B = B \cap (A \cup B) = B \cap (A \cup C) = (B \cap A) \cup (B \cap C) = (A \cap B) \cup (B \cap C)$
$= (A \cap C) \cup (B \cap C) = (A \cup B) \cap C = (A \cup C) \cap C = C$

1.3.3 差运算

直观地，由属于 A 但不属于 B 的所有元素构成的集合称为 A 与 B 的差(Minus)集，其文氏图如图 1.7 所示。

定义 1.7 设 A 与 B 为集合，由属于 A 但不属于 B 的一切元素构成的集合称为 A 与 B 的差集，记为 $A \backslash B$，读作"A 差 B"。

形式化地，我们有 $A \backslash B = \{x \mid x \in A \text{ 且 } x \notin B\}$，按照逻辑命题的描述则有 $x \in A \backslash B \Leftrightarrow x \in A \text{ 且 } x \notin B$。关于差运算的否定，我们

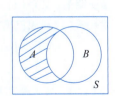

图 1.7　$A \backslash B$ 的文氏图

有 $x \notin A \backslash B \Leftrightarrow x \notin A$ 或 $x \in B$。

例 1.6 设 $A=\{1,2,3\}, B=\{2,5\}$，则 $A \backslash B=\{1,3\}, B \backslash A=\{5\}$。

从差运算所具有的运算性质来看，差运算还真是一个差（chà）运算，它既不满足交换律，也不满足结合律。不过，从定理 1.13 可以看出，交运算对差运算满足分配律。

定理 1.13 设 A、B、C 为集合，则有 $A \cap (B \backslash C) = (A \cap B) \backslash (A \cap C)$。

【证明】先证 $A \cap (B \backslash C) \subseteq (A \cap B) \backslash (A \cap C)$。

设 $x \in A \cap (B \backslash C)$，则 $x \in A$，且 $x \in B \backslash C$，从而 $x \in B$ 且 $x \notin C$，所以 $x \in A \cap B$，且 $x \notin A \cap C$，因此 $x \in (A \cap B) \backslash (A \cap C)$，根据子集的定义可得，$A \cap (B \backslash C) \subseteq (A \cap B) \backslash (A \cap C)$。

再证 $(A \cap B) \backslash (A \cap C) \subseteq A \cap (B \backslash C)$。

设 $x \in (A \cap B) \backslash (A \cap C)$，则 $x \in A \cap B$ 且 $x \notin A \cap C$，由 $x \in A \cap B$ 可知，$x \in A$ 且 $x \in B$，由 $x \notin A \cap C$ 可知，$x \notin A$ 或者 $x \notin C$，综合两者可得 $x \in A$ 且 $x \in B$ 且 $x \notin C$，亦即 $x \in A$ 且 $x \in B \backslash C$，从而 $x \in A \cap (B \backslash C)$，根据子集的定义可得，$(A \cap B) \backslash (A \cap C) \subseteq A \cap (B \backslash C)$。

综上，根据集合相等的定义可知，$A \cap (B \backslash C) = (A \cap B) \backslash (A \cap C)$。∎

1.3.4 对称差运算

直观地，由属于 $A \backslash B$ 或属于 $B \backslash A$ 的所有元素构成的集合称为 A 与 B 的对称差（Symmetric Difference），其文氏图如图 1.8 所示。

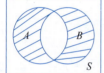

图 1.8 $A \triangle B$ 的文氏图

定义 1.8 设 A, B 为任意集合，集合 $(A \backslash B) \cup (B \backslash A)$ 称为 A 与 B 的对称差，记为 $A \triangle B$。

形式化地，我们有

$$A \triangle B = (A \backslash B) \cup (B \backslash A) = \{x \mid x \in A \cup B \text{ 但 } x \notin A \cap B\} = (A \cup B) \backslash (A \cap B)$$

请大家思考：$x \notin A \triangle B \Leftrightarrow ?$

例 1.7 设 $A=\{1,2,3\}, B=\{2,5\}$，则

$$A \triangle B = (A \backslash B) \cup (B \backslash A) = \{1,3\} \cup \{5\} = \{1,3,5\}$$
$$= (A \cup B) \backslash (A \cap B) = \{1,2,3,5\} \backslash \{2\} = \{1,3,5\}$$

对称差运算满足定理 1.14 所给出的基本运算规律。

定理 1.14 设 A、B、C 为三个任意的集合，则

(1) 对称差运算满足交换律：$A \triangle B = B \triangle A$。

(2) 对称差运算满足结合律：$A \triangle (B \triangle C) = (A \triangle B) \triangle C$。

(3) Φ 是对称差运算的单位元：$\Phi \triangle A = A$。

(4) A 在对称差运算下的逆元为 A：$A \triangle A = \Phi$。

(5) 交运算对对称差运算满足分配律：$A \cap (B \triangle C) = (A \cap B) \triangle (A \cap C)$。

【证明】(1)、(3)、(4) 显然成立，(2) 留作练习。

对于(5)，利用已有的结论通过简单的变换就可以得到：

$$A \cap (B \triangle C) = A \cap ((C \backslash B) \cup (B \backslash C))$$
$$= (A \cap (C \backslash B)) \cup (A \cap (B \backslash C))$$
$$= ((A \cap C) \backslash (A \cap B)) \cup ((A \cap B) \backslash (A \cap C))$$
$$= (A \cap B) \triangle (A \cap C)$$

例 1.8 设 A、B 为集合,求集合 X 使 $A\triangle X=B$。

【解】 $A\triangle B=A\triangle(A\triangle X)=(A\triangle A)\triangle X=\Phi\triangle X=X$,亦即 $X=A\triangle B$。

例 1.9 设 A、B 为集合,试证明:如果 $A\triangle B=A\triangle C$,则 $B=C$。

【证明方法一】 先证 $B\subseteq C$。假设 $x\in B$,则分以下两种情况讨论:

(1) 如果 $x\notin A$,则 $x\in B\backslash A$,于是 $x\in A\triangle B$,又因为 $A\triangle B=A\triangle C$,所以 $x\in A\triangle C$,即 $x\in(A\backslash C)\cup(C\backslash A)$,因为 $x\notin A$ 从而有 $x\notin A\backslash C$,因此只能有 $x\in C\backslash A$,所以 $x\in C$,这种情况下 $B\subseteq C$。

(2) 如果 $x\in A$,则 $x\in A\cap B$,从而 $x\notin A\triangle B$,又因为 $A\triangle B=A\triangle C$,所以 $x\notin A\triangle C$,再根据 $A\triangle C=(A\cup C)\backslash(A\cap C)$ 可知 $x\notin A\cup C$ 或 $x\in A\cap C$,但因为 $x\in A$ 从而有 $x\in A\cup C$,因此只能有 $x\in A\cap C$,从而 $x\in C$,这种情况下亦有 $B\subseteq C$。

综合以上(1)、(2)两种情况均有 $B\subseteq C$。

同理可证 $C\subseteq B$,因此 $B=C$。

【证明方法二】 根据对称差运算的性质来证明。

因为 $A\triangle B=A\triangle C$,所以 $A\triangle(A\triangle B)=A\triangle(A\triangle C)$,又因为对称差运算满足结合律,所以 $(A\triangle A)\triangle B=(A\triangle A)\triangle C$,根据定理 1.14 的性质(4)可知 $\Phi\triangle B=\Phi\triangle C$,再根据定理 1.14 的性质(3)可得 $B=C$。

例 1.10 假设 S、T、$W\in 2^V$,试证明:$S\subseteq T\subseteq W\Leftrightarrow S\triangle T\subseteq S\triangle W$ 且 $S\subseteq W$。

【证明】 必要性$\Rightarrow$:显然 $S\subseteq W$,于是 $S\triangle W=W\backslash S$。因为 $S\subseteq T$,所以 $S\triangle T=(S\backslash T)\cup(T\backslash S)=T\backslash S$,又因为 $T\subseteq W$,所以 $T\backslash S\subseteq W\backslash S$,亦即 $S\triangle T\subseteq S\triangle W$。

充分性$\Leftarrow$:(1)先证 $S\subseteq T$。假设 $x\in S$,如果 $x\notin T$,则 $x\in S\backslash T\subseteq S\triangle T\subseteq S\triangle W=W\backslash S$,于是 $x\in W$ 但 $x\notin S$,这与 $x\in S$ 相矛盾,因此 $x\in T$,从而有 $S\subseteq T$。

再证 $T\subseteq W$。假设 $x\in T$,则分以下两种情况讨论:

① $x\notin S$,于是 $x\in T\backslash S\subseteq S\triangle T\subseteq S\triangle W=W\backslash S$,故 $x\in W$;

② $x\in S$,则因为 $S\subseteq W$,故 $x\in W$。

综合①与②均有 $x\in W$ 成立可知,$T\subseteq W$。

1.3.5 求补运算、德·摩根公式

直观地,由属于 S 但不属于 A 的所有元素构成的集合称为 A 的补(Complement)集,其文氏图如图 1.9 所示。

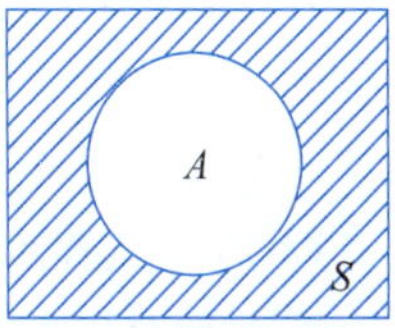

美国著名作家马克·吐温(1835—1910)在一次演说中,当谈到国会中某些议员卑鄙龌龊的行径时,情绪激动,不能自已,说道:"美国国会中有些议员简直就是畜生。"事后,某些议员联合起来攻击马克·吐温,要求他赔礼道歉,承认错误,并扬言如不照办,就要向法院控告他的诽谤罪。马克·吐温于是在《纽约时报》上发表了这样一个声明:"日前本人在酒会上发言,说'美国国会中有些议员简直就是畜生',事后有人向我兴师问罪。我考虑再三,觉得此话不恰当,而且也不符合事实,故特此登报声明,把我的话修改如下:'美国国会中有些议员不是畜生'"。

马克·吐温巧妙地利用了补集的概念,既保护了自己,又坚持了自己的政治意见。

图 1.9 A 的补集的文氏图

定义 1.9　设 $A \subseteq S$，集合 $S \backslash A$ 称为 A 对 S 的补，记为 A^c（A'，$\overline{A}$，$C_S A$）。

定理 1.15 给出的是求补运算的一些基本运算性质。

定理 1.15　设 S 为集合，A、$B \subseteq S$，则

(1) $\Phi^c = S$。

(2) $S^c = \Phi$。

(3) $A \cup A^c = S$。

(4) $A \cap A^c = \Phi$。

(5) $A^c = S \Delta A$。

(6) $A \backslash B = A \cap B^c$。

(7) $(A^c)^c = A$。

其中，性质(3)和性质(4)是补集的特征性质，可以作为补集的定义。对于性质(6)则易见，如果令 $S = A \cup B$ 则有

$$A \cap B^c = A \cap (S \backslash B) = (A \cap S) \backslash (A \cap B) = A \backslash (A \cap B) = A \backslash B$$

定理 1.16　（德·摩根(De Morgan)公式）设 S 为集合，A、$B \subseteq S$，则

(1) $(A \cup B)^c = A^c \cap B^c$。

(2) $(A \cap B)^c = A^c \cup B^c$。

【**证明**】　(1) 先证 $(A \cup B)^c \subseteq A^c \cap B^c$，设 $x \in (A \cup B)^c$，则 $x \in S \backslash (A \cup B)$，于是 $x \in S$ 且 $x \notin (A \cup B)$，所以，$x \notin A$ 且 $x \notin B$，因此 $x \in A^c$ 且 $x \in B^c$，故 $x \in A^c \cap B^c$，因此 $(A \cup B)^c \subseteq A^c \cap B^c$。

再证 $A^c \cap B^c \subseteq (A \cup B)^c$，设 $x \in A^c \cap B^c$，则 $x \in A^c$ 且 $x \in B^c$，于是 $x \in S \backslash A$ 且 $x \in S \backslash B$，即 $x \in S$ 且 $x \notin A$ 和 $x \notin B$，故 $x \in S$ 且 $x \notin A \cup B$，从而 $x \in S \backslash (A \cup B)$，即 $x \in (A \cup B)^c$，因此 $A^c \cap B^c \subseteq (A \cup B)^c$。

综上，$(A \cup B)^c = A^c \cap B^c$。

(2) 类似地，可证 $(A \cap B)^c = A^c \cup B^c$。

更一般地，我们有

$$\left(\bigcup_{\xi \in I} A_\xi \right)^c = \bigcap_{\xi \in I} A_\xi^c$$

$$\left(\bigcap_{\xi \in I} A_\xi \right)^c = \bigcup_{\xi \in I} A_\xi^c$$

用日常语言可以描述如下：

集之并的补等于集之补的交；

集之交的补等于集之补的并。

定理 1.16 又称为德·摩根公式，在数理逻辑的定理推演、计算机的逻辑设计及数学的集合运算中都起着非常重要的作用。该公式之所以以德·摩根命名，是因为英国数学家奥古斯都·德·摩根(1806—1871)首先发现了命题逻辑中存在着下面的关系：

- 非(P 且 Q) = (非 P) 或 (非 Q)。

- 非(P 或 Q) = (非 P) 且 (非 Q)。

德·摩根的发现影响了乔治·布尔所从事的逻辑问题代数解法的研究，这巩固了德·摩根作为该公式的发现者的地位，尽管亚里士多德也曾注意到类似现象，而且这也为古希腊与中世纪的逻辑学家所熟知。

德·摩根的主要贡献是发展了一套适合推理的符号,并首创关系逻辑的研究。在代数学方面,德·摩根认为:"代数学实际上是一系列'运算',这种'运算'能在任何符号(不一定是数字)的集合上根据一定的公式来进行",他这种新的数学思想,使代数得以脱离了算术的束缚。

德·摩根公式的一般化描述又称为对偶原理,对偶原理可简单描述如下:

若有关集合的并、交及补集的某一关系式成立,则将关系式中的符号 $\cup$、$\cap$、$\subseteq$、$\supseteq$、$=$ 分别换成 $\cap$、$\cup$、$\supseteq$、$\subseteq$、$=$,式中每个集合换成其补集,关系式仍然成立。

1.4 笛卡儿乘积运算

前面介绍的并、交、差、对称差和求补等五种集合运算有如下共同特点:

它们均在集合 2^S 上封闭,也就是说,如果 A、$B \in 2^S$,则 $A \cup B$、$A \cap B$、$A \setminus B$、$A \Delta B$、A^c 均是 2^S 的元素。一个运算是封闭的,说明该运算未给运算对象带来结构上的改变。

笛卡儿乘积(Cartesian Product)运算则不具有此特点,它将会产生新的结构,使集合运算的表达能力在语义上得到了扩展。

笛卡儿乘积运算的思想来源于勒内·笛卡儿(René Descartes,1596—1659)发明解析几何的思想,相传笛卡儿发明解析几何的灵感来源于对"网格状天花板上的苍蝇"或"蜘蛛网上的蜘蛛"的观察。

勒内·笛卡儿是法国的哲学家、数学家和物理学家,他于1637年创立了平面直角坐标系,把相互对立的"数"和"形"统一了起来,建立了曲线和方程的对应关系,标志着函数概念的萌芽,而且表明变量进入了数学,使数学在思想方法上发生了伟大的转折——由常量数学的时代进入了变量数学的时代。本书第2章和第3章的内容都会受到这种思想方法的影响。

直观地,当在平面上建立了坐标系之后,平面上的点就可用实数对表示了,几何图形就对应于序对的集合。序对就是笛卡儿乘积的本质,因此,为了定义集合的笛卡儿乘积这种运算,我们首先需要引入序对的概念。

1.4.1 序对

一个集合由其元素确定,而与元素的次序无关。但有时我们需要区分次序,在这里,"次序"是直观的,并未给出形式定义,但不会影响我们对相关问题的讨论。

两个元素 a 和 b 组成的序对记为 (a,b),a 在 b 的前面,或第1个位置为 a,第2个位置为 b。显然,(a,b) 与 (b,a) 不同,除非 $a=b$。当 $a=b$ 时,(a,a) 也是序对。

注意,序对 (a,b) 不是含有2个元素的集合,因为 a 与 b 可以相同且有次序。当把序对视为对象时,如何区分序对呢?我们有

$$(a,b)=(c,d) \quad 当且仅当 a=c, b=d$$

上面描述的序对概念是一个直观概念,借助了次序这个直观的描述。当然也可以使用集合这一原始概念来给出序对的严格定义,库拉托夫斯基(Kuratowski)将序对定义为 $\{\{a\},\{a,b\}\}$,即 $(a,b)=\{\{a\},\{a,b\}\}$,利用集合论的有关知识可以证明 $\{\{a\},\{a,b\}\}=\{\{c\},\{c,d\}\}$ 当且仅当 $a=c, b=d$,因此,库拉托夫斯基的这一定义与上面描述的序对的直

观概念具有相同的性质，其缺点是不直观，而优点则是没有引入新的原始概念。

作为一个数学概念，序对(a,b)将两个元素关联在了一起，可以用于描述a到b的任何一种单一的关联关系，于是，用于描述联系的映射和关系这两种重要的数学工具就都可以用序对的集合（也就是接下来要学习的笛卡儿乘积的子集）来定义了。

1.4.2 笛卡儿乘积的定义

定义 1.10 设A、B为任意集合，A与B的笛卡儿乘积是一切形如(x,y)的序对之集，记为$A\times B$，其中$x\in A, y\in B$，亦即

$$A\times B=\{(x,y)\mid x\in A, y\in B\}.$$

如果$\mathbf{R}$为全体实数之集，则当在平面上建立了坐标系后，平面上的点的集合就可以表示为$\mathbf{R}\times\mathbf{R}$。这也是我们将该运算称为笛卡儿乘积的原因。

例 1.11 若$A=\{a,b\}, B=\{1,2,3\}$，则

$$A\times B=\{(a,1),(a,2),(a,3),(b,1),(b,2),(b,3)\}$$
$$B\times A=\{(1,a),(2,a),(3,a),(1,b),(2,b),(3,b)\}$$
$$A\times A=\{(a,a),(a,b),(b,a),(b,b)\}$$

一般地，$A\times B\neq B\times A,(A\times B)\times C\neq A\times(B\times C),A\times\Phi=\Phi\times A=\Phi$。

也就是说，笛卡儿乘积的交换律和结合律不成立，但笛卡儿乘积对集合的并、交、差运算满足分配律。

定理 1.17 设A、B、C为集合，则
(1) $A\times(B\cup C)=(A\times B)\cup(A\times C)$。
(2) $A\times(B\cap C)=(A\times B)\cap(A\times C)$。
(3) $A\times(B\setminus C)=(A\times B)\setminus(A\times C)$。

【证明】 下面只证明(3)。设$(x,y)\in A\times(B\setminus C)$，则$x\in A$且$y\in B\setminus C$，从而$y\in B$且$y\notin C$，于是$(x,y)\in A\times B$且$(x,y)\notin A\times C$，故$(x,y)\in(A\times B)\setminus(A\times C)$，因此$A\times(B\setminus C)\subseteq(A\times B)\setminus(A\times C)$。

反之，假设$(x,y)\in(A\times B)\setminus(A\times C)$，则$(x,y)\in A\times B$但$(x,y)\notin A\times C$，于是$x\in A$且$y\in B$，而且有$x\notin A$或$y\notin C$，因此有$y\notin C$，所以$y\in B\setminus C$，故$(x,y)\in A\times(B\setminus C)$，从而有$(A\times B)\setminus(A\times C)\subseteq A\times(B\setminus C)$。

综上，$A\times(B\setminus C)=(A\times B)\setminus(A\times C)$。∎

1.4.3 n元组

由于笛卡儿乘积不满足结合律，即$(A\times B)\times C\neq A\times(B\times C)$，所以记号$A\times B\times C$是没有意义的，但有时我们又需要描述$(a,b,c)$这样的三个对象所形成的有序结构，所以我们还要定义3个乃至n个集合的笛卡儿乘积运算，为此，又需要引入n元组的概念。

将序对的概念进行推广即可得到n元组的概念，设$x_1, x_2, \cdots, x_n$为n个元素，则$(x_1, x_2, \cdots, x_n)$称为n元组，其中x_1为第1个元素，x_2为第2个元素，……，x_n为第n个元素，其特性是，$(a_1, a_2, \cdots, a_n)=(b_1, b_2, \cdots, b_n)$当且仅当$a_1=b_1, a_2=b_2, \cdots, a_n=b_n$。

n元组是一个十分有用的工具，例如，在C语言中它就是一维数组，在线性代数中则是n维空间中的向量或长为n的序列。

假设 $A_1, A_2, \cdots, A_n$ 为 n 个集合，则它们的笛卡儿乘积记为 $A_1 \times A_2 \times \cdots \times A_n$，其定义如下：

$$A_1 \times A_2 \times \cdots \times A_n = \{(x_1, x_2, \cdots, x_n) \mid x_i \in A_i, i \in \{1, \cdots, n\}\} = \prod_{i=1}^{n} A_i$$

n 元组、笛卡儿乘积是十分有用的概念，它是映射、二(n)元关系的基础。在数学、计算机科学中是重要的描述工具，是建立数学模型的有用工具之一，便于人们形式化地讨论许多结构更为复杂的问题。

例 1.12 一个 n 次整系数多项式如下：

$$a_0 x^n + a_1 x^{n-1} + \cdots + a_{n-1} x + a_n$$

如果约定按降幂排列，一次写出其系数就得到一个 $n+1$ 元组 $(a_0, a_1, \cdots, a_n)$。于是，一个 n 次多项式就可用一个 $n+1$ 元组来表示，而一个 $n+1$ 元组也可视为一个 n 次多项式。在高等代数中，两个 n 次多项式相等当且仅当其对应的项之系数相等，而这正好和它们的系数所构成的 $n+1$ 元组相等是一样的。在计算机中，存入一个 n 次多项式，本质上就是把其系数构成的 $n+1$ 元组存入计算机。

在数据库系统、形式语言与自动机理论等课程中也会经常使用 n 元组这一工具。

E. F. Codd(1923—2003)于 20 世纪 70 年代初提出的关系数据理论大大推动了数据库技术的发展，他也因此于 1981 年获得了计算机界的最高奖——图灵奖。

关系数据理论的核心是关系模型，关系模型由关系及其运算组成，关系模型的魅力在于事物及其事物之间的联系均可用关系来表示，从而可以基于关系建立起一套统一的数据操作，便于数据库系统的实现与推广。

E. F. Codd 所定义的关系就是笛卡儿乘积的有意义的子集，像自然数集或全体学生之集这样具有相同类型的值的集合称为域，假设 $D_1, D_2, \cdots, D_n$ 是 n 个域，则其笛卡儿乘积为

$$D_1 \times D_2 \times \cdots \times D_n = \{(d_1, d_2, \cdots, d_n) \mid d_i \in D_i, i \in \{1, \cdots, n\}\}$$

$R(D_1, D_2, \cdots, D_n) \subseteq D_1 \times D_2 \times \cdots \times D_n$ 称为一个关系，正是有了关系的这种形式定义，关系数据理论才能支撑关系数据库及其相关技术不断向前发展。

当 $A_1 = A_2 = \cdots = A_n$ 时，$A^n = A \times A \times \cdots \times A$ 称为 A 的 n 次幂，利用集合的并运算还可以定义如下的集合运算：

$A^+ = \bigcup_{n=1}^{\infty} A^n$ 称为 A 的正闭包，$A^* = \bigcup_{n=0}^{\infty} A^n = \{\varepsilon\} \cup A^+$ 称为 A 的克林闭包，其中，ε 代表空符号。

如果 $A = \sum$ 是所有的英文字母、标点符号与空格组成的集合，再将 A^n 中的 n 元组记为 $a_1 a_2 \cdots a_n$，则 A^+ 就是所有有意义、无意义的英语词、句的集合，英语语言就是正确的句子的集合。

1.5 有穷集合的基数

当人们将集合及其运算作为事物的抽象描述时，集合中元素的属性已被抽象掉了，此时，集合中元素的个数就是集合的重要属性。本节只讨论有穷集合，无穷集合在第 4 章讨论。

计数的概念是数学里最基本的概念，实际上是一个复杂的概念，它建立在更基本的概

念——"一一对应"(一一配对)的基础之上,一一对应是一种特殊的映射(映射是一种重要的数学工具,我们将在第2章对其进行详细讨论)。为了便于讨论,下面只是给出映射与一一对应的朴素定义,第2章再给出其严格的数学定义。

1.5.1 映射

定义 1.11 设 X 与 Y 为集合,如果有一个法则 f,使得对 $\forall x \in X$,Y 中有唯一的元素 y 与之对应(记作 $y=f(x)$),则称 f 为 X 到 Y 的一个映射,记为 $f:X \to Y$。

定义 1.12 设有映射 $f:X \to Y$,如果对 $\forall x_1, x_2 \in X$,$x_1 \neq x_2$ 时均有 $f(x_1) \neq f(x_2)$,则称 f 为单射;如果对 $\forall y \in Y$,均 $\exists x \in X$,使得 $y=f(x)$,则称 f 为满射;如果 f 既是单射又是满射,则称 f 为一一对应。

于是 X 到 Y 的一个一一对应就是一个法则 f,对 X 的每个元素 x,根据 f 在 Y 中有唯一的 y 与之对应,而对 Y 中的每个元素 y,X 中存在 x 使得在 f 下,x 对应于 y。

法则和对应都是没有严格定义的概念,因此上述一一对应的定义只是一个朴素的定义,但并不影响其作为数学工具的作用。

例 1.13 假设 $X=\{1,2,3\}$,$Y=\{a,b,c\}$,则 $f=\{(1,a),(2,b),(3,c)\}$ 是 X 到 Y 间的一个一一对应。这时,$f(1)=a$,$f(2)=b$,$f(3)=c$。

如果 X 与 Y 间存在一一对应,则记为 $X \sim Y$,如图 1.10 所示。

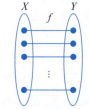

图 1.10 一一对应的图示

1.5.2 有穷集合的基数的定义

定义 1.13 设 X 是一个集合,如果 $X=\Phi$,则称 X 为有穷集合且其基数为 0;如果 $X \neq \Phi$,但存在一个自然数 n,使得 X 与 $\{1,2,\cdots,n\}$ 间有一个一一对应,则称 X 为有穷集合且其基数为 n;否则称 X 为无穷集合。有穷集合 X 的基数记为 $|X|$。

利用一一对应还可以建立基数的比较,我们很容易就能看出教室里学生多还是座位多,使用的就是一一对应这个工具。

定义 1.14 设 A、B 为集合,如果 A 与 B 的一个真子集间存在一个一一对应,但 A 与 B 之间不存在一一对应,则称 $|A|$ 小于 $|B|$,记作 $|A|<|B|$。

1.5.3 计数法则

此处所谓的计数法则是指计算有穷集合基数的方法。这些计数法则在求古典概率时会用到,对于计算机专业而言,处理数据时对效率进行考量时也会用到,如数据库中实现某些耗时的操作时,或分析算法的复杂性时都会用到。

定理 1.18 设 S 为有穷集,$A,B \subseteq S$,则

(1) 相等法则:如果 $A \sim B$,则 $|A|=|B|$。

(2) 加法法则:如果 $A \cap B=\Phi$,则 $|A \cup B|=|A|+|B|$。

如果 $A_1,A_2,\cdots,A_n$ 是两两不相交的集序列,亦即对 $\forall i,j \in \{1,2,\cdots,n\}$,$i \neq j$ 时 $A_i \cap A_j=\Phi$,则 $|A_1 \cup A_2 \cup \cdots \cup A_n|=\sum_{i=1}^{n}|A_i|$。

如果参与并运算的集合不是两两不相交的,则需要使用 1.5.4 节的容斥原理来求这些集合的并集的基数。

(3) 乘法法则：$|A \times B| = |A| \cdot |B|$。

设 $A_1, A_2, \cdots, A_n$ 为有穷集,则 $|A_1 \times A_2 \times \cdots \times A_n| = |A_1| \cdot |A_2| \cdot \cdots \cdot |A_n|$。

(4) 减法法则：$|A^c| = |S| - |A|$。

1.5.4 容斥原理

如果参与并运算的集合不是两两不相交的,则在求这些集合的并集的基数时,需要注意不能出现重复或者遗漏。为此,人们研究出一种新的计数方法,这种方法的基本思想是：先不考虑重叠的情况,把参与并运算的所有集合的元素个数先计算出来,然后再把计数时重复计算的元素个数排斥出去,使得最终计算出的并集的基数既无遗漏又无重复,人们将这种计数方法形象地称为容斥原理。

定理 1.19 设 S 为有穷集, A、$B \subseteq S$,则 $|A \cup B| = |A| + |B| - |A \cap B|$。

【**证明方法一**】

因为 $A \cup B = A \cup (B \backslash A)$, $A \cap (B \backslash A) = \Phi$（如果 $\exists x \in A \cap (B \backslash A)$,则 $x \in A$ 且 $x \in B \backslash A$,矛盾）,于是 $|A \cup B| = |A| + |B \backslash A|$。又因为 $B \backslash A = B \backslash (A \cap B)$,所以 $B = (B \backslash A) \cup (A \cap B)$,故 $|B \backslash A| = |B| - |A \cap B|$,代入 $|A \cup B| = |A| + |B \backslash A|$ 即得证。

【**证明方法二**】

对 $\forall x \in A \cup B$,考查 x 对等式 $|A \cup B| = |A| + |B| - |A \cap B|$ 两边的贡献。$x \in A \cup B$ 可以分为以下 3 种情况：① $x \in A, x \notin B$; ② $x \notin A, x \in B$; ③ $x \in A, x \in B$。

容易验证,不管 x 属于上述哪种情况, x 对等式 $|A \cup B| = |A| + |B| - |A \cap B|$ 两边的贡献均为 1,因此等式 $|A \cup B| = |A| + |B| - |A \cap B|$ 成立。

类似地,设 S 为有穷集, A、B、$C \subseteq S$,则

$$
\begin{aligned}
|A \cup B \cup C| &= |(A \cup B) \cup C| = |A \cup B| + |C| - |(A \cup B) \cap C| \\
&= |A| + |B| + |C| - |A \cap B| - |(A \cap C) \cup (B \cap C)| \\
&= |A| + |B| + |C| - |A \cap B| - |A \cap C| - |B \cap C| + |A \cap B \cap C|
\end{aligned}
$$

推广一下就可以得到定理 1.20 和定理 1.21 所述的容斥原理。

定理 1.20（容斥原理的形式一） 设 $A_1, A_2, \cdots, A_n$ 为有穷集,则

$$\left| \bigcup_{i=1}^{n} A_i \right| = \sum_{i=1}^{n} |A_i| - \sum_{1 \leq i < j \leq n} |A_i \cap A_j| + \cdots + (-1)^{n-1} |A_1 \cap A_2 \cap \cdots \cap A_n|$$

【**证明**】 采用数学归纳法。

由定理 1.19 可知,当 $n = 2$ 时结论成立。

假设 $n = k (k \geq 2)$ 时结论成立,则 $n = k+1$ 时,有

$$\left| \bigcup_{i=1}^{n} A_i \right| = \left| \bigcup_{i=1}^{k+1} A_i \right| = \left| \left(\bigcup_{i=1}^{k} A_i \right) \cup A_{k+1} \right| = \left| \bigcup_{i=1}^{k} A_i \right| + |A_{k+1}| - \left| \left(\bigcup_{i=1}^{k} A_i \right) \cap A_{k+1} \right|$$

$$= \left| \bigcup_{i=1}^{k} A_i \right| + |A_{k+1}| - \left| \bigcup_{i=1}^{k} (A_i \cap A_{k+1}) \right|$$

由归纳假设,

$$\left| \bigcup_{i=1}^{k} (A_i \cap A_{k+1}) \right|$$

$$= \sum_{i=1}^{k} |A_i \cap A_{k+1}| - \sum_{1 \leq i<j \leq k} |(A_i \cap A_{k+1}) \cap (A_j \cap A_{k+1})| + \cdots +$$
$$(-1)^{k-1} |A_1 \cap A_2 \cap \cdots \cap A_{k+1}|$$
$$= \sum_{i=1}^{k} |A_i \cap A_{k+1}| - \sum_{1 \leq i<j \leq k} |A_i \cap A_j \cap A_{k+1}| + \cdots + (-1)^{k-1} |A_1 \cap A_2 \cap \cdots \cap A_{k+1}|$$

将其代入式 $\left|\bigcup_{i=1}^{k} A_i\right| + |A_{k+1}| - \left|\bigcup_{i=1}^{k} (A_i \cap A_{k+1})\right|$ 即得

$$\left|\bigcup_{i=1}^{n} A_i\right| = \sum_{i=1}^{n} |A_i| - \sum_{1 \leq i<j \leq n} |A_i \cap A_j| + \cdots + (-1)^{n-1} |A_1 \cap A_2 \cap \cdots \cap A_n|,$$

所以,当 $n=k+1$ 时结论仍然成立。

定理 1.21(容斥原理的形式二) 设 S 为有穷集,$A_i \subseteq S, i=1,2,\cdots,n$,则

$$|A_1^c \cap A_2^c \cap \cdots \cap A_n^c| = \left|\left(\bigcup_{i=1}^{n} A_i\right)^c\right| = \left|S \setminus \bigcup_{i=1}^{n} A_i\right| = |S| - \left|\bigcup_{i=1}^{n} A_i\right|$$
$$= |S| - \sum_{i=1}^{n} |A_i| + \sum_{1 \leq i<j \leq n} |A_i \cap A_j| - \sum_{1 \leq i<j<k \leq n} |A_i \cap A_j \cap A_k| + \cdots +$$
$$(-1)^n |A_1 \cap A_2 \cap \cdots \cap A_n|$$

计数法则的应用策略为:

(1) 应用加法法则时,需要把计数对象分为两个不相交的子集,每个子集的基数比较容易计算为好。

(2) 应用乘法法则时,需要把计数对象抽象成笛卡儿乘积的成员,一般反映的都是一种对应关系。

(3) 应用容斥原理时,首先需要建立研究对象的集合 S,S 中计数对象的所有性质记为 $P_i(1 \leq i \leq n)$,令 $A_i = \{x | P_i(x)\}$,求至少具有某一性质 $P_i(1 \leq i \leq n)$ 的对象个数时应用定理 1.20 给出的公式,求不具有所有性质 $P_i(1 \leq i \leq n)$ 的对象个数时则应用定理 1.21 所给出的公式。

例 1.14 甲、乙、丙三人在同一时刻开始放同一种炮,每人各放 21 个。甲每 5 秒放一个,乙每 6 秒放一个,丙每 7 秒放一个。试问总共能听到多少个炮声?

【解】 令 A、B、C 分别为甲、乙、丙放炮时刻之集,则

$$A = \{0, 5, 10, \cdots, 100\}, \quad B = \{0, 6, 12, \cdots, 120\}, \quad C = \{0, 7, 14, \cdots, 140\}$$

显然,$|A| = |B| = |C| = 21$,并且

$$|A \cap B| = 1 + \left\lfloor \frac{100}{5 \times 6} \right\rfloor = 1 + 3 = 4$$

$$|B \cap C| = 1 + \left\lfloor \frac{120}{6 \times 7} \right\rfloor = 1 + 2 = 3$$

$$|A \cap C| = 1 + \left\lfloor \frac{100}{5 \times 7} \right\rfloor = 1 + 2 = 3$$

$$|A \cap B \cap C| = 1 + \left\lfloor \frac{100}{5 \times 6 \times 7} \right\rfloor = 1$$

于是,有

$$|A \cup B \cup C| = |A| + |B| + |C| - |A \cap B| - |B \cap C| - |A \cap C| + |A \cap B \cap C|$$

$$= 21 + 21 + 21 - 4 - 3 - 3 + 1 = 54$$

所以,总共听到 54 个炮声。

例 1.15 "一个人写了 n 封不同的信并且有相应的 n 个不同的信封,他把这 n 封信全部装错了信封,问全部装错了信封的装法有多少种?"上述问题称为错排问题或重排问题,是组合数学发展史上的一个重要问题。该问题是由丹尼尔·伯努利(Daniel Bernoulli,1700—1782)提出的,欧拉(Leonhard Euler,1707—1783)最早使用递推公式 $D_n = (n-1)(D_{n-1} + D_{n-2})$ 独立解决了该问题,并称其为"组合理论的一个妙题"。因此,历史上也将错排问题称为"伯努利-欧拉装错信封问题"。试用容斥原理求每封信全部装错了信封的概率。

【**解**】 解古典概率问题的第 1 步是确定基本事件的集合 Ω。在这里,Ω 是 n 封信装入 n 个信封的所有不同装法之集,每种装法是一个初等(基本)事件。把信封编号为 $1, 2, \cdots, n$ 并将其视为位置,把信也编号为 $1, 2, \cdots, n$。于是,每种装法就是 $1, 2, \cdots, n$ 的一个全排列。所以,Ω 是 $1, 2, \cdots, n$ 的所有全排列之集 S_n,即 $\Omega = S_n$,我们知道,$|\Omega| = n!$。

因为 Ω 是有穷集,所以 Ω 的每个子集都是事件,则全体事件之集就是 $2^\Omega = \mathscr{A}$,它是一个代数系,亦即 $\Omega \in \mathscr{A}$,而且,如果 A、$B \in \mathscr{A}$,则 $A \cup B \in \mathscr{A}, A \cap B \in \mathscr{A}$ 且 $A^c \in \mathscr{A}$。

最后,为每个初等事件(样本)ω 赋以一个数 $P(\omega)$,使得 $0 \leqslant P(\omega) \leqslant 1$ 且 $\sum_{\omega \in \Omega} P(\omega) = 1$。于是得到一个概率模型 $(\Omega, \mathscr{A}, P)$,此处 $P(\omega) = 1/n!$。

我们要求的是事件 $A = \{(i_1, i_2, \cdots, i_n) | i_1 \neq 1, i_2 \neq 2, \cdots, i_n \neq n, (i_1, i_2, \cdots, i_n) \in \Omega\}$ 的概率,即 $|A|/|\Omega| = |A|/n!$,于是又归结为求 $|A|$。

应用容斥原理求 $|A|$ 需要把 A 分解成若干个集合的并或交(是应用容斥原理的形式一还是形式二?),这是关键的一步,也是"能力"的表现。在此,令 P_i 是 Ω 中元素的性质:Ω 中 ω 具有性质 P_i 当且仅当在 ω 中 i 排在第 i 个位置上,而其他数 $j \neq i$ 可排在任何其他位置上。令 A_i 为具有性质 P_i 的那些排列所组成的集合,$i = 1, 2, \cdots, n$。根据题意,有

$$A = A_1^c \cap A_2^c \cap \cdots \cap A_n^c$$

这时,我们应该应用容斥原理的形式二来求 $|A|$。易见

$|A_i| = (n-1)!, \quad i = 1, 2, \cdots, n$

$|A_i \cap A_j| = (n-2)!, \quad i \neq j$

$\cdots$

$|A_{i_1} \cap A_{i_2} \cap \cdots A_{i_k}| = (n-k)!, \quad 1 \leqslant i_1 < i_2 < \cdots < i_k \leqslant n, \quad k = 1, 2, \cdots, n$

因此

$$|A| = \left|\bigcap_{i=1}^n A_i^c\right| = n! - C_n^1(n-1)! + C_n^2(n-2)! - \cdots + (-1)^k C_n^k(n-k)! + \cdots + (-1)^n C_n^n 0!$$

$$= n!\left(1 - \frac{1}{1!} + \frac{1}{2!} - \frac{1}{3!} + \cdots + (-1)^k \frac{1}{k!} + \cdots + (-1)^n \frac{1}{n!}\right)$$

$$= n!\left(\mathrm{e}^{-1} - \sum_{i=n+1}^\infty \frac{(-1)^i}{i!}\right)$$

于是,有

$$|A|/n! = \mathrm{e}^{-1} - \sum_{i=n+1}^\infty \frac{(-1)^i}{i!} \approx 0.3679$$

亦即每封信都装错了信封的概率是 0.3679。有趣的是,当 $n > 10$ 时,这个概率几乎没

有多大变化。

例 1.16 某校学生参加数学、物理、英语三科竞赛,某班 30 个学生中有 15 人参加了数学竞赛,8 人参加了物理竞赛,6 人参加了英语竞赛,且有 3 人参加了三科竞赛。问:至少有多少人一科竞赛都未参加?

【解】 所有参加数学竞赛的学生集合记为 A,所有参加物理竞赛的学生集合记为 B,所有参加英语竞赛的学生集合记为 C,则易见,$|A|=15$,$|B|=8$,$|C|=6$,$|A\cap B\cap C|=3$。

又因为 $A\cap B\cap C\subseteq A\cap B$, $A\cap B\cap C\subseteq A\cap C$, $A\cap B\cap C\subseteq B\cap C$,所以 $|A\cap B|\geqslant |A\cap B\cap C|=3$,$|A\cap C|\geqslant|A\cap B\cap C|=3$,$|B\cap C|\geqslant|A\cap B\cap C|=3$,于是,

$$|A\cup B\cup C|=|A|+|B|+|C|-|A\cap B|-|B\cap C|-|A\cap C|+|A\cap B\cap C|$$
$$=15+8+6-|A\cap B|-|B\cap C|-|A\cap C|+3$$
$$=32-|A\cap B|-|B\cap C|-|A\cap C|$$
$$\leqslant 32-9=23$$

也就是说,全班最多有 23 人参加了竞赛,即至少有 7 人未参加竞赛。

应用容斥原理的形式二可以直接得出结果:

$$|A^c\cap B^c\cap C^c|=30-|A\cup B\cup C|=30-32+|A\cap B|+|B\cap C|+|A\cap C|$$
$$=|A\cap B|+|B\cap C|+|A\cap C|-2\geqslant 9-2=7$$

1.6 逻辑与证明

逻辑首先是一个概念,但它更应该是一种能力,当逻辑被看作一种能力时,推理便是展现这种能力的最合适的过程。推理就是对逻辑能力的应用,推理的过程就是证明。

逻辑可以引导人们通过推理获得事物的本质,它能让描述变得严谨,是日常生活、科学研究乃至数学的重要工具,也是数学推理乃至自动推理的基础。

本节给出形式逻辑(或数理逻辑)的概述,并简要介绍一下几种常见的证明方法。

1.6.1 数理逻辑简介

逻辑是研究推理过程的规律和性质的科学。数理逻辑则是用数学的方法研究推理的规律,特别是数学证明的规律。所谓数学方法就是建立符号体系,并在符号体系中表达和证明定理。因此数理逻辑又称为符号逻辑或理论逻辑。

莱布尼茨成功地将命题形式表达为符号公式,提出了命题演算的原则和公理,建立了科学史上最早的逻辑演算。

1847 年,英国数学家布尔发表了《逻辑的数学分析》,建立了布尔代数,并创造了一套符号系统,利用符号来表示逻辑中的各种概念,利用代数的方法研究逻辑,初步奠定了数理逻辑的基础。

1884 年,德国数学家弗雷格出版了《数论的基础》,书中引进了量词、变元和命题函数,使数理逻辑具备了完全的表达能力,给出了逻辑的公理基础。

1910—1913 年,罗素和怀特海德合著的《数学原理》总结了从莱布尼茨以来数理逻辑产生和发展过程中取得的成果,给出了一个完全的命题演算和谓词演算系统。

1931 年,哥德尔提出了不完全性定理,证明了无所不包的公理系统是不存在的,之后,

数理逻辑逐步形成了相互独立又相互联系的四个主要的分支：证明论、模型论、递归论和公理集合论。

（1）证明论。证明论是把数学本身作为研究对象，证明数学系统的协调性（相容性、一致性或无矛盾性）。证明论中广泛使用了归纳定义和构造性方法，所以它往往与构造数学相联系。除数学系统的协调性外，证明论还研究数学系统（公理系统）的完全性、不完全性、独立性等。

（2）模型论。模型论是数理逻辑中研究形式语言和它的解释或模型之间的联系的分支。模型论对于理论计算机科学具有重要意义。形式语义学在很大程度上就是研究程序的形式系统的模型，用一定的数学模型来进行语义形式化。

（3）递归论。递归论的早期成果为递归函数及其等价的系统，如图灵机、λ-演算、Post系统、正规算法等。对于可计算性的深入研究，又出现了递归不可解度、数论谱系、超数论谱系、解析谱系、高型递归泛函等领域。

（4）公理集合论。公理集合论就是用公理方法建立集合论系统。具体地说，就是在逻辑公理的基础上加上集合的非逻辑公理而构成的一阶理论。比较著名的集合论系统有ZF系统和GB系统。ZF系统由于严格遵守了共尾原理（即在一个集合形成之前必先形成其元素）而避免了罗素悖论；GB系统则由于类和集合的严格划分而有效地避免了康托悖论。

这四个分支都建立在逻辑演算的基础上，有时也将逻辑演算作为数理逻辑的一个分支。逻辑演算是指用形式化方法处理逻辑推理，特别是数学中所用推理，因为形式化推理过程与代数演算具有相似性，所以称为逻辑演算。最基本的逻辑演算为命题逻辑和一阶逻辑，其他还有高阶逻辑、模态逻辑、构造逻辑和无穷逻辑等。

1.6.2 公理系统

数学区别于其他科学的显著特点是：它的规律只有给予证明才能被承认。感性直观和实验只是启发人们发现问题和思考问题的手段，而不能成为判定数学命题是否成立的依据。哥德巴赫猜想尽管在观察、检验到的自然数的范围内都是正确的，但迄今未能给出证明，故只能称为猜想，而不能称为定理。相反地，数学上很多存在和唯一性定理，在直观上无法观察和检验，但是已经被证明，所以成为尽人皆知、尽人皆信的定理。

虽然如此，但不能对所有的规律都加以证明。总要有些初始的规律是不予证明而被承认的，它们是自明的。万事万物开端难，概念也如此。我们将某些初始的规律称为公理。这些公理，有的是演绎逻辑中普遍适用的与具体数学对象无关的公理，称为逻辑公理；有的是反映具体数学对象特有的性质的公理，称为非逻辑公理。从公理出发，按一定的逻辑推理规则推出的规律称为定理，推导的过程则称为证明。

数学的概念要求有精确严格的定义。所谓定义，就是用已有的概念去规定新概念的含义，即揭示概念的内涵。但是，总要有些初始的概念是不能定义的。我们将某些概念称为基本概念，对它们不予定义，如集合、元素、平面上的点等。用基本概念或已经定义的概念定义出的概念称为导出概念。由基本概念和导出概念，以及公理和定理组成的结构就是公理系统。公理系统可以是关于某一数学学科全体的，如平面几何、集合论、群论等的公理系统；也可以是关于某一数学学科中一部分的，如实数理论。

要想成为一个既科学又实用的数学系统,公理系统需要讨论下列三个问题:

(1) 协调性(或相容性、一致性、无矛盾性):若在一公理系统中不能推出两个相反的命题,则称该公理系统是协调的,否则称为不协调的。协调性的要求对于一个公理系统是必需的,否则将不能区别数学的真理与谬误。

(2) 完全性:一个协调的公理系统,如果对系统中的任一命题 A,A 与非 A 必有一个是该系统的定理,则称该公理系统是完全的。完全的公理系统才具有完全的表达能力和识别能力。

(3) 独立性:公理系统中的一条公理若不能由其他公理推导出来,则称该公理为独立的。公理系统的论域中的任一命题,若不是该公理系统的定理,亦称此命题对此公理系统是独立的。例如,选择公理和连续统假设相对于 ZF 公理系统是独立的。

1.6.3 命题逻辑

命题逻辑也称为命题演算或语句逻辑,研究以命题为基本单位构成的前提和结论之间的可推导关系,即如何由一组前提推导出一些结论。

命题逻辑的基本单位是命题,不会把一个简单命题再分析为非命题的集合,也不把谓词和量词等非命题成分分析出来。

定义 1.15 具有确切真值的陈述句称为命题,命题可以取一个"值",称为真值。

真值只有"真"和"假"两种,分别用"T"(或"1")和"F"(或"0")表示。

通常用带或不带下标的大写英文字母表示命题,如 A、B、C、$\cdots$、P、Q、R、$\cdots$、A_i、B_i、C_i、$\cdots$、P_i、Q_i、R_i、$\cdots$ 等。

例 1.17 下列句子中,(1)~(4)是命题,(5)~(8)不是命题。

(1) 篮球是圆的。

(2) 哈尔滨是黑龙江省的省会。

(3) 13<10。

(4) $\pi = 3.14159$。

(5) 把门关上。

(6) 为什么不是你!

(7) 你要进来吗?

(8) 今天天气真好!

命题可分为如下两种类型:

(1) 原子命题(简单命题):不能再分解为更为简单命题的命题。

(2) 复合命题:可以分解为更为简单命题的命题。

在自然语言中,经常用"与""或""非""如果……,则……""当且仅当"等将简单命题连接为复合命题,或者否定一个命题。为了形式化,我们引进下列符号来表示这些连接词:

- $\neg$ 称为否定词,表示"非"。若 P 是一个命题,则 $\neg P$ 称为 P 的否定或 P 的逆,读作"非 P"。

- $\rightarrow$ 称为蕴涵词,表示"如果……,则……"。若 P、Q 为命题,则 $P \rightarrow Q$ 称为 P 与 Q 的蕴涵式,读作"P 蕴涵 Q"或"如果 P,则 Q"。

- $\wedge$ 称为合取词,表示"与"。若 P、Q 为命题,则 $P \wedge Q$ 称为 P 与 Q 的合取式,读作

"P 与 Q"或"P 和 Q"或"P 并且 Q"。
- ∨ 称为析取词,表示"或"。若 P、Q 为命题,则 $P \vee Q$ 称为 P 与 Q 的析取式,读作"P 或 Q"。
- ↔ 称为等价词,表示"当且仅当"。若 P、Q 为命题,则 $P \leftrightarrow Q$ 称为 P 与 Q 的等价式,读作"P 等价于 Q"或"P 当且仅当 Q"或"P 的充分必要条件是 Q"。

把简单命题用命题连接词连接起来可以构成复合命题,这样的连接可以进行任意有穷多次,可视为命题的运算或演算。

例 1.18 令 $P_1=$"山无棱"、$P_2=$"江水为竭"、$P_3=$"冬雷震震"、$P_4=$"夏雨雪"、$P_5=$"天地合",$Q=$"敢与君绝",则语句"山无棱,江水为竭。冬雷震震,夏雨雪。天地合,乃敢与君绝。"可以符号化为"$Q \to P_1 \wedge P_2 \wedge P_3 \wedge P_4 \wedge P_5$"。

例 1.19 令 $P=$"你陪伴我"、$Q=$"你代我叫车子"、$R=$"我将出去",则语句"如果你不陪伴我或不代我叫辆车子,我将不出去"可以符号化为"$(\neg P \vee \neg Q) \to \neg R$"。

定义 1.16 命题公式递归定义如下:
(1) 原子命题是命题公式。
(2) 如果 P、Q 为公式,则 $\neg P$、$P \wedge Q$、$P \vee Q$、$P \to Q$ 是命题公式。
(3) 只有经有限步使用(1)、(2)得到的才是命题公式。

命题公式的内涵取决于给定命题公式中所有命题变量的一组真值时的取值情况,命题公式中命题变量的一组真值称为命题公式的赋值,如果命题公式 P 在赋值 I 下的取值为"真",则称 I 满足 P。

某个命题公式在所有可能赋值下的取值情况(也就是命题公式的定义)可以用如下的真值表来描述,表中的 1 表示"真",0 表示"假"。

P	Q	$P \to Q$
1	1	1
1	0	0
0	1	1
0	0	1

如果某个命题公式在所有可能的赋值下取值均为"真",则称其为永真(重言)式;如果某个命题公式在所有可能的赋值下取值均为"假",则称其为永假(矛盾)式;不是永假式的命题公式又称为可满足式。

如果命题公式 P 与 Q 在任何可能的赋值下的取值均相同,则称 P 与 Q 等价,记作 $P \equiv Q$。利用上面的真值表可以很容易地验证两个命题公式是否等价。下面是一些在推理证明中经常用到的具有等价关系的命题公式:

(1) 等价:$P \leftrightarrow Q \equiv (P \to Q) \wedge (P \to Q)$。
(2) 蕴涵:$P \to Q \equiv \neg P \vee Q$。
(3) 假言移位:$P \to Q \equiv \neg Q \to \neg P$。
(4) 等价否定:$P \leftrightarrow Q \equiv \neg P \leftrightarrow \neg Q$。
(5) 归谬:$(P \to Q) \wedge (P \to \neg Q) \equiv \neg P$。

1.6.4 谓词逻辑

使用命题逻辑只能进行涉及命题间关系的推理,而无法描述与命题结构和成分有关的推理。例如,下面的苏格拉底三段论就无法用命题逻辑来表达:

(1) 所有的人都是要死的。
(2) 苏格拉底是人。
(3) 苏格拉底是要死的。

解决的办法是引入命题函数 $P(x)$ 来表示"x 有性质 P",如果 P 表示"是人",则 P(苏格拉底)就表示"苏格拉底是人",$P(x)$ 就表示"x 是人",其中的 P 称为谓词,x 称为个体词,个体词加上谓词就是一个逻辑断言。一般地,我们用 a、b、c、…表示个体常量,而用 x、y、z、…表示个体变量。$P(x_1, x_2, \cdots, x_n)$ 又称为 n 元谓词,有了 n 元谓词我们就可以用 $P(x, y)$ 来表示"x 是 y 的父亲"这样的逻辑断言了。

命题函数仍然存在一定的局限性,因为 $\neg P(x)$ 的意义具有二义性,它既可以指"所有 x 都没有性质 P",也可以指"不是所有 x 都有性质 P"。为了准确地表示出"所有 x,$P(x)$""非所有 x,$P(x)$""所有 x,非 $P(x)$""存在 x,$P(x)$""不存在 x,$P(x)$""存在 x,非 $P(x)$"等命题,需要引入量词。最基本、最常用的有下列两个量词:

(1) $\forall$ 称为全称量词,表示"对所有的"。设 A 是一个命题,则 $\forall xA$ 表示"对所有 x,A 成立"。若 P 是一个一元谓词,则 $\forall xP(x)$ 表示"对所有 x,x 有性质 P",$\neg\forall xP(x)$ 表示"不是对所有 x,x 有性质 P",$\forall x \neg P(x)$ 表示"对所有 x,x 没有性质 P"。

(2) $\exists$ 称为存在量词,表示"存在"或"有"。设 A 是一个命题,则 $\exists xA(x)$ 表示"存在 x,A 成立"。若 P 是一个一元谓词,则 $\exists xP(x)$ 表示"存在 x,x 有性质 P",$\neg\exists xP(x)$ 表示"不存在 x,x 有性质 P",$\exists x \neg P(x)$ 表示"存在 x,x 没有性质 P"。

设 A 是一个命题,则 $\forall xA$ 称为全称肯定判断;$\neg\forall xA$ 称为全称否定判断;$\exists xA$ 称为特称肯定判断;$\neg\exists xA$ 称为特称否定判断。在逻辑上,$\exists xA$ 与 $\neg\forall x \neg A$ 等价;$\forall xA$ 与 $\neg\exists x \neg A$ 等价;$\exists x \neg A$ 与 $\neg\forall xA$ 等价;$\forall x \neg A$ 与 $\neg\exists xA$ 等价。

设 A、B 为命题,在 $\forall xA \wedge B$(或 $\forall xA \vee B$,或 $\exists xA \wedge B$,或 $\exists xA \vee B$)中,$\forall$(或 $\exists$)后面的 x 和 A 中 x 的出现,都称为 x 的约束的出现,亦称 x 在 B 中是约束的(bound),或称 x 为 B 中的约束变量(bound variable)。如果 B 中既没有 $\forall x$ 出现,也没有 $\exists x$ 出现,则 x 在 B 中的出现都称为自由的出现,亦称 x 在 B 中是自由的(free),或称 x 为 B 中的自由变量(free vairiable)。上式中的 xA 称为 $\forall$(或 $\exists$)的辖域,辖域中 x 的出现都称为约束的出现。变量的自由的出现可以用常量代入,也可以做变量替换。约束的出现可以做变量替换,但不能用常量代入。

有了量词,数理逻辑的表达能力就完全了,数学和其他自然科学用的自然语言就可以符号化和形式化了。下面举几个自然语言符号化的例子。

(1) 在集合论中,"存在空集"即"存在没有元素的集合",可转换为 $\exists x \forall y \neg (y \in x)$。

(2) "两个集合相等的充分必要条件是它们包含的元素相同",可转换为
$$\forall x \forall y (x = y \leftrightarrow \forall z (z \in x \leftrightarrow z \in y))$$

(3) 有一位理发师规定:"我为且仅为那些不为自己理发的人理发"。设 P 为一元谓词,$P(x)$ 表示 x 是一位理发师,Q 为二元谓词,$Q(x, y)$ 表示 x 为 y 理发。上述命题可转换为
$$\exists x (P(x) \wedge \forall y (Q(x, y) \leftrightarrow \neg Q(y, y)))$$

定义 1.17 项递归定义如下：

(1) 个体常量和个体变量是项。

(2) 若 $f(x_1,x_2,\cdots,x_n)$ 是 n 元个体函数，$t_1,t_2,\cdots,t_n$ 是 n 个项，则 $f(t_1,t_2,\cdots,t_n)$ 是项。

(3) 只有有限次使用(1)和(2)形成的才是项。

定义 1.18 合式公式递归定义如下：

(1) 若 $P(x_1,x_2,\cdots,x_n)$ 是 n 元谓词，$t_1,t_2,\cdots,t_n$ 是 n 个项，则 $P(t_1,t_2,\cdots,t_n)$ 是合式公式，这类合式公式称为原子公式。

(2) 若 A 是合式公式，则 $\neg A$ 是合式公式。

(3) 若 A、B 是合式公式，而另一个是自由的，则 $A \vee B$，$A \wedge B$，$A \rightarrow B$，$A \leftrightarrow B$ 是合式公式。

(4) 若 A 是合式公式，x 是个体变量，则 $\forall xA$，$\exists xA$ 是合式公式。

(5) 只有有限次使用(1)~(4)形成的才是合式公式。

类似于命题公式，谓词公式同样可以分为永真式、永假式和可满足式，但需要引入比指派更为复杂的解释才能对谓公式的语义进行定义。

假设 A 是合式公式，项 t 对个体变量 v 是可代入的，将 A 中所有 v 的出现均替换为 t 后得到的公式称为用 t 对 A 的代入，记为 A_t^v。

可代入的规定主要是保证：在 t 代入 A 中的 v 时，t 中的任一变量在 A_t^v 中不会变成约束变量，以保证当 A 断言由 v 表示的个体的某些性质时，A_t^v 断言的是由 t 表示的个体的同一些性质。例如：在自然数语言中，设 A 为 $\neg \forall y \neg (x=y+y)$，$A$ 断言：存在 y，使得 x 为 $2y$，即 x 是一个偶数。若令 t 为 $y+s_0$，则 $A_t^x \equiv \neg \forall y \neg (y+s_0=y+y)$，$A_t^x$ 不再断言 $y+s_0$ 是一个偶数。按定义这恰好是 t 对 A 中的 x 是不可代入的情形。

假设 $v_1,v_2,\cdots,v_n$ 是 A 的自由变量，则 $\forall v_{i_1} \forall v_{i_2} \cdots \forall v_{i_r} A$ 称为 A 的全称化(universal quantification)，其中，$1 \leq i_1,i_2,\cdots,i_r \leq n$，$1 \leq r \leq n$，$\forall v_1 \forall v_2 \cdots \forall v_n A$ 称为 A 的全称封闭式(universal closure)。

例如，假设 $A=P(x) \rightarrow Q(x)$，$t=f(8)$，则 $A_t^x=P(f(8)) \rightarrow Q(f(8))$，假设 $A=P(x,y,x) \rightarrow Q(x,y)$，$x,y,z$ 都是 A 的自由变量，则 $\forall xA$，$\forall yA$，$\forall x \forall yA$ 都是 A 的全称化，$\forall x \forall y \forall zA$ 是 A 的全称封闭式。

1.6.5 推理与证明

所谓证明就是用一个或一些已知为真的命题（前提），根据一定的推理规则和推理定律推导出另一命题（结论）的真假的思维过程。假设 P 为前提，Q 为结论，如果由 P 可以推导出 Q，则可以简记为 $P \Rightarrow Q$。如果 $P \rightarrow Q$ 成立，则显然有 $\{P \rightarrow Q, P\} \Rightarrow Q$，这正是命题逻辑中的一条称为分离规则的推理定律。

1. 命题逻辑的推理定律

假设 P、Q、R 为命题公式，则

(1) $P \wedge Q \Rightarrow P$；$P \wedge Q \Rightarrow Q$，该定律又称为简化规则。

(2) $P \Rightarrow P \vee Q$；$Q \Rightarrow P \vee Q$，该定律又称为添加规则。

(3) $\neg P \Rightarrow P \rightarrow Q$；$Q \Rightarrow P \rightarrow Q$。

(4) $\neg (P \rightarrow Q) \Rightarrow P$；$\neg (P \rightarrow Q) \Rightarrow \neg Q$。

(5) $\{P,Q\} \Rightarrow P \wedge Q$。

(6) $\{P \vee Q, \neg P\} \Rightarrow Q$；$\{P \oplus Q, \neg P\} \Rightarrow Q$，该定律又称为选言三段论。

(7) $\{P \rightarrow Q, P\} \Rightarrow Q$，该定律又称为分离规则。

(8) $\{P \rightarrow Q, \neg Q\} \Rightarrow \neg P$，该定律又称为否定后件式。

(9) $\{P \rightarrow Q, Q \rightarrow R\} \Rightarrow P \rightarrow R$，该定律又称为假言三段论。

(10) $\{P \vee Q, P \rightarrow R, Q \rightarrow R\} \Rightarrow R$，该定律又称为两难推论。

2. 命题逻辑的推理规则

(1) P规则(前提引用规则)：推导过程中，可以随时引入前提集合中的任意一个前提。

(2) T规则(逻辑结果引用规则)：推导过程中，可以随时引入公式S，S是由其前面的一个或多个公式推导出来的逻辑结果。

(3) CP规则(附加前提规则)：如果能从给定的前提集合Γ与公式P推导出S，则能从此前提集合Γ推导出$P \rightarrow S$。

3. 谓词逻辑的推理定律

假设P、Q为谓词公式，则

(1) $\forall x P(x) \Rightarrow \exists x P(x)$。

(2) $\forall x P(x) \vee \forall x Q(x) \Rightarrow \forall x (P(x) \vee Q(x))$；

$\exists x (P(x) \wedge Q(x)) \Rightarrow \exists x P(x) \wedge \exists x Q(x)$。

(3) $\forall x (P(x) \rightarrow Q(x)) \Rightarrow \forall x P(x) \rightarrow \forall x Q(x)$；

$\forall x (P(x) \rightarrow Q(x)) \Rightarrow \exists x P(x) \rightarrow \exists x Q(x)$。

(4) $\exists x \forall y P(x,y) \Rightarrow \forall y \exists x P(x,y)$；$\forall x \forall y P(x,y) \Rightarrow \exists y \forall x P(x,y)$；

$\forall y \forall x P(x,y) \Rightarrow \exists x \forall y P(x,y)$；$\exists y \forall x P(x,y) \Rightarrow \forall x \exists y P(x,y)$；

$\forall x \exists y P(x,y) \Rightarrow \exists y \exists x P(x,y)$；$\forall y \exists x P(x,y) \Rightarrow \exists x \exists y P(x,y)$。

4. 谓词逻辑的推理规则

(1) US规则(全称特指规则)：$\forall x P(x) \Rightarrow P(y)$，其中，$P(x)$对$y$是自由的。其推广形式为$\forall x P(x) \Rightarrow P(c)$，其中，$c$为任意个体常量。

(2) ES规则(存在特指规则)：$\exists x P(x) \Rightarrow P(c)$，其中，$c$为任意个体常量。

(3) UG规则(全称推广规则)：$P(y) \Rightarrow \forall x P(x)$，其中，$P(y)$对$x$是自由的。

(4) EG规则(存在推广规则)：$P(c) \Rightarrow \exists x P(x)$，其中，$c$为特定的个体常量。其推广形式为$P(y) \Rightarrow \exists x P(x)$，其中，$P(y)$对$x$是自由的。

例1.20 苏格拉底三段论的逻辑描述。

假设$H(x)$表示"x是人"，$M(x)$表示"x是要死的"，s表示"苏格拉底"，则苏格拉底三段论可以形式化地描述为$\{\forall x (H(x) \rightarrow M(x)), H(s)\} \Rightarrow M(s)$。

5. 常用的几种证明方法

根据推理形式的不同，证明方法可以分为演绎法(由一般到特殊)和归纳法(由特殊到一般)，归纳法又分为完全归纳法和不完全归纳法；根据推理方法的不同，证明方法可以分为直接证法和间接证法，间接证法主要有反证法、归谬法和同一法；根据推理方向的不同，证明方法可以分为分析法(由果追因)和综合法(由因推果)；其他还有构造法、等替法、泛元法、反例法和化归法等证明方法。

(1) 演绎法。

所谓演绎法，就是从一般性的前提出发，通过推导即"演绎"，得出个别结论的过程，也就是前提与结论之间有蕴涵关系的推理,包括三段论、假言推理、选言推理、关系推理等形式。

三段论是演绎推理的一般模式,包含三部分:大前提(已知的一般原理)、小前提(所研究的特殊情况)和结论(根据一般原理,对特殊情况做出判断)。譬如前面给出的苏格拉底三段论。

假言推理是以假言判断为前提的推理,分为充分条件假言推理和必要条件假言推理两种。必要条件假言推理的基本原则是:

① 小前提肯定大前提的前件,结论就肯定大前提的后件,即 $\{P \to Q, P\} \Rightarrow Q$。

② 小前提否定大前提的后件,结论就否定大前提的前件,即 $\{P \to Q, \neg Q\} \Rightarrow \neg P$。

充分条件假言推理的基本原则是:

① 小前提肯定大前提的后件,结论就要肯定大前提的前件,即 $\{P \leftarrow Q, Q\} \Rightarrow P$。

② 小前提否定大前提的前件,结论就要否定大前提的后件,即 $\{P \leftarrow Q, \neg P\} \Rightarrow \neg Q$。

选言推理是以选言判断为前提的推理,分为相容的选言推理和不相容的选言推理两种。相容的选言推理的基本原则是:大前提是一个相容的选言判断,小前提否定了其中一个(或一部分)选言支,结论就要肯定剩下的一个选言支,即 $\{P \lor Q, \neg P\} \Rightarrow Q$。不相容的选言推理的基本原则是:大前提是个不相容的选言判断,小前提肯定其中的一个选言支,结论则否定其他选言支,即 $\{P \oplus Q, P\} \Rightarrow \neg Q$;小前提否定除其中一个以外的选言支,结论则肯定剩下的那个选言支,即 $\{P \oplus Q, \neg P\} \Rightarrow Q$。

关系推理是前提中至少有一个是关系命题的推理,常用的有对称性关系推理、反对称性关系推理和传递性关系推理。

(2) 归纳法。

归纳法是一种由个别到一般的推理,是从认识研究个别事物到总结、概括一般性规律的推断过程,分为完全归纳法、不完全归纳法。完全归纳法考查了某类事物的全部对象,不完全归纳法则仅仅考查了某类事物的部分对象。

归纳法的前提是真实的,但结论却未必真实,而可能为假。可以用归纳强度来说明归纳法中前提对结论的支持度,支持度小于 50% 的,则称该推理是归纳弱的;支持度小于 100% 但大于 50% 的,称该推理是归纳强的。

(3) 数学归纳法。

数学归纳法是一种数学证明方法,通常用于证明某个给定命题在自然数范围内成立。

虽然数学归纳法名字中有"归纳"两字,但数学归纳法并不是不严谨的归纳法推理,它属于完全严谨的演绎法推理。

数学归纳法形式一:

设 P 是定义于自然数集合 $\mathbf{N}$ 上的一个命题,如果

① $P(1)$ 成立。

② 只要 $P(n)$ 为真,$P(n+1)$ 亦为真。

则对任意的自然数 P 为真。

数学归纳法形式二:

设 P 是定义于自然数集合 $\mathbf{N}$ 上的一个命题,如果

① $P(1)$ 成立。

② $\forall k(1 \leq k < n), P(k)$ 为真时 $P(n)$ 亦为真。

则对任意的自然数 P 为真。

如果要证明 P 对 N 的子集 $\{a,a+1,a+2,\cdots\}$ 为真,则将上述两种形式中的 $P(1)$ 改为 $P(a)$ 即可。

(4) 反证法与归谬法。

要证明 Q 为真,首先假设 Q 为假,然后由 $\neg Q$ 推导出 P(亦即 $\neg Q \to P$ 成立),而事实为 $\neg P$ 成立,根据矛盾律,P 和 $\neg P$ 不能同时成立,因此假言推理 $\neg Q \to P$ 的后件 P 为假,而假言推理 $\neg Q \to P$ 为真,所以前件 $\neg Q$ 就是假的,从而 Q 为真。事实上,只有承认排中律才能有反证法,亦即 Q 和 $\neg Q$ 一定有一个是真的。

下面几种场景适合使用反证法:

① 要证明的结论与前提条件之间的联系不明显,直接证明比较困难。

② 直接从正面证明需要分多种情况进行讨论,而从反面证明只需要讨论一种或很少几种情况。

③ 直观判断显然成立的命题,或者含有"至少""至多"字样的存在性命题。

在进行反证法推理中,只有与论题相矛盾的命题才能作为反论题,论题的反对命题是不能作为反论题的(这就是所谓的排中律)。为了使论题的真实性得到论证,重要的一环是确定反论题为假,这时往往又会用到归谬法。

归谬法是根据某一命题蕴涵着两个不可同真的结论,推断该命题为假的推理。归谬法的一般形式是:如果 P,那么 Q;如果 P,那么 $\neg Q$;所以 $\neg P$。

(5) 构造法。

构造法是指当解决某些数学问题使用通常方法按照定向思维难以解决问题时,应根据前提条件和结论的特征、性质,从新的角度,用新的观点去观察、分析、理解对象,基于前提条件与结论之间的内在联系,根据问题的数据或外形等特征,将前提条件当作原材料,将已知数学关系式和理论当作工具,构造出满足前提条件或结论的数学对象,使原问题中隐含的关系和性质在新构造的数学对象中清晰地展现出来,并借助该数学对象方便快捷地解决数学问题的方法。

大致说来,数学构造法有两类用途:

① 用于对经典数学的概念、定理寻找构造性解释。

② 用于开发构造性数学的新领域。组合数学、计算机科学中所涉及的数学,都是构造性数学的新领域,尤其是图论更是构造数学发展的典型领域之一。因为图的定义就是构造性的,同时图的许多应用问题,如计算机网络、程序的框图、分式的表达式等,也都是构造性很强的问题。

构造法具有如下两个基本特征:

① 对所讨论的对象能进行较为直观的描述。

② 实现的具体性,就是不只是判明某种解的存在性,而且要实现具体求解。

1.7 习题选解

1.7.1 建立语言的数学模型

1956 年,A. N. Chomsky 研究自然语言时,把语言抽象为一个数学模型,即 Σ 与 L,Σ 是全体字符的集合,$L \subseteq \Sigma^*$,L 就是一个语言,所有的自然语言和程序设计语言都是 Σ^* 的一个子集,更一般地,Σ^* 的任意一个子集就是一个语言,这就是形式语言的理论基础。

字母表是一个非空有穷集合,一般用 Σ 表示,字母表中的元素称为该字母表的一个字母。

例 1.21 ASCII 码是一个字母表,英文字母 $\{a,b,c,\cdots,x,y,z,A,B,C,\cdots,X,Y,Z\}$ 是一个字母表,阿拉伯数字 $\{0,1,2,3,4,5,6,7,8,9\}$ 是一个字母表,所有的标点符号也是一个字母表。

语言由句子组成,而字母表中的字母则是组成句子的最基本元素。

定义 1.19 设 Σ_1、Σ_2 是两个字母表,Σ_1 与 Σ_2 的乘积为 $\Sigma_1\Sigma_2 = \{ab \mid a \in \Sigma_1, b \in \Sigma_2\}$。

例 1.22 字母表的乘积。

(1) $\{0,1\}\{0,1\} = \{00,01,10,00\}$。

(2) $\{0,1\}\{a,b,c,d\} = \{0a,0b,0c,0d,1a,1b,1c,1d\}$。

(3) $\{a,b,c,d\}\{0,1\} = \{a0,a1,b0,b1,c0,c1,d0,d1\}$。

显然,字母表的乘积不满足交换律。

定义 1.20 设 Σ 是一个字母表,Σ 的 n 次幂递归地定义如下:

(1) $\Sigma^0 = \{\varepsilon\}$。

(2) $\Sigma^n = \Sigma^{n-1}\Sigma, n \geq 1$。

其中 ε 是由 Σ 中的 0 个字符组成的。

定义 1.21 设 Σ 是一个字母表,Σ 的正闭包记为 Σ^+,其定义为 $\Sigma^+ = \Sigma \cup \Sigma^2 \cup \Sigma^3 \cup \Sigma^4 \cup \cdots$。$\Sigma$ 的克林闭包记为 Σ^*,其定义为 $\Sigma^* = \Sigma^0 \cup \Sigma^+ = \Sigma^0 \cup \Sigma \cup \Sigma^2 \cup \Sigma^3 \cup \cdots$。

例 1.23 字母表的闭包:

(1) $\{0,1\}^+ = \{0,1,00,01,11,000,001,010,011,100,\cdots\}$。

(2) $\{0,1\}^* = \{\varepsilon,0,1,00,01,11,000,001,010,011,100,\cdots\}$。

(3) $\{a,b,c,\cdots,x,y,z\}^+ = \{a,b,c,d,aa,ab,ac,ad,ba,bb,bc,bd,\cdots,aaa,aab,aac,aad,aba,abb,abc,\cdots\}$。

一般地,我们有 $\Sigma^* = \{x \mid x$ 是 Σ 中的若干个(包括 0 个)字符连接而成的一个字符串$\}$,$\Sigma^+ = \{x \mid x$ 是 Σ 中的至少一个字符连接而成的字符串$\}$。

定义 1.22 设 Σ 是一个字母表,$\forall x \in \Sigma^*$,x 称为 Σ 上的一个句子(Sentence)。两个句子被称为相等的,如果它们对应位置上的字符都对应相等。

定义 1.23 设 Σ 是一个字母表,$\forall x \in \Sigma^*$,句子 x 中字符出现的总个数称为该句子的长度(Length),记作 $|x|$。

长度为 0 的字符串叫空句子。我们将空句子记作 ε。

例 1.24 句子的长度。

字母表 $\Sigma = \{a,b\}$ 上的字符串 $abaabb$ 的长度为 6,字符串 $bbaa$ 的长度为 4,ε 的长度为 0;$bbabaabbbaa$ 的长度为 11,即 $|abaabb|=6,|bbaa|=4,|\varepsilon|=0,|bbabaabbbaa|=11$。

定义 1.24 设 Σ 是一个字母表,$\forall L \subseteq \Sigma^*$,$L$ 称为字母表 Σ 上的一个语言(Language),$\forall x \in L$,x 称为 L 的一个句子。

例 1.25 $\{00,11\},\{0,1,00,11\},\{0,1,00,11,01,10\},\{0,1\},\{00,11\}^*,\{01,$

$10\}^*$,$\{00,01,10,11\}^*$,$\{0\}\{0,1\}^*\{1\}$,$\{0,1\}^*\{111\}\{0,1\}^*$ 都是字母表 $\{0,1\}$ 上的不同语言。

由定义 1.24 可以看出，一个字母表上的语言就是这个字母表上的一些句子的集合，这些句子都满足一个给定的条件。如果我们能用便于计算机处理的适当形式给出这些条件的有穷描述，则对该语言的处理是非常有用的。

克林从识别语言中句子的角度出发，给出了语言的一种描述方法——有穷状态自动机，我们将在 2.9.2 节进行介绍。乔姆斯基从产生语言中句子的角度出发，给出了语言的一种描述方法——文法，我们将在 3.9.1 节进行介绍。这两种语言的描述方法都是便于用计算机进行处理的，乔姆斯基还证明了相应文法及其自动机之间在语言描述能力上的等价性。

1.7.2 证明集合相等

1. 等替法

此处的所谓等替法是指利用集合相等及集合运算的性质，对集合的运算公式进行一系列等价变换，进而证明两个集合（公式）相等的方法。

例 1.26 证明：$A \triangle (B \triangle C) = (A \triangle B) \triangle C$。

【证明】
$$A \triangle (B \triangle C) = ((A \backslash B) \bigcup (B \backslash A)) \triangle C = ((A \cap B^c) \bigcup (B \cap A^c)) \triangle C$$
$$= (((A \cap B^c) \bigcup (B \cap A^c)) \cap C^c) \bigcup (C \cap ((A \cap B^c) \bigcup (B \cap A^c))^c)$$
$$= (A \cap B^c \cap C^c) \bigcup (A^c \cap B \cap C^c) \bigcup (C \cap (A^c \cup B) \cap (B^c \cup A))$$
$$= (A \cap B^c \cap C^c) \bigcup (A^c \cap B \cap C^c) \bigcup (A^c \cap B^c \cap C) \bigcup (A \cap B \cap C)$$

根据对称性，可得
$$(A \triangle B) \triangle C = (A \cap B^c \cap C^c) \bigcup (A^c \cap B \cap C^c) \bigcup (A^c \cap B^c \cap C) \bigcup (A \cap B \cap C)$$
因此
$$A \triangle (B \triangle C) = (A \triangle B) \triangle C \qquad \blacksquare$$

例 1.27 证明：$B = A \triangle B \Leftrightarrow A = \Phi$。

【证明】 充分性 $\Leftarrow$：将 $A = \Phi$ 代入即得。

必要性 $\Rightarrow$：$\Phi = B \triangle B = (A \triangle B) \triangle B = A \triangle (B \triangle B) = A \triangle \Phi = A$，亦即 $A = \Phi$。 $\blacksquare$

2. 反证法

例 1.28 证明：$(A \backslash B) \bigcup B = (A \bigcup B) \backslash B \Leftrightarrow B = \Phi$。

【证明】

必要性 $\Rightarrow$：假设结论不成立，即 $B \neq \Phi$，则 $\exists x \in B$，从而 $x \in (A \backslash B) \bigcup B = (A \bigcup B) \backslash B$，因此 $x \notin B$，矛盾。所以 $B \neq \Phi$。

充分性 $\Leftarrow$：将 $B = \Phi$ 代入即得。 $\blacksquare$

例 1.29 证明：$A \times B = B \times A$ 当且仅当下列条件之一成立：①$A = \Phi$；②$B = \Phi$；③$A = B$。

【证明方法一】 采用反证法。

必要性 $\Rightarrow$：假设结论不成立，即 $A \neq \Phi$、$B \neq \Phi$ 且 $A \neq B$，则 $A \times B = B \times A \neq \Phi$，于是，

$\forall x \in A, y \in B$ 均有 $(x,y) \in A \times B = B \times A$，从而可得，$x \in B, y \in A$，所以 $A \subseteq B, B \subseteq A$，即 $A = B$，矛盾。因此①$A = \Phi$，②$B = \Phi$，③$A = B$ 中至少有一个成立。

充分性⇐：将每个条件代入验证即可得证。

【证明方法二】

必要性⇒：如果 $A \times B = \Phi$，则①$A = \Phi$ 或②$B = \Phi$ 成立，如果 $A \times B \neq \Phi$，往证 $A = B$。

$\forall (x,y) \in A \times B = B \times A$，均有"若 $x \in A$ 且 $y \in B$，则 $x \in B$ 且 $y \in A$"，所以 $A \subseteq B$ 且 $B \subseteq A$，从而 $A = B$。

充分性⇐：将每个条件代入验证即可得证。 ∎

3. 概念法

例 1.30 $M_1, M_2, \cdots$ 和 $N_1, N_2, \cdots$ 是集合 S 的子集序列，$i, j = 1, 2, \cdots, i \neq j$ 时 $N_i \cap N_j = \Phi$。令 $Q_1 = M_1, Q_n = M_n \cap \left(\bigcup_{k=1}^{n-1} M_k\right)^c, n = 2, 3, \cdots$。证明：$N_n \Delta Q_n \subseteq \bigcup_{i=1}^{n}(N_i \Delta M_i)$。

【证明方法一】

假设 $x \in N_n \Delta Q_n = (N_n \setminus Q_n) \cup (Q_n \setminus N_n)$，则 $x \in N_n$ 且 $x \notin Q_n$ 或 $x \in Q_n$ 且 $x \notin N_n$。

如果 $x \in N_n$ 且 $x \notin Q_n = M_n \cap \left(\bigcup_{k=1}^{n-1} M_k\right)^c$，则 $x \notin M_n$ 或 $x \notin \left(\bigcup_{k=1}^{n-1} M_k\right)^c = \bigcap_{k=1}^{n-1} M_k^c$，即 $x \notin M_n$ 或 $\exists i (1 \leqslant i \leqslant n-1), x \notin M_i^c$，所以 $x \in N_n \Delta M_n$，或由 $x \notin M_i^c$ 知 $x \in M_i$。因为 $1 \leqslant i \leqslant n-1$，所以 $N_i \cap N_n = \Phi$，从而由 $x \in N_n$ 知 $x \notin N_i$，故 $x \in M_i \setminus N_i$，所以 $x \in \bigcup_{i=1}^{n}(N_i \Delta M_i)$，此时 $N_n \Delta Q_n \subseteq \bigcup_{i=1}^{n}(N_i \Delta M_i)$。

其次，如果 $x \in Q_n$ 且 $x \notin N_n$，则 $x \in M_n$ 且 $x \notin N_n$，从而 $x \in M_n \setminus N_n \subseteq N_n \Delta M_n$，所以 $x \in \bigcup_{i=1}^{n}(N_i \Delta M_i)$，此时 $N_n \Delta Q_n \subseteq \bigcup_{i=1}^{n}(N_i \Delta M_i)$。

为清晰起见，图 1.11 给出了上述证明过程的逻辑判定树。

【证明方法二】

我们还可以由 $x \notin \bigcup_{i=1}^{n}(N_i \Delta M_i)$ 推出 $x \notin N_n \Delta Q_n$ 来证明 $N_n \Delta Q_n \subseteq \bigcup_{i=1}^{n}(N_i \Delta M_i)$。

假设 $x \notin \bigcup_{i=1}^{n}(N_i \Delta M_i)$，则 $x \notin N_i \Delta M_i (i = 1, 2, \cdots, n)$，于是 $x \notin N_i \cup M_i (i = 1, 2, \cdots, n)$ 或 $x \in N_i \cap M_i (i = 1, 2, \cdots, n)$。特别是 $x \notin N_n \cup M_n$ 或 $x \in N_n \cap M_n$。

(1) 如果 $x \notin N_n \cup M_n$，则 $x \notin N_n, x \notin M_n$，从而 $x \notin N_n, x \notin Q_n$，故 $x \notin N_n \Delta Q_n$。

(2) 如果 $x \in N_n \cap M_n$，则 $x \in N_n$ 且 $x \in M_n$。

因为 $Q_n = M_n \cap \left(\bigcup_{k=1}^{n-1} M_k\right)^c = M_n \cap (M_1^c \cap M_2^c \cap \cdots \cap M_{n-1}^c)$，而且 $i \neq n$ 时 $N_n \cap N_i = \Phi$，$i = 1, 2, \cdots, n-1$，所以 $x \notin N_i, x \notin N_i \cap M_i$。但 $x \notin N_i \cup M_i$ 或 $x \in N_i \cap M_i$，故 $x \notin M_i$，$i = 1, 2, \cdots, n-1$。于是，$x \in Q_n$，从而 $x \in N_n \cap Q_n$，因此 $x \notin N_n \Delta Q_n$。 ∎

1.7.3 建立数学模型

例 1.31 设 $A_1, A_2, A_3, \cdots$ 是集合的无穷序列。$\overline{A}$ 由这样的元素 x 构成：x 属于集合

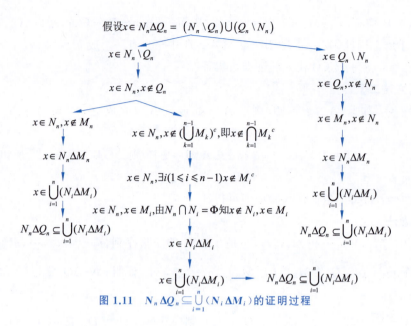

图 1.11 $N_n \Delta Q_n \subseteq \bigcup\limits_{i=1}^{n}(N_i \Delta M_i)$ 的证明过程

序列 $A_1, A_2, A_3, \cdots$ 的无穷多项,则 $\overline{A}$ 称为 $A_1, A_2, A_3, \cdots$ 的上极限,记为 $\overline{\lim\limits_{n \to \infty}} A_n$。$\underline{A}$ 由这样的元素 x 构成:集合序列 $A_1, A_2, A_3, \cdots$ 中只有有限项不包含 x,则 $\underline{A}$ 称为 $A_1, A_2, A_3, \cdots$ 的下极限,记为 $\underline{\lim\limits_{n \to \infty}} A_n$。试证明:

(1) $\overline{\lim\limits_{n \to \infty}} A_n = \bigcap\limits_{n=1}^{\infty} \left(\bigcup\limits_{k=n}^{\infty} A_k \right)$。

(2) $\underline{\lim\limits_{n \to \infty}} A_n = \bigcup\limits_{n=1}^{\infty} \left(\bigcap\limits_{k=n}^{\infty} A_k \right)$。

【分析】 证明的关键是将自然语言"x 属于集合序列 $A_1, A_2, A_3, \cdots$ 的无穷多项"翻译成如下的形式化的数学语言:$\overline{A} = \{x \mid \exists i_1 < i_2 < i_3 < \cdots$ 使得 $x \in A_{i_k}, k = 1, 2, 3 \cdots\}$,将自然语言"集合序列 $A_1, A_2, A_3, \cdots$ 中只有有限项不包含 x"翻译成如下的形式化的数学语言:$\underline{A} = \{x \mid \exists i \in N,$ 使得对于 $\forall l > i, x \in A_l\}$。有些读者感觉这道题难做,主要是因为对上面两句话的理解不够,不能给出其简单正确的形式化描述。

【证明】 (1) 令 $A = \overline{\lim\limits_{n \to \infty}} A_n, B = \bigcap\limits_{n=1}^{\infty} \left(\bigcup\limits_{k=1}^{\infty} A_k \right)$。

先证 $A \subseteq B$。假设 $x \in A$,则 $\exists i_1 < i_2 < i_3 < \cdots$ 使得 $x \in A_{i_k}, k = 1, 2, 3 \cdots$,于是,对 $\forall n \in N, \exists i_l \in N, i_l > n, x \in A_{i_l} \subseteq \bigcup\limits_{k=n}^{\infty} A_k$,从而 $x \in \bigcap\limits_{n=1}^{\infty} \bigcup\limits_{k=n}^{\infty} A_k$,所以 $A \subseteq B$。

再证 $B \subseteq A$。假设 $x \in B$,则对 $\forall n \in N, x \in \bigcup\limits_{k=n}^{\infty} A_k$。$n = 1$ 时,$x \in \bigcup\limits_{k=1}^{\infty} A_k$,于是 $\exists i_1 \in N$ 使得 $x \in A_{i_1}$。$n = i_1 + 1$ 时,$x \in \bigcup\limits_{k=i_1+1}^{\infty} A_k$,所以 $\exists i_2 \in N, i_2 > i_1$ 使得 $x \in A_{i_2}$。$n = i_2 + 1$ 时,$\cdots\cdots$,以此类推,$\exists i_1 < i_2 < i_3 < \cdots$ 使得 $x \in A_{i_k}, k = 1, 2, 3, \cdots$,即 $x \in A$,所以 $B \subseteq A$。

综上有 $A = B$,即 $\overline{\lim\limits_{n \to \infty}} A_n = \bigcap\limits_{n=1}^{\infty} \left(\bigcup\limits_{k=n}^{\infty} A_k \right)$。

(2) 令 $A = \varliminf\limits_{n \to \infty} A_n$, $B = \bigcup\limits_{n=1}^{\infty} \left(\bigcap\limits_{k=n}^{\infty} A_k \right)$。

先证 $A \subseteq B$。假设 $x \in A$，则 $\exists i \in N$，使得对于 $\forall l > i$，$x \in A_l$，亦即 $x \in \bigcap\limits_{k=l+1}^{\infty} A_k$，从而有 $x \in \bigcup\limits_{n=1}^{\infty} \left(\bigcap\limits_{k=n}^{\infty} A_k \right) = B$，所以 $A \subseteq B$。

再证 $B \subseteq A$。假设 $x \in B$，则 $\exists i \in N$，使得 $x \in \bigcap\limits_{k=i}^{\infty} A_k$，亦即 $\exists i \in N$，使得对 $\forall l > i$，$x \in A_l$，亦即 $x \in A$，所以 $B \subseteq A$。

综上有 $A = B$，即 $\varliminf\limits_{n \to \infty} A_n = \bigcup\limits_{n=1}^{\infty} \left(\bigcap\limits_{k=n}^{\infty} A_k \right)$。

例 1.32 若有一些人组成的一个团体。试证可以把这些人分为两组，使每个人在其所在的组中的朋友数至多是他在团体中的朋友数的一半。

【分析】 令集合 S 表示一些人组成的团体，$A \subseteq S$，则 $\{A, A^c\}$ 就是把 S 分为两组的一种分组方法，而且这种分组的表示方法是唯一的，于是我们就可以用这种表示方法来标记某个特定的分组。朋友可以看成笛卡儿乘积中元素的一种性质，于是我们可以用 $P(a,b)$ 来表示 a 与 b 是朋友。

根据题意，我们需要寻找一种分组方法，使得每个人在其所在的组中的朋友数至多是他在团体中的朋友数的一半，也就是在这种分组中，每个人的组内朋友数不能过多，至多是其全体朋友数的一半。于是我们想到要求的分组方法应该让组间朋友数越多越好，也就是要寻求一种让组间朋友数尽可能多的分组方法，由于 S 是有穷集合，在所有的分组方法中一定存在一种分组方法，其组间朋友数为最大，这就应该是所要求的分组。形式化地，令 $S_{\{A,A^c\}} = \{(a,b) \mid (a,b) \in A \times A^c, P(a,b)\}$，则存在 $\{B, B^c\}$ 使得 $|S_{\{B,B^c\}}|$ 最大，$\{B, B^c\}$ 即为所求的分组，下面给出其证明。

【证明】 采用反证法。

根据题意，$\forall a \in S, a \in B$，a 在 B 中的朋友数均应小于或等于 a 在 B^c 中的朋友数，假若不然，则 $\exists b \in S, b \in B$，b 在 B 中的朋友数 d 大于或等于 b 在 B^c 中的朋友数 d'，则把 b 从 B 调到 B^c 中得到一种新的分组 $\{B \setminus \{b\}, B^c \cup \{b\}\}$，记为 $\{B', B'^c\}$，于是，有

$$|S_{\{B',B'^c\}}| = |S_{\{B,B^c\}}| + (d - d') > |S_{\{B,B^c\}}|$$

这与 $|S_{\{B,B^c\}}|$ 为最大相矛盾。

第 2 章学习了映射这种工具后，利用映射可以更方便地求解该题。

1.8 本章小结

作为最基本的数学工具，集合及其运算可以用来描述各种事物群体以及它们的基本组合和扩展。

1. 本章重点

（1）概念：集、子集、幂集，集合的并、交、差、对称差、求补与笛卡儿乘积运算，集合的基数、命题公式、谓词公式。

（2）理论：各种集合运算的性质、计数法则、容斥原理、命题逻辑、谓词逻辑。

（3）方法：证明两个集合相等的方法、逻辑推理方法。

(4) 应用：容斥原理在古典概率中的应用。

2. 本章难点

(1) 容斥原理在古典概率论中的应用。

(2) 建立数学模型。

习题

1. 试用枚举法和概括法分别给出一个现实中的集合的例子。

2. 设 A、B、C 是集合，证明 $A\triangle(B\triangle C)=(A\triangle B)\triangle C$。

3. 设 A、B 是集合，证明 $B=(A\triangle B)\Leftrightarrow A=\Phi$。

4. 设 A、B 是集合，证明 $(A\backslash B)\cup B=(A\cup B)\backslash B\Leftrightarrow B=\Phi$。

5. 设 A、B、C 是集合，证明 $A\backslash(B\cap C)=(A\backslash B)\cup(A\backslash C)$。

6. 设 A、B 是集合，证明 $A\times B=B\times A$ 当且仅当下列条件之一成立：①$A=\Phi$；②$B=\Phi$；③$A=B$。

7. 设 A 是某高校师生之集，$B\subseteq A\times A$，请给出一种具有合理现实意义的 B 的解释，如 B 是同班同学关系。

8. $M_1,M_2,\cdots$ 和 $N_1,N_2,\cdots$ 是集合 S 的子集序列，$i,j=1,2,\cdots,i\neq j$ 时 $N_i\cap N_j=\Phi$。令 $Q_1=M_1, Q_n=M_n\cap\left(\bigcup_{k=1}^{n-1}M_k\right)^c, n=2,3,\cdots$。证明：$N_n\triangle Q_n\subseteq\bigcup_{i=1}^n(N_i\triangle M_i)$。

9. 一些人组成一个团体。试证可以把这些人分为两组，使每个人在其所在的组中的朋友数至多是他在团体中的朋友数的一半。通过设计一个找到满足条件的分组的算法来证明，并与例 1.32 给出的证法相对比，体会抽象思维和过程性思维的区别。

10. 设 $A_1,A_2,A_3,\cdots$ 是集合的无穷序列，$\overline{A}$ 由这样的元素 x 构成：x 属于集序列 $A_1,A_2,A_3,\cdots$的无穷多项，$\overline{A}$ 称为 $A_1,A_2,A_3,\cdots$ 的上极限，记为 $\overline{\lim\limits_{n\to\infty}}A_n$。$\underline{A}$ 由这样的元素 x 构成：集序列 $A_1,A_2,A_3,\cdots$ 只有有限项不包含 x，$\underline{A}$ 称为 $A_1,A_2,A_3,\cdots$ 的下极限，记为 $\underline{\lim\limits_{n\to\infty}}A_n$。试证明：(1) $\overline{\lim\limits_{n\to\infty}}A_n=\bigcap_{n=1}^\infty\left(\bigcup_{k=n}^\infty A_k\right)$；

(2) $\underline{\lim\limits_{n\to\infty}}A_n=\bigcup_{n=1}^\infty\left(\bigcap_{k=n}^\infty A_k\right)$；

(3) $\underline{\lim\limits_{n\to\infty}}A_n\subseteq\overline{\lim\limits_{n\to\infty}}A_n$；

(4) $\underline{A}^c=\overline{\lim\limits_{n\to\infty}}A_n^c$，$\overline{A}^c=\underline{\lim\limits_{n\to\infty}}A_n^c$；

(5) 如果 $A_1\subseteq A_2\subseteq A_3\subseteq\cdots$，则 $\underline{\lim\limits_{n\to\infty}}A_n=\overline{\lim\limits_{n\to\infty}}A_n$。

11. 设 A、B、C、D 是集合，证明"如果 $A\subseteq C$ 且 $B\subseteq D$，则 $(A\times B)\subseteq(C\times D)$"是正确的，而"如果 $(A\times B)\subseteq(C\times D)$，则 $A\subseteq C$ 且 $B\subseteq D$"是错误的。

12. 设 A、B、C、D 是集合，证明 $(A\times C)\cup(B\times D)\subseteq(A\cup B)\times(C\cup D)$，并举例说明 $(A\times C)\cup(B\times D)\neq(A\cup B)\times(C\cup D)$。

13. 利用德·摩根公式的规则 $(A\cup B)^c=A^c\cap B^c$ 证明 $(A\cap B)^c=A^c\cup B^c$。

14. 设 A、B 是集合，证明 $A\subseteq B\Leftrightarrow 2^A\subseteq 2^B$。

15. 设 A、B 是集合,证明 $2^{A\cap B}=2^A\bigcap 2^B$。

16. 选择一个自己感兴趣的复杂工程问题,用自然语言和数学语言分别对其进行描述。主要包含以下部分:

(1) 用自然语言叙述清楚问题及其背景和工程应用价值(对人们的生产生活能带来什么样的好处)。

(2) 抽象为若干数学问题并用准确的数学语言给出问题的定义(可以结合"集合论与图论"课程将要学习到的集合、映射、关系、有向图、无向图等数学工具建立现实问题的初等模型)。

(3) 解决该问题可能遇到的困难以及解决困难的初步思路(该部分写出体会即可,可以带着这些问题进行后续专业课程的学习)。

下面是几个复杂工程问题的样例:

① 基于车辆轨迹数据的交通导航背景下的道路通行时间估计。

② 基于无线接入数据的城市感知背景下的公共交通线路规划。

③ 地理社交网络中的兴趣点推荐背景下的兴趣匹配与社区发现。

第 2 章

映 射

自 17 世纪近代数学产生以来,函数的概念一直处于数学思想的核心位置,但其实函数关系这一概念的意义远远超出了数学领域,数学和自然科学的绝大部分都受着函数关系的支配。

辩证法告诉我们,不能孤立地研究事物,要通过事物之间的联系,找出事物的运动规律,而事物之间最简单的联系就是单值依赖关系——函数。如果将函数的定义域和值域扩展到一般意义的集合上,那就是映射(Mapping)。

本章内容主要包括:映射的概念和几种重要的特殊映射;映射的最一般性质;映射的合成运算;逆映射;映射的应用(包括置换、运算和集合的特征函数);抽屉原理及其应用。本章涉及的方法是置换的循环置换分解。

本章首先通过笛卡儿坐标系中的直观函数图像,利用笛卡儿乘积的子集给出映射概念的严格定义,并就此引出几种重要的特殊映射。有了映射的概念,再加上笛卡儿乘积运算可以再引入一次抽象训练,建立确定的有穷自动机的数学模型,可以为后续的形式语言与自动机课程埋下伏笔。

讲授抽屉原理时提醒读者这是组合数学中的一个基本的重要的存在定理,讲授映射的一般性质时要强调引入合适数学符号(导出映射)的重要性,讲授映射合成时提醒读者其为复合函数概念的推广,并再次引导读者思考引入(合成)运算的目的,讲授逆映射时提醒读者这是反函数概念的推广,这些都是在提醒读者回顾以前学过的课程,并能站在新的高度思考相关概念。讲授置换时引出群的概念、讲授运算时引出代数系的概念、讲授特征函数时引出集合在计算机内的表示问题,这些都为后续的近世代数、数据结构与算法等课程埋下了伏笔。

2.1 函数的一般概念——映射

2.1.1 函数概念的回顾

1665 年,牛顿开始研究微积分之后,用流量表示变量之间的关系,这可以看作函数概念的萌芽。

1667 年,函数最早出现在了英国数学家格雷戈里的文章《论圆和双曲线的求积》之中,他认为函数是一个量,可以从其他量经一系列代数运算或其他可以想象得到的运算得到这个量。

1673 年，莱布尼茨也在一篇手稿中使用了函数这一概念，之后又引入常量、变量、参变量等，标志着数学史上的一大进步——从数量上描述运动。

1734 年，欧拉最早开始使用 $f(x)$ 作为函数的记号。

1837 年，狄利克雷最先给出了函数的一般定义：如果对于给定区间上的每一个 x 值，都有唯一的 y 值与之对应，那么 y 是 x 的函数。

函数概念促成了微积分严格性的开始，如果严格性没有进入定义，那就无法在推理中体现严格性，函数概念还标志着数学家们对数学的理解发生了深刻的转变——从研究"算"转变到研究"概念、性质和结构"。

下面我们通过分析已知的函数概念，来引出映射的严格定义。对于函数，我们还有如下的认识：

数学上的函数，只不过是变量之间相互依赖的一个规律。函数不意味着变量之间存在任何"因果"关系。函数是数学家所关心的两个变量间的关联方式。

数学家和物理学家对函数概念强调的地方不同。数学家强调的是对应规律，即 $f(\ )$ 是一个运算符号：值 $u=f(x)$ 是把 $f(\ )$ 作用于 x 的结果。物理学家通常更感兴趣的是量 u，而不是(通过 x 能)计算出 u 的值的任何数学程序。除非这样的公式对研究 u 的性质有好处。当人们把数学用到物理和工程上时，通常就是采用这种态度的。在用函数进行更高的计算时，有时只有搞清人们究竟指的是由 x 得到量 $u=f(x)$ 的运算 $f(\ )$，还是量 u 本身，才可以避免混乱。因为量 u 本身还可以被认为是用别的方式而依赖于其他变量 z。

物理规律不是别的，只是这样的一些命题，这些命题说明了一些量中有一些变动时，其他一些量如何跟着变动。

对函数概念的通常定义的分析，我们发现其中的"规则""对应"等概念未定义且有些含糊，不令人满意。19 世纪的后半叶，数学家们把函数定义为笛卡儿乘积的子集，从而把函数视为集合。于是，作为规则的函数定义已经过去。这样，把函数与它们的图像等同，这是严格的。但大多数数学家更偏爱用规则定义函数，因为它直观而且生动。

2.1.2 映射的定义

定义 2.1 设 X、Y 为集合，$f \subseteq X \times Y$。如果 f 满足

(1) $\forall x \in X$、$\exists y \in Y$ 使得 $(x,y) \in f$。

(2) 若 (x,y)、$(x,y') \in f$，那么 $y=y'$，则称 f 是 X 到 Y 的一个映射，记为 $f: X \to Y$。X 称为 f 的定义域，若 $(x,y) \in f$，则记为 $y=f(x)$，或 $y=(x)f$，y 称为 x 在 f 下的象，x 称为 y 在 f 下的原象，集合 $\{f(x) | x \in X\}$ 称为 f 的值域。

定义 2.2 设有映射 $f:X \to Y$。对于 $\forall x_1, x_2 \in X, x_1 \neq x_2$ 时均有 $f(x_1) \neq f(x_2)$，则称 f 为从 X 到 Y 的单射(Injection)。对于 $\forall y \in Y, \exists x \in X$ 使得 $f(x)=y$，则称 f 是从 X 到 Y 的满射(Surjection)或从 X 到 Y 上的映射。如果 f 既是单射又是满射，则称 f 是从 X 到 Y 的双射或一一对应。

如果存在一一对应 $f:X \to Y$，则称 X 与 Y 对等，记为 $X \sim Y$。

定义 2.3 设有映射 $f:X \to Y$ 和映射 $g:Z \to W$，如果 $X=Z$、$Y=W$，而且对 $\forall x \in X$ 均有 $f(x)=g(x)$ 成立，则称 f 与 g 相等，记为 $f=g$。

定义 2.4 设有映射 $f:X \to X$。如果对 $\forall x \in x$，均有 $f(x)=x$，则称 f 为 X 到 X 的恒等映射，简称 X 上的恒等映射，记为 I_X、i_X 或 1_X。

定义 2.5 设有映射 $f:X \to Y$，$A \subseteq X$，$\varphi:A \to Y$。如果对 $\forall x \in A$，均有 $\varphi(x)=f(x)$，则称 φ 为 f 在 A 上的限制，并常把 φ 记为 $f|A$，而 f 称为 φ 在 X 上的扩张。

定义 2.6 设有映射 $f:A \to Y$ 且 $X \supseteq A$，则称 f 为从 X 到 Y 的部分映射。我们假定从空集 Φ 到 Y 有唯一的一个映射，它也是 X 到 Y 的部分映射。

例 2.1 假设 $X=\{1,2,3,4\}$，$Y=\{a,b,c\}$，$f=\{(1,a),(2,b),(3,c),(4,b)\}$，则 f 是 X 到 Y 的映射，且 f 是满射，但 f 不是单射。

例 2.2 假设 $X=\{1,2,3\}$，$Y=\{a,b,c,d\}$，$f=\{(1,d),(2,b),(3,a)\}$，则 f 是 X 到 Y 的映射，且 f 是单射，但 f 不是满射。

例 2.3 假设 $X=\{1,2,3\}$，$Y=\{a,b,c\}$，$f=\{(1,c),(2,b),(3,b)\}$，$g=\{(1,c),(2,b),(3,a)\}$，则 f 和 g 均是 X 到 Y 的映射，且 f 既不是单射也不是满射，而 g 既是单射也是满射，所以 g 是双射。

2.1.3 有穷集合间的映射

设 $X=\{1,2,\cdots,m\}$，$Y=\{a_1,a_2,\cdots,a_n\}$，$f:X \to Y$。为了便于理解，我们可以对 f 作如下的解释。

(1) 视 X 为物件之集，Y 为盒子之集，f 为把 X 中的物件装(放)入 n 个命名的盒子里的一种方法：若 $f(i)=a_k$，其意思是把物件 i 放到盒子 a_k 里。

(2) 视 X 中的 $1,2,\cdots,m$ 为 m 个位置，而 Y 中元素为 n 个不同字母：如果 $f(i)=a_k$，其意思是把 a_k 放在位置 i 上。于是，f 就是字母表 Y 上长为 m 的一个字(字母序列、可重复排列)。

定理 2.1 设有映射 $f:X \to Y$，$|X|=m$，$|Y|=n$，则

(1) 如果 f 是单射，则 $m \leqslant n$。

(2) 如果 f 是满射，则 $m \geqslant n$。

(3) 如果 f 是双射，则 $m = n$。

(4) 如果 $m=n$，则 f 是单射 $\Leftrightarrow$ f 是满射 $\Leftrightarrow$ f 是双射。

定理 2.2 设 $|X|=m$，$|Y|=n$，则 $|Y^X|=|\{f|f:X \to Y\}|=n^m$。

(1) 若 $m \leqslant n$，则从 X 到 Y 共有 $n(n-1)\cdots(n-m+1)$ 个单射。

(2) 若 $m=n$，则从 X 到 Y 共有 $m!$ 个双射。

(3) 若 $m \geqslant n$，则从 X 到 Y 的满射的个数等于 $\sum_{k=0}^{n-1}(-1)^k C_n^k (n-k)^m$。

【证明】 在此，我们只给出(3)的证明，其他部分请读者自己给出。(3)的一种证明方法是利用递推公式 $S_{m,n}=n(S_{m-1,n}+S_{m-1,n-1})$ 求解，其中，$S_{m,n}$ 表示 X 到 Y 的满射个数。不过，此处我们采用容斥原理来证明，正好复习一下第 1 章的内容。

令 $Y=\{b_1,b_2,\cdots,b_n\}$，S 为从 X 到 Y 的所有映射构成的集合，则 $|S|=n^m$。

令 $A_i=\{f|f:X \to Y,$ 且 b_i 没有原象$\}$，$1 \leqslant i \leqslant n$，易见 A_i 中的映射都不是满射，且 $|A_i|=(n-1)^m$，$1 \leqslant i \leqslant n$，$A_i \cap A_j$ 中的映射当然也不是满射，且 $|A_i \cap A_j|=(n-2)^m$，$1 \leqslant i < j \leqslant n$，一般地，$|A_{i_1} \cap A_{i_2} \cap \cdots \cap A_{i_k}|=(n-k)^m$，于是，从 X 到 Y 不是满射的映射个数为

$|A_1 \cup A_2 \cup \cdots \cup A_n|$ 个。

根据容斥原理,满射的个数就是 $|S| - |A_1 \cup A_2 \cup \cdots \cup A_n| = \sum_{k=0}^{n-1}(-1)^k C_n^k (n-k)^m$。

例 2.4 安排 5 个学生去 4 个企业实习,每个学生去一个企业,每个企业至少去一个学生,共有多少种安排方法?

【解】 令 X 和 Y 分别表示 5 个学生构成的集合和 4 个企业构成的集合,则上述每一种安排就是一个从 X 到 Y 的满射,根据定理 2.2,共有 $\sum_{k=0}^{4}(-1)^k C_4^k (4-k)^5 = 240$ 种安排方法。

例 2.5 连续掷一个骰子 7 次,试求 1、2、3、4、5、6 点都出现的概率。

【解】 由 1、2、3、4、5、6 六个数组成的 7-重集(所谓重集是指含有重复元素的集合)中,其中某一个数出现了 2 次,其他每个数各出现 1 次。这样的重集中元素的全排列共有 $7!/2! = \frac{7}{2} \times 6!$ 种。由于重复的元素可以是 1、2、3、4、5、6 中的任何一个,故共有 $\left(\frac{7}{2} \times 6!\right) \times 6 = \frac{6 \times 7}{2} \times 6!$ 种。因此,所求的概率为 $\frac{21 \times 6!}{6^7}$。

本题也可以用求满射个数的公式计算得到。

例 2.6 设 $|X| = m, |Y| = n, \text{Sur}(X, Y) = \{f \mid f : X \to Y, f \text{ 是满射}\}, S_{m,n} = |\text{Sur}(X,Y)|$,试证明:$S_{m,n} = n(S_{m-1,n} + S_{m-1,n-1})$。

【证明】 设 $X = \{1, 2, \cdots, m\}, Y = \{a_1, a_2, \cdots, a_n\}$,对于 $\forall i \in \{1, 2, \cdots, n\}$,令 $S_i = \{f \mid f \in \text{Sur}(X,Y), f(1) = a_i\}$,则 $\text{Sur}(X,Y) = S_1 \cup S_2 \cup \cdots \cup S_n$,且 $i \neq j$ 时 $S_i \cap S_j = \Phi$。

令 $P_i = \{f \mid f \in S_i, a_i \text{ 只有 1 一个原象}\}, Q_i = \{f \mid f \in S_i, a_i \text{ 的原象个数大于 1}\}$,则 $S_i = P_i \cup Q_i$ 且 $P_i \cap Q_i = \Phi, |P_i| = S_{m-1, n-1}$。

令 $\varphi : Q_i \to \text{Sur}(X \setminus \{1\}, Y), \forall f \in Q_i, \varphi(f) = f | X \setminus \{1\}$($f$ 在 $X \setminus \{1\}$ 上的限制),于是

(1) $\forall f, g \in Q_i, f \neq g$,因为 $f(1) = g(1)$,所以 $f | X \setminus \{1\} \neq g | X \setminus \{1\}$,从而 φ 是单射。

(2) $\forall f \in \text{Sur}(X \setminus \{1\}, Y)$,令 $f(1) = a_i$,则 $f \in Q_i$,且 $\varphi(f) = f | X \setminus \{1\}$,于是 φ 为满射。

因此,$Q_i \sim \text{Sur}(X \setminus \{1\}, Y)$,故 $|Q_i| = S_{m-1, n}$,由于 $\text{Sur}(X, Y) = S_1 \cup S_2 \cup \cdots \cup S_n$,且 $i \neq j$ 时 $S_i \cap S_j = \Phi$,根据加法法则,$S_{m,n} = n(S_{m-1,n} + S_{m-1,n-1})$。

例 2.7 设 X 是一个有穷集合,从 X 到 X 的部分映射有多少?

【解】 假设 $X = \{x_1, x_2, \cdots, x_n\}, |X| = n$,根据部分映射的定义,可得

从空集 Φ 到 X 的部分映射个数为 C_n^0。

从 $\{x_i\}$ 到 X 的部分映射个数为 $C_n^1 \cdot n, i = 1, 2, \cdots, n$。

从 $\{x_i, x_j\}$ 到 X 的部分映射个数为 $C_n^2 \cdot n^2, i, j = 1, 2, \cdots, n$。

……

从 $\{x_1, x_2, \cdots, x_n\}$ 到 X 的部分映射个数为 $C_n^n \cdot n^n$,于是,从 X 到 X 的部分映射个数为 $C_n^0 + C_n^1 \cdot n + \cdots + C_n^n \cdot n^n = (1+n)^n$。

2.2 抽屉原理

对单射这个概念的否定可以得到一个组合数学中经常用到的重要的存在性定理——抽屉原理。

2.2.1 抽屉原理的形式

在日常生活中,我们知道:将 3 个苹果放在 2 个抽屉中,必有一个抽屉里放了 2 个苹果。在数学上,把一个具有很多元素的集合划分成不多的几个子集,则必有一个子集含有相当数量的元素。

定理 2.3 抽屉原理的简单形式 $n+1$ 个物体放入 n 个盒子中,必有一个盒子里至少装了 2 个物体。

【证明】 假若不然,n 个盒子中至多装了 n 个物体,矛盾。

据说,19 世纪德国数学家狄利克雷(Perter G.L.Dirichlet,1805—1859)最早明确地用这一原理证明数论中的一些命题,后人为纪念他也称这一原理为狄利克雷原理。狄利克雷的描述为:设 $f: X \to Y$,如果 $|X| > |Y|$,则 f 不可能是单射,即存在 X 的两个不同元素 x_1 和 x_2,使得 $f(x_1) = f(x_2)$。虽然狄利克雷的描述更为严格,但却不如抽屉原理更为实用,这是因为狄利克雷的描述中使用了集合这个概念,而集合中的元素不允许重复,抽屉原理中的东西却可以相同,因此,抽屉原理的应用场景更为广泛。

定理 2.4 抽屉原理的强形式 设 $q_1, q_2, \cdots, q_n$ 为正整数,把 $\sum\limits_{i=1}^{n} q_i - n + 1$ 个物体放入 n 个盒子中,则有一个盒子 i 里至少装了 q_i 个物体。

【证明】 采用反证法,假设第 i 个盒子里至多装了 $q_i - 1$ 个物体,$1 \leqslant i \leqslant n$,则 n 个盒子中至多装了 $(q_1 - 1) + (q_2 - 1) + \cdots + (q_n - 1) = \sum\limits_{i=1}^{n} q_i - n$ 个物体,这与把 $\sum\limits_{i=1}^{n} q_i - n + 1$ 个物体放入 n 个盒子中相矛盾,从而,有一个盒子 i 里至少装了 q_i 个物体。

当 $q_1 = q_2 = \cdots = q_n = 2$ 时,得到的就是抽屉原理的简单形式。

由抽屉原理可以演化出一系列其他结果或原理,有时也很有用。

平均值原理 设 $m_1, m_2, \cdots, m_r$ 为正整数且 $\left(\sum\limits_{i=1}^{r} m_i\right) / r > k - 1$,则 $m_1, m_2, \cdots, m_r$ 中必有一个 $m_i \geqslant k$,$1 \leqslant i \leqslant r$。

奇偶性原理 奇数+奇数=偶数,奇数+偶数=奇数,奇数×偶数=偶数,……

2.2.2 抽屉原理的应用

抽屉原理虽然简单,应用它解题却需要技巧。

例 2.8 证明:任 5 个整数中必有 3 个整数,其和是 3 的倍数。

【证明】 取模运算也是一种常用的数学方法。设这 5 个整数分别为 x_1, x_2, x_3, x_4, x_5。由于 $x_i = 3q_i + r_i$,$0 \leqslant r_i \leqslant 2$,$i = 1, 2, \cdots, 5$,令 $A_k = \{x_i | x_i = 3q_i + r_i, r_i = k\}$,$k = 0, 1, 2$,于是可以把集合 A_0, A_1, A_2 看作 3 个盒子,再将 x_1, x_2, x_3, x_4, x_5 根据其余数所对应的下标放到这 3 个盒子中。若有一个盒子为空,则由抽屉原理知,必有一个盒子中放了 3 个整

数,这3个整数的余数相同,故其和是3的倍数;否则每个盒子不空,则从每个盒子中各取一个数,这3个数的余数分别为0、1和2,其和自然也是3的倍数。

例2.9 平面上任意5个整点(坐标均为整数)中,必有两个点,连接此两点的线段的中点也必为整点。

【证明】 每个整点的坐标(x,y)只能是以下4种类型之一:

(奇,奇),(奇,偶),(偶,奇),(偶,偶)。

这就得到了4个盒子。5个整点按其坐标所属的种类装入盒子中,由抽屉原理知,必有一个盒子中至少含有两个点,它们的对应坐标的奇偶性相同,从而连接此两点的线段中点为整点。

例2.10 将5个点放在边长为1的正方形中,必有两点间的距离小于或等于$\sqrt{2}/2$。

【证明】 将边长为1的正方形划分为如图2.1所示的4部分,则将5个点放在该正方形中时,必有两个点落在同一个小正方形中,显然,它们之间的距离小于或等于$\sqrt{2}/2$。

例2.11 从$1,2,3,\cdots,2n$中任取$n+1$个数$a_1,a_2,\cdots,a_{n+1}$,则存在a_i和a_j使得$a_i|a_j$或$a_j|a_i$。

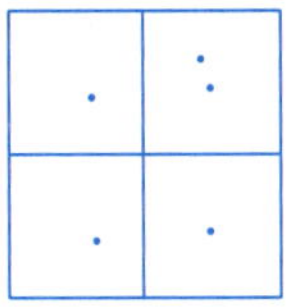

图2.1 划分为4部分的边长为1的正方形

【证明】 令$a_i=2^{s_i}\cdot d_i$,$1\leqslant i\leqslant n+1$,于是得到了$n+1$个奇数$d_1,d_2,\cdots,d_{n+1}$,$1\leqslant d_1,d_2,\cdots,d_{n+1}\leqslant 2n$,但$1,2,3,\cdots,2n$中只有$n$个奇数,根据抽屉原理,必有$d_i=d_j$,再由$a_i=2^{s_i}\cdot d_i$,$a_j=2^{s_j}\cdot d_j$可知:如果$s_i\leqslant s_j$则$a_i|a_j$成立,否则$a_j|a_i$成立。

例2.12 试证明:任何6个人中,或有3个人互相认识,或有3个人互相不认识。

【证明】 图论中还会遇到该题,到时我们会利用它引申出一个重要的组合数学中的理论——Ramsey理论。

令$S=\{a_1,a_2,\cdots,a_6\}$,因为认不认识得有一个参照物,再令$a\in S$,根据是否与a互相认识可以把S中剩下的5个人分为2类,分别记为B和C,$B=\{b|b$与a互相认识$\}$,$C=\{c|c$与a互相不认识$\}$。

根据抽屉原理的强形式或平均值原理均可知,$|B|\geqslant 3$或者$|C|\geqslant 3$。

(1) $|B|\geqslant 3$,此时,如果B中存在两个人互相认识,则他/她们与a就是3个互相认识的人,否则B中有3个人互相不认识。

(2) $|C|\geqslant 3$,此时,如果C中存在两个人互相不认识,则他/她们与a合在一起就是3个互相不认识的人,否则C中就有3个人互相认识。

综上,S中的6个人中,或有3个人互相认识,或有3个人互相不认识。

例2.13 一个8×8的网格去掉了右上角和左下角的方格,问能否用31个1×2形构件盖住剩下的方格?

【解】 如图2.2所示,将8×8网格的每个方格标上0或1,共32个方格标0,32个方格标1。去掉了右上角和左下角两格后的网格共有62个方格,其32个方格标1,30个方格标0。一个1×2形构件恰好盖一个0格和一个1格,于是,31个1×2形构件只能盖住31个标1的方格和31个标0的方格,所以31个1×2形构件不能盖住去了两角的方格网。

1	0	1	0	1	0	1	0
0	1	0	1	0	1	0	1
1	0	1	0	1	0	1	0
0	1	0	1	0	1	0	1
1	0	1	0	1	0	1	0
0	1	0	1	0	1	0	1
1	0	1	0	1	0	1	0
0	1	0	1	0	1	0	1

图 2.2　标上 0 或 1 之后的 8×8 网格

读者还可以试着证明一个类似的问题：对于任何正整数 n，从 $2^n\times 2^n$ 的网格中去掉任何一个方格，剩下的方格都可以用若干个如下所示的 L 形构件盖住。

2.3　映射的一般性质

利用本节介绍的映射的一般性质，可以指导分布式系统中合并和（或）分解任务处理的模式，从而在理论上保证相关系统的可扩展性。为便于讨论，我们首先给出导出映射的概念（也可以看作一种便于描述一些元素的象集或者一些元素的原象集的记号）。

2.3.1　导出映射

设 $f:X\to Y$，借助 f 可定义一个 2^X 到 2^Y 的映射，仍记为 f，称为由 f 导出的映射：$\forall A\in 2^X, f(A)=\{f(x)|x\in A\}, f(A)\in 2^Y$ 称为 A 在 f 下的象。

其次，还可以定义一个从 2^Y 到 2^X 的映射，习惯上记为 f^{-1}，遗憾的是，该记号会与后面引入的逆映射的记号相同，届时我们只能根据上下文来区分两者。$\forall B\subseteq Y, f^{-1}(B)=\{x|f(x)\in B, x\in X\}$，$f^{-1}(B)$ 称为 B 在 f 下的原象。如果 $B=\{y\}$，则 $f^{-1}(B)=f^{-1}(\{y\})$，此时我们可以将其简记为 $f^{-1}(y)$。

有了导出映射的这些符号表示方法，利用它们就可以很方便地讨论下述一些映射的最一般性质了。所谓映射的最一般性质是指映射作为一种对应法则是否保持了某种集合运算的结构，或者说集合运算能否保留映射所描述的对应？一般地，在映射这种对应法则下，求象是规模收缩的过程，求原象是规模扩大的过程。

试问：假设 X 是学生的集合，Y 是宿舍的集合，$f:X\to Y, \forall x\in X, f(x)$ 是 x 所在的宿舍，A 是 1 班学生的集合，B 是 2 班学生的集合，则 $f(A\cap B)=f(A)\cap f(B)$ 成立否？

2.3.2　映射的一般性质及其证明

定理 2.5　设 $f:X\to Y, C, D\subseteq Y$，则

(1) $f^{-1}(C \cup D) = f^{-1}(C) \cup f^{-1}(D)$，即并集的原象等于原象的并集。
(2) $f^{-1}(C \cap D) = f^{-1}(C) \cap f^{-1}(D)$，即交集的原象等于原象的交集。
(3) $f^{-1}(C \triangle D) = f^{-1}(C) \triangle f^{-1}(D)$，即对称差集的原象等于原象的对称差集。
(4) $f^{-1}(C \backslash D) = f^{-1}(C) \backslash f^{-1}(D)$，即差集的原象等于原象的差集。
(5) $f^{-1}(D^c) = (f^{-1}(D))^c$，即补集的原象等于原象的补集。

【证明】 本定理中各式的证明本质上还是证明两个集合相等,亦即证明每个式子的左右两边互为子集即可,关键是要用好导出映射这个概念,能够正确理解有关符号的内涵。下面给出性质(1)、(2)的证明,其他性质的证明留作练习。

(1)【证明方法一】 首先证明 $f^{-1}(C \cup D) \subseteq f^{-1}(C) \cup f^{-1}(D)$。假设 $x \in f^{-1}(C \cup D)$，则 $f(x) \in C \cup D$，亦即 $f(x) \in C$ 或 $f(x) \in D$，如果 $f(x) \in C$，则有 $x \in f^{-1}(C)$，从而有 $x \in f^{-1}(C) \cup f^{-1}(D)$；如果 $f(x) \in D$，则有 $x \in f^{-1}(D)$，同样有 $x \in f^{-1}(C) \cup f^{-1}(D)$。亦即不管 $f(x) \in C$ 还是 $f(x) \in D$ 均有 $x \in f^{-1}(C) \cup f^{-1}(D)$，故有 $f^{-1}(C \cup D) \subseteq f^{-1}(C) \cup f^{-1}(D)$。

再证 $f^{-1}(C) \cup f^{-1}(D) \subseteq f^{-1}(C \cup D)$。假设 $x \in f^{-1}(C) \cup f^{-1}(D)$，则 $x \in f^{-1}(C)$ 或 $x \in f^{-1}(D)$，如果 $x \in f^{-1}(C)$，则有 $f(x) \in C$，从而有 $f(x) \in C \cup D$；如果 $x \in f^{-1}(D)$，则有 $f(x) \in D$，同样有 $f(x) \in C \cup D$。亦即不管 $x \in f^{-1}(C)$ 还是 $x \in f^{-1}(D)$ 均有 $f(x) \in C \cup D$，于是 $x \in f^{-1}(C \cup D)$，因此 $f^{-1}(C) \cup f^{-1}(D) \subseteq f^{-1}(C \cup D)$。

综上，$f^{-1}(C \cup D) = f^{-1}(C) \cup f^{-1}(D)$。

【证明方法二】 首先证明 $f^{-1}(C \cup D) \subseteq f^{-1}(C) \cup f^{-1}(D)$。假设 $x \notin f^{-1}(C) \cup f^{-1}(D)$，则 $x \notin f^{-1}(C)$ 且 $x \notin f^{-1}(D)$，亦即 $f(x) \notin C$ 且 $f(x) \notin D$，因此 $f(x) \notin C \cup D$，于是 $x \notin f^{-1}(C \cup D)$，故有 $f^{-1}(C \cup D) \subseteq f^{-1}(C) \cup f^{-1}(D)$。

再证 $f^{-1}(C) \cup f^{-1}(D) \subseteq f^{-1}(C \cup D)$。假设 $x \notin f^{-1}(C \cup D)$，即 $f(x) \notin C \cup D$，于是 $f(x) \notin C$ 且 $f(x) \notin D$，亦即 $x \notin f^{-1}(C)$ 且 $x \notin f^{-1}(D)$，从而 $x \notin f^{-1}(C) \cup f^{-1}(D)$，因此 $f^{-1}(C) \cup f^{-1}(D) \subseteq f^{-1}(C \cup D)$。

想一想：请大家对比一下上面这两种证明方法,哪种方法的证明逻辑更为简单呢? 你最先想到的又是哪种证明方法呢?

(2) 首先证明 $f^{-1}(C \cap D) \subseteq f^{-1}(C) \cap f^{-1}(D)$，假设 $x \in f^{-1}(C \cap D)$，则 $f(x) \in C \cap D$，即 $f(x) \in C$ 且 $f(x) \in D$，从而 $x \in f^{-1}(C)$ 且 $x \in f^{-1}(D)$，故 $x \in f^{-1}(C) \cap f^{-1}(D)$，因此 $f^{-1}(C \cap D) \subseteq f^{-1}(C) \cap f^{-1}(D)$。

再证 $f^{-1}(C) \cap f^{-1}(D) \subseteq f^{-1}(C \cap D)$，假设 $x \in f^{-1}(C) \cap f^{-1}(D)$，则 $x \in f^{-1}(C)$ 且 $x \in f^{-1}(D)$，从而 $f(x) \in C$ 且 $f(x) \in D$，所以 $f(x) \in C \cap D$，故 $x \in f^{-1}(C \cap D)$，因此 $f^{-1}(C) \cap f^{-1}(D) \subseteq f^{-1}(C \cap D)$。

综上，$f^{-1}(C \cap D) = f^{-1}(C) \cap f^{-1}(D)$。

定理 2.6 设 $f: X \to Y$ 且 $A, B \subseteq X$，则
(1) $f(A \cup B) = f(A) \cup f(B)$。
(2) $f(A \cap B) \subseteq f(A) \cap f(B)$。
(3) $f(A \triangle B) \supseteq f(A) \triangle f(B)$。

【证明】
(1) 首先证明 $f(A \cup B) \subseteq f(A) \cup f(B)$，假设 $y \in f(A \cup B)$，则 $\exists x \in A \cup B$ 使得

$f(x)=y$,如果 $x\in A$,则有 $f(x)=y\in f(A)$;如果 $x\in B$,则有 $f(x)=y\in f(B)$,总之有 $y\in f(A)\cup f(B)$,因此 $f(A\cup B)\subseteq f(A)\cup f(B)$。

再证 $f(A)\cup f(B)\subseteq f(A\cup B)$,假设 $y\in f(A)\cup f(B)$,则 $y\in f(A)$ 或 $y\in f(B)$,如果 $y\in f(A)$,则 $\exists x\in A$ 使 $f(x)=y$;如果 $y\in f(B)$,则 $\exists x\in B$ 使 $f(x)=y$。综合两种情况有,$\exists x\in A\cup B$,使得 $f(x)=y$,故有 $y\in f(A\cup B)$,因此 $f(A)\cup f(B)\subseteq f(A\cup B)$。

综上,$f(A\cup B)=f(A)\cup f(B)$。

(2) 我们首先用一个反例来说明 $f(A\cap B)\neq f(A)\cap f(B)$,然后再证明 $f(A\cap B)\subseteq f(A)\cap f(B)$。

令 $A=\{a\}$,$B=\{b\}$,且 $f(a)=c$,$f(b)=c$,则 $A\cap B=\Phi$,从而 $f(A\cap B)=f(\Phi)=\Phi$,但 $f(A)\cap f(B)=\{c\}\neq\Phi$,所以 $f(A\cap B)\neq f(A)\cap f(B)$。

再证 $f(A\cap B)\subseteq f(A)\cap f(B)$,假设 $y\in f(A\cap B)$,则 $\exists x\in A\cap B$ 使 $f(x)=y$,由于 $x\in A\cap B$,所以 $x\in A$ 且 $x\in B$,从而 $y\in f(A)$ 且 $y\in f(B)$,故有 $y\in f(A)\cap f(B)$,因此 $f(A\cap B)\subseteq f(A)\cap f(B)$。

(3) $f(A\Delta B)\supseteq f(A)\Delta f(B)$ 的证明留作练习。

例 2.14 设 M 是一个非空集合,$\varphi:M\to M$,$N\subseteq M$。$\mathscr{A}=\{P\mid P\subseteq M, N\subseteq P, \varphi(P)\subseteq P\}$,$G=\bigcap_{P\in\mathscr{A}} P$。试证明:

(1) $G\in\mathscr{A}$。

(2) $N\cup\varphi(G)=G$。

【证明】 (1) 因为 $\forall P\in\mathscr{A}$,$N\subseteq P$,所以 $N\subseteq G=\bigcap_{P\in\mathscr{A}} P$;又因为 $\forall P\in\mathscr{A}$,$P\subseteq M$,因此 $G\subseteq M$;又根据定理 2.6 的性质(2),$\varphi(G)=\varphi\left(\bigcap_{P\in\mathscr{A}} P\right)\subseteq\bigcap_{P\in\mathscr{A}}\varphi(P)\subseteq\bigcap_{P\in\mathscr{A}} P=G$,故 $G\in\mathscr{A}$。

(2) 由(1)可知,$N\subseteq G$,$\varphi(G)\subseteq G$,所以 $N\cup\varphi(G)\subseteq G$,故只需证明 $G\subseteq N\cup\varphi(G)$,又因为 $G=\bigcap_{P\in\mathscr{A}} P$,从而只需要证明 $N\cup\varphi(G)\in\mathscr{A}$ 即可。因为 $N\subseteq N\cup\varphi(G)$,$N\cup\varphi(G)\subseteq M$,所以只要证明 $\varphi(N\cup\varphi(G))\subseteq N\cup\varphi(G)$ 即可。

采用反证法,假设 $\varphi(N\cup\varphi(G))\not\subseteq N\cup\varphi(G)$,则 $\exists y\in\varphi(N\cup\varphi(G))$,$y\notin N\cup\varphi(G)$。由 $y\in\varphi(N\cup\varphi(G))$ 可知,$\exists x\in N\cup\varphi(G)$,使得 $y=\varphi(x)$,从而 $\varphi(x)\notin N$ 且 $\varphi(x)\notin\varphi(G)$。因为 $\varphi(x)\notin\varphi(G)$,所以 $x\notin G$,又因为 $\varphi(G)\subseteq G$,所以 $x\notin\varphi(G)$,又因为 $x\in N\cup\varphi(G)$,所以 $x\in N$,而 $N\subseteq G$,因此又有 $x\in G$,这与 $x\notin G$ 相矛盾,故 $\varphi(N\cup\varphi(G))\subseteq N\cup\varphi(G)$。

综上可知,$N\cup\varphi(G)=G$。

例 2.15 已知 $f(A\setminus B)\supseteq f(A)\setminus f(B)$,则由 $f(X\setminus A)\supseteq f(X)\setminus f(A)$ 能否推导出 $f(A^c)\supseteq (f(A))^c$?

【解】 不能。图 2.3 给出的就是一个 $f(A^c)\supseteq (f(A))^c$ 的反例。请读者给出分析的过程。

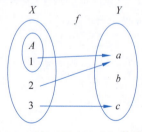

图 2.3 $f(A^c)\supseteq (f(A))^c$ 的反例

2.4 映射的合成

映射是函数概念的推广,映射的合成(Composition)是复合函数概念的推广,复合函数在微积分的运算中占有十分重要的位置,研究映射合成或者复合函数的意义主要有以下几

方面:

(1) 由已知函数产生新的函数。这种产生机制在递归函数论中称为复合机制。如果将映射看作一种数学工具,则映射的合成就是将简单的工具合成为具有更强描述能力的复杂工具的运算机制。

(2) 在程序设计语言中的子程序操作、函数调用和 MACRO(宏)设施为在程序中运用复合提供了明显的便利。

(3) 在微积分中,复合函数的微分法和换元积分法以及变量代换是重要的计算方法,是微积分计算的核心。

(4) 将映射的合成倒过来看就是映射的分解。

2.4.1 映射的合成的定义

定义 2.7 设有映射 $f: X \to Y, g: Y \to Z$,如果存在映射 $h: X \to Z$,使得 $\forall x \in X, h(x) = g(f(x))$,则称 h 为 f 与 g 的合成。

如果用 $f(x)$ 表示 x 在 f 下的象,h 就记为 $g \circ f$;若用 $(x)f$ 表示 x 在 f 下的象,h 就记为 $f \circ g$,我们采用前一种记法,后面学习置换时会用一下后一种记法。

例 2.16 设有映射 $f:\{1,2,3\} \to \{a,b,c\}, g:\{a,b,c\} \to \{x,y,z\}$,其中,$f(1) = f(2) = a, f(3) = c; g(a) = y, g(b) = x, g(c) = z$,则由图 2.4 给出的两个映射合成的示意图容易看出:

$$g \circ f(1) = g(f(1)) = g(a) = y$$
$$g \circ f(2) = g(f(2)) = g(a) = y$$
$$g \circ f(3) = g(f(3)) = g(c) = z$$

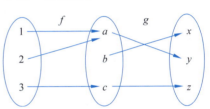

图 2.4 两个映射合成的示意图

2.4.2 合成运算的性质

定理 2.7 恒等映射是合成运算的单位元,即若 $f: X \to X$,则 $f \circ I_X = I_X \circ f = f$。

【证明】 根据映射相等的定义来证明。

对于 $\forall x \in X, (f \circ I_X)(x) = f(I_X(x)) = f(x), (I_X \circ f)(x) = I_X(f(x)) = f(x)$,亦即 $f \circ I_X(x) = I_X \circ f(x) = f(x)$,根据映射相等的定义,有 $f \circ I_X = I_X \circ f = f$。∎

定理 2.8 合成运算满足结合律,即若 $f: X \to Y, g: Y \to Z, h: Z \to W$,则 $(h \circ g) \circ f = h \circ (g \circ f)$。

【证明】 还是根据映射相等的定义来证明。

对于 $\forall x \in X$,有

$$((h \circ g) \circ f)(x) = (h \circ g)(f(x)) = h(g(f(x)))$$
$$(h \circ (g \circ f))(x) = h((g \circ f)(x)) = h(g(f(x)))$$

亦即 $(h \circ g) \circ f(x) = h \circ (g \circ f)(x)$,根据映射相等的定义,$(h \circ g) \circ f = h \circ (g \circ f)$。∎

定理 2.9 映射的合成运算能够保持映射的单射、满射、双射性质,即若 $f: X \to Y, g: Y \to Z$,则

(1) 如果 f 和 g 都是单射,则 $g \circ f$ 也是单射。

(2) 如果 f 和 g 都是满射,则 $g \circ f$ 也是满射。

(3) 如果 f 和 g 都是双射，则 $g \circ f$ 也是双射。

【证明】 证明方法还是根据映射相等的定义。

(1) 假设 $x_1, x_2 \in X, x_1 \neq x_2$，则因为 f 和 g 都是单射，所以 $f(x_1) \neq f(x_2)$ 且 $g(f(x_1)) \neq g(f(x_2))$，亦即 $g \circ f(x_1) \neq g \circ f(x_2)$，因此 $g \circ f$ 是单射。

(2) 对于 $\forall z \in Z$，因为 g 是满射，所以 $\exists y \in Y$ 使 $g(y) = z$，又因为 f 是满射，所以 $\exists x \in X$ 使 $f(x) = y$，于是 $g \circ f(x) = g(f(x)) = g(y) = z$，亦即对于 $\forall z \in Z, \exists x \in X$ 使 $g \circ f(x) = z$，因此 $g \circ f$ 是满射。

(3) 由(1)和(2)可得(3)成立。 ■

定理 2.9 的逆命题并不成立，不过其逆命题的一部分也就是下面的定理 2.10 还是成立的。

定理 2.10 若 $f : X \to Y, g : Y \to Z$，那么

(1) 如果 $g \circ f$ 是单射，则 f 是单射。

(2) 如果 $g \circ f$ 是满射，则 g 是满射。

(3) 如果 $g \circ f$ 是双射，则 f 是单射且 g 是满射。

【证明】

(1) 假设 $x_1、x_2 \in X, x_1 \neq x_2$，则因为 $g \circ f$ 是单射，所以 $g \circ f(x_1) \neq g \circ f(x_2)$，亦即 $g(f(x_1)) \neq g(f(x_2))$，因此 $f(x_1) \neq f(x_2)$，故 f 是单射。

(2) 采用反证法。

假设 g 不是满射，则 $\exists z \in Z$ 使得 $\forall y \in Y$，均有 $g(y) \neq z$，于是，对于 $\forall x \in X$，因为 f 是映射，因此 $f(x) \in Y$，于是 $g \circ f(x) = g(f(x)) \neq z$，这与 $g \circ f$ 是满射相矛盾，因此 g 是满射。

该结论用反证法证明起来更容易，且逻辑更清晰。作为一种逻辑训练，读者可以试着用直接证法来证明该结论，通过对比可以看出不同证明方法在证明不同问题时的方便与否，以期不断提高自己的逻辑推理能力。

(3) 由(1)和(2)可得(3)成立。 ■

例 2.17 设 $f : X \to Y, g : Y \to Z, g \circ f$ 是满射，若 g 是单射，试证：f 是满射。

【证法一】 采用直接证法。

$\forall y \in Y$ 有 $z = g(y) \in Z$，因为 $g \circ f$ 是满射，所以 $\exists x \in X$ 使 $g \circ f(x) = g(f(x)) = g(y)$，又因为 g 是单射，所以 $f(x) = y$，因此 f 是满射。

【证法二】 采用反证法。

假设 f 不是满射，则 $\exists y_0 \in Y$ 使得 $\forall x \in X, f(x) \neq y_0$。因为 g 是 Y 到 Z 的映射，所以 $z_0 = g(y_0) \in Z$，又因为 $g \circ f$ 是满射，所以 $\exists x_0 \in X$ 使得 $g \circ f(x_0) = g(f(x_0)) = z_0$，令 $f(x_0) = y_1$，则 $y_1 \neq y_0$，但 $g(y_1) = g(y_0)$，故 g 不是单射，矛盾。因此，f 是满射。 ■

容易看出，例 2.17 的结论采用直接证法比采用反证法要更容易一些。

2.5 逆映射

逆映射是反函数概念的推广。

定义 2.8 设 $f : X \to Y$，如果存在一个映射 $g : Y \to X$ 使得 $g \circ f = I_X$ 且 $f \circ g = I_Y$，则称

f 是可逆的，g 称为 f 的一个逆映射。

在讨论清楚"给定一个映射 f，其逆映射是否存在且唯一"之前，我们还不能给出逆映射的记法。

2.5.1 逆映射的存在条件及其唯一性

定理 2.11 设有映射 $f:X\to Y$，f 是可逆的当且仅当 f 是双射。

【证明】 先证必要性。

假设 f 是可逆的，则存在映射 $g:Y\to X$ 使得 $g\circ f=I_X$ 且 $f\circ g=I_Y$，亦即 $g\circ f$ 与 $f\circ g$ 都是双射，由定理 2.10 可知，f 既是单射又是满射，从而是双射。

再证充分性，采用构造法。

假设 f 是双射，则构造映射 $g:Y\to X$，使得 $\forall y\in Y, g(y)=x\Leftrightarrow f(x)=y$，由 f 是双射可知，这样的 x 既存在又唯一。容易验证，$g\circ f=I_X$ 且 $f\circ g=I_Y$，所以 g 是 f 的逆映射，从而 f 是可逆的。∎

定理 2.12 设有映射 $f:X\to Y$，如果 f 是可逆的则其逆映射是唯一的，f 的逆映射记为 f^{-1}。

【证明】 采用反证法。假设 f 是可逆的，$g,h:Y\to X$ 都是 f 的逆，且 $g\ne h$，则由定义 2.8 可知，$g\circ f=I_X$ 且 $f\circ g=I_Y$，$h\circ f=I_X$ 且 $f\circ h=I_Y$，于是 $g=I_X\circ g=(h\circ f)\circ g=h\circ(f\circ g)=h\circ I_Y=h$，这与 $g\ne h$ 相矛盾，因此，如果 f 是可逆的，则其逆映射是唯一的。∎

定理 2.13 假设映射 $f:X\to Y, g:Y\to Z$ 都是可逆的，则 $g\circ f$ 也是可逆的，而且

(1) $(f^{-1})^{-1}=f$。

(2) $(g\circ f)^{-1}=f^{-1}\circ g^{-1}$。

【证明】 (1)根据逆映射的定义，因为 $f^{-1}\circ f=I_X$ 且 $f\circ f^{-1}=I_Y$，所以 $(f^{-1})^{-1}=f$。

(2) 因为 $(g\circ f)\circ(f^{-1}\circ g^{-1})=g\circ(f\circ f^{-1})\circ g^{-1}=g\circ I_Y\circ g^{-1}=g\circ g^{-1}=I_Z$，而且 $(f^{-1}\circ g^{-1})\circ(g\circ f)=f^{-1}\circ(g^{-1}\circ g)\circ f=f^{-1}\circ I_Y\circ f=f^{-1}\circ f=I_X$，所以根据逆映射的定义，$(g\circ f)^{-1}=f^{-1}\circ g^{-1}$。∎

定理 2.13 的性质(2)称为穿脱过程，数据结构中的栈就具有该特点，如果后遇到的数据先处理完则可以考虑采用栈这种数据结构。

2.5.2 左(右)可逆映射

定义 2.9 设有映射 $f:X\to Y$，如果存在映射 $g:Y\to X$ 使得 $g\circ f=I_X$，则称 f 是左可逆的；如果存在映射 $g:Y\to X$ 使得 $f\circ g=I_Y$，则称 f 是右可逆的。

下面的定理 2.14 给出了左(右)可逆映射存在的条件，表明可以引入左(右)可逆映射这两个概念。

定理 2.14 设有映射 $f:X\to Y$，则

(1) f 是左可逆的$\Leftrightarrow f$ 是单射。

(2) f 是右可逆的$\Leftrightarrow f$ 是满射。

【证明】

(1) 必要性$\Rightarrow$：假设 f 是左可逆的，则根据定义 2.9 和定理 2.10 即可知 f 是单射。

充分性$\Leftarrow$：假设 f 是单射，则 f 可以看作 X 到 $f(X)$ 的一一对应，于是存在 $g:f(X)\to$

X 使得 $g \circ f = I_X$。将 g 的定义域扩充到 Y 上：$\forall y \in Y$，如果 $y \in f(X)$，则 $g(y)$ 保持不变，如果 $y \in Y \setminus f(X)$，则令 $g(y) = x_0, x_0 \in X$，易见 g 确实是 Y 到 X 的映射，而且 $g \circ f = I_X$。因此，f 是左可逆的。

（2）必要性⇒：假设 f 是右可逆的，则根据定义 2.9 和定理 2.10 即可知 f 是满射。

充分性⇐：假设 f 是满射，则对 $\forall y \in Y$，$f^{-1}(\{y\}) \neq \Phi$。构造映射 $g: Y \to X$：对 $\forall y \in Y, g(y) = x, x \in f^{-1}(\{y\})$，亦即 $f(x) = y$。于是，对 $\forall y \in Y, f \circ g(y) = f(g(y)) = y = I_Y(y)$。因此 $f \circ g = I_Y$，即 f 是右可逆的。

思考：如果 f 是左可逆的，f 的左逆映射有多少个？如果 f 是右可逆的，f 的右逆映射有多少个？

2.6　置换

置换（Permutation）这一概念与数学史上最具浪漫主义色彩的两个人物有关，一个是阿贝尔，一个是伽罗瓦。

阿贝尔（1802—1829），挪威数学家，1829 年死于肺结核，死后才被公认为现代数学的先驱，证明了 5 次或更高次代数方程不能用根式求解，并由此引出可交换群（阿贝尔群）的概念。1824 年发表了第一篇论文《一元五次方程没有代数一般解》（后来数学上把这个结果称为阿贝尔-鲁芬尼定理），寄给高斯，高斯给错过了，后被其好友克列尔收录在《纯粹数学与应用数学》杂志中。1828 年 4 名法国科学院院士推荐其参评法国科学院大奖，1830 年与雅克比同获法国科学院大奖。阿贝尔是椭圆函数论的奠基者，其思想可供数学家工作 150 年。

伽罗瓦（1811—1832），法国数学家，1832 年死于决斗，他的死使数学的发展推迟了几十年。1829 年申请法国科学院大奖，傅里叶收到后不久就去世了，其申请也被弄丢了。

1770 年，拉格朗日分析了 2～4 次方程根式解的结构，提出了方程的预解式概念，并看出预解式和方程各个根在排列置换下的形式不变性，认识到 5 次以上方程不存在根式解。

伽罗瓦改进了拉格朗日的思想，把预解式的构成同置换群联系起来，并在阿贝尔研究的基础上，把全部代数方程可解性问题转换或归结为置换群及其子群结构分析问题，发展了一整套关于群和域的理论，成为群论的创始人。

2.6.1　置换的定义

2000 多年前，罗马共和时期的军事统帅恺撒曾经使用一种加密方法与其将军们进行联系，这种加密方法称为恺撒密码（Caesar Cipher），现在已经成为一种最简单且最广为人知的加密方法，该方法使用的是替换加密技术，明文中的所有字母都在字母表上向后（或向前）按照一个固定数目进行偏移，这样明文就被替换成了密文。例如，当偏移量是 3 的时候，所有的字母 A 将被替换成 D，B 变成 E，以此类推。

恺撒密码中处理字母表的方法类似于扑克牌的洗牌过程，只不过洗牌过程中牌的位置是随机替换的，但对它们的抽象都将得到下面给出的置换这一概念。

定义 2.10　设 $S = \{1, 2, \cdots, n\}$，一个从 S 到 S 的一一对应 σ 称为 S 上的一个 n 次置换，表示成 $\sigma = \begin{pmatrix} 1 & 2 & \cdots & n \\ \sigma(1) & \sigma(2) & \cdots & \sigma(n) \end{pmatrix}$

设 $S=\{1,2,\cdots,n\}$，S 上的所有 n 次置换构成的集合记为 S_n，亦即 $S_n=\{\sigma|\sigma:S\to S,\sigma$ 是一一对应$\}$，易见，$|S_n|=n!$。

在本节中，我们将 i 在置换 σ 下的象记为 $(i)\sigma$ 或 $i\sigma$，在引进合成运算之后，这种记号的改变便于描述从左到右的计算顺序。

$I_S=1_S=\begin{pmatrix}1&2&\cdots&n\\1&2&\cdots&n\end{pmatrix}$ 称为 n 次恒等置换。假设 $\sigma=\begin{pmatrix}1&2&\cdots&n\\i_1&i_2&\cdots&i_n\end{pmatrix}\in S_n$，则 $\sigma^{-1}=\begin{pmatrix}i_1&i_2&\cdots&i_n\\1&2&\cdots&n\end{pmatrix}\in S_n$ 称为 σ 的逆置换。

2.6.2 置换的乘积

作为定义在 S 上的一一对应，置换当然也是映射，因此，定义在映射之上的合成运算也适用于置换，此处，我们将置换的合成称为乘积。

设 $\sigma、\tau\in S_n$，则 σ 与 τ 的乘积就是它们的合成，记成 $\sigma\circ\tau$，简写成 $\sigma\tau$，即 $\forall i\in S,(i)\sigma\tau=((i)\sigma)\tau$。一般地，$\sigma\tau\neq\tau\sigma$。显然，$I_S\sigma=\sigma I_S=\sigma$。

约定 $\sigma^0=I_S$，则 $\sigma^n=\sigma^{n-1}\sigma,n=1,2,3,\cdots$。

例 2.18 设 $\sigma=\begin{pmatrix}1&2&3\\3&1&2\end{pmatrix}$，$\tau=\begin{pmatrix}1&2&3\\2&3&1\end{pmatrix}$，则 $\sigma\tau=\begin{pmatrix}1&2&3\\3&1&2\end{pmatrix}\begin{pmatrix}1&2&3\\2&3&1\end{pmatrix}=\begin{pmatrix}1&2&3\\1&2&3\end{pmatrix}$。

2.6.3 循环置换与对换

前面我们引入了一种置换的表示方法，下面给出一种更简单的表示方法。设有八次置换 $\sigma=\begin{pmatrix}1&2&3&4&5&6&7&8\\4&3&5&2&1&6&7&8\end{pmatrix}$，$\sigma$ 的元素变换方式为 $1\to 4\to 2\to 3\to 5\to 1$，其他元素都不改变，若忽略不发生改变的元素，则 σ 可以写成循环置换的形式 $\sigma=(14235)$。

循环置换是置换的另一种表达形式，它以发生变化的元素的变化次序为序，表达成轮换的形式，虽然表达形式简单，但无法反映出原有置换的元素个数，因此应明确予以说明，如八次置换 $\sigma=(14235)$。

另外，循环置换的表达方法也不唯一，如 $\sigma=(14235)=(42351)=(23514)=\cdots$，这是因为每个循环置换都可以看成一个首尾相接的圆环，如图 2.5 所示。循环置换中的每个元素都可以置于首位，一旦首位元素确定，整个循环置换的表达方式也就确定了。习惯上将循环置换中出现的最小元素置于首位。

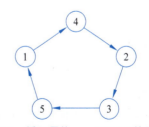

图 2.5 循环置换 $\sigma=(14235)$ 的图示

定义 2.11 设 $\sigma\in S_n$ 且 $i_1\sigma=i_2,i_2\sigma=i_3,\cdots,i_{k-1}\sigma=i_k,i_k\sigma=i_1,\forall i\in S\setminus\{i_1,i_2,\cdots,i_k\},i\sigma=i$，则 σ 称为 k-循环置换。

k-循环置换记为 $(i_1 i_2\cdots i_k)$，亦即

$$(i_1 i_2\cdots i_k)=\begin{pmatrix}i_1&i_2&\cdots&i_{k-1}&i_k&i_{k+1}&\cdots&i_n\\i_2&i_3&\cdots&i_k&i_1&i_{k+1}&\cdots&i_n\end{pmatrix}$$

2-循环置换称为对换，即

$$\sigma = \begin{pmatrix} 1 & 2 & \cdots & i-1 & i & i+1 & \cdots & j & j+1 & n \\ 1 & 2 & \cdots & i-1 & j & i+1 & \cdots & i & j+1 & n \end{pmatrix}$$

记为 (ij)，即 $i\sigma=j$, $j\sigma=i$，若 $k\neq i$ 且 $k\neq j$，则 $k\sigma=k$。

约定恒等置换 $I_S = \begin{pmatrix} 1 & 2 & \cdots & n \\ 1 & 2 & \cdots & n \end{pmatrix}$ 简记为 (1) 或 $(2),\cdots,(n)$，并将 (i) 称为 1-循环置换。

对于 $k=1,2,\cdots,n$，k-循环置换统称为循环置换。设 $(i_1 i_2 \cdots i_k)$ 与 $(j_1 j_2 \cdots j_r)$ 是两个循环置换，如果 $\{i_1,i_2,\cdots,i_k\} \cap \{j_1,j_2,\cdots,j_r\} = \Phi$，则称这两个循环置换是没有共同数字（不相交）的循环置换。

置换的乘法不满足交换律，但两个没有共同数字的循环置换的乘法是可交换的。

定理 2.15 设 $\gamma = (i_1 i_2 \cdots i_r)$，则 $\gamma^r = I_S$ 且 $1 \leq k < r$ 时 $\gamma^k \neq I_S$。

【证明】 显然，置换 γ^2 把 i_1 变为 i_3，把 i_2 变为 i_4，$\cdots$，把 i_r 变为 i_2。一般地，对于 $1 \leq k \leq r$，如果 $j+k \leq r$，则 $i_j \gamma^k = i_{j+k}$；如果 $j+k > r$，则 $i_j \gamma^k = i_{j+k-r}$。于是 $\gamma^r = I_S$ 且 $1 \leq k < r$ 时 $\gamma^k \neq I_S$。 ∎

使 $\gamma^k = I_S$ 成立的最小正整数 k 称为 γ 的阶。于是，r-循环置换的阶就是 r。

按照映射相等的定义，容易验证以下结论。

(1) $(ij)^{-1} = (ij)$。

(2) $(ij)(ij) = I_S$。

(3) $(i_1 i_2 \cdots i_k) = (i_2 \cdots i_k i_1) = \cdots = (i_k i_1 i_2 \cdots i_{k-1})$。

(4) $(i_1 i_2 \cdots i_k)^{-1} = (i_k i_{k-1} \cdots i_1)$。

(5) $(i_1 i_2 \cdots i_k) = (i_1 i_2)(i_1 i_3) \cdots (i_1 i_k)$。

(6) 没有共同数字的两个循环置换的乘积是可交换的。

2.6.4 置换的循环置换分解

定理 2.16 $\forall \sigma \in S_n$，σ 可以分解成若干个没有共同数字的循环置换的乘积。如果不计这些无共同数字的循环置换的次序，则分解是唯一的。

【证明】 采用数学归纳法。

施归纳于 σ 中发生变动元素的个数。

显然，σ 中没有元素发生变动时结论成立，此时 $\sigma = I_S$ 是恒等置换；

假设 σ 中至多有 $r-1(r \leq n)$ 个元素发生变动时结论成立，往证 σ 中恰有 r 个元素发生变动时结论也成立。

首先从 σ 中发生变动的 r 个元素中任选一个元素记为 $i_1, i_2 = i_1\sigma, i_3 = i_2\sigma, \cdots, i_k = i_{k-1}\sigma, i_1 = i_k\sigma$，显然 $k \leq r$。如果 $k = r$，则 σ 本身就是一个 k-循环置换，结论成立。如果 $k < r$，则 $\sigma = (i_1 i_2 \cdots i_k)\sigma_1$，$\sigma_1$ 中只能变动 $r-k < r$ 个元素，根据归纳假设，σ_1 可以分解成若干个没有共同数字的循环置换的乘积：$\sigma_1 = \tau_1 \tau_2 \cdots \tau_m$。

$\tau_1, \tau_2, \cdots, \tau_m$ 中不会再出现 $i_1, i_2, \cdots, i_k$ 等元素，如若不然，不妨假设 $\tau_t = (\cdots i_p i_s \cdots)$，$p \leq k, 1 \leq t \leq m$，因为 $\tau_1, \tau_2, \cdots, \tau_m$ 没有共同数字，因此 i_p 只出现在 τ_t 中，说明 σ_1 将 i_p 变为 i_s，但根据 $\sigma = (i_1 i_2 \cdots i_k)\sigma_1$，$\sigma_1$ 应该将 i_p 变为 i_p，矛盾。

因此 $\sigma = (i_1 i_2 \cdots i_k)\tau_1 \tau_2 \cdots \tau_m$ 就是没有共同数字的循环置换的乘积。

下面证明：如果不计这些无共同数字的循环置换的次序，则分解是唯一的。采用反证法。假设存在两个不同的分解，则必存在 $i,j,i\neq j$，使得在一个分解中 j 紧跟在 i 后，而在另一个分解中却不是这样。于是，第一种分解表明 $i\sigma=j$，而第二种分解却表明 $i\sigma\neq j$，矛盾。因此，如果不计这些无共同数字的循环置换的次序，其分解是唯一的。∎

例 2.19 $\sigma = \begin{pmatrix} 1 & 2 & 3 & 4 & 5 & 6 & 7 & 8 & 9 & 10 \\ 3 & 4 & 5 & 6 & 7 & 2 & 1 & 9 & 8 & 10 \end{pmatrix} = (1357)(246)(89)(10)$。

2.6.5 奇置换和偶置换

定理 2.17 任一置换均可分解成若干个对换的乘积。虽然分解不唯一，但对换个数的奇偶性不变。

【证明】 由定理 2.16，要证明任一置换均可分解成若干个对换的乘积，只需证明 $(i_1 i_2 \cdots i_k) = (i_1 i_2)(i_1 i_3) \cdots (i_1 i_k)$ 成立即可。为便于讨论，令 $\alpha = (i_1 i_2 \cdots i_k)$，$\beta = (i_1 i_2)(i_1 i_3) \cdots (i_1 i_k)$。

对于 $\forall i \in S, i \notin \{i_1, i_2, \cdots, i_k\}$ 或者 $i \in \{i_1, i_2, \cdots, i_k\}$。

(1) 如果 $i \notin \{i_1, i_2, \cdots, i_k\}$，则 $i\alpha = i, i\beta = i$，此时 $\alpha = \beta$。

(2) 如果 $i \in \{i_1, i_2, \cdots, i_k\}$，不妨设 $i = i_j$，分两种情况讨论：

① 如果 $j < k$，则 $i\alpha = i_j\alpha = i_{j+1}, i\beta = i_j\beta = i_{j+1}$，此时 $\alpha = \beta$；

② 如果 $j = k$，则 $i\alpha = i_k\alpha = i_1, i\beta = i_k\beta = i_1$，此时 $\alpha = \beta$。

综上，根据映射相等的定义，我们有 $(i_1 i_2 \cdots i_k) = (i_1 i_2)(i_1 i_3) \cdots (i_1 i_k)$。

接下来，应用范德蒙行列式来证明对换个数的奇偶性不变。

令 $D = \begin{vmatrix} 1 & 1 & \cdots & 1 \\ x_1 & x_2 & \cdots & x_n \\ x_1^2 & x_2^2 & \cdots & x_n^2 \\ \vdots & \vdots & & \vdots \\ x_1^{n-1} & x_2^{n-1} & \cdots & x_n^{n-1} \end{vmatrix} = \prod_{1 \leqslant i < j \leqslant n} (x_i - x_j)$。

$\forall \sigma \in S_n$，$D\sigma$ 表示将 σ 作用到 $x_1, x_2, \cdots, x_n$ 的下标上，假设 σ 存在如下两种对换分解：$\sigma = \sigma_1 \sigma_2 \cdots \sigma_s = \tau_1 \tau_2 \cdots \tau_t$，往证 s 和 t 的奇偶性相同。

因为 $D\sigma = (((D\sigma_1)\sigma_2)\cdots)\sigma_s = (-1)^s D$，$D\sigma = (((D\tau_1)\tau_2)\cdots)\tau_t = (-1)^t D$，所以 $(-1)^s = (-1)^t$，因此 s 和 t 的奇偶性相同。∎

定义 2.12 如果置换 σ 能分解成偶(奇)数个对换的乘积，则称 σ 为偶(奇)置换。

例 2.20 n 次奇置换的个数等于 n 次偶置换的个数，都等于 $n!/2$。

【证明】 假设 S_n 中的奇置换之集为 A，偶置换之集为 B，则 $S_n = A \cup B$，且 $A \cap B = \Phi$，所以 $|S_n| = |A \cup B| = |A| + |B| = n!$，取 $\sigma \in A$，利用 σ 将 A 变换一下，建立起奇偶置换之间的关系，即 $\sigma A = \{\sigma\tau | \tau \in A\} \subseteq B$，$\sigma A$ 中的 $\sigma\tau$ 不会出现重复元素，因为若有 $\tau \neq \tau'$ 使 $\sigma\tau = \sigma\tau'$，则有 $\sigma^{-1}\sigma\tau = \sigma^{-1}\sigma\tau'$，从而 $\tau = \tau'$，矛盾，因此，$|A| = |\sigma A| \leqslant |B|$。同理，利用 σ 将 B 变换一下，建立起偶奇置换之间的关系，即 $\sigma B = \{\sigma\tau | \tau \in B\} \subseteq A$，可得 $|B| = |\sigma B| \leqslant |A|$，故 $|A| = |B| = n!/2$。

例 2.21 试证明：任何偶置换均可分解为 3-循环置换的乘积。

【证明】 任何偶置换均可分解为偶数个对换的乘积，再加上下面的三个公式成立即可得证。

① $(ab)(ac)=(abc)$。

② $(ab)(ab)=(abc)(cba)$。

③ $(ab)(cd)=(ab)(bc)(bc)(cd)=(acb)(bdc)$。

置换就是排列,但置换更应该被当作一种变换工具,例如,基于字母表的简单置换就可以得到恺撒密码这样的加密方法。在有数学修养的任何人的知识宝库中,必须吸收这个简明而自然的概念。虽然有些问题不用置换这个概念也能解决,但这时要引入一些不自然或没有意义的设计。

2.7　序列、矩阵与运算

本节可以看作映射在数学上的应用,利用映射这一工具给出数学上几个重要概念的严格的抽象定义。

2.7.1　序列

序列是数学中的一个重要概念。序列分为有穷序列和无穷序列,序列不仅涉及对象的集合,还涉及到顺序概念:第1个,第2个,……,等等。假设自然数的顺序为1,2,3,…。

定义 2.13　设 X 是一个集合,则 $a:N\to X$ 称为 X 上的一个无穷序列,$a:\{1,2,\cdots,n\}\to X$ 称为 X 上的一个长为 n 的有穷序列。

设 $a:N\to X,\forall i\in N,$ 令 $a(i)=a_i,$ 借助于自然数的顺序,序列 a 可以直观地表示成

$$a_1,a_2,a_3,\cdots$$

简记为 $\{a_i\}_{i=1}^{\infty},a_i$ 称为该序列的第 i 项。长为 n 的有穷序列 $a_1,a_2,\cdots,a_n$ 则记为 $(a_1,a_2,\cdots,a_n)$ 或 $a_1,a_2,\cdots,a_n$。实际上,$(a_1,a_2,\cdots,a_n)$ 就是一个 n 元组,在程序设计语言中是一个具有 n 个元素的一维数组。$a_1,a_2,\cdots,a_n$ 在计算机科学中则被称为一个长度为 n 的符号行或字符串或字。它们本质上都是从 $\{1,2,\cdots,n\}$ 到 X 的一个映射。

子序列是从序列 $a_1,a_2,a_3,\cdots$ 或 $a_1,a_2,\cdots,a_n$ 的项中选出一些项并按照原来的次序写出的一个新的序列,每一项至多被选出一次,被选项的下标则形成了自然数的子序列,且后一项大于前一项。

定义 2.14　设 $s:N\to N,\forall i,j\in N,$ 如果 $i<j$ 时均有 $s(i)<s(j),$ 则称 s 为 N 的子序列。设 $s:N\to N,\forall i\in N,$ 令 $s(i)=n_i,$ 该子序列可以简记为 $n_1,n_2,n_3,\cdots,$ 其中 $n_1<n_2<n_3<\cdots$。

定义 2.15　设 $a=\{a_i\}_{i=1}^{\infty}$ 是 X 上的一个序列,$s=\{n_i\}_{i=1}^{\infty}$ 是自然数序列的一个子序列,则 s 与 a 的合成 $a\circ s$ 称为 a 的一个子序列。

直观地,定义 2.15 中 a 的子序列 $a\circ s$ 的形式类似于 $a_{n_1},a_{n_2},a_{n_3},\cdots$。

2.7.2　矩阵

矩阵是数学中的一个重要的对象,也是程序设计语言中的一种复合数据类型,即二维数组。

一个 m 行 n 列的实矩阵 A,在 C 语言程序设计中用一个二维数组表示,并用 float $a[m][n]$ 说明。在数学上,一个 m 行 n 列的实矩阵 A 是一个从 $\{1,2,\cdots,m\}\times\{1,2,\cdots,n\}$

到实数集 **R** 的映射。$\forall (i,j) \in \{1,2,\cdots,m\} \times \{1,2,\cdots,n\}$，$A(i,j)$ 常记为 a_{ij}，称为 **A** 的第 i 行第 j 列的元素。

C 语言的说明语句 float $a[m][n]$ 指出 a 有 m 行和 n 列，类型说明符 float 则规定了 a 的元素为实数值。在程序设计语言中，总是用一片连续的存储单元存放 a 的元素，C 语言按行存放，FORTRAN 语言按列存放。因此，在概念上，不能把二维数组说成内存中的一片连续的存储单元，它只是一种存储方式。

2.7.3 运算

回忆一下物理学、力学及其他科学中使用的运算，它们大都满足一定的规律。利用它们把已发现的物理规律描述得十分简洁和完美，这些物理规律的发现是通过艰苦和巧妙的实验以及深刻的思考得到的。但是，表达得那么简洁和完美则与选择合适的运算有关。那么，什么是运算呢？

下面给出的运算的定义不局限于数集，而是扩展到了任意抽象的集合之上。

定义 2.16 从 $A_1 \times A_2 \times \cdots \times A_n$ 到 D 的映射 φ 称为 $A_1 \times A_2 \times \cdots \times A_n$ 到 D 的 n 元运算。当 $A_1 = A_2 = \cdots = A_n = D$ 时，φ 称为 D 上的 n 元运算。$n=2$ 时称 φ 为二元运算；$n=1$ 时，称 φ 为一元运算。

根据定义 2.16，如果 φ 为 D 上的 n 元运算，则参与 φ 运算的元素和运算所得的结果元素均在 D 中，该性质称为运算的封闭性。

一元运算其实就是 X 到 X 的映射，也称为 X 的一个变换。

二元运算 φ 常用 "+" "∘" "·" 表示。$\varphi(a,b)$ 常常采用中缀形式的 $a\varphi b$ 来表示，不过，$(a,b)\varphi$ 这种后缀形式可以省掉表达式中的括号，其表达式中运算符出现的顺序就是运算的顺序，编译程序在为算术表达式生成代码时一般会采用这种表示形式。

假设 ∘ 是 X 上的二元运算，如果 $\exists a_l \in X$ 使 $\forall x \in X$ 有 $a_l \circ x = x$，则称 a_l 为 ∘ 在 X 中的左单位元；如果 $\exists a_r \in X$ 使 $\forall x \in X$ 有 $x \circ a_r = x$，则称 a_r 为 ∘ 在 X 中的右单位元；如果 $\exists e \in X$ 使 $\forall x \in X$ 有 $e \circ x = x \circ e = x$，则称 e 为 ∘ 在 X 中的单位元。

假设 ∘ 是 X 上的二元运算，如果 ∘ 在 X 中既有左单位元 a_l 也有右单位元 a_r，则 $a_l = a_r$，从而 ∘ 在 X 中有单位元。

假设 ∘ 是 X 上的二元运算，$a \in X$，e 为 ∘ 在 X 中的单位元，如果 $\exists b_l \in X$ 使 $b_l \circ a = e$，则称 b_l 为 a 的左逆元素；如果 $\exists b_r \in X$ 使 $a \circ b_r = e$，则称 b_r 为 a 的右逆元素；如果 $\exists b \in X$ 使 $b \circ a = a \circ b = e$，则称 b 为 a 的逆元素。

假设 ∘ 是 X 上的二元运算，$a \in X$，如果 a 在 X 中既有左逆元素 a_l 也有右逆元素 a_r，则 $a_l = a_r$，从而 a 在 X 中有逆元素且 a 的逆元素是唯一的，a 的逆元素记为 a^{-1}。

假设 ∘ 是 X 上的二元运算，如果 $\exists a_l \in X$ 使 $\forall b \in X$ 有 $a_l \circ b = a_l$，则称 a_l 为 ∘ 在 X 中的左零元素；如果 $\exists a_r \in X$ 使 $\forall b \in X$ 有 $a_r \circ b = a_r$，则称 a_r 为 ∘ 在 X 中的右零元素；如果 $\exists a \in X$ 使 $\forall b \in X$ 有 $a \circ b = b \circ a = a$，则称 a 为 ∘ 在 X 中的零元素。

假设 ∘ 是 X 上的二元运算，如果 ∘ 在 X 中既有左零元素 a_l 也有右零元素 a_r，则 $a_l = a_r$，从而 ∘ 在 X 中有零元素。

如果 $|X| = n$，则在 X 上可以定义 n^{n^2} 种二元运算，平时用到的很少，但所用到的大都具有良好的运算性质。

定义 2.17 设有二元运算 $\circ: X \times X \to X$，如果对于 $\forall x, y \in X$，均有 $x \circ y = y \circ x$ 成立，则

称二元运算。满足交换律。

定义 2.18 设有二元运算 $\circ: X \times X \to X$,如果对于 $\forall x, y, z \in X$,均有 $x \circ (y \circ z) = (x \circ y) \circ z$ 成立,则称二元运算。满足结合律。

如果 X 上的二元运算。满足结合律,则对 $\forall a_i \in X, i \in \{1, 2, \cdots, n\}$,$n$ 个元素 $a_1, a_2, \cdots, a_n$ 执行。运算的结果只跟这 n 个元素及其次序有关。

如果 X 上的二元运算。既满足结合律又满足交换律,则对 $\forall a_i \in X, i \in \{1, 2, \cdots, n\}$,$n$ 个元素 $a_1, a_2, \cdots, a_n$ 执行。运算的结果只跟这 n 个元素有关而与它们的次序无关。

设 $\circ: X \times X \to X$ 且。满足结合律,e 为。在 X 中的单位元,$\forall a, b, c \in X$,如果 b, c 都是 a 的逆元素,则因为 $a \circ b = b \circ a = e, a \circ c = c \circ a = e$,于是,$b = e \circ b = (c \circ a) \circ b = c \circ (a \circ b) = c \circ e = c$,即 $b = c$。

定义 2.19 设有二元运算 $\circ, *: X \times X \to X$,如果对于 $\forall x, y, z \in X$,均有 $x \circ (y * z) = (x \circ y) * (x \circ z)$ 成立,则称二元运算。对 $*$ 满足左分配律;如果对于 $\forall x, y, z \in X$,均有 $(y * z) \circ x = (y \circ x) * (z \circ x)$ 成立,则称二元运算。对 $*$ 满足右分配律;如果对于 $\forall x, y, z \in X$,均有 $x \circ (y * z) = (x \circ y) * (x \circ z)$ 和 $(y * z) \circ x = (y \circ x) * (z \circ x)$ 同时成立,则称二元运算。对 $*$ 满足分配律。

例 2.22 设 $K = \{0, 1\}$,在 K 上定义加法 $+$ 和乘法 $\circ$,如图 2.6 所示,易见,加法 $+$ 和乘法。是 K 上两个不同的二元运算,且 0 是加法 $+$ 的单位元素,1 是乘法。的单位元素。加法 $+$ 和乘法。满足结合律和交换律。乘法。对加法 $+$ 满足分配律,0 对加法 $+$ 的逆元是 0,1 对加法 $+$ 的逆元是 1。1 对乘法。的逆元是 1,0 对乘法。的逆元不存在。近世代数中称 K 及其上的加法 $+$ 和乘法。运算构成的代数系 $(K, +, \circ)$ 为域。

+	0	1		$\circ$	0	1
0	0	1		0	0	0
1	1	0		1	0	1
(a)				(b)		

图 2.6 $K = \{0, 1\}$ 上的加法表和乘法表

2.7.4 代数结构

在研究一个系统时,人们常常在所研究的对象间引入各种运算,它们服从某些熟知的运算规律,这样不仅能简化所得到的公式,而且许多时候还能简化科学结论的逻辑结构。当这些运算与某些关系发生一定的联系时将更为有用。

当一个集合或者几个集合间引入了代数运算后,集合便与代数运算一起形成了一个代数系统(简称代数系)或构成了一个代数结构,详细地研究代数运算的规律及各种代数系的性质是近世代数的核心任务。假设。是 X 上的一个二元运算,则 $(X, \circ)$ 就是一个代数系。

具有代数结构的集合是由伽罗瓦创造的,伽罗瓦最先创立的代数系称为群,群具有非常广泛的应用,是近世代数的基础。

定义 2.20 设 X 是一个非空集合,$\circ$ 是 X 上的一个二元运算,如果下列条件同时成立,则称 $(X, \circ)$ 为群:

(1) $\forall x, y, z \in X$,均有 $x \circ (y \circ z) = (x \circ y) \circ z$ 成立,即。满足结合律。

(2) $\exists e \in X$,使得$\forall x \in X$,均有$e \circ x = x$,即存在一个左单位元e。

(3) $\forall x \in X, \exists y \in X$ 使得 $y \circ x = e$,其中的 e 总是(2)中的同一个左单位元,即每个元素相对于$\circ$均有一个左逆元。

定义 2.21 设有代数系$(X, +)$与$(Y, \circ)$,如果存在一一对应$\varphi: X \to Y$,使得对于$\forall x_1, x_2 \in X$,均有$\varphi(x_1 + x_2) = \varphi(x_1) \circ \varphi(x_2)$成立,则称$(X, +)$与$(Y, \circ)$同构,记作$X \cong Y$。

类似地可以定义具有两个代数运算的代数系统之间的同构关系。

定义 2.22 设有代数系$(X, +, \circ)$与$(Y, \oplus, *)$,如果存在一一对应$\varphi: X \to Y$,使得对于$\forall x_1, x_2 \in X$,均有$\varphi(x_1 + x_2) = \varphi(x_1) \oplus \varphi(x_2), \varphi(x_1 \circ x_2) = \varphi(x_1) * \varphi(x_2)$成立,则称$(X, +, \circ)$与$(Y, \oplus, *)$同构,记作$X \cong Y$。

同构的代数系本质上是一样的,只是命名不同,φ就是命名的法则。

在近世代数中,代数系$(X, +)$、$(Y, \circ)$的运算对象(X或Y中元素)是什么并未说明,也不需说明,运算+或$\circ$具体怎么算也未说明,只知道它们满足某些运算规律,所有适合它们的论断不涉及这些实体的实现,而只说明数学上"不加定义的对象"之间的相互关系以及所遵循的运算规律,可"验证的"只是结构和关系。

由于代数运算贯穿在任何数学理论和应用中,再加上代数运算及其运算对象的一般性,近世代数的研究在数学里就是基本性的,其方法和结果渗透到了与它相近的各个不同的数学分支中,因此,近世代数对全部数学的发展都有着显著的影响,是现代数学不可缺少的有力工具。不仅如此,近世代数在其他一些科学领域也有比较直接的应用,特别是对计算机科学领域更是具有十分重大的影响,近世代数中的某些内容不仅在计算机科学中有直接应用,而且还成为其理论基础之一。

2.8 集合的特征函数

特征函数这一概念可以看作在自助式快餐店的菜单上点菜过程的抽象,更严格地则类似于概率论中事件$A \subseteq \Omega$的示性函数(Indicator),在概率论中,令$x_A: \Omega \to \{0, 1\}$,对于$\forall \omega \in \Omega$,示性函数$x_A(\omega)$定义如下:

$$x_A(\omega) = \begin{cases} 1 & \omega \in A \\ 0 & \omega \in \Omega \setminus A \end{cases}, x_A(\omega) \text{ 是一个随机变量(定义在样本空间上的一个实值函数)}$$

$$\{\omega \mid x_A(\omega) \leqslant x\} = \begin{cases} \Omega & x \geqslant 1 \\ A^c & 0 \leqslant x < 1, P(A) = P(x_A(\omega) = 1) \\ \Phi & x < 0 \end{cases}$$

于是,借助示性函数,可以将事件的研究纳入随机变量的研究。

随机变量的引入对概率论的发展具有重要意义,不仅使事件的表达更加方便、系统,而且引入随机变量后,对事件概率的研究不再是重点,而是转换为对随机变量取值规律的研究,而随机变量的取值规律又可以由其分布函数完全确定,从而可以借助数学分析的工具进行更为广泛且深入的研究。

2.8.1 特征函数

定义 2.23 设$A \subseteq X, \chi_A: X \to \{0, 1\}, \forall x \in X, \chi_A(x) = \begin{cases} 1 & x \in A \\ 0 & x \notin A \end{cases}$,$\chi_A$称为$A$的特征

函数(Characteristic Function)。

定理 2.18 令 $\text{Ch}(X)=\{\chi|\chi:X\to\{0,1\}\}$，则存在双射 $\varphi:2^X\to\text{Ch}(X)$。

【证明】 令 $\varphi:2^X\to\text{Ch}(X)$，$\forall A\in 2^X$，亦即 $A\subseteq X$，$\varphi(A)=\chi_A$，今证 φ 是双射。

(1) 设 A、$B\in 2^X$，如果 $A\neq B$，则 $\chi_A\neq\chi_B$，即 $\varphi(A)\neq\varphi(B)$，故 φ 是单射。

(2) 采用构造法证明 φ 是满射。

对于 $\forall\chi\in\text{Ch}(X)$，$\chi:X\to\{0,1\}$，令 $A=\{x|x\in X,\chi(x)=1\}\subseteq X$，易见，$\chi_A=\chi$，所以 $\varphi(A)=\chi$，亦即 φ 是满射。

综上，φ 是双射。

例 2.22 中，我们在 $K=\{0,1\}$ 上定义了加法 $+$ 和乘法 $\circ$ 运算，构成的代数系 $(K,+,\circ)$ 称为域。$\text{Ch}(X)$ 中的元素 χ 的值域包含在 K 中，因此，可以借助 K 中的加法 $+$ 和乘法 $\circ$ 定义 $\text{Ch}(X)$ 中的加法 $\vee$、乘法 $\wedge$ 和求补 ^{c}：

对于 $\forall\chi,\chi'\in\text{Ch}(X)$，$\forall x\in X$，令

(1) $(\chi\vee\chi')(x)=\chi(x)+\chi'(x)+\chi(x)\circ\chi'(x)$。

(2) $(\chi\wedge\chi')(x)=\chi(x)\circ\chi'(x)$。

(3) $\chi^c(x)=1-\chi(x)$。

其中的 $-$ 号是 K 中加法 $+$ 的逆运算(此处 $0-0=0,0-1=1,1-0=1,1-1=0$)。

于是 $(\text{Ch}(X),\vee,\wedge,^c)$ 就是一个代数系统，并有如下的定理 2.19 成立。

定理 2.19 $(2^X,\cup,\cap,^c)\cong(\text{Ch}(X),\vee,\wedge,^c)$。

【证明】 令 $\varphi:2^X\to\text{Ch}(X)$，$\forall A\in 2^X$，$\varphi(A)=\chi_A$，由定理 2.18 知，$\varphi$ 是一一对应。

$\forall A,B\in 2^X$，往证 $\varphi(A\cup B)=\varphi(A)\vee\varphi(B)$，亦即证明 $\chi_{A\cup B}=\chi_A\vee\chi_B$ 成立。为此，假设 $x\in X$，则 $\chi_{A\cup B}(x)=\begin{cases}1 & x\in A\cup B\\0 & x\notin A\cup B\end{cases}$。

(1) 如果 $x\notin A\cup B$，则 $x\notin A$ 且 $x\notin B$，因而 $\chi_A(x)=\chi_B(x)=0$，于是 $(\chi_A\vee\chi_B)(x)=\chi_A(x)+\chi_B(x)+\chi_A(x)\circ\chi_B(x)=0$，此时 $\chi_{A\cup B}(x)=(\chi_A\vee\chi_B)(x)$。

(2) 如果 $x\in A\cup B$，则存在以下 3 种情况：

① $x\in A\setminus B$，此时，$\chi_A(x)=1$，$\chi_B(x)=0$，于是 $(\chi_A\vee\chi_B)(x)=\chi_A(x)+\chi_B(x)+\chi_A(x)\circ\chi_B(x)=1$，因而，$\chi_{A\cup B}(x)=(\chi_A\vee\chi_B)(x)$；

② $x\in B\setminus A$，此时，$\chi_A(x)=0$，$\chi_B(x)=1$，于是 $(\chi_A\vee\chi_B)(x)=\chi_A(x)+\chi_B(x)+\chi_A(x)\circ\chi_B(x)=1$，因而，$\chi_{A\cup B}(x)=(\chi_A\vee\chi_B)(x)$；

③ $x\in A\cap B$，此时，$\chi_A(x)=1$，$\chi_B(x)=1$，于是 $(\chi_A\vee\chi_B)(x)=\chi_A(x)+\chi_B(x)+\chi_A(x)\circ\chi_B(x)=1$，因而，$\chi_{A\cup B}(x)=(\chi_A\vee\chi_B)(x)$。

综合上述(1)和(2)可知，$\chi_{A\cup B}=\chi_A\vee\chi_B$ 成立，即 $\varphi(A\cup B)=\varphi(A)\vee\varphi(B)$。

同理可以证明 $\varphi(A\cap B)=\varphi(A)\wedge\varphi(B)$、$\varphi(A^c)=(\varphi(A))^c$，因此，$(2^X,\cup,\cap,^c)$ 同构于 $(\text{Ch}(X),\vee,\wedge,^c)$，它们本质上就是相同的，也就是说，$2^X$ 可以看作 $\text{Ch}(X)$，只是表现形式不一样而已，集合比较直观，而特征函数则更易于使用计算机进行存储和处理。

特征函数是集合的一种便于实现的表示方式，抽象后得到的代数系统就是布尔代数，有助于理解第 3 章、第 4 章的一些关键内容。

2.8.2 集合在计算机中的存储

设有集合 $X=\{1,2,\cdots,m\}$，m 不太大，$A\subseteq X$。

以集合为基础的抽象数据类型的实现依赖于集合 X 的大小。当 m 不太大时，用位向量（一维布尔数组）表示 X 的子集 A 十分方便，这样，集合上的运算就可以转换为位向量上的布尔运算，其本质是用 χ_A 表示 A。

在进行程序设计时，只要所考虑的集合能处理成全集 $\{1,2,\cdots,m\}$ 的子集，则不管 m 是大是小，都可以先试试用位向量来表示集合。

例 2.23 如果 $X=\{1,2,\cdots,16\}$，$A,B\subseteq X$，则 χ_A、χ_B 就可以表示为长为 16 的 0、1 序列（便于存储），假设 $A=\{1,3,9,11\}$，$B=\{2,4,9,11,13\}$，则可以如图 2.7 所示存储它们。

	1	2	3	4	5	6	7	8	9	10	11	12	13	14	15	16
A	1	0	1	0	0	0	0	0	1	0	1	0	0	0	0	0
B	0	1	0	1	0	0	0	0	1	0	1	0	1	0	0	0

图 2.7　集合的存储方式示例

2.9　习题选解

2.9.1　再论集合相等

匈牙利裔英籍作家 Arthur Koestler(1905—1983) 认为：创造性活动是固有习惯的战胜者。

要证明两个集合相等即 $X=Y$，按照定义必须证明 $X\subseteq Y$ 且 $Y\subseteq X$。在证明 $X\subseteq Y$ 时，按照定义需要证明 $\forall x\in X$ 都有 $x\in Y$。我们总是习惯这样的思维：设 x 为 X 中的任一元素，往证 $x\in Y$。虽然我们也知道 $X\subseteq Y\Leftrightarrow x\notin Y$ 则 $x\notin X$，但很少用它去证明 $X\subseteq Y$。这就是习惯！其实，利用这个思维，对某些情况更方便，可以简化证明的逻辑。例如，在证明 $(A\cup B)\cup C=A\cup(B\cup C)$ 时，用这种方法很方便；而在证明 $(A\cap B)\cap C=A\cap(B\cap C)$ 时，用这种思想不方便，用我们的习惯思维则很方便。

你知道何时用哪一种思维方式了吗？

现在你会明白，为了证明 $f^{-1}(C\cup D)=f^{-1}(C)\cup f^{-1}(D)$ 你该采用哪种思维了。对 $f(A\cup B)=f(A)\cup f(B)$ 的证明，你又会采用什么思维呢？

在教育教学的过程中，也要勇于突破固有的习惯！

但是，从概念的定义出发进行推理常常是易行的，因为概念是由其含义确定的，而概念的否定往往在逻辑上较复杂。所以，习惯的思维用于解决经常发生的问题。

例 2.24 设 $f:X\to Y$，$A\subseteq X$，$B\subseteq Y$。证明：$f(f^{-1}(B)\cap A)=B\cap f(A)$。

【证明】 按定义证明。

设 $y\in f(f^{-1}(B)\cap A)$，则 $\exists x\in f^{-1}(B)\cap A$ 使得 $f(x)=y$。于是，$x\in A$ 且 $x\in f^{-1}(B)$，故 $y\in f(A)$，$f(x)=y\in B$，即 $y\in B\cap f(A)$。所以，$f(f^{-1}(B)\cap A)\subseteq B\cap f(A)$。

反之，设 $y\in B\cap f(A)$，则 $y\in B$ 且 $y\in f(A)$。于是，$\exists x\in A$ 使得 $f(x)=y$，从而 $x\in f^{-1}(B)\cap A$。因此，$y\in f(f^{-1}(B)\cap A)$。所以，$B\cap f(A)\subseteq f(f^{-1}(B)\cap A)$。

综上，$f(f^{-1}(B)\cap A)=B\cap f(A)$。

2.9.2 利用映射建立数学模型

1. 有穷自动机模型

有穷自动机(Finite Automaton,FA)是具有离散输入和输出系统的一种数学模型,系统可以处于任意有穷的内部状态。现实生活中也经常会遇到这样的系统,它们根据当前所处的状态和某个输入来确定执行某个动作,然后进入下一个状态,新状态下再根据新的输入执行新的动作,如此反复。自动锁、电梯、加法器和文本编辑程序等都是这类系统。为了能够形式化地描述这种系统,我们首先对其进行抽象,归纳后发现这种系统具有如下几个特征:

(1) 系统具有有穷个状态,不同的状态代表不同的意义。按照实际的需要,系统可以在不同的状态下完成规定的任务。考虑用一个状态的有穷集合 Q 来描述。

(2) 如果将输入字符串中出现的字符汇集在一起构成一个字母表,则系统处理的所有字符串都是这个字母表上的字符串。引入一个字母表集合 Σ,用 $L \subseteq \Sigma^*$ 来描述系统能识别的字符串的集合。

(3) 在任何一个状态(当前状态)下,从输入字符串中读入一个字符后,系统将根据当前状态和读入的这个字符转移到一个新的状态。当前状态和新的状态可以是同一个状态,也可以是不同的状态;当系统从输入字符串中读入一个字符后,它下一次再读时,会读入下一个字符。这就是说,相当于系统维持着一个指针,该指针在系统读入一个字符后将指向输入串的下一个字符。考虑用 $Q \times \Sigma$ 到 Q 的一个映射来描述。

(4) 系统中有一个状态,它是系统的开始状态,系统在这个状态下开始进行某个给定句子的处理。状态集合 Q 的一个特殊状态。

(5) 系统中还有一些状态表示它到目前为止所读入的字符构成的字符串是语言的一个句子,把所有将系统从开始状态引导到这种状态的字符串放在一起构成一个语言,该语言就是系统所能识别的语言。这些状态称为终止状态。状态集合 Q 的一些特殊状态。

我们可以将此系统(模型)对应如图2.8所示的物理模型——称为有穷状态自动机的物理模型。首先,它有一个输入带。该输入带上有一系列的"带方格",每个带方格可以存放一个字符。为了不让输入带的存储容量影响对主要问题的考虑,我们约定,输入串从输入带的左端点开始存放,输入带的右端是无穷的。这就是说,从左端点的第1个带方格开始,输入带可以存放任意长度的输入字符串。其次,系统有一个有穷状态控制器(Finite State Control,FSC)。该控制器的状态只有有穷多个,FSC控制一个读头,用来从输入带上读入字符。每读入一个字符,就将读头指向下一个待读入的字符。

图 2.8 有穷状态自动机的物理模型

可以设想有一个按钮,启动后,自动机将一个动作接着一个动作地做下去,直到没有输入时停下来。如果停在终止状态,则接受输入带上的符号串;如果停在非终止状态,则不接受输入带上的符号串。自动机的每一个动作由三个节拍构成:读入读头正注视的字符;根据当前状态和读入的字符改变有穷控制器的状态;将读头向右移动一格。能被自动机接受的符号串的集合即为其接受的语言,也就是它所能识别的语言。

有穷自动机是许多重要类型的硬件和软件的有用模型,下列软件均可利用自动机来进行抽象和设计:

(1) 数字电路的设计和检查软件。
(2) 典型编译器的词法分析器。
(3) 扫描大量文本来发现单词、短语或其他模式的出现的软件。
(4) 所有只有有穷个不同状态的系统(如通信协议或安全交换信息的协议)的验证软件。

下面我们根据对自动机进行抽象得到的 5 个特征来给出它的形式化描述,其中的关键是如何描述动作:即根据当前所处的状态及读头所读的符号来确定下一个状态,而这恰好是一个映射 $\delta: Q \times \Sigma \rightarrow Q$,于是我们可以很容易地得到下面给出的有穷自动机的形式化定义。

定义 2.24 有穷自动机 M 是一个五元组:$M = (Q, \Sigma, \delta, q_0, F)$,其中:

Q——状态的非空有穷集合。$\forall q \in Q, q$ 称为 M 的一个状态(State)。

Σ——输入字母表(Input Alphabet)。输入字符串都是 Σ 上的字符串。

δ——状态转移函数(Transition Function),有时候又称为状态转换函数或者移动函数。$\delta: Q \times \Sigma \rightarrow Q$,对 $\forall (q, a) \in Q \times \Sigma, \delta(q, a) = p$ 表示:M 在状态 q 读入字符 a,将状态变成 p,并将读头向右移动一个带方格而指向输入字符串的下一个字符。

q_0——$q_0 \in Q$,是 M 的开始状态(Initial State),也可称为初始状态或者启动状态。

F——$F \subseteq Q$,是 M 的终止状态(Final State)集合。$\forall q \in F, q$ 称为 M 的终止状态。

应该指出的是,我们虽然将 F 中的状态称为终止状态,并不是说 M 一旦进入这种状态就终止了,而是说,一旦 M 在处理完输入字符串时到达这种状态,M 就接受当前处理的字符串。所以,有时我们又称终止状态为接受状态(Accept State)。

因为我们定义有穷自动机的目的是用它来识别语言,所以,我们需要将 δ 的定义域从 $Q \times \Sigma$ 扩充到 $Q \times \Sigma^*$ 上。显然,按照本节前面的描述,对一个给定的输入字符串,M 从开始状态时读入该串的第一个字符出发,每处理完一个字符,就进入下一个状态,并在此新状态之下读入下一个字符。按照这个过程,直到整个字符串被处理完。因此,我们按照下列定义,将 δ 扩充为 $\bar{\delta}: Q \times \Sigma^* \rightarrow Q$。对任意的 $q \in Q, w \in \Sigma^*, a \in \Sigma$,定义:

(1) $\bar{\delta}(q, \varepsilon) = q$。
(2) $\bar{\delta}(q, wa) = \delta(\bar{\delta}(q, w), a)$。

由于 δ 的定义域 $Q \times \Sigma$ 是 $\bar{\delta}$ 的定义域 $Q \times \Sigma^*$ 的真子集:$Q \times \Sigma \subset Q \times \Sigma^*$,所以,如果对于任意 $(q, a) \in Q \times \Sigma, \bar{\delta}$ 和 δ 有相同的值,我们就不用区分这两个字符了。事实上,对于任意 $q \in Q, a \in \Sigma$,我们有

$$\begin{aligned}
\bar{\delta}(q, a) &= \bar{\delta}(q, \varepsilon a) & & \varepsilon \text{ 是单位元素} \\
&= \delta(\bar{\delta}(q, \varepsilon), a) & & \text{根据定义的第(2)条} \\
&= \delta(q, a) & & \text{根据定义的第(1)条}
\end{aligned}$$

所以,今后,我们用 δ 代替 $\bar{\delta}$。

你看出这种扩展的数学含义了吗?从识别单个符号的单个动作转变为识别字符串的一连串动作,数学描述工具则对应着从映射扩展为映射的若干次合成,现在能体会到在映射上

引入合成运算的好处了吧?

至此,我们可以用如下的定义 2.25 来定义 FA 所接受的语言。

定义 2.25 设 $M=(Q,\Sigma,\delta,q_0,F)$ 是一个 FA。对于 $\forall x\in\Sigma^*$：如果 $\delta(q_0,x)\in F$,则称 x 被 M 接受,如果 $\delta(q_0,x)\notin F$,则称 M 不接受 x。$L(M)=\{x\,|\,x\in\Sigma^*$ 且 $\delta(q_0,x)\in F\}$ 称为由 M 接受(识别)的语言。

例 2.25 令 $\Sigma=\{0,1\}$,$L=\{x\,|\,x\in\Sigma^*, x$ 中 0 的个数为偶数,1 的个数也为偶数$\}$。试构造一个有穷自动机 M,使 $L(M)=L$。

考虑到状态具有记忆能力,不妨引入如下 4 个状态：

q_{00}——M 读入了偶数个 0 和偶数个 1,这个状态既是 M 的初始状态,也是 M 的终止状态。因为开始时读入 0 和 1 的个数均为零,而一旦读入的串含有偶数个 0 和偶数个 1,则 M 就应该接受它。

q_{01}——M 读入了偶数个 0 和奇数个 1。

q_{10}——M 读入了奇数个 0 和偶数个 1。

q_{11}——M 读入了奇数个 0 和奇数个 1。

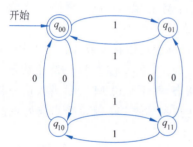

图 2.9 接受例 2.25 中语言 L 的有穷自动机

显然,M 在 q_{00} 状态下读入 0 时应转入 q_{10},读入 1 时应转入 q_{01};M 在 q_{01} 状态下读入 0 时应转入 q_{11},读入 1 时应转入 q_{00};M 在 q_{10} 状态下读入 0 时应转入 q_{00},读入 1 时应转入 q_{11};M 在 q_{11} 状态下读入 0 时应转入 q_{01},读入 1 时应转入 q_{10}。于是我们可以很容易地得到图 2.9 所示的有穷自动机,它接受的语言正好是 L。

2. 利用映射重新求解例 1.32

例 2.26 若有一些人组成的团体 S,试证：可以把 S 分为两组,使得每个人在其所在的组中的朋友数至多是他在团体 S 中的朋友数的一半。

【证明】 对 S 的任一 2-划分 $\{A,A^c\}$,令 $f(A,A^c)=|\{(a,b)\,|\,(a,b)\in A\times A^c$ 且 a 与 b 互为朋友$\}|$,由于 $|S|<\infty$,所以 S 的 2-划分的数目是有穷的,于是,存在 S 的一个 2-划分 $\{B,B^c\}$,使 $f(B,B^c)$ 最大。我们断言 $\{B,B^c\}$ 即为所求。

实际上,$\forall a\in S$,如果 $a\in B$ 且 a 在 B 中的朋友数 d 大于 a 在 B^c 中的朋友数 d',则把 a 调到 B^c 中得分组 $B\setminus\{a\}$ 与 $B^c\cup\{a\}$,分别记为 B',B'^c。于是
$$f(B',B'^c)=f(B,B^c)+(d-d')>f(B,B^c)$$
这与 $f(B,B^c)$ 为最大值的假设相矛盾。

与例 1.32 相比,使用映射这一数学工具使我们的论述变得更为简单清晰。

2.9.3 抽屉原理的应用

例 2.27 有 m 个整数 $a_1,a_2,\cdots,a_m$,试证：$\exists k,l,0\leqslant k<l\leqslant m$,使 $m\,|\,(a_{k+1}+\cdots+a_l)$。

【证明】 在抽屉原理的应用中经常会用到取余数这个技巧,n 能被 m 整除记为 "$m\,|\,n$"。

如果 $\exists a_i$ 使 $m\,|\,a_i$,则令 $k=i-1,l=i$,结论即成立;如果 $\exists i$,使 $m\,|\,(a_1+a_2+\cdots+a_i)$,则令 $k=0,l=i$,结论即成立;否则,我们有

$m | a_1$ 不成立,则令 $a_1 = mq_1 + r_1, 1 \leqslant r_1 \leqslant m-1$;

$m | (a_1 + a_2)$ 不成立,则令 $a_1 + a_2 = mq_2 + r_2, 1 \leqslant r_2 \leqslant m-1$;

……

$m | (a_1 + a_2 + \cdots + a_i)$ 不成立,则令 $a_1 + a_2 + \cdots + a_i = mq_i + r_i, 1 \leqslant r_i \leqslant m-1$;

……

$m | (a_1 + a_2 + \cdots + a_j)$ 不成立,则令 $a_1 + a_2 + \cdots + a_j = mq_j + r_j, 1 \leqslant r_j \leqslant m-1$;

……

$m | (a_1 + a_2 + \cdots + a_m)$ 不成立,则令 $a_1 + a_2 + \cdots + a_m = mq_m + r_m, 1 \leqslant r_m \leqslant m-1$;

于是我们得到了 $1 \leqslant r_1, r_2, \cdots, r_m \leqslant m-1$ 共 m 个数,但 1 至 $m-1$ 只有 $m-1$ 个数,根据抽屉原理,存在两个数相等,我们不妨设 $r_i = r_j, i < j$,则将 $a_1 + a_2 + \cdots + a_j = mq_j + r_j$ 和 $a_1 + a_2 + \cdots + a_i = mq_i + r_i$ 相减可得 $a_{i+1} + \cdots + a_j = m(q_j - q_i)$,因此,$m | (a_{i+1} + \cdots + a_j)$,则令 $k = i, l = j$,结论即成立。

例 2.28 设 $a_1, a_2, \cdots, a_n$ 为 $1, 2, \cdots, n$ 的一个排列。如果 n 是奇数且
$$(a_1 - 1)(a_2 - 2) \cdots (a_n - n) \neq 0$$

试证:$(a_1 - 1)(a_2 - 2) \cdots (a_n - n)$ 为偶数。

【证明方法一】 当 n 为奇数时,$1, 2, \cdots, n$ 中有 $(n-1)/2$ 个偶数和 $(n+1)/2$ 个奇数,奇数的个数比偶数的个数多一个。于是,$a_1, a_2, \cdots, a_n, 1, 2, \cdots, n$ 中恰有 $n+1$ 个奇数。然而只有 n 个因子(n 个盒子),先把 $a_1, a_2, \cdots, a_n$ 依次放入 n 个盒子中,然后把 $1, 2, \cdots, n$ 依次放入 n 个盒子中,这样就把 $n+1$ 个奇数放入了 n 个盒子中。因此,有一个盒子 i 中的两个数均为奇数,对应的因子 $a_i - i$ 就是偶数。

【证明方法二】 采用反证法。

假设 $(a_1 - 1)(a_2 - 2) \cdots (a_n - n)$ 为奇数,则对于 $\forall i \in \{1, 2, \cdots, n\}, (a_i - i)$ 中的 a_i 与 i 必有一个为奇数,一个为偶数。但因为 n 为奇数,所以 $1, 2, 3, \cdots, n$ 中的奇数个数为 $\left[\dfrac{n}{2}\right] + 1$,比偶数个数 $\left[\dfrac{n}{2}\right]$ 多一个,矛盾。

例 2.29 证明:在 52 个整数中,必有两个整数其和或差能被 100 整除。

【证明】 设这 52 个整数为 $a_1, a_2, \cdots, a_{52}$,被 100 除后其余数分别为 $r_1, r_2, \cdots, r_{52}$,$0 \leqslant r_1, \cdots, \leqslant r_{52} \leqslant 99$。将这 52 个余数分为 51 组,每组是一个盒子:
$$\{0\}, \{1, 99\}, \{2, 98\}, \cdots, \{49, 51\}, \{50\}。$$

把 $r_1, r_2, \cdots, r_{52}$ 装入这些盒子中:$r_i \in \{\cdot, \cdot\}$ 时装入此盒子。于是,$r_1, r_2, \cdots, r_{52}$ 中至少有两个在同一个盒子中:不妨设 r_i 和 $r_j (i \neq j)$ 在同一个盒子中,那么,如果 $r_i = r_j$,则 $100 | (a_i - a_j)$;如果 $r_i \neq r_j$,则 $100 | (a_i + a_j)$。

例 2.30 如图 2.10 所示,在一个半径为 16 的圆内任意放入 650 个点。给你一个形似垫圈的圆环,此圆环的外半径为 3,内半径为 2。现在要求用这个垫圈盖住这 650 个点中的至少 10 点,这可能做到吗?证明你的结论。

【解】 可能。

如图 2.11 所示,设想在给定的每个点都放上一个垫圈,垫圈的中心与点重合,则全部垫圈都处在半径为 19 的大圆内,所覆盖的总面积是 $(3^2\pi - 2^2\pi) \times 650 = 3250\pi$,当然,多数垫圈是互相重叠的,这些垫圈覆盖的面积大于大圆面积的 9 倍,即 $19^2\pi \times 9 = 3249\pi$,因此大圆中

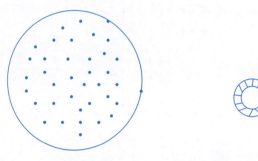

(a) 半径为16的圆　　　　　(b) 外半径为3、内半径为2的垫圈

图 2.10　垫圈和放入 650 个点的圆的示意图

的某个点 p（不一定是小圆中的那 650 个点）就会被至少 10 个垫圈（它们的中心都是 650 个点中的一个）盖住，于是，以 p 为中心放上一个垫圈就能盖住 650 个点中的至少 10 个点（也就是上述那至少 10 个垫圈的中心）。

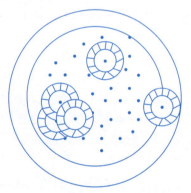

图 2.11　用垫圈盖住圆内点的示意图

这道习题是抽屉原理的一个精彩的应用实例，我们看到该题首先想到的是用一个垫圈盖住 10 个点，而不是把某个点藏在 10 个垫圈下面，偏偏按后面的方式进行思维却能成功解决该问题，这说明有时需要打破常规思维模式的束缚。

例 2.31　若有珍珠 4 颗，其中有真有假。真珍珠重量相同且为 p，假珍珠重量相同且为 q，$p>q$。用秤（而不是天平）仅称量 3 次查出真假，应该怎么做？

【解】　将每个珍珠的真假转换为每个珍珠与假珍珠的重量差除以真假珍珠的重量差，得到的值非 0 即 1，再利用奇偶性原理去掉一个未知数即可得到该题的解。

先用①、②、③、④为 4 个珍珠编号且代表其重量。①+②表示①、②这两个珍珠放在一起称且代表其重量，以此类推。

依次称量①+②、①+③和②+③+④，得到如下的三个值：

①+② = a_1

①+③ = b_1

②+③+④ = c_1

其中，a_1、b_1、c_1 是在称量后得到的常数。显然，a_1 和 b_1 为 $2p$ 或 $2q$ 或 $p+q$，c_1 为 $3p$ 或 $3q$ 或 $2p+q$ 或 $p+2q$。以真假珍珠重量之差作参照，则可令

$$x = \frac{① - q}{p - q}, \quad y = \frac{② - q}{p - q}, \quad z = \frac{③ - q}{p - q}, \quad w = \frac{④ - q}{p - q}$$

$$a = \frac{a_1 - 2q}{p - q}, \quad b = \frac{b_1 - 2q}{p - q}, \quad c = \frac{c_1 - 3q}{p - q}$$

于是有

$$x + y = a$$
$$x + z = b$$
$$y + z + w = c$$

其中，x、y、z、$w \in \{0, 1\}$ 为待求的未知数，a、b、$c \in \{0, 1, 2, 3\}$ 为已知的常数。

由于 $2(x+y+z)+w = a+b+c$，所以如果 $a+b+c$ 为偶数，则 $w = 0$；如果 $a+b+c$ 为奇数，则 $w = 1$。于是，根据 $a+b+c$ 的奇偶性可以得到方程组的解。再由算得的 x、y、z、w 的结果中是 1 的代表相应的珍珠为真，为 0 的代表相应的珍珠为假。

2.9.4 映射的性质

例 2.32 设 $f : X \to Y$，回答下面的问题并证明你的结论。

(1) 如果存在唯一的 $g : Y \to X$ 使 $g \circ f = I_X$，那么 f 是否可逆？

(2) 如果存在唯一的 $g : Y \to X$ 使 $f \circ g = I_Y$，那么 f 是否可逆？

【解】 (1) f 不一定可逆。当 $|X| = 1$ 时，f 不一定可逆。例如：$X = \{x_1\}$，$Y = \{y_1, y_2\}$，$f(x_1) = y_1$ 时，只能存在唯一的 $g : Y \to X$ 使 $g \circ f = I_X$，但此时 f 不可逆。$X = \{x_1\}$，$Y = \{y_1\}$，$f(x_1) = y_1$ 时，仍然只能存在唯一的 $g : Y \to X$ 使 $g \circ f = I_X$，但此时 f 可逆。

当 $|X| \geq 2$ 时，f 一定可逆，证明如下：

因为 $g \circ f = I_X$ 是双射，所以 f 是单射。如果 f 不是可逆的，则 f 不是满射，故 $\exists y_0 \in Y$，使 $\forall x \in X, f(x) \neq y_0$，于是，$Y \setminus f(X) \neq \Phi$。令 $h : Y \to X$，$\forall y \in f(X), h(y) = g(y)$，$\forall z \in Y \setminus f(X)$，令 $h(z) \neq g(z)$，则 $h \neq g$ 且 $\forall x \in X, f(x) = y \in f(X), h(f(x)) = h(y) = g(y) = g(f(x)) = I_X$，这与存在唯一的 $g : Y \to X$ 使 $g \circ f = I_X$ 相矛盾，因此，f 是满射从而是双射，故 f 可逆。

(2) f 可逆，证明如下：

因为 $f \circ g = I_Y$ 是双射，所以 f 是满射，如果 f 不是单射，则 $\exists x_1, x_2 \in X, x_1 \neq x_2$，使得 $f(x_1) = f(x_2)$，令 $h : Y \to X$，$\forall y \in Y \setminus \{f(x_1)\}, h(y) = g(y)$，如果 $g(f(x_1)) = x_1$ 则 $h(f(x_1)) = x_2$，否则 $h(f(x_1)) = x_1$，则 $h \neq g$ 且 $f \circ h = I_Y$，这与存在唯一的 $g : Y \to X$ 使 $f \circ g = I_Y$ 相矛盾，因此，f 是单射从而是双射，故 f 可逆。

例 2.33 $f : X \to Y$，$|X| = m$，$|Y| = n$。

(1) 如果 f 是左可逆的，那么 f 有多少个左逆映射？

(2) 如果 f 是右可逆的，那么 f 有多少个右逆映射？

【解】 (1) 设 f 是左可逆的，则 f 是单射，f 是 X 到 $f(X)$ 的一一对应，因为 $|X| = m$，$|Y| = n$，所以 $m \leq n$，$|f(X)| = m$。当 $m = n$ 时，只有一个左逆映射 "f^{-1}"；设 $m < n$，令 $h : Y \to X$，$\forall y \in Y$，如果 $y \in f(X)$，则 $h(y) = x \Leftrightarrow f(x) = y$，如果 $y \in Y \setminus f(X)$，则 $h(y)$ 可定义为 X 中的任意一个元素，共有 $|X|$ 种取值法，所以这样的 h 共有 $|X|^{|Y \setminus f(X)|} = m^{n-m}$ 个，每个 h 均是 f 的左逆映射。这是不是 f 的全部左逆映射呢？答案是全部的。但

满足 $g \circ f = I_X$ 的 (g,f) 共有 $p_n^m(m^{n-m})$ 个。

(2) 设 f 是右可逆的，则 f 是满射，即 $\forall y \in Y, f^{-1}(y) \neq \Phi$。令 $g: Y \to X, \forall y \in Y, g(y) \in f^{-1}(y)$ 有 $|f^{-1}(y)|$ 种取法。由乘法法则，这样的 g 共有 $\prod_{y \in Y} |f^{-1}(y)|$ 个。

在计算机科学中的算法都是构造性的，所以读者必须学习构造所需要的集合、映射、关系、算法以增强设计能力。

例 2.34 设 $u_1, u_2, \cdots, u_{mn+1}$ 是一个两两不相交的整数构成的数列，则必有长至少为 $n+1$ 的递增子序列或有长至少为 $m+1$ 的递减子序列。

【证明】 令 $A = \{u_1, u_2, \cdots, u_{mn+1}\}$，则 $|A| = mn+1$。

设以 u_i 为首项的最长递增子序列的长度为 l_i^+，以 u_i 为首项的最长递减子序列的长度为 l_i^-。采用反证法。假设题中结论不成立，则 $l_i^+ \leqslant n, l_i^- \leqslant m, i = 1,2,3,\cdots, mn+1$。

令 $\varphi: A \to \{1,2,\cdots,n\} \times \{1,2,\cdots,m\}, \forall u_i \in A, \varphi(u_i) = (l_i^+, l_i^-)$，则 φ 是单射。

实际上，对于 $\forall u_i, u_j \in A$ 且 $u_i \neq u_j (i < j)$，如果 $u_i > u_j$，则 $l_i^- > l_j^-$，于是 $(l_i^+, l_i^-) \neq (l_j^+, l_j^-)$，亦即 $\varphi(u_i) \neq \varphi(u_j)$。如果 $u_i < u_j$，则 $l_i^+ > l_j^+$，此时同样有 $(l_i^+, l_i^-) \neq (l_j^+, l_j^-)$，亦即 $\varphi(u_i) \neq \varphi(u_j)$。故 φ 为单射，从而就有 $mn+1 \leqslant mn$，矛盾。∎

例 2.35 设 $f: X \to Y$。证明：f 是满的当且仅当 $\forall E \in 2^Y$ 有 $f(f^{-1}(E)) = E$。

【证明】 充分性$\Leftarrow$：如果 $\forall E \in 2^Y$ 有 $f(f^{-1}(E)) = E$，往证 f 是满的。假设 f 不是满射，则 $\exists y_0 \in Y$ 使 $\forall x \in X, f(x) \neq y_0$。令 $E = \{y_0\}$，则 $f^{-1}(E) = \Phi$，从而有 $\Phi = f(f^{-1}(E)) = E = \{y_0\}$，矛盾。所以，$f$ 是满射。

必要性$\Rightarrow$：显然，$f(f^{-1}(E)) \subseteq E$。设 $y \in E$，则由于 f 是满的，所以 $\forall y \in E, \exists x \in X$ 使 $f(x) = y$，故 $x \in f^{-1}(E)$ 且 $y \in f(f^{-1}(E))$。因此，$E \subseteq f(f^{-1}(E))$，故 $f(f^{-1}(E)) = E$。∎

例 2.36 设 $f: X \to Y$。证明：f 是单射当且仅当 $\forall F \in 2^X$ 有 $f^{-1}(f(F)) = F$。

【证明】 充分性$\Leftarrow$：采用反证法，假若 f 不是单射，则 $\exists x_1, x_2 \in X, x_1 \neq x_2$ 使 $f(x_1) = f(x_2)$。令 $F = \{x_1\}$ 则 $f(F) = f(\{x_1\}) = \{f(x_1)\}, \{x_1, x_2\} \subseteq f^{-1}(f(F))$，因此 $f^{-1}(f(F)) \neq F$，这与 $f^{-1}(f(F)) = F$ 矛盾。

必要性$\Rightarrow$：显然成立。∎

例 2.37 设 $a_1 < a_2 < \cdots < a_n$ 是 n 个实数，$A = \{a_1, \cdots, a_n\}$，φ 是 A 到 A 的可逆映射。如果 $a_1 + \varphi(a_1) < a_2 + \varphi(a_2) < \cdots < \varphi(a_n) + a_n$，试证：$\varphi = I_A$。

【证明】 假设 $\varphi(a_1) \neq a_1$，则由 φ 是可逆的，故为一一对应，从而必有 $j, j > 1$，使 $\varphi(a_j) = a_1$，于是，对任何正整数 $i < j, a_i + \varphi(a_i) < a_j + \varphi(a_j)$，但由于 $a_j \geqslant a_1, \varphi(a_j) = a_1$，所以 $a_1 + \varphi(a_i) \leqslant a_i + \varphi(a_i) < \varphi(a_j) + a_j = a_j + a_1$，故 $\varphi(a_i) < a_j$，从而 $\varphi(a_i) = a_k, k < j$，这表明当 $\varphi(a_i) = a_p$ 时，$p < j$，于是，对任意的 $i, i < j, \varphi(a_i) \in \{a_1, a_2, \cdots, a_{j-1}\}$，从而 φ 限制在 $\{a_1, a_2, \cdots, a_{j-1}\}$ 上时，φ 也是一个一一对应，于是有 $i, i < j$，使 $\varphi(a_i) = a_1$，矛盾，故 $\varphi(a_1) = a_1$，类似可证 $\varphi(a_2) = a_2, \cdots, \varphi(a_n) = a_n$，即 $\varphi = I_A$。∎

注意：如 A 为无穷集，则命题不真，例如 $A = Z$ 时，令 $\varphi(n) = n+1$，则 $\cdots < -3 + \varphi(-3) = -5 < -2 + \varphi(-2) = -3 < -1 + \varphi(-1) = -1 < 0 + \varphi(0) = 1 < 1 + \varphi(1) = 3 < 2 + \varphi(2) = 5 < 3 + \varphi(3) = 7 < \cdots$，但 $\varphi \neq I_A$。

2.9.5 置换

例 2.38 证明：n 次置换 σ 与 σ^{-1} 奇偶性相同。

【证明】 因为 $\sigma\sigma^{-1}=I=(i\,j)(i\,j)$ 是偶置换，所以 σ 与 σ^{-1} 有相同的奇偶性。∎

例 2.39 证明：每个 n 次置换 σ 都可分解成这样的一些置换的乘积：每个置换或为 $(1\,2)$ 或为 $(2\,3\,\cdots n)$。

【证明】 由定理 2.16 可知，任一置换均可分解成若干个对换的乘积。又因为 $(i\,j)=(1\,i)(1\,j)(1\,i)$，故只需证明 $\forall i\in\{2,3,\cdots,n\}$ 均有 $(1\,i)=\alpha^{n+1-i}\beta\alpha^{i-2}$ 成立即可，其中 $\alpha=(2\,3\,\cdots n), \beta=(1\,2)$。根据映射相等的定义，读者可以很容易地验证 $(1\,i)=\alpha^{n+1-i}\beta\alpha^{i-2}$。∎

例 2.40 任一 n 次偶置换 $(n\geqslant 3)$ 均可分解成 3-循环置换 $(1\,2\,3),(1\,2\,4),\cdots,(1\,2\,n)$ 中的若干个之乘积。

【证明】 由 $(1\,i)(1\,j)=(1\,i\,j),(1\,i\,j)=(1\,2\,j)(1\,2\,i)(1\,2\,j)^2$ 即得证。∎

例 2.41 设 σ 是任一置换，试证：$\sigma^{-1}(i_1 i_2\cdots i_r)\sigma=(i_1\sigma\, i_2\sigma\cdots i_r\sigma)$。

【证明】 根据映射相等的定义来证明。

令 $\alpha=\sigma^{-1}(i_1 i_2\cdots i_r)\sigma, \beta=(i_1\sigma\, i_2\sigma\cdots i_r\sigma), \forall i\in S$，分两种情况，

(1) $i\notin\{i_1\sigma, i_2\sigma,\cdots,i_r\sigma\}$ 时，$i\alpha=i\beta=i$；

(2) $i\in\{i_1\sigma, i_2\sigma,\cdots,i_r\sigma\}$ 时，又分两种情况，

① $i=i_k\sigma, k<r$，则 $i\alpha=i_k\sigma\sigma^{-1}(i_1 i_2\cdots i_r)\sigma=(i_k(i_1 i_2\cdots i_r))\sigma=i_{k+1}\sigma=i\beta$；

② $i=i_r\sigma, i\alpha=i_r\sigma\sigma^{-1}(i_1 i_2\cdots i_r)\sigma=(i_r(i_1 i_2\cdots i_r))\sigma=i_1\sigma=i\beta$。

综合以上 (1) 和 (2)，$\forall i\in S, i\alpha=i\beta$，因此，$\alpha=\beta$ 即 $\sigma^{-1}(i_1 i_2\cdots i_r)\sigma=(i_1\sigma\, i_2\sigma\cdots i_r\sigma)$。∎

2.10 本章小结

作为最核心的数学工具，映射用于描述事物之间的最简单联系——单值依赖关系。

1. 重点

(1) 概念：映射、单射、满射、双射、合成运算、逆映射、置换、特征函数。

(2) 理论：映射的一般性质、合成运算的性质。

(3) 方法：置换的循环置换分解。

(4) 应用：抽屉原理的应用，复合函数的应用，建立自动机 (FA) 的数学模型。

2. 难点

(1) 抽屉原理的应用。

(2) 针对具体问题构造映射来解决问题。

习题

1. 设 $a_1<a_2<\cdots<a_n$ 是 n 个实数，$A=\{a_1,\cdots,a_n\}, \varphi$ 是 A 到 A 的可逆映射。如果 $a_1+\varphi(a_1)<a_2+\varphi(a_2)<\cdots<\varphi(a_n)+a_n$，证明：$\varphi=I_A$。

2. 设 $u_1,u_2,\cdots,u_{mn+1}$ 是一个两两不相交的整数构成的数列，则必有长至少为 $n+1$ 的

递增子序列或有长至少为 $m+1$ 的递减子序列。

3. 若有由一些人组成的团体 S，试证可以把 S 分为两组，使得每个人在其所在的组中的朋友数至多是他在团体 S 中的朋友数的一半。请使用映射进行证明，并与例 1.32 的证法进行对比。

4. 证明：从一个边长为 1 的等边三角形中任意选 5 个点，那么这 5 个点中必有 2 个点，它们之间的距离至多为 1/2，而任意 10 个点中必有 2 个点其距离至多是 1/3。

5. 已知 m 个整数 $a_1, a_2, \cdots a_m$，试证：存在两个整数 $k, l, 0 \leqslant k < l \leqslant m$，使得 $a_{k+1} + a_{k+2} + \cdots + a_l$ 能被 m 整除。

6. 证明：在 52 个整数中，必有两个整数，使这两个整数之和或差能被 100 整除。

7. 设 $a_1, a_2, \cdots, a_n$ 为 $1, 2, 3, \cdots, n$ 的任一排列，若 n 是奇数且 $(a_1-1)(a_2-2)\cdots(a_n-n) \neq 0$，则 $(a_1-1)(a_2-2)\cdots(a_n-n)$ 为偶数。

8. 设 $f: X \to Y, C, D \subseteq Y$，证明：$f^{-1}(C \backslash D) = f^{-1}(C) \backslash f^{-1}(D)$。

9. 设 $f: X \to Y, A, B \subseteq X$，证明：

(1) $f(A \cup B) = f(A) \cup f(B)$。

(2) $f(A \cap B) \subseteq f(A) \cap f(B)$。

(3) $f(A) \backslash f(B) \subseteq f(A \backslash B)$。

10. 设 $f: X \to Y, A \subseteq X, B \subseteq Y$，证明：$f(f^{-1}(B) \cap A) = B \cap f(A)$。

11. 设 $f: X \to Y$。证明：f 是满射当且仅当 $\forall E \in 2^Y$ 有 $f(f^{-1}(E)) = E$。

12. 设 $f: X \to Y$。证明：f 是单射当且仅当 $\forall F \in 2^X$ 有 $f^{-1}(f(F)) = F$。

13. 设 $f: A \to B$，证明：$\forall T \in 2^B$，都有 $f(f^{-1}(T)) = T \cap f(A)$。

14. 设 X 是一个无穷集合，$f: X \to Y$。证明：存在 X 的一个真子集 E 使得 $f(E) \subseteq E$。

15. 设 X, Y, Z 是三个非空集合，$|Z| \geqslant 2$。证明：$f: X \to Y$ 是满射当且仅当不存在从 Y 到 Z 的映射 g_1 和 g_2，使得 $g_1 \neq g_2$，但 $g_1 \circ f = g_2 \circ f$。

16. 设 X, Y, Z 是三个非空集合，$|X| \geqslant 2$，证明：$f: X \to Y$ 是单射当且仅当不存在从 Z 到 X 的映射 g_1 和 g_2，使得 $g_1 \neq g_2$，但 $f \circ g_1 = f \circ g_2$。

17. 设 $N = \{1, 2, 3, \cdots\}$，试构造两个映射 f 和 $g: N \to N$，使得

(1) $f \circ g = I_N$，但 $g \circ f \neq I_N$。

(2) $g \circ f = I_N$，但 $f \circ g \neq I_N$。

18. 设 $f: X \to Y$ 则

(1) 若存在唯一的一个映射 $g: Y \to X$，使得 $g \circ f = I_X$，则 f 是可逆的吗？

(2) 若存在唯一的一个映射 $g: Y \to X$，使得 $f \circ g = I_Y$，则 f 是可逆的吗？

19. 设 $f: X \to Y, |X| = m, |Y| = n$，则

(1) 若 f 是左可逆的，则 f 有多少个左逆映射？

(2) 若 f 是右可逆的，则 f 有多少个右逆映射？

20. 设 σ 是任一置换，证明：$\sigma^{-1}(i_1 i_2 \cdots i_r) \sigma = (i_1 \sigma i_2 \sigma \cdots i_r \sigma)$。

21. 设 $S(n, k)$ 表示 S_n 中恰有 k 个循环（包含 1-循环）的置换个数，$S(n, k)$ 也称为第一类 Stirling 数。证明：$\sum_{k=1}^{n} S(n, k) x^k = x(x+1)(x+2)\cdots(x+n-1)$。

第 3 章

关　　系

辩证法告诉我们,事物不是孤立的,互相之间存在着一定的联系,映射描述的就是最简单的单值依赖联系,但映射无法描述事物间的复杂联系,这就需要引入另一个更强的概念——关系。

作为一种强有力的数学工具,关系用于描述事物之间的复杂联系——多值依赖联系。本章首先给出关系的三种等价定义:①应用时用得较多的是二事物具有的性质;②理论上用得较多是笛卡儿乘积的子集;③分析中用得较多的是多值函数。本章主要研究关系的数学性质,主要包括 n 元关系、几种特殊的关系、二元关系的合成、二元关系的传递闭包及其计算、二元关系的表示、等价关系与偏序关系等内容。

介绍几种特殊的关系时要复习第 1 章的计数法则,并用其计算某个有穷集合上各种二元关系的基数。讲授关系的运算时再次引导读者思考引入运算的目的,讲授关系的自反传递闭包之后,引入文法和推导的概念,并建立起语言的数学模型,为形式语言与自动机、编译原理埋下伏笔。关系矩阵和关系图作为关系的表示方法将集合论与图论与数据结构建立起了联系。

"集合论与图论"课程最重要的概念是等价关系,它也是数学、日常生活、社会科学、计算机科学、自然科学中最重要的概念,研究线性代数主要用的就是等价关系。等价关系和集合的划分其实是一回事,只是角度不同而已,等价类之集就是利用等价关系对集合进行的划分,这个概念在现代分析中很重要,可以得到新的对象,实际上它所反映的就是抽象的本质。

偏序关系是计算机专业的一个重要概念,格、布尔代数等就是利用它建立起来的代数系统,它们是近世代数的重要内容,在计算机科学中具有重要的应用。

3.1　关系的概念

3.1.1　关系的等价定义

我们要定义的关系是日常生活中人与人之间的父子关系、夫妻关系、兄妹关系、朋友关系、同学关系、领导关系,以及数间的整除关系、矩阵间的相抵关系等的抽象。

当两个同学被问及"你俩是同一个班级的吗?"如果他们回答"是",则说明他们符合"同班同学"这一关系,如果他们回答"否",则说明他们不符合"同班同学"这一关系。对这一过程稍加抽象就得到了下面的关系的第一种定义。

定义 3.1　设 X 与 Y 为集合,一个从 $X \times Y$ 到 $\{是,否\}$ 的映射 R 称为 X 与 Y 间的一个

二元关系(Binary relation)。$\forall(x,y)\in X\times Y$,如果 $R(x,y)$=是,则称 x 与 y 符合关系 R,记为 xRy;如果 $R(x,y)$=否,则称 x 与 y 不符合关系 R,记为 $x\not R y$。如果 $X=Y$,则称 R 为 X 上的二元关系。

例 3.1 自然数集 $\mathbf{N}=\{1,2,3,\cdots,\}$上有<、⩽、=、>、⩾等关系。

例 3.2 整数集 $\mathbf{Z}$ 上的整除关系记为|,$\forall m、n\in\mathbf{Z}$,$m\mid n\Leftrightarrow\exists k\in\mathbf{Z}$,使得 $n=mk$,$m\mid n$ 读作"m 整除 n"或"n 能被 m 整除"。m 不能整除 n 记为 $m\nmid n$,于是有 $2\mid 4$、$3\nmid 8$。整除关系具有如下性质:假设 $m、n、k\in\mathbf{Z}$,则

(1) 若 $m\mid n$ 且 $m\mid k$,则 $m\mid(n+k)$。

(2) 若 $m\mid n$,则对 $\forall j\in\mathbf{Z}$,$m\mid nj$。

(3) 若 $m\mid n$ 且 $n\mid k$,则 $m\mid k$。

例 3.3 设 n 为任意一个自然数,整数集 $\mathbf{Z}$ 上的模 n 同余关系记为≡,$\forall m、k\in\mathbf{Z}$,如果 $n\mid(m-k)$,则称 m 与 k 符合模 n 同余关系,记为 $m\equiv k(\text{mod } n)$,m 与 k 不符合模 n 同余关系记为 $m\not\equiv k(\text{mod } n)$,于是有 $1\equiv 4(\text{mod } 3)$,$3\not\equiv 7(\text{mod } 5)$。模 n 同余关系具有如下性质:假设 $n、i、j、k、l\in\mathbf{Z}$,则

(1) 若 $i\equiv k,j\equiv l(\text{mod } n)$,则$(i+j)\equiv(k+l)$,$i-j\equiv k-l$,$ij\equiv kl(\text{mod } n)$。

(2) 若 $ik\equiv jl,k\equiv l(\text{mod } n)$,且 n 与 l 的最大公约数为 1,则 $i\equiv j(\text{mod } n)$。

例 3.4 设 $n\times n$ 的实矩阵之集为 M_n,$\mathbf{A}、\mathbf{B}\in M_n$,则矩阵间的相抵关系记为≅,$\mathbf{A}\cong\mathbf{B}\Leftrightarrow$从 $\mathbf{A}$ 经有限次初等变换能转换为 $\mathbf{B}$。矩阵间的相似关系记为≈,$\mathbf{A}\approx\mathbf{B}\Leftrightarrow$存在 $\mathbf{P}\in M_n$,使 $\mathbf{A}=P^{-1}\mathbf{B}P$。

把集合{是,否}换成集合{0,1},则 R 就是 $X\times Y$ 的一个特征函数,令 $\text{Ch}(X\times Y)=\{\chi\mid\chi:X\times Y\to\{0,1\}\}$,根据定理 2.18,$2^{X\times Y}\sim\text{Ch}(X\times Y)$,亦即集合与特征函数间能够互相表示,于是,$R$ 就是 $X\times Y$ 的一个子集,从而得到了关系的另一种定义形式。

定义 3.2 设 $X、Y$ 为集合,则 $X\times Y$ 的任一子集 R 称为 X 到 Y 的一个二元关系。$R\subseteq X\times Y$,如果$(x,y)\in R$,则称 x 与 y 符合关系 R,记为 xRy;如果$(x,y)\notin R$,则称 x 与 y 不符合关系 R,记为 $x\not R y$。

例 3.5 如图 3.1 所示,自然数集 $\mathbf{N}=\{1, 2, 3, \cdots\}$上的<、⩽、=、⩾、>关系均为 $N\times N$ 的子集,于是,<、⩽、=、⩾、>等关系可以用序对集合表示如下:

$N\times N$	1	2	3	4	…
1	(1,1)	(1,2)	(1,3)	(1,4)	…
2	(2,1)	(2,2)	(2,3)	(2,4)	…
3	(3,1)	(3,2)	(3,3)	(3,4)	…
4	(4,1)	(4,2)	(4,3)	(4,4)	…
…	…	…	…	…	…

图 3.1 $\mathbf{N}\times\mathbf{N}$ 示意图

- $<=\{(1,2),(1,3),\cdots,(2,3),(2,4),\cdots,(3,4),\cdots\}$,对应于图 3.1 所示表中右上角部分的序对之集。
- $\leqslant=\{(1,1),(2,2),\cdots,(1,2),(1,3),\cdots,(2,3),(2,4),\cdots,(3,4),\cdots\}$,对应于图 3.1 所

示表中右上角部分和对角线上的序对之集。
- $=$ $=\{(1,1),(2,2),\cdots\}$，对应于图 3.1 所示表中对角线上的序对之集。
- $\geqslant$ $=\{(1,1),(2,2),\cdots,(2,1),(3,1),(3,2),(4,1),(4,2),(4,3),\cdots\}$，对应于图 3.1 所示表中左下角部分和对角线上的序对之集。
- $>$ $=\{(2,1),(3,1),(3,2),(4,1),(4,2),(4,3),\cdots\}$，对应于图 3.1 所示表中左下角部分的序对之集。

抽象讨论时用定义 3.2，具体应用时用定义 3.1。有的作者则把关系视为"多值函数"，于是，我们又可以得到下面的关系的第三种定义形式。

定义 3.3 设 X、Y 为集合，一个从 X 到 2^Y 的映射 R 称为从 X 到 Y 的一个二元关系。

定理 3.1 定义 3.2 与定义 3.3 等价。

【证明】 只须证明 $2^{X\times Y}$ 与 $\{f\,|\,f:X\to 2^Y\}$ 之间存在双射即可。

令 $\varphi:2^{X\times Y}\to\{f\,|\,f:X\to 2^Y\}$，$\forall R\in 2^{X\times Y}$，$\varphi(R)=f_R$，$f_R:X\to 2^Y$，对于 $\forall x\in X$，$f_R(x)=\{y\,|\,y\in Y,xRy\}$。下面证明 φ 是双射。

(1) $\forall R_1,R_2\in 2^{X\times Y}$，如果 $R_1\neq R_2$，则 $f_{R_1}\neq f_{R_2}$，亦即 $\varphi(R_1)\neq\varphi(R_2)$，所以 φ 是单射。

(2) 对于 $\forall f\in\{f\,|\,f:X\to 2^Y\}$，构造 $R\in 2^{X\times Y}$，使得 $f_R=f$，令 $R=\bigcup\limits_{x\in X}(\{x\}\times f(x))$，易见 $R\in 2^{X\times Y}$ 且 $f_R=f$，亦即 $\varphi(R)=f$，所以 φ 是满射。

综上(1)、(2)可知 φ 是双射。   ∎

注意：

(1) 二元运算不是二元关系，它提问的是"其值是什么"，回答应是运算结果为哪个数、物或对象，结果是论域中的对象。

(2) 二元关系的值是真或假，提问的是"成立还是不成立"，回答的是"是"或"否"，结果属于逻辑范畴，从类型上说是"布尔型"。

(3) 假设 $R\subseteq X\times Y$ 是一个二元关系，对于 $\forall x\in X$，未必 $\exists y\in Y$，使 xRy；对于 $\forall y\in Y$，未必 $\exists x\in X$，使 xRy。

(4) 映射是二元关系，设有映射 $f:X\to Y$，$f=\{(x,f(x))\,|\,x\in X,f(x)\in Y\}$，显然 $f\subseteq X\times Y$。

定义 3.4 假设 $R\subseteq X\times Y$ 是一个二元关系，则称 Φ 为空关系，称 $X\times Y$ 为全关系，$R^{-1}=\{(y,x)\,|\,(x,y)\in R\}$ 则称为关系 R 的逆关系或简称为 R 的逆。

3.1.2 n 元关系与关系数据库

定义 3.5 设 $X_1,X_2,\cdots,X_n$ 为 n 个集合，笛卡儿乘积 $X_1\times X_2\times\cdots\times X_n$ 的任一子集 R 称为 $X_1,X_2,\cdots,X_n$ 间的一个 n 元关系。

在数据库中，每个集合 X_i 被赋予一个属性名 A_i，X_i 便称为属性 A_i 的值域。属性 A_i 用来刻画集合 X_i 中各元素在现实世界的一个应用时的性质（意义）。以 $A_1,\cdots,A_n$ 为属性的 n 元关系 R 记为 $R(A_1,A_2,\cdots,A_n)$，称为一个关系模式。例如，学生 S（学号 Sno，姓名 $Sname$，性别 $Ssex$，年龄 $Sage$）就是一个关系模式。在数据库中，关系模式还要加上其他约束条件，如学号决定姓名，年龄不能为负值等。

直观地，n 元关系 R 可以看作一个二维表，这个表有 n 列，每一列对应一个属性，每一

行则是 R 中的一个 n 元组,例如,图 3.2 给出的二维表就是属于关系模式学生 S(学号 Sno,姓名 $Sname$,性别 $Ssex$,年龄 $Sage$)的一个学生数据库。

学号 Sno	姓名 $Sname$	性别 $Ssex$	年龄 $Sage$
1603001	祖强	男	18
1703002	席奴瓦	女	18
1903026	张硕	男	20
1902013	曲思蒙	女	19
2003008	李明	男	21

图 3.2 二维表式的学生数据库示例

3.2 几种特殊的二元关系

在数学中经常使用的是集合 X 上的二元关系 $R \subseteq X \times X$,本节讨论的都是 X 上的二元关系 $R \subseteq X \times X$,某种特殊的关系也可以看作是关系的某种特殊性质。

3.2.1 自反关系、反自反关系

定义 3.6 设 $R \subseteq X \times X$。如果 $\forall x \in X$ 总有 $(x,x) \in R$(或说 xRx),则称 R 是 X 上的自反二元关系(Reflexive relation)或称 R 是自反的(Reflexive)。如果 $\forall x \in X$ 总有 $(x,x) \overline{\in} R$(或说 $x\overline{R}x$),则称 R 是 X 上的反自反二元关系(Anti-Reflexive Relation)或称 R 是反自反的(Anti-Reflexive)。

注意:

(1) R 不是 X 上的自反关系 $\Leftrightarrow \exists x_0 \in X$ 使 $x_0 \overline{R} x_0$。

(2) R 不是反自反的 $\Leftrightarrow \exists x_0 \in X$ 使得 $x_0 R x_0$。

(3) 一个二元关系 R 不是自反的并不能推导出 R 是反自反的。

例 3.6 自然数集上的 $\leqslant$、$\geqslant$、模 n 同余、整除关系,矩阵的相似关系等都是自反的二元关系,自然数集上的 $<$ 关系是反自反的二元关系。

例 3.7 假设 $X = \{a,b,c\}$,$R_1 = \{(a,a),(b,b),(c,c)\}$,$R_2 = \{(a,c),(b,a),(b,c),(c,b)\}$,$R_3 = \{(a,b),(b,c),(a,c),(c,b)\}$,$R_4 = \{(a,b),(b,b),(b,c),(a,c),(c,b)\}$,则 R_1 是自反的,R_3 是反自反的,R_2 是反自反的但不是自反的,R_4 既不是自反的也不是反自反的。

$I_X = \{(x,x) | x \in X\}$ 称为 X 上的恒等关系。

定理 3.2 R 是自反的 $\Leftrightarrow I_X \subseteq R$。

3.2.2 对称关系、反对称关系

定义 3.7 设 $R \subseteq X \times X$,$x,y \in X$,当命题"如果 xRy,则 yRx"成立,则称 R 为 X 上的对称二元关系(Symmetrical Relation)或称 R 是对称的(Symmetrical);当命题"如果 xRy 且 yRx,则 $x = y$"成立,则称 R 为 X 上的反对称二元关系(Anti-Symmetrical Relation)或称 R 为反对称的(Anti-Symmetrical)。

注意,

(1) R 不是 X 上的对称二元关系 $\Leftrightarrow \exists x 、 y \in X, x \neq y$, 使 $(x, y) \in R$ 但 $(y, x) \notin R$。

(2) R 不是反对称的 $\Leftrightarrow \exists x 、 y \in X, x \neq y$, 使 $(x, y) \in R$ 且 $(y, x) \in R$。

(3) R 是反对称的 $\Leftrightarrow \forall x 、 y \in X, x \neq y$ 时 $(x, y) \notin R$ 或者 $(y, x) \notin R$。

例 3.8 整数的模 n 同余关系、矩阵的相似关系、人与人之间的朋友、同学关系等都是对称二元关系；整数的 $<$、$\leqslant$、$\geqslant$、$>$、整除关系等，集合间的 $\subseteq$、$\subset$、$\supseteq$、$\supset$ 等关系都是反对称二元关系。

定理 3.3 设 $R \subseteq X \times X$，R 是对称且反对称的 $\Leftrightarrow R \subseteq I_X$。

【证明】 必要性 $\Rightarrow$：假设 $(x, y) \in R$，如果 $x \neq y$，则因为 R 是对称的，所以 $(y, x) \in R$，又因为 R 是反对称的，所以 $x = y$，这是不可能的，亦即 $\forall (x, y) \in R$ 均有 $x = y$，从而 $(x, y) \in I_X$，因此 $R \subseteq I_X$。

充分性 $\Leftarrow$：因为 $R \subseteq I_X$，所以 $\forall (x, y) \in R$ 均有 $x = y$，从而有 $(y, x) \in R$，因此 R 是对称的。而且因为 $R \subseteq I_X$，所以对于 $\forall x 、 y \in X, x \neq y$ 时 $(x, y) \notin R$ 且 $(y, x) \notin R$，所以 R 是反对称的。

定理 3.4 R 是对称的 $\Leftrightarrow R^{-1} = R$。

例 3.9 假设 $X = \{a, b, c\}$，$R_1 = \{(a, b), (b, a), (c, c)\}$，$R_2 = \{(a, c), (b, a), (b, c)\}$，$R_3 = \{(a, b), (b, c), (a, c), (c, b)\}$，则 R_1 是对称的，R_2 是反对称的，R_3 既不是对称的也不是反对称的。

3.2.3 传递关系

定义 3.8 设 $R \subseteq X \times X$，$x 、 y 、 z \in X$。当命题 "如果 xRy 且 yRz，则有 xRz" 成立，则称 R 为 X 上的传递关系（Transitive Relation）或称 R 是传递的（Transitive）。

注意，R 不是 X 上的传递二元关系 $\Leftrightarrow \exists x 、 y 、 z \in X$，使 $(x, y) \in R$ 且 $(y, z) \in R$ 但 $(x, z) \notin R$。

例 3.10 整数的 $=$、$\leqslant$、$<$、整除、模 n 同余、矩阵的相似、集合的 $\subseteq$、$\subset$、$\supseteq$、$\supset$ 关系等都是传递关系；朋友关系不是传递的关系。

例 3.11 设 $X \neq \Phi$，$R \subseteq X \times X$，则空关系 $R = \Phi$ 不是自反的，但空关系是对称的、反自反的、反对称的和传递的。

例 3.12 假设 $X = \{a, b, c\}$，$R_1 = \{(a, b), (b, a), (c, c)\}$，$R_2 = \{(a, c), (b, a), (b, c)\}$，则 R_1 不是传递的，R_2 是传递的。

定理 3.5 设 $R \subseteq X \times X$，如果 R 是反自反的且是传递的，则 R 是反对称的。

【证明】 假设 $(x, y) \in R$ 且 $(y, x) \in R$，则因为 R 是传递的，所以 $(x, x) \in R$，这与 R 是反自反的相矛盾，所以 $(x, y) \in R$ 与 $(y, x) \in R$ 不能同时成立，亦即 $(x, y) \notin R$ 或 $(y, x) \notin R$，因此 R 是反对称的。

3.2.4 相容关系、关系的计数

定义 3.9 自反且对称的关系称为相容关系。

相容关系在数理逻辑课程中要用到，那里会定义，此处不做详述。

例 3.13 设 $X = \{a_1, a_2, \cdots, a_n\}$，$R \subseteq X \times X$，$\mathcal{R}$ 定义如下，求 $|\mathcal{R}|$。

(1) $\mathcal{R} = \{R | R \subseteq X \times X, R \text{ 是自反的}\}$。

(2) $\mathscr{R}=\{R\mid R\subseteq X\times X, R\text{ 是反自反的}\}$。
(3) $\mathscr{R}=\{R\mid R\subseteq X\times X, R\text{ 是对称的}\}$。
(4) $\mathscr{R}=\{R\mid R\subseteq X\times X, R\text{ 是反对称的}\}$。
(5) $\mathscr{R}=\{R\mid R\subseteq X\times X, R\text{ 是自反且对称的}\}$。
(6) $\mathscr{R}=\{R\mid R\subseteq X\times X, R\text{ 是自反或对称的}\}$。

【解】
(1) $|\mathscr{R}|=2^{n^2-n}$。

(2) $|\mathscr{R}|=2^{n^2-n}$。

(3) $|\mathscr{R}|=2^{n^2+n}$。

(4) $|\mathscr{R}|=3^{(n^2-n)/2}\times 2^n$。因为 R 是反对称的,于是,$i\neq j$ 时,(a_i,a_j) 和 (a_j,a_i) 不能同时属于 R,存在三种情况：

① $(a_i,a_j)\in R, (a_j,a_i)\notin R$。
② $(a_j,a_i)\in R, (a_i,a_j)\notin R$。
③ $(a_i,a_j)\notin R, (a_j,a_i)\notin R$。

$i=j$ 时 (a_i,a_j) 既可以属于 R 也可以不属于 R,存在两种情况：

① $(a_i,a_j)\in R$。
② $(a_i,a_j)\notin R$。

(5) $|\mathscr{R}|=2^{(n^2-n)/2}$。

(6) $|\mathscr{R}|=2^{n^2-n}+2^{(n^2+n)/2}-2^{(n^2-n)/2}$。

3.3 关系的运算

在关系上引入运算非常重要,形式语言和自动机、编译原理等课程会用到它们。关系的合成运算是映射的合成运算的推广,现实生活中用它可以产生新的关系。利用关系的集合运算、合成运算、关系的闭包等则可以很方便地将各种简单的关系合成为复杂的关系,这些运算的引入使得关系这一数学工具的形式化描述能力变得更为强大。

3.3.1 关系的集合运算

因为二元关系是序对的集合,因此在集合上定义的各种运算均可以应用到关系上来。设 R、$S\subseteq X\times Y$,则 $R\cup S\subseteq X\times Y$,$(x,y)\in R\cup S\Leftrightarrow (x,y)\in R$ 或 $(x,y)\in S$,亦即 $xR\cup Sy\Leftrightarrow xRy$ 或 xSy。

类似地,我们还有如下的一些结论：

(1) $(x,y)\in R\cap S\Leftrightarrow (x,y)\in R$ 且 $(x,y)\in S$,亦即 $xR\cap Sy\Leftrightarrow xRy$ 且 xSy。

(2) $(x,y)\in R\setminus S\Leftrightarrow (x,y)\in R$ 但 $(x,y)\notin S$,亦即 $xR\setminus Sy\Leftrightarrow xRy$ 但 $x\$y$。

(3) $(x,y)\in R\triangle S\Leftrightarrow (x,y)\in (R\setminus S)\cup (S\setminus R)$,亦即 $xR\triangle Sy\Leftrightarrow x(R\setminus S)\cup(S\setminus R)y$。

(4) $(x,y)\in R^c\Leftrightarrow (x,y)\notin R$,亦即 $xR^c y\Leftrightarrow \overline{xRy}$。

(5) 设 $R\subseteq X\times Y, S\subseteq Z\times W$,则 $R\times S=\{((x,y),(z,w))\mid (x,y)\in R,(z,w)\in S\}$。

在数据库系统的具体实现中,关系数据库中的关系就可以进行集合运算。

3.3.2 关系的合成运算

由"母子"关系及"夫妻"关系的存在,产生了"婆媳"关系,其关键是儿子或丈夫的存在,由此可以引出二元关系的合成运算的定义。

定义 3.10 设 $R \subseteq X \times Y, S \subseteq Y \times Z$。$X \times Z$ 的子集 $\{(x,z) \mid \exists y \in Y$ 使 $(x,y) \in R$ 且 $(y,z) \in S\}$ 称为 R 与 S 的合成二元关系,记作 $R \circ S$。

$R \circ S$ 也可以看成是 R 与 S 的合成运算。易见,当 R 与 S 是映射时,$R \circ S$ 就是映射的合成。

例 3.14 $R \subseteq X \times X$,则 $R \circ R = \{(x,z) \mid \exists y \in X$ 使 $(x,y) \in R$ 且 $(y,z) \in R\}$。易见,如果 R 是父子关系,则 $R \circ R$ 就是爷孙关系。

例 3.15 假设 $X = \{1,2,3,4\}, R = \{(1,2),(2,3)\}, S = \{(1,1),(2,1),(1,3)\}$,则 $R \circ S = \{(1,1)\}, S \circ R = \{(1,2),(2,2)\}$。

一般地,二元关系的合成运算不满足交换律。

3.3.3 关系合成运算的性质

1. 关系的合成运算满足结合律

定理 3.6 设 X、Y、Z、W 为集合,$R \subseteq X \times Y, S \subseteq Y \times Z, T \subseteq Z \times W$,则 $(R \circ S) \circ T = R \circ (S \circ T)$。

【证明】 先证 $(R \circ S) \circ T \subseteq R \circ (S \circ T)$。

设 $(x,w) \in (R \circ S) \circ T$,则 $\exists z \in Z$,使 $(x,z) \in R \circ S$ 且 $(z,w) \in T$,再由定义 3.10 知,$\exists y \in Y$,使 $(x,y) \in R$ 且 $(y,z) \in S$,于是有 $(x,y) \in R$ 且 $(y,w) \in S \circ T$,故 $(x,w) \in R \circ (S \circ T)$,因此 $(R \circ S) \circ T \subseteq R \circ (S \circ T)$。

同理可证 $R \circ (S \circ T) \subseteq (R \circ S) \circ T$。

综上,$(R \circ S) \circ T = R \circ (S \circ T)$。

2. 关系的合成运算对并运算满足左、右分配律

定理 3.7 设 X、Y、Z 为集合,$R \subseteq X \times Y, S、T \subseteq Y \times Z$,则

(1) $R \circ (S \cup T) = (R \circ S) \cup (R \circ T)$。

(2) $(S \cup T) \circ R = (S \circ R) \cup (T \circ R)$。

【证明】

(1) 先证 $R \circ (S \cup T) \subseteq (R \circ S) \cup (R \circ T)$。

设 $(x,z) \in R \circ (S \cup T)$,则 $\exists y \in Y$,使得 $(x,y) \in R$ 且 $(y,z) \in S \cup T$,所以 $(y,z) \in S$ 或 $(y,z) \in T$,如果 $(y,z) \in S$,则 $(x,z) \in R \circ S \subseteq (R \circ S) \cup (R \circ T)$;如果 $(y,z) \in T$,则 $(x,z) \in R \circ T \subseteq (R \circ S) \cup (R \circ T)$。因此,$R \circ (S \cup T) \subseteq (R \circ S) \cup (R \circ T)$。

再证 $(R \circ S) \cup (R \circ T) \subseteq R \circ (S \cup T)$。

设 $(x,z) \in (R \circ S) \cup (R \circ T)$,则 $(x,z) \in R \circ S$ 或 $(x,z) \in R \circ T$。

① 如果 $(x,z) \in R \circ S$,则 $\exists y \in Y$,使得 $(x,y) \in R$ 且 $(y,z) \in S \subseteq S \cup T$,亦即 $\exists y \in Y$,使得 $(x,y) \in R$ 且 $(y,z) \in S \cup T$,从而有 $(x,z) \in R \circ (S \cup T)$,此时 $(R \circ S) \cup (R \circ T) \subseteq R \circ (S \cup T)$。

② 如果 $(x,z) \in R \circ T$,则 $\exists y \in Y$,使得 $(x,y) \in R$ 且 $(y,z) \in T \subseteq S \cup T$,亦即 $\exists y \in Y$,

使得$(x,y)\in R$且$(y,z)\in S\cup T$,从而有$(x,z)\in R\circ(S\cup T)$,此时$(R\circ S)\cup(R\circ T)\subseteq R\circ(S\cup T)$。

亦即$(x,z)\in R\circ S$或者$(x,z)\in R\circ T$时均有$(R\circ S)\cup(R\circ T)\subseteq R\circ(S\cup T)$成立。

综上,$R\circ(S\cup T)=(R\circ S)\cup(R\circ T)$。

(2) $(S\cup T)\circ R=(S\circ R)\cup(T\circ R)$的证明留给读者作为练习。

3. 关系的合成运算对交运算满足半分配律

定理 3.8 设 X、Y、Z 为集合,$R\subseteq X\times Y$,$S,T\subseteq Y\times Z$,则 $R\circ(S\cap T)\subseteq(R\circ S)\cap(R\circ T)$。

【证明】
设$(x,z)\in R\circ(S\cap T)$,则$\exists y\in Y$,使得$(x,y)\in R$,$(y,z)\in S\cap T$,所以$(y,z)\in S$且$(y,z)\in T$,从而,$(x,z)\in R\circ S$且$(x,z)\in R\circ T$,因此,$(x,z)\in(R\circ S)\cap(R\circ T)$,所以$R\circ(S\cap T)\subseteq(R\circ S)\cap(R\circ T)$。

4. 关系的逆运算是一个穿脱过程

定理 3.9 设 X 为集合,$R,S\subseteq X\times X$,则

(1) $(R\circ S)^{-1}=S^{-1}\circ R^{-1}$。

(2) $R\circ R^{-1}$是对称的。

【证明】 (1)先证$(R\circ S)^{-1}\subseteq S^{-1}\circ R^{-1}$。

设$(x,z)\in(R\circ S)^{-1}$,则$(z,x)\in R\circ S$,于是$\exists y\in X$,使得$(z,y)\in R$,$(y,x)\in S$,从而有$(x,y)\in S^{-1}$,$(y,z)\in R^{-1}$,所以$(x,z)\in S^{-1}\circ R^{-1}$,因此$(R\circ S)^{-1}\subseteq S^{-1}\circ R^{-1}$。

再证 $S^{-1}\circ R^{-1}\subseteq(R\circ S)^{-1}$。

设$(x,z)\in S^{-1}\circ R^{-1}$,则$\exists y\in X$,使得$(x,y)\in S^{-1}$,$(y,z)\in R^{-1}$,亦即$(z,y)\in R$,$(y,x)\in S$,于是有$(z,x)\in R\circ S$,故$(x,z)\in(R\circ S)^{-1}$,因此$S^{-1}\circ R^{-1}\subseteq(R\circ S)^{-1}$。

(2) 由(1)可得,$(R\circ R^{-1})^{-1}=(R^{-1})^{-1}\circ R^{-1}=R\circ R^{-1}$,再根据定理 3.4 可知 $R\circ R^{-1}$ 是对称的。

5. 关系的幂运算满足指数规律

定理 3.10 设 X 为集合,m、n 为自然数,$R\subseteq X\times X$,令 $R^0=I_X$,$R^1=R$,$R^2=R\circ R$,则 $R^m\circ R^n=R^{m+n}$,$(R^m)^n=R^{mn}$。

利用抽屉原理很容易即可得到下面的定理 3.11。

定理 3.11 设 X 为集合,n 为自然数,$R\subseteq X\times X$,$|X|=n$,则存在 s 和 t,$0\leqslant s<t\leqslant 2^{n^2}$ 使 $R^s=R^t$。

定理 3.12 设 X 为集合,$R\subseteq X\times X$,则 R 是传递的$\Leftrightarrow R^2\subseteq R$。

【证明】 必要性$\Rightarrow$:设 R 是传递的,往证 $R^2\subseteq R$。

为此,设$(x,z)\in R^2$,则$\exists y\in X$,使得$(x,y)\in R$且$(y,z)\in R$,根据 R 的传递性即可得$(x,z)\in R$,因此 $R^2\subseteq R$。

充分性$\Leftarrow$:设 $R^2\subseteq R$,往证 R 是传递的,即如果$(x,y)\in R$且$(y,z)\in R$,往证$(x,z)\in R$。这是显然的,因为$(x,z)\in R^2\subseteq R$。

由定理 3.12 可以看出,关系具有传递性的本质是它包含了由直接联系可以推导出来的一跳可达的间接联系。

定理 3.13 设 $R\subseteq X\times X$,R 是对称且传递的$\Leftrightarrow R=R\circ R^{-1}$。

【证明】 必要性⇒：假设 R 是对称且传递的，则因为 $R^{-1}=R$，所以 $R \circ R^{-1} \subseteq R$。假设 $(x,y) \in R$，则 $(y,x) \in R^{-1}=R$，从而有 $(y,y) \in R$，故 $(x,y) \in R^2=R \circ R^{-1}$，因此 $R \subseteq R \circ R^{-1}$，所以 $R=R \circ R^{-1}$。

充分性⇐：假设 $R=R \circ R^{-1}$，则由定理 3.9(2) 可知 R 是对称的，从而 $R=R^{-1}$，于是，$R=R^2$，再由定理 3.12 可知 R 是传递的。

问：关系的合成运算保持了参与运算的关系的哪些性质？

答：自反，即如果 R 与 S 是自反的，则 $R \circ S$ 也是自反的。与合成运算有关的，计算机科学中最有用的是传递闭包。

3.4 二元关系的传递闭包

二元关系的传递闭包、自反传递闭包在形式语言与自动机理论中十分有用。

3.4.1 二元关系的传递闭包、自反传递闭包

由"父子"关系可以引出"后代"关系，由"直接领导"关系可以引出"间接领导"关系，对这一过程的抽象就可以得到关系的传递闭包运算。

定义 3.11 设 $R \subseteq X \times X$，X 上一切包含 R 的传递关系的交称为 R 的传递闭包 (Transitive Closure)，记为 R^+。于是，

$$R^+ = \bigcap_{\substack{R \subseteq R' \\ R' \text{传递}}} R'$$

$R^* = R^0 \cup R^+$ 称为 R 的自反传递闭包。

由定义 3.11 可知，如果 R 是传递的，则 $R^+=R$；如果 R 是自反且传递的，则 $R^*=R$。

对定义 3.11 的定义方式不妨这样理解：给定一个关系 R，R 的性质不太好，如不传递(工程上有时只能获取和保存直接联系，得到的关系没有体现间接联系)，但又必须研究(需要获取间接联系)。为什么不传递？因为序对太少(只有直接联系)，则加一些序对(加入直接联系所隐含的间接联系)，但又不能加得太多(需要体现出原始的关系 R，因此只能加入由 R 中的直接联系派生出来的间接联系)，则定义传递闭包为包含 R 的传递关系中最小的那一个(这一点恰好可以用交运算来表述)。

虽然定义 3.11 给出的关系的传递闭包不好计算，但更容易推广到关系的其他性质上去，如自反闭包、对称闭包等。

3.4.2 传递闭包的性质

定理 3.14 设 $R \subseteq X \times X$，则 R^+ 是传递的。

【证明】

设 $(x,y) \in R^+$，$(y,z) \in R^+$，只需证明 $(x,z) \in R^+$。

为此，设 R' 是任一包含 R 的传递关系，则根据定义 3.11 可知，$R^+ \subseteq R'$，从而有 $(x,y) \in R'$，$(y,z) \in R'$，由 R' 的传递性可得 $(x,z) \in R'$，再根据定义 3.11，以及 R' 的任意性和交运算的性质可得 $(x,z) \in R^+$。

定理 3.14 再次说明 R^+ 就是包含 R 的传递关系中最小的那一个。

定义 3.11 给出的 R 的传递闭包不好计算,从"父子"关系引出的"后代"关系可以得出传递闭包的一种更便于计算的定义方式,如定理 3.15 所示。

定理 3.15 设 $R \subseteq X \times X$,则 $R^+ = \bigcup\limits_{n=1}^{\infty} R^n$。

【证明】 先证 $R^+ \subseteq \bigcup\limits_{n=1}^{\infty} R^n$。

显然 $R \subseteq \bigcup\limits_{n=1}^{\infty} R^n$,于是只需证 $\bigcup\limits_{n=1}^{\infty} R^n$ 是传递的即可。设 (a,b)、$(b,c) \in \bigcup\limits_{n=1}^{\infty} R^n$,则有 m、k 使得 $(a,b) \in R^m$,$(b,c) \in R^k$,由关系合成的定义可知,$(a,c) \in R^m \circ R^k = R^{m+k} \subseteq \bigcup\limits_{n=1}^{\infty} R^n$,因此 $\bigcup\limits_{n=1}^{\infty} R^n$ 是传递的,从而 $R^+ \subseteq \bigcup\limits_{n=1}^{\infty} R^n$。

再证 $\bigcup\limits_{n=1}^{\infty} R^n \subseteq R^+$。

设 $(a,b) \in \bigcup\limits_{n=1}^{\infty} R^n$,则有 m 使得 $(a,b) \in R^m$,按照关系合成的定义,存在 $b_1, b_2, \cdots, b_{m-1} \in X$,使得 $(a,b_1), (b_1, b_2), \cdots, (b_{m-1}, b) \in R$,因为 $R \subseteq R^+$,所以 $(a,b_1), (b_1, b_2), \cdots, (b_{m-1}, b) \in R^+$,由定理 3.14 知 R^+ 是传递的,因此,$(a,b) \in R^+$,从而 $\bigcup\limits_{n=1}^{\infty} R^n \subseteq R^+$。

综上,$R^+ = \bigcup\limits_{n=1}^{\infty} R^n$。 ■

定理 3.15 给出的关系的传递闭包仍然不好计算,因为计算机只能处理有穷的,如果 $|X| = n$,则可以得到一种方便计算的关系的传递闭包定义式,如定理 3.16 所示。

定理 3.16 设 $R \subseteq X \times X$,$|X| = n$,则 $R^+ = \bigcup\limits_{i=1}^{n} R^i$。

【证明】

根据定理 3.15,只需证明当 $m > n$ 时 $R^m \subseteq \bigcup\limits_{i=1}^{n} R^i$ 即可。

设 $(x,y) \in R^m$,则存在 $y_1, y_2, \cdots, y_{m-1} \in X$,使得 $(x, y_1), (y_1, y_2), \cdots, (y_{i-1}, y_i), \cdots, (y_{j-1}, y_j), \cdots, (y_{m-1}, y) \in R$,$x, y_1, y_2, \cdots, y_{m-1}, y$ 是 X 中的 $m+1$ 个元素,而 $|X| = n$,$n < m$,根据抽屉原理,$y_1, y_2, \cdots, y_{m-1}, y$ 中必有两个元素相同,不妨设 $y_i = y_j$,$1 \leqslant i < j \leqslant m$,其中,$y_m = y$。于是,根据关系合成的定义,我们有 $(x, y_1), (y_1, y_2), \cdots, (y_{i-1}, y_j), \cdots, (y_{m-1}, y) \in R$,从而 $(x,y) \in R^{m-(j-i)}$,如果 $m - (j-i) \leqslant n$,则定理得证,如果 $m - (j-i) > n$ 则继续使用上面的方法,由 n 有限可知,经过有限次使用上述方法必将得到 $p \leqslant n$,使得 $(x,y) \in R^p \subseteq \bigcup\limits_{i=1}^{n} R^i$,亦即当 $m > n$ 时 $R^m \subseteq \bigcup\limits_{i=1}^{n} R^i$,从而可得 $R^+ = \bigcup\limits_{i=1}^{n} R^i$。

如果将求 R 的传递闭包 R^+ 看作是关于 R 的一个函数,将 $\subseteq$ 看作是升序,则求传递闭包 R^+ 就是个单调函数,亦即"如果 $R \subseteq S$,则 $R^+ \subseteq S^+$"成立。我们先来证明一下这个结论。因为 $R \subseteq S \subseteq S^+$,又因为 S^+ 是传递的,因此 S^+ 就是定义 3.11 中的某个 R',而 $R^+ \subseteq R'$,故 $R^+ \subseteq S^+$。 ■

上面的结论可以作为推理的工具,则下面的定理 3.17 的证明就非常简单了。

定理 3.17 设 R、$S \subseteq X \times X$,则 $R^+ \cup S^+ \subseteq (R \cup S)^+$。

【证明】 因为 $R \subseteq R \cup S$ 且 $S \subseteq R \cup S$,所以 $R^+ \subseteq (R \cup S)^+$ 且 $S^+ \subseteq (R \cup S)^+$,从而 $R^+ \cup S^+ \subseteq (R \cup S)^+$。 ■

例 3.16 $N=\{1,2,\cdots\}$,$\leqslant\subseteq N\times N$,$\forall m,n\in N$,$n\leqslant m\Leftrightarrow m=n+1$,则有 $\leqslant^+ = <$、$\leqslant^* = \leqslant$。

$\leqslant$ 是自然数间的直接相邻关系,$\leqslant^+ = <$ 是自然数间的间接相邻关系,可见,利用求闭包运算可以由简单的直接联系得到复杂的间接联系。

例 3.17 $X=\{a,b,c,d\}$,$R=\{(a,b),(b,c),(c,d)\}$,则 $R^+ = R\cup R^2 \cup R^3 \cup R^4 = \{(a,b),(b,c),(c,a),(a,c),(b,a),(c,b),(a,a),(b,b),(c,c)\}$。

如果 $R = \{(a,b),(b,c),(c,d),(d,a)\}$,则 $R^2 = \{(a,c),(b,d),(c,a),(d,b)\}$,$R^3 = \{(a,d),(b,a),(c,b),(d,c)\}$,$R^4 = \{(a,a),(b,b),(c,c),(d,d)\}$。这表明定理 3.16 中 $R^+ = \bigcup_{i=1}^{n} R^i$ 里的 n 不能再改善了。

定义 3.12 设 $R \subseteq X\times X$,P 是性质(如 $P = \{$自反,传递$\}$)。R 的 P 闭包是 X 上一切包含 R 的同时具有 P 中所有性质的关系的交。

3.4.3 迷宫问题

如图 3.3 所示,这是迷宫问题的一个典型例子:寻找从一指定的房间 S 到某个"目标"房间 G 的一条路径(如果存在的话)。如果迷宫像图 3.3 似的规模很小,则该问题的解容易一眼看出,但对于规模较大的迷宫,情况就不会这么简单了。

学习了关系这种数学工具之后,我们可以如下来思考上述迷宫问题:

图 3.3 一个迷宫的示意图

① 定义一个适当的关系 R 连同一个迷宫中所有房间组成的有穷定义域,使得迷宫问题的解的存在与不存在可由计算闭包 R^* 来确定。

② 描述如何修改 R^* 的计算以使迷宫问题的解决不仅限于确定解的存在性,也就是说,还需要展示如果从 S 到 G 的路径存在的话,如何把它算出来。

我们自然应该想到,编一个计算机程序解决它。于是产生了下面的问题:

(1) 怎样表示迷宫?

(2) 怎样表示关系 R?

(3) 怎样计算 R^*?

(4) 怎样找出从 S 到 G 的路径?

由此引出了 3.5 节内容——关系的计算机表示和闭包的求解算法。

3.5 关系矩阵与关系图

因为在计算机中只能处理有穷的情况,因此本节假定关系是有穷集合上的二元关系。

3.5.1 关系矩阵

设 X、Y 为集合,为 X 中元素编号得 $X = \{x_1, x_2, \cdots, x_m\}$,为 Y 中元素编号得 $Y =$

$\{y_1, y_2, \cdots, y_n\}$，$R \subseteq X \times Y$，则 $m \times n$ 的 $(0,1)$-矩阵 $\boldsymbol{A} = (a_{ij})$ 称为关系 R 的矩阵，其中
$$a_{ij} = \begin{cases} 1 & x_i R x_j \\ 0 & x_i \not R x_j \end{cases}。$$

计算机处理集合的常用方法就是为集合中的元素编号，计算机中存放关系 R 的方法就是存放其矩阵，以后称为布尔矩阵，编号不同得到不同的矩阵，但都忠实地反映了 R。利用线性代数线性空间的基，元素重新排序后的矩阵 $\boldsymbol{A}'_R$ 与原矩阵 $\boldsymbol{A}_R$ 之间的关系是合同关系，即存在一个置换矩阵 $\boldsymbol{P}$，使得 $\boldsymbol{A}'_R = \boldsymbol{P}^T \boldsymbol{A}_R \boldsymbol{P}$。

定理 3.18 设 X 为集合，$R \subseteq X \times X$，$\boldsymbol{A}_R$ 是 R 的布尔矩阵，则

(1) R 是自反的 $\Leftrightarrow \boldsymbol{A}_R$ 对角线上元素全为 1。

(2) R 是对称的 $\Leftrightarrow \boldsymbol{A}_R = \boldsymbol{A}_R^T$。

(3) R 是反对称的 $\Leftrightarrow \forall i, j \in \{1, 2, \cdots, n\}, i \neq j$ 时，a_{ij} 与 a_{ji} 不能同时为 1。

(4) R 是反自反的 $\Leftrightarrow \boldsymbol{A}_R$ 对角线上元素全为 0。

(5) R 是传递的 $\Leftrightarrow$ 如果 $a_{ik} = 1$ 且 $a_{kj} = 1$，则 $a_{ij} = 1$。

由定理 3.18 可以看出，用计算机验证某一关系的性质，编程是很容易的。

3.5.2 (0,1)-矩阵的运算

$m \times n$ 的 $(0,1)$-矩阵 $\boldsymbol{A} = (a_{ij})$，$\boldsymbol{B} = (b_{ij})$，则 $\boldsymbol{A} \vee \boldsymbol{B} = (a_{ij} \vee b_{ij})$，$\boldsymbol{A} \wedge \boldsymbol{B} = (a_{ij} \wedge b_{ij})$。

如果 $\boldsymbol{A} = (a_{ij})$ 为 $m \times p$ 的 $(0,1)$-矩阵，$\boldsymbol{B} = (b_{ij})$ 为 $p \times n$ 的 $(0,1)$-矩阵，则定义 $\boldsymbol{A} \circ \boldsymbol{B} = \boldsymbol{C}$，其中

$$c_{ij} = (a_{i1} \wedge b_{1j}) \vee (a_{i2} \wedge b_{2j}) \vee \cdots \vee (a_{ip} \wedge b_{pj})。$$

定理 3.19 设 R、$S \subseteq X \times X$，$|X| = n$，$\boldsymbol{A}$、$\boldsymbol{B}$ 为 R 和 S 的矩阵，则 $R \cup S$、$R \cap S$、$R \circ S$、R^+ 的矩阵分别为 $\boldsymbol{A} \vee \boldsymbol{B}$、$\boldsymbol{A} \wedge \boldsymbol{B}$、$\boldsymbol{A} \circ \boldsymbol{B}$、$\bigcup_{i=1}^{n} \boldsymbol{A}^{(i)}$，其中

$$\boldsymbol{A}^{(i)} = \boldsymbol{A} \circ \boldsymbol{A} \circ \cdots \circ \boldsymbol{A} \quad (共 i 个 \boldsymbol{A})$$

3.5.3 Warshall 算法

算法是用计算机解决问题的一种基本方法，第一步，确定迭代关系，第二步，建立关系式，第三步，过程控制。

如下的 Warshall 算法就是用来求解 R^+ 的一个典型算法。

输入：A_R；

输出：R^+；

步骤：

(1) $A \leftarrow A_R$；

(2) for $k = 1$ to n

　　for $i = 1$ to n

　　　for $j = 1$ to n

　　　　$A[i,j] = A[i,j] \vee (A[i,k] \wedge A[k,j])$

3.5.4 关系的图

本节只是给出用于表示关系的一种方法——图,详细地研究图及其性质是图论的内容。

设 X 为集合,$R \subseteq X \times X$,X 中每个元素 x 对应一个标记为 x 的顶点,如果$(x,y) \in R$,则从顶点 x 到顶点 y 画一条有方向的边,由此得到的图形就是关系的图。

例 3.18 设 $X=\{1,2,3,4\}$,$R \subseteq X \times X$,$R=\{(1,1),(1,2),(2,3),(3,2),(2,4)\}$,则关系 R 的图如图 3.4 所示。

例 3.19 设 $X=\{1,2,3,4\}$,$Y=\{a,b,c\}$,$R \subseteq X \times Y$,$R=\{(1,a),(1,b),(2,c),(3,b),(4,c)\}$,则关系 R 的图如图 3.5 所示。

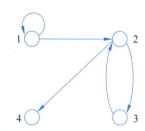
图 3.4 例 3.18 中关系 R 的图

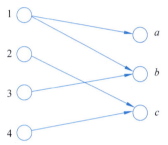
图 3.5 例 3.19 中关系 R 的图

定理 3.20 设 X 为集合,$R \subseteq X \times X$,则

(1) R 是自反的⇔在关系 R 的图中,每个顶点有指向自己的边。

(2) R 是对称的⇔在关系 R 的图中,如果存在从顶点 x 指向顶点 y 的边,则必有从顶点 y 指向顶点 x 的边。

(3) R 是传递的⇔在关系 R 的图中,如果存在从顶点 x 指向顶点 y 的边,且存在从顶点 y 指向顶点 z 的边,则必有从顶点 x 指向顶点 z 的边。

因此,图就是一个二元组(X,R),如果 X 是一个有穷集合,X 上只有一个二元关系,则用图作数学模型最合适,计算机中用矩阵存放图。

3.6 等价关系与集合的划分

不论在数学还是日常生活,不论在自然科学还是社会科学,抑或计算机科学中,等价关系(equivalent relation)都是一个非常重要的概念,线性代数的研究方法主要就是使用等价关系,近世代数中的重要结论或方法——同态基本定理使用的也是利用映射确定的等价关系。集合的划分和等价关系这两个概念是一回事,只是角度不同而已,对此,本节也将给出论证。

3.6.1 等价关系

等价关系反映的是事物之间的同质性,如同学、同事、同桌、同象、同余、同值域等,抽象地看,自反、对称且传递的关系就是等价关系。

定义 3.13 设 X 为集合,$R \subseteq X \times X$ 是 X 上的二元关系,如果

① R 是自反的，即 $I_X \subseteq R$。
② R 是对称的，即 $R^{-1} \subseteq R$。
③ R 是传递的，即 $R^2 \subseteq R$。
则称 R 为 X 上的等价关系。

例 3.20 设 Z 为整数集合，$\equiv \subseteq Z \times Z, n \in Z, \forall m 、 k \in Z, m \equiv k \Leftrightarrow n \mid (m-k)$，$\equiv$ 称为 Z 上的模 n 同余关系，模 n 同余关系 $\equiv$ 是等价关系。

例 3.21 设 S 为学生集合，$\sim \subseteq S \times S, \forall a 、 b \in S, a \sim b \Leftrightarrow a$ 与 b 在同一个班级学习，$\sim$ 称为 S 上的同班同学关系，学生之间的同班同学关系 $\sim$ 也是等价关系。

例 3.22 设 M 为一切 $m \times n$ 实矩阵之集，$\cong \subseteq M \times M, \forall A 、 B \in M, A \cong B \Leftrightarrow$ 用初等变换可以从 A 变到 B，$\cong$ 称为 M 上的相抵关系，矩阵间的相抵关系 $\cong$ 是等价关系。

例 3.23 设 M 为所有 n 阶实对称矩阵之集，$\backsim \subseteq M \times M, \forall A 、 B \in M, A \backsim B \Leftrightarrow \exists P$，使 $B = P^T A P$，$\backsim$ 称为 M 上的合同关系，矩阵间的合同关系 $\backsim$ 是等价关系。

例 3.24 设 M 为所有 n 阶实方阵之集，$\approx \subseteq M \times M, \forall A 、 B \in M, A \approx B \Leftrightarrow \exists P \in M$，使 $B = P^{-1} A P$，$\approx$ 称为 M 上的相似关系，矩阵间的相似关系 $\approx$ 是等价关系。

3.6.2 等价类

定义 3.14 设 X 为集合，$\cong$ 是 X 上的等价关系，$x \in X$，令 $[x] = \{y \mid x \cong y, y \in X\}$，$[x]$ 称为 $\cong$ 的一个等价类(equivalent class)。

如果 $y \in [x]$，则 $x \cong y$，因此 $[y] = [x]$。

例如，文豪和张航是 1203103 班的同学，则 $1203103 = [文豪] = [张航]$，祖强和王杰是 1603001 班的同学，则 $1603001 = [祖强] = [王杰]$，由此可见，等价类就是互相等价的元素组成的那个整体，其中的每个元素都可以作为这一整体的代表。

那么，等价类具有什么性质呢？请看下面的引理 3.1。

引理 3.1 如果 $[x]$ 和 $[y]$ 是等价关系 $\cong$ 的两个等价类，则 $[x] = [y]$ 或 $[x] \cap [y] = \Phi$，即如果 $[x] \neq [y]$ 则 $[x] \cap [y] = \Phi$。

【证明】 采用反证法。

假设 $[x] \cap [y] \neq \Phi$，则 $\exists z \in [x] \cap [y]$，即 $z \in [x]$ 且 $z \in [y]$，从而 $x \cong z, y \cong z$，从而 $x \cong y$，因此，对于 $\forall p \in [x], x \cong p$，故 $p \cong x$，又因为 $x \cong y$，所以 $p \cong y$，于是 $y \cong p$，亦即 $p \in [y]$。反之，对于 $\forall p \in [y]$，易证 $p \in [x]$，故此 $[x] = [y]$，矛盾。∎

给定一个等价关系，我们还需要弄清楚下面的问题：对应该等价关系有多少个等价类？每个等价类中的元素是哪些？具有什么共同的性质？解决这些问题没有统一的方法，只能具体问题具体分析，下面给出几个求等价类的例子。

例 3.25 $N = \{1, 2, 3, \cdots\}$ 上的模 3 同余关系的等价类为

$[1] = \{1, 4, 7, \cdots\}$
$[2] = \{2, 5, 8, \cdots\}$
$[3] = \{3, 6, 9, \cdots\}$

例 3.26 设有映射 $f: X \to Y$，利用 f 在 X 上定义一个等价关系 $\cong_f, \forall x_1 、 x_2 \in X, x_1 \cong_f x_2 \Leftrightarrow f(x_1) = f(x_2)$，则 $\cong_f$ 的等价类为：$\forall y \in Y, f^{-1}(\{y\}) = f^{-1}(y) \subseteq X$，$\cong_f$ 至多有 $|Y|$ 个等价类(f 为满射时有 $|Y|$ 个等价类)，等价类的个数为 $|f(X)|$。

例 3.27 $X=\{1,2,3\}, Y=\{1,2\}, Y^X=\{f\mid f:X\to Y\}$,在 Y^X 上定义二元关系 $\cong$:$\forall f$、$g\in Y^X, f\cong g \Leftrightarrow f(X)=g(X)$,易见 $\cong$ 为等价关系。假设值域为 $\{1\}$ 的映射为 f_1,值域为 $\{2\}$ 的映射为 f_2,值域为 $\{1,2\}$ 的映射为 f_3、f_4、f_5、f_6、f_7、f_8,则 $\cong$ 的等价类为:

(1) $[f_1]=\{f_1\}$。

(2) $[f_2]=\{f_2\}$。

(3) $[f_3]=\{f_3,f_4,f_5,f_6,f_7,f_8\}$。

X 上的等价关系 $\cong$ 的等价类之集称为 X 对 $\cong$ 的商集,记为 $X/\cong$。这个概念很重要,尤其在现代分析中,可以得到新的对象(等价类),其实就是对事物进行抽象的过程。记得小时候做过这样的事情:黄豆、红豆、黑豆、绿豆混在一起,将其分开的过程就是在求等价类,你能给出其等价关系的定义吗? 为什么等价类之集称为商集呢?

例 3.28 设 S_n 是全体 n 阶置换的集合,$\forall \sigma\in S_n, b_i(\sigma)$ 表示 σ 分解为循环置换的乘积时其中所包含的 i-循环置换的个数,则 $1^{b_1(\sigma)}2^{b_2(\sigma)}\cdots n^{b_n(\sigma)}$ 称为 σ 的型,记为 $\text{Type}(\sigma)$。例如,假设 $\sigma=(1258)(367)(4)(9)$,则 $\text{Type}(\sigma)=1^23^14^1$。在 S_n 上定义共轭关系 R,$\forall \sigma,\tau\in S_n$,$\sigma R\tau \Leftrightarrow \text{Type}(\sigma)=\text{Type}(\tau)$。

(1) 试证明:R 是等价关系。

(2) 求 S_5 关于共轭关系 R 的等价类。

【证明】 (1) 只须证明 R 是自反的、对称的和传递的即可。

① $\forall \sigma\in S_n$,显然 $\text{Type}(\sigma)=\text{Type}(\sigma)$,因此 $\sigma R\sigma$,所以 R 是自反的。

② $\forall \sigma,\tau\in S_n$,如果 $\sigma R\tau$,则 $\text{Type}(\sigma)=\text{Type}(\tau)$,亦即 $\text{Type}(\tau)=\text{Type}(\sigma)$,从而有 $\tau R\sigma$,所以 R 是对称的。

③ $\forall \sigma,\tau,\gamma\in S_n$,如果 $\sigma R\tau$ 且 $\tau R\gamma$,则 $\text{Type}(\sigma)=\text{Type}(\tau)$ 且 $\text{Type}(\tau)=\text{Type}(\gamma)$,于是 $\text{Type}(\tau)=\text{Type}(\gamma)$,从而有 $\tau R\gamma$,所以 R 是传递的。

综上①~③可知,共轭关系 R 是等价关系。∎

【解】 (2) 根据 S_5 分解为循环置换的乘积后所包含的 1-循环置换、2-循环置换、3-循环置换、4-循环置换、5-循环置换的个数易得:S_5 关于共轭关系 R 的等价类集合为

$$S_5/R=\{[1^5],[1^32^1],[1^12^2],[1^23^1],[2^13^1],[1^14^1],[5^1]\}$$

3.6.3 集合的划分

虽然集合的划分(set partition)在数学上是一个抽象的概念,但在现实生活中却到处都能碰到,如地质学、植物学、动物学、商场、博物馆的分类(partition),分类可以任意分,但不能太随便了,就像学生分班一样,要求全体学生都要分完,班级不能为空,而且不同班级的交集必须为空。

定义 3.15 设 X 是一个集合,$\mathscr{A}=\{A_1,A_2,\cdots,A_k\}$ 称为 X 的划分,如果 $\mathscr{A}$ 满足:

(1) $\forall i\in\{1,2,\cdots,k\}, A_i\subseteq X, A_i\neq\Phi$。

(2) $\forall i,j\in\{1,2,\cdots,k\}$,如果 $i\neq j$,则 $A_i\cap A_j=\Phi$。

(3) $\bigcup_{i=1}^{k}A_i=X$。

如果 $|\mathscr{A}|=k$,则 $\mathscr{A}$ 是 X 的一个 k-划分。

设 $\mathcal{A}$ 是 X 的一个划分,如果定义 3.15 中只有(1)和(2)成立,则称 $\mathcal{A}$ 是 X 的子划分(subpartition)。如果 $\forall i \in \{1,2,\cdots,k\}, A_i \cap A \neq \Phi$,则称 A 为 $\mathcal{A}$ 的一个覆盖(cover)。

如果 $|X|=n+1$,则 X 的划分个数为:

$$B_{n+1} = C_n^0 B_0 + C_n^1 B_1 + \cdots + C_n^n B_n = \sum_{k=0}^{n} C_n^k B_k, \ n \geqslant 0, B_0 = 1 。 B_n$$ 称为贝尔数,贝尔数是以数学家埃里克·坦普尔·贝尔(Eric Temple Bell)的名字来命名的。

令 $s(n,k)$ 表示将 n 个物体的集合分成 k 个类的划分的个数,则 $B_n = \sum_{k=1}^{n} s(n,k)$。$s(n,k)$ 称为第二类斯特林数,斯特林数是由苏格兰数学家 James Stirling 提出的,可以分为两类:第一类斯特林数和第二类斯特林数。

第一类斯特林数(也称为无符号第一类斯特林数)表示将 n 个不同元素构成 k 个圆排列的数目,亦即 S_n 中的恰有 k 个循环(包括 1-循环)的置换个数,则

$$\sum_{k=1}^{n} s(n,k) x^k = x(x+1)(x+2)\cdots(x+n-1)$$

其递推公式为

$$s(n+1,k) = s(n,k-1) - n \cdot s(n,k)$$

其中,$s(n,1)$ 表示 n 个元素的唯一排列方式,即 $n!$;$s(n,2)$ 表示 n 个元素的两种排列方式的组合数,即 $n!(n-1)!$。

第二类斯特林数表示将 n 个相同元素构成 k 个圆排列的数目,亦即将 n 个物体的集合分成 k 个类的划分的个数,则

$$s(n,k) = \frac{1}{k!} \sum_{i=0}^{k} (-1)^i C_k^i (k-i)^n$$

其递推公式为

$$s(n,k) = s(n-1,k-1) + n \cdot s(n-1,k)$$

其中,$s(n,k)$ 表示 n 个相同元素的 k 个圆排列的数目,$s(n-1,k)$ 表示 $n-1$ 个相同元素的 k 个圆排列的数目。

这两种斯特林数在组合数学中有广泛的应用,可以用于解决多种数学分析和组合数学问题。

3.6.4 等价关系与集合划分互相确定

定理 3.21 设 X 是一个集合,$\mathcal{E} = \{\cong | \cong$ 是 X 上的等价关系$\}$,$\mathcal{P} = \{\mathcal{A} | \mathcal{A}$ 是 X 的划分$\}$,则 $\mathcal{E}$ 与 $\mathcal{P}$ 之间存在双射。

【证明】令 $\varphi: \mathcal{E} \to \mathcal{P}, \forall \cong \in \mathcal{E}, \varphi(\cong)$ 为 $\cong$ 的所有等价类之集 $\mathcal{A}_\cong$,则根据引理 3.6.1 可知,$\mathcal{A}_\cong$ 是 X 的一个划分,于是 $\mathcal{A}_\cong \in \mathcal{P}$。如果 $\cong, \cong' \in \mathcal{E}$,且 $\cong \neq \cong'$,则 $\varphi(\cong) \neq \varphi(\cong')$,即 $\cong$ 和 $\cong'$ 的等价类之集不相等,所以 φ 是单射。

反之,设 $\mathcal{A} \in \mathcal{P}$,则关系 $\cong_\mathcal{A} = \bigcup_{A \in \mathcal{A}} A \times A$ 是 X 上的二元关系且 $\varphi(\cong_\mathcal{A}) = \mathcal{A}$。今证 $\cong_\mathcal{A}$ 是 X 上的等价关系(一般情况下,笛卡儿乘积没有意义,但此时,划分中每个集合的笛卡儿乘积的并就是划分所对应的等价关系)。

(1) $\forall x \in X, \exists A \in \mathcal{A}$ 使得 $x \in A$,因此,$(x,x) \in A \times A \subseteq \cong_\mathcal{A}$,故 $\cong_\mathcal{A}$ 是自反的。

(2) 如果 $x \cong_{\mathcal{A}} y$，即 $(x,y) \in \cong_{\mathcal{A}}$，则 $\exists A \in \mathcal{A}$ 使得 $x,y \in A$，从而 $(y,x) \in A \times A \subseteq \cong_{\mathcal{A}}$，故 $y \cong_{\mathcal{A}} x$，所以 $\cong_{\mathcal{A}}$ 是对称的。

(3) 如果 $x \cong_{\mathcal{A}} y$ 且 $y \cong_{\mathcal{A}} z$，即 $(x,y),(y,z) \in \cong_{\mathcal{A}}$，则 $\exists A \in \mathcal{A}$ 使得 x、y、$z \in A$，从而 $(x,z) \in A \times A \subseteq \cong_{\mathcal{A}}$，故 $x \cong_{\mathcal{A}} y$，所以 $\cong_{\mathcal{A}}$ 是传递的。

综上可知，$\cong_{\mathcal{A}}$ 是 X 上的等价关系。

根据 $\cong_{\mathcal{A}}$ 的定义知 $X/\cong_{\mathcal{A}} = \mathcal{A}$，因此 φ 是满射。

综上，φ 是 $\mathcal{E}$ 到 $\mathcal{P}$ 的双射。∎

3.6.5 从等价关系看线性代数

线性代数主要研究矩阵及其性质，利用等价关系可以简化对大量矩阵的研究，对于所有等价的矩阵，也就是同一等价类中的矩阵只需要研究它们的共性，然后找出其中最简单形状的矩阵(标准型)作为其代表即可。

1. 相抵关系

一切 $m \times n$ 实矩阵之集 M 上的相抵关系 $\cong \subseteq M \times M$，$\forall A$、$B \in M, A \cong B \Leftrightarrow$ 用初等变换可以从 A 变到 B，矩阵相抵关系 $\cong$ 是等价关系。

(1) 满足相抵关系的矩阵的共性是秩相等。

(2) 其代表是秩为 r 的标准型。

2. 合同关系

n 阶实对称矩阵之集 M 上的合同关系 $\backsim \subseteq M \times M$，$A \backsim B \Leftrightarrow \exists P$，使 $B = P^\mathrm{T} A P$，矩阵合同关系 $\backsim$ 是等价关系。

(1) 满足合同关系的矩阵的共性是满足惯性定理。

(2) 其代表是代表二次型的标准型。

3. 相似关系

n 阶实方阵之集 M 上的相似关系 $\approx \subseteq M \times M$，$\forall A$、$B \in M, A \approx B \Leftrightarrow \exists P \in M$，使得 $B = P^{-1} A P$，矩阵相似关系 $\approx$ 是等价关系。

(1) 满足相似关系的矩阵的共性是初等因子组相同。

(2) 其代表是约当标准型。

3.6.6 等价闭包与等价关系的合成

定义 3.16 设 X 为集合，$R \subseteq X \times X$ 是 X 上的二元关系，R 的等价闭包就是 X 上包含 R 的那些等价关系的交，记为 $e(R)$。

$$e(R) = \bigcap_{\substack{R \subseteq R' \\ R' \text{是等价关系}}} R'$$

定理 3.22 设 R 是 X 上的一个二元关系，则

$$e(R) = (R \cup R^{-1})^*$$

【证明】 先证 $e(R) \subseteq (R \cup R^{-1})^*$。

因为 $(R \cup R^{-1})^*$ 是包含 R 的一个等价关系，而根据定义 3.16，$e(R)$ 是包含 R 的所有等价关系的交，因此，$e(R) \subseteq (R \cup R^{-1})^*$。

再证 $(R \cup R^{-1})^* \subseteq e(R)$。假设 $(x,y) \in (R \cup R^{-1})^*$，如果 $x = y$，则 $(x,y) \in e(R)$。如

果 $x\neq y$，则 $\exists k\in N$，使得 $(x,y)\in(R\cup R^{-1})^k$，亦即 $\exists y_1,y_2,\cdots,y_{k-1}\in X$，使得 $(x,y_1)\in R\cup R^{-1}$，$(y_1,y_2)\in R\cup R^{-1}$，$\cdots$，$(y_{k-2},y_{k-1})\in R\cup R^{-1}$，$(y_{k-1},y)\in R\cup R^{-1}$。假设 R' 是包含 R 的任意一个等价关系，则 $R\cup R^{-1}\subseteq R'$，从而有 $(x,y_1)\in R'$，$(y_1,y_2)\in R'$，$\cdots$，$(y_{k-2},y_{k-1})\in R'$，$(y_{k-1},y)\in R'$，因此 $(x,y)\in R'$，根据定义 3.16 和 R' 的任意性，$(x,y)\in e(R)$，故 $(R\cup R^{-1})^*\subseteq e(R)$。

综上，$e(R)=(R\cup R^{-1})^*$。

定理 3.23 设 R,S 是 X 上的等价关系，则 $R\circ S$ 是等价关系 $\Leftrightarrow R\circ S=S\circ R$。

【证明】 必要性$\Rightarrow$：因为 R,S 是等价关系，所以 $R\circ S=(R\circ S)^{-1}=S^{-1}\circ R^{-1}=S\circ R$。

充分性$\Leftarrow$：因为 R,S 是等价关系，所以 $R\circ S$ 是自反的，又因为 $(R\circ S)^{-1}=S^{-1}\circ R^{-1}=S\circ R=R\circ S$，故 $R\circ S$ 是对称的，$(R\circ S)^2=(R\circ S)\circ(R\circ S)=R^2\circ S^2\subseteq R\circ S$，故 $R\circ S$ 是传递的，因此，$R\circ S$ 是等价关系。

由定理 3.23 可知，如果 R 是 X 上的等价关系，则 $R^n(n\in N)$ 也是 X 上的等价关系。

定理 3.24 设 R,S 以及 $R\circ S$ 均是 X 上的等价关系，则 $R\circ S=(R\cup S)^+$。

【证明】 先证 $R\circ S\subseteq(R\cup S)^+$。

假设 $(x,y)\in R\circ S$，则 $\exists z\in X$，使得 $(x,z)\in R\subseteq R\cup S$，$(z,y)\in S\subseteq R\cup S$，于是 $(x,y)\in(R\cup S)^2\subseteq(R\cup S)^+$，因此 $R\circ S\subseteq(R\cup S)^+$。

再证 $(R\cup S)^+\subseteq R\circ S$。

因为 R,S 以及 $R\circ S$ 均是 X 上的等价关系，所以 $R\cup S\subseteq R\circ S$，又因为 $R\circ S$ 是传递的，根据定义 3.11，$(R\cup S)^+\subseteq R\circ S$。

3.7 映射按等价关系分解

将给定映射分解为两个规格化了的映射的合成，在近世代数中具有重要的方法论意义，可以用来比较两个性质不同的代数系统，以便从一个已知的代数系统去推知另一个未知代数系统的性质。读者在近世代数中学到幺半群、群、环等的同态基本定理时，应返回本节，重新复习一下这里的内容，思考其思想、方法及意义。

3.7.1 由映射确定的等价关系与集合划分

定义 3.17 设 $f:X\to Y$，则 $\{f^{-1}(y)|y\in f(X)\}$ 是 X 的一个划分，此划分确定的等价关系记为 E_f，$\forall x,x'\in X$，有

$$x E_f x' \quad \text{当且仅当} \quad f(x)=f(x')$$

E_f 称为由 f 确定的等价关系(f 导出的关系)，其等价类之集记为 $\{f^{-1}(y)|y\in f(X)\}$。

显然有，$\forall x\in X,f(x)=f(x)$，从而 $xE_f x$，所以 E_f 是自反的；$\forall x,y\in X$，如果 $xE_f y$，则 $f(x)=f(y)$，即 $f(y)=f(x)$，故 $yE_f x$，所以 E_f 是对称的；$\forall x,y,z\in X$，如果 $xE_f y$ 且 $yE_f z$，则 $f(x)=f(y)$ 且 $f(y)=f(z)$，从而有 $f(x)=f(z)$，亦即 $xE_f z$，所以 E_f 是传递的。因此，E_f 确实是一个等价关系。E_f 又称为 f 的核，记为 $\text{Ker}(f)$，显然有 $X/\text{Ker}(f)=\{f^{-1}(y)|y\in f(X)\}$。

3.7.2 商集、自然映射

定义 3.18 设 $\cong$ 是 X 上的一个等价关系。$\cong$ 的所有等价类形成的划分记为

$X/\cong$, $X/\cong$ 称为 X 关于 $\cong$ 的商集。映射 $\gamma: X \to X/\cong$ 定义为 $\forall x \in X, \gamma(x) = [x]$。$\gamma$ 称为 X 到 $X/\cong$ 的自然映射。

显然,自然映射是满射,之所以称为自然映射,是因为每个元素对应于其所属的等价类,简单自然。

3.7.3 映射按等价关系分解

定理 3.25 如图 3.6 所示,设 $f: X \to Y$,则 f 可分解成 X 到 X/E_f 的自然映射 γ 与 X/E_f 到 Y 的某个单射 $\bar{f}$ 的合成,即 $f = \bar{f} \circ \gamma$。

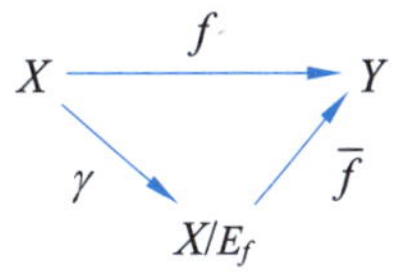

【证明】令 $\bar{f}: X/E_f \to Y$, $\forall [x] \in X/E_f$,定义 $\bar{f}([x]) = f(x)$,则因为 $[x]$ 是 E_f 的等价类,故 $\forall z \in [x], f(z) = f(x)$,所以 $\bar{f}$ 是映射。其次,$\forall x \in X$ 有 $\bar{f} \circ \gamma(x) = \bar{f}(\gamma(x)) = \bar{f}([x]) = f(x)$,因此,$f = \bar{f} \circ \gamma$。

图 3.6 映射的分解

假设 $A、B \in X/E_f, A \neq B$,则 $A \cap B = \Phi$,而且 $\forall a \in A, \forall b \in B$ 有 $f(a) \neq f(b)$,从而有 $\bar{f}(A) \neq \bar{f}(B)$,因此 $\bar{f}$ 是单射。

推论 3.1 定理 3.25 中的 $\bar{f}$ 是一一对应当且仅当 f 是满射。

定理 3.26 定理 3.25 中的 $\bar{f}$ 是唯一的。

【证明】假设还有 $\beta: X/E_f \to Y$ 使 $f = \beta \circ \gamma$,则 $\forall x \in X$ 有 $\beta \circ \gamma(x) = f(x) = \bar{f} \circ \gamma(x)$,$\beta(\gamma(x)) = \bar{f}(\gamma(x))$,由于 γ 是满射,所以 $\forall A \in X/E_f, \exists a \in X$ 使 $\gamma(a) = A$,因此 $\beta(A) = \bar{f}(A)$,亦即 $\beta = \bar{f}$,因此 $\bar{f}$ 是唯一的。

3.7.4 与映射相容的等价关系

定义 3.19 设 $\cong$ 是集合 X 上的一个等价关系,$f: X \to Y$。如果 $\forall a、b \in X, a \cong b \Rightarrow f(a) = f(b)$,则称 $\cong$ 与 f 相容。

实际上,$X/\cong$ 是 X/E_f 的加细。

现在令 $\gamma: X \to X/\cong, \forall x \in X, \gamma(x) = [x]_\cong, \bar{f}: X/\cong \to Y, \forall [x]_\cong \in X/\cong$,$\bar{f}([x]_\cong) = f(x)$,则 $\bar{f}$ 是映射且 $\forall x \in X, \bar{f}([x]_\cong) = f(x)$,所以 $\bar{f} \circ \gamma = f$。但只要 $\exists [x] \in X/\cong$ 使 $\exists A、B \in X/E_f$,有 $A \neq B$ 且 $A, B \subseteq [x]$,那么 $\bar{f}(A) = \bar{f}(B) = f(x)$。故一般说来 $\bar{f}$ 未必是单射。

事实上,我们有 $\bar{f}$ 是单射 $\Leftrightarrow \cong = E_f$。

$\forall (a,b) \in \cong$ 有 $f(a) = f(b)$,所以 $(a,b) \in E_f$,因此有 $\cong \subseteq E_f$;其次,如果 $\bar{f}$ 是单射,而 $(a,b) \in E_f$,则 $f(a) = f(b)$。于是,$\bar{f}([a]_\cong) = f(a) = f(b) = \bar{f}([b]_\cong)$,由 $\bar{f}$ 的单射性知 $[a]_\cong = [b]_\cong$,从而 $(a,b) \in \cong$,故有 $E_f \subseteq \cong$。所以 $E_f = \cong$。而若 $\cong = E_f$,则由定理 3.25 及定理 3.26 知 $\bar{f}$ 是单射。

3.8 偏序关系与偏序集

偏序关系是数学、日常生活和计算机中用得最多的关系,它是大小、前后、粗细、高矮、≤、≥等的抽象。数学上存在着广泛且迷人的偏序集的理论,但从算法的观点来看,大多的基本技术包括从事各种线性序工作。在实践中,重要的是可以怎样去规定一个线性序,一种方法是用某种"线性数组"列出集合的元素,另一种是字典序(Lexicographic Order),它在算法设计中也是十分有用的线性序关系。

3.8.1 偏序关系与偏序集的定义

偏序关系是通常的"…不超过…""…不比…粗""…包含在…里""≤"关系、整数的"整除"关系、"…不在…后"等关系的抽象。

定义 3.20 设 R 是集合 X 上的二元关系,如果

(1) R 是自反的,即 $I_X \subseteq R$。

(2) R 是反对称的,即对于 $\forall x, y \in X$,如果 xRy 且 yRx,则 $x = y$。

(3) R 是传递的,即 $R \circ R \subseteq R$。

则称 R 是 X 上的一个偏序关系(Partially Ordered Relation),二元组 (X, R) 称为一个偏序集(Partially Ordered Set)。

集合没有结构,但定义了偏序关系后,集合就有了结构。就如同装在口袋里的玻璃球,可以用手随意拨动,一旦定义了上下关系就不能随意拨动了。

抽象讨论时,往往用"≤"表示偏序关系,若 $x \leq y$,则读为"x 小于或等于 y"。约定记号"<"如下:$x < y$ 当且仅当 $x \leq y$ 且 $x \neq y$。

如果 $x \leq y$ 或 $y \leq x$,则说 x 与 y 可以比较。但应该注意的是在偏序集 $(X, \leq)$ 中,任意两个元素 x、y 未必都可以比较,即可能 $\exists a, b \in X$ 使 $a \leq b$ 和 $b \leq a$ 均不成立。例如,集合间的包含关系"$\subseteq$"、整数间的整除关系"|"就是这样的偏序关系。

偏序关系也称为半序关系(half-ordered relation)。

例 3.29 $\Sigma = \{a, b, c, \cdots, x, y, z\}$,$\Sigma^n$ 为长为 n 的字符串之集,定义 $\leq \subseteq \Sigma^n \times \Sigma^n$ 为 Σ^n 上的字典序(lexicographic order)关系,$a_1 a_2 \cdots a_n \leq b_1 b_2 \cdots b_n \Leftrightarrow a_1 = b_1, a_2 = b_2, \cdots, a_n = b_n$,或者 $\exists i (1 \leq i \leq n)$,使得 $a_1 = b_1, a_2 = b_2, \cdots, a_{i-1} = b_{i-1}, a_i < b_i$。

更一般地,假设 $D = \{1, 2, \cdots, d\}$,$R = \{1, 2, \cdots, r\}$,D 和 R 中是什么并不重要,但我们可以将 D 中元素看作是位置,并且从左到右在直线上依次为第 1 个位置,其下一个是第 2 个位置,等等。R 中的元素可以是其他任何 r 个不同事物,不过已排定了次序,不妨认为是 $1, 2, \cdots, r$ 且 $1 < 2 < \cdots < r$。从 D 到 R 的所有映射记为 R^D,每个映射可用一行(串)表示,譬如 $f(1)f(2)\cdots f(d)$,若记 $f(k) = i_k$,则 f 表示成行形式 $i_1 i_2 \cdots i_d$,并写成 $f = i_1 i_2 \cdots i_d$。在 R^D 上定义序关系 $<$:已知 $f = i_1 i_2 \cdots i_d$ 和 $g = j_1 j_2 \cdots j_d$,从左到右扫描直到第 1 次找到一个 k 使 $i_k \neq j_k$ 时停止。若 $i_k < j_k$ 则说在字典序上 f 小于 g,记为 $f < g$;若 $i_k > j_k$,则 $g < f$。如果这样的 k 不存在,则说 f 与 g 相等。可以验证这是 R^D 上的一个线性序。如果用从右到左扫描代替上面所说的从左到右扫描,所得到的序称为余字典序(colex order)。

思考一下:已知 $f \in R^D$,如何找到 f 的后继呢?例如,$D = \{1, 2, 3, 4, 5, 6, 7\}$,$R = $

$\{1,2,3\}, f = 3\ 313\ 123$。

定义 3.21 设≤是 X 上的一个偏序关系,如果对 X 的任意两个元素 x 和 y 总有 $x \leqslant y$ 或 $y \leqslant x$,则≤称为 X 上的一个全序关系(complete ordered relation),二元组$(X, \leqslant)$称为全序集(complete ordered set)。

全序关系也称为线性序关系(linear ordered relation)。

3.8.2 Hasse 图

下面讨论有穷集合上偏序关系的表示——Hasse 图(Hasse Diagram)。

定义 3.22 设$(X, \leqslant)$是一个偏序集,我们说 y 覆盖 x,如果 $x \leqslant y$ 且如果有 $z \in X$ 使 $x \leqslant z \leqslant y$,那么 $x = z$ 或 $z = y$。如果 y 覆盖 x,则说 y 是 x 的后继,而 x 称为 y 的前驱。

设$(X, \leqslant)$是偏序集,$|X| = n$。如果 $x \leqslant y$ 且 y 是 x 的覆盖,则 x 与 y 用两个点表示,代表 x 的点画在代表 y 的点下方(不必正下方)且两点间画一条线。偏序集的这种表示方法称为 Hasse 图。

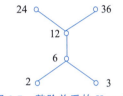

图 3.7 整除关系的 Hasse 图

例 3.30 对于偏序集$(\{2,3,6,12,24,36\}, |)$,其中"|"为整除关系,其 Hasse 图如图 3.7 所示。

例 3.31 $(2^{\{a\}}, \subseteq)$ 的 Hasse 图如图 3.8(a)所示;$(2^{\{a,b\}}, \subseteq)$ 的 Hasse 图如图 3.8(b)所示;$(2^{\{a,b,c\}}, \subseteq)$ 的 Hasse 图如图 3.8(c)所示。

例 3.32 $(\{a_1, a_2, \cdots, a_n\}, \leqslant)$,其中≤定义为:$a_1 \leqslant a_2 \leqslant \cdots \leqslant a_n$,则其 Hasse 图如图 3.9 所示。

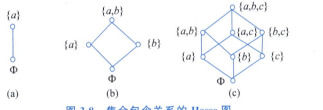

图 3.8 集合包含关系的 Hasse 图

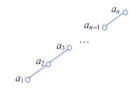

图 3.9 全序关系的 Hasse 图

全序集的 Hasse 图是一条链,线性序就是因此而得名的。

3.8.3 上(下)界、最大(小)元素、上(下)确界

定义 3.23 设$(X, \leqslant)$是一个偏序集,$A \subseteq X$。如果 X 中存在一个元素 a 使得 $\forall x \in A$ 有 $x \leqslant a$,则称 a 为 A 的一个上界(upper bound)(下界(lower bound))。

如果 A 中存在一个元素 a 使得 $\forall x \in A$ 有 $x \leqslant a$ ($a \leqslant x$),则称 a 为 A 的最大元素(Maximum Element),反之,称为最小元素(Minimum Element)。

定义 3.24 设$(X, \leqslant)$为偏序集,$A \subseteq X$。如果 A 的所有上(下)界的元素之集中有最小(大)元素,则此最小(大)元素称为 A 的上确界(Supremum)(下确界(Infimum)),并记为 $\sup A$ ($\inf A$)。

定义 3.25 设$(X, \leqslant)$是一个偏序集,$A \subseteq X$。如果存在元素 $a \in A$ 使得 $\forall x \in A$,若

$a \leqslant x$ ($x \leqslant a$)，则 $x = a$，称 a 是 A 中的一个极大元素(Maximal Element)，反之，称为极小元素(Minimal Element)。

定义 3.26 设 $(L, \leqslant)$ 为偏序集，如果对 $\forall a, b \in L$，$\sup\{a, b\}$ 和 $\inf\{a, b\}$ 都存在，则称 $(L, \leqslant)$ 为格。格 $(L, \leqslant)$ 中元素 a 和 b 的上确界 $\sup\{a, b\}$ 记为 $a \vee b$，并称为 a 与 b 的并；a 和 b 的下确界 $\inf\{a, b\}$ 记为 $a \wedge b$，并称为 a 与 b 的交。

例 3.33 设 S 是一个集合，则 S 的幂集 2^S 对集合的包含关系 $\subseteq$ 构成的偏序集 $(2^S, \subseteq)$ 是一个格。

【证明】 $\forall E, F \in 2^S$，$E \cup F$ 是 E 与 F 的一个上界，若 P 是 E 与 F 的任意一个上界，则 $E \subseteq P, F \subseteq P$，从而 $E \cup F \subseteq P$，因此 $\sup\{E, F\} = E \cup F$，亦即 $E \vee F = E \cup F$。类似地，$E \cap F \subseteq E, E \cap F \subseteq F$，则 $E \cap F$ 是 E 与 F 的一个下界，假设 Q 是 E 与 F 的任意一个下界，则 $Q \subseteq E, Q \subseteq F$，从而 $Q \subseteq E \cap F$，因此 $\inf\{E, F\} = E \cap F$，亦即 $E \wedge F = E \cap F$。根据定义 3.26，$(2^S, \subseteq)$ 是一个格。∎

定义 3.27 设 $(L, \leqslant)$ 是一个格，如果 L 的任一非空子集均有上确界和下确界，则称 $(L, \leqslant)$ 为完备格。

例 3.34 设 S 是一个集合，则格 $(2^S, \subseteq)$ 是一个完备格。

容易看出，任一完备格中必有最大元素和最小元素。

因为格中任意两个元素均有上确界和下确界，且上确界和下确界都是唯一的，所以格中求两个元素的上确界和下确界就是两个二元运算，于是，格 $(L, \leqslant)$ 就是一个代数系 $(L, \vee, \wedge)$。

定义 3.28 设 $(L, \vee, \wedge)$ 是一个具有两个代数运算 $\vee$ 和 $\wedge$ 的代数系。如果 $\vee$ 和 $\wedge$ 同时满足：

(1) 交换律成立，即 $\forall a, b \in L$ 有 $a \vee b = b \vee a, a \wedge b = b \wedge a$。

(2) 结合律成立，即 $\forall a, b, c \in L$ 有 $a \vee (b \vee c) = (a \vee b) \vee c, a \wedge (b \wedge c) = (a \wedge b) \wedge c$。

(3) 吸收律成立，即 $\forall a, b \in L$ 有 $a \wedge (a \vee b) = a, a \vee (a \wedge b) = a$。

则称 $(L, \vee, \wedge)$ 是一个格，其中，$\vee$ 称为并运算，$\wedge$ 称为交运算。

定理 3.27 定义 3.26 和定义 3.28 是等价的。

【证明】 设 $(L, \leqslant)$ 是定义 3.26 定义的一个格，$\forall a, b \in L$，$\sup\{a, b\} = \sup\{b, a\}$，$\inf\{a, b\} = \inf\{b, a\}$，亦即 $a \vee b = b \vee a, a \wedge b = b \wedge a$，因此 $\vee$ 和 $\wedge$ 满足交换律。

因为 $a \leqslant a \vee (b \vee c), b \leqslant b \vee c, c \leqslant b \vee c$，而 $b \vee c \leqslant a \vee (b \vee c)$，所以 $b \leqslant a \vee (b \vee c), c \leqslant a \vee (b \vee c)$，从而 $a \vee b \leqslant a \vee (b \vee c)$，即 $a \vee (b \vee c)$ 是 $a \vee b$ 与 c 的上界，因此 $(a \vee b) \vee c \leqslant a \vee (b \vee c)$。类似地，$a \leqslant a \vee b, b \leqslant a \vee b, c \leqslant (a \vee b) \vee c$，而 $a \vee b \leqslant (a \vee b) \vee c$，所以 $a \leqslant (a \vee b) \vee c, b \leqslant (a \vee b) \vee c$，从而 $b \vee c \leqslant (a \vee b) \vee c$，即 $(a \vee b) \vee c$ 是 a 与 $b \vee c$ 的上界，因此 $a \vee (b \vee c) \leqslant (a \vee b) \vee c$。根据 $\leqslant$ 的反对称性可得 $a \vee (b \vee c) = (a \vee b) \vee c$。

同理可证 $a \wedge (b \wedge c) = (a \wedge b) \wedge c$。因此 $\vee$ 和 $\wedge$ 满足结合律。

显然 $a \wedge (a \vee b) \leqslant a$。又因为 $a \leqslant a, a \leqslant a \vee b$，因此 a 是 a 与 $a \vee b$ 的一个下界，故 $a \leqslant a \wedge (a \vee b)$，于是 $a \wedge (a \vee b) = a$。

同理可证 $a \vee (a \wedge b) = a$。因此 $\vee$ 和 $\wedge$ 满足吸收律。

综上，由定义 3.26 定义的格一定是定义 3.28 定义的格。

设 $(L, \vee, \wedge)$ 是定义 3.28 定义的一个格，只需证明：利用 $\vee$ 和 $\wedge$ 可以定义 L 上的一个

偏序关系 R，使偏序集 (L,R) 是定义 3.26 定义的格，而且 $\vee$ 和 $\wedge$ 就是 (L,R) 中求两个元素的上确界和下确界的运算。

令 $R\subseteq L\times L,\forall a、b\in L, aRb\Leftrightarrow a\wedge b=a$。

根据吸收律可得，$\forall a\in L, a\wedge(a\vee a)=a, a\vee(a\wedge a)=a$，从而，$a\wedge a=a\wedge(a\vee(a\wedge a))=a$，亦即 $\forall a\in L, aRa$，所以 R 是自反的。

假设 $\forall a、b\in L, aRb$ 且 bRa，则 $a\wedge b=a, b\wedge a=b$。根据交换律可得 $a=b$，因此 R 是反对称的。

假设 $\forall a、b、c\in L, aRb$ 且 bRc，则 $a\wedge b=a, b\wedge c=b$。于是，$a\wedge c=(a\wedge b)\wedge c=a\wedge(b\wedge c)=a\wedge b=a$，即 aRc，因此，R 是传递的。

综上，R 是 L 上的一个偏序关系，从而 (L,R) 是一个偏序集。

其次，若 $a\wedge b=a$，则 $a\vee b=(a\wedge b)\vee b=b$。反之，若 $a\vee b=b$，则 $a\wedge b=a\wedge(a\vee b)=a$。所以 $a\wedge b=a\Leftrightarrow a\vee b=b$。于是，$aRb\Leftrightarrow a\vee b=b$。

下面证明偏序集 (L,R) 中任意两个元素都有上确界和下确界，从而 (L,R) 就是一个按照定义 3.26 定义的格。

$\forall a、b\in L$，根据吸收律，$a\wedge(a\vee b)=a, b\wedge(b\vee a)=b$。于是，$aR(a\vee b), bR(b\vee a)$，这表明 $a\vee b$ 是 a 与 b 的一个上界。假设 c 是 a 与 b 的任意一个上界，则 aRc 且 bRc，从而 $a\vee c=c$ 且 $b\vee c=c$，于是，$(a\vee b)\vee c=a\vee(b\vee c)=a\vee c=c$，因此 $(a\vee b)Rc$，这表明，在 (L,R) 中 $\sup\{a,b\}=a\vee b$。

类似可证在 (L,R) 中 $\inf\{a,b\}=a\wedge b$。

综上，(L,R) 是按照定义 3.26 定义的格，且 $\forall a、b\in L, \sup\{a,b\}=a\vee b, \inf\{a,b\}=a\wedge b$。∎

3.8.4 链与反链

定义 3.29 设 $(X,\leqslant)$ 是一个偏序集，$A\subseteq X$，如果 $\forall x,y\in A$ 有 $x\leqslant y$ 或 $y\leqslant x$（$x\leqslant y$ 与 $y\leqslant x$ 均不成立），则称 A 为 X 中的一个链(Chain)（或反链(Antichain)），且 $|A|$ 称为其长度。

某个偏序集中最长链的长度又称为该偏序集的高度(Height)，最长反链的长度则称为该偏序集的宽度(Width)。

Dilworth 定理：设偏序集 $(X,\leqslant)$ 的宽度为 m，则存在划分 $X=\bigcup\limits_{i=1}^{m}A_i$ 使得对于 $\forall i(1\leqslant i\leqslant m), A_i$ 都是 $(X,\leqslant)$ 的链。即：最小链划分中链的数目等于最大反链的长。

Dilworth 定理的对偶定理：设偏序集 $(X,\leqslant)$ 的高度为 n，则存在划分 $X=\bigcup\limits_{i=1}^{n}A_i$ 使得对于 $\forall i(1\leqslant i\leqslant n), A_i$ 都是 $(X,\leqslant)$ 的反链。即：最小反链划分中反链的数目等于最大链的长。

通俗地讲，我们有如下的定理 3.28。

定理 3.28 设 $(X,\leqslant)$ 是一个偏序集。如果 X 中的每个链的长度至多为 n，则 X 能表示成 X 的 n 个两两不相交反链之并。

定理 3.28 是这样发现的：直观地看，所有的极大元素形成一个反链，剩下的元素中的所有极大元素又形成一个反链。

【证明】 施归纳于 n。显然, $n=1$ 时结论成立。

假设对 $n-1$ 结论成立,往证对 n 结论也成立,把极大元素去掉,因为链的长度至多为 $n-1$,因此结论成立。

从定理 3.28 的证明可以得到一种简单的求反链算法:一轮一轮地求极大元,每轮的极大元都是一个反链。

推论 3.2 设 $(X, \leqslant)$ 是一个偏序集。如果 $|X|=mn+1$,则 X 中有一个长度至少为 m 的链或有一个长度至少为 n 的反链。

该推论采用反证法再根据定理 3.28 很容易证明。

该推论有个有趣的应用:设有 $mn+1$ 个人站成一排,可以叫出 m 个人正好是从高到低排列的,或者叫出 n 个人正好是从低到高排列的。

类似的结论之前学习抽屉原理的时候已经证明过,读者可以拿来对比一下这两种证明方法。

例 3.35 偏序集 $(Z \cup \{i\}, \leqslant)$ 中无最大元、最小元,但有唯一的极大元、极小元 i,在 $Z \cup \{i\}$ 中规定复数 i 满足 $i \leqslant i$, 但 $\forall x \in Z, i \not\leqslant x$ 且 $x \not\leqslant i$, 于是 $(Z \cup \{i\}, \leqslant)$ 是偏序集。

等价关系和偏序关系是两个非常有用的重要概念,使用等价关系可以对研究对象进行收缩聚集形成等价类,伴随的问题是确定商集的规模和求等价类,使用偏序关系可以对研究对象进行扩张排序形成链或反链,伴随的问题是确定链或反链的长度和求上下界。

定义 3.30 设 X 为有穷集合, $(X, \leqslant)$ 是一个偏序集, $(X, <)$ 是一个全序集, $\forall x, y \in X$, 如果 $x \leqslant y$, 则 $x < y$, 则称 $(X, <)$ 为 $(X, \leqslant)$ 的线性扩展。

在计算机科学中,找到偏序集的线性扩展的算法称为拓扑排序。

定理 3.29 每个有穷偏序集 $(X, \leqslant)$ 均有一个线性扩展 $(X, <)$。

【证明】 采用数学归纳法,施归纳于 $|X|$。

$|X|=1$ 时结论显然成立。

假设 $|X|=n$ 时结论成立,往证 $|X|=n+1$ 时结论成立。取 $x \in X$, 则 $|X \setminus x|=n$, 根据归纳假设, $(X \setminus x, \leqslant)$ 有线性扩展 $(X \setminus x, <)$。$\forall y \in X \setminus x$, 如果 $y \leqslant x$, 则令 $y < x$, 否则令 $x < y$, 则 $(X, <)$ 是一个全序,亦即 $|X|=n+1$ 时, $(X, \leqslant)$ 均有一个线性扩展 $(X, <)$。∎

其实,Hasse 图从下往上一层层遍历下来就是一个全序。

问题 3.1 导弹拦截问题 这是 1999 年全国青少年信息学奥林匹克竞赛的一道题目。

某国为了防御敌国的导弹袭击,开发出一种导弹拦截系统。这种导弹拦截系统有一个缺陷:虽然它的第一发炮弹能够到达任意的高度,但是以后每一发炮弹都不能高于前一发的高度。某天,雷达捕捉到敌国的导弹来袭。由于该系统还在试用阶段,所以只有一套系统,因此有可能不能拦截所有导弹。输入导弹依次飞来的高度,计算这套系统最多能拦截多少导弹?拦截来袭导弹时,必须按来袭导弹袭击的顺序,不允许先拦截后面的导弹,再拦截前面的导弹。问如果要拦截所有导弹,最少要配备多少套这种导弹拦截系统?

第一个问题实际上就是求最长不上升子序列的长度。考虑用一个数组 a 来存放最长不上升子序列,确切地说数组 a 只是存着一堆满足不上升的元素,最长不上升子序列不一定是数组 a 存起来的序列,长度则一定是最长不上升子序列的长度。做法是假如已经有一个不上升子序列,现在要添加元素 $a[i]$, 如果 $a[i]$ 小于或等于最长不上升子序列的最后一个值,则直接加到后面,序列长度加 1;否则,找序列中第一个小于 $a[i]$ 的元素,用 $a[i]$ 替换它,为什么能替换? 因为替换掉之后不会使结果更差。

第二个问题实际上是求最长不上升子序列的最少个数,即最长不上升子序列的最小划分数。根据 Dilworth 定理,对于任意有穷偏序集,其最大反链的长度等于最小链划分中链的数目,在本题中的应用是:最长不上升子序列的最小划分数等于最长上升子序列的长度。简单修改第一个问题的解决办法即可得到最长上升子序列的长度。

3.9 习题选解

3.9.1 利用关系建立数学模型

正如 1.7.1 节所述,1956 年,乔姆斯基在研究自然语言时,把语言抽象为一个数学模型,令 Σ 表示字母表,则 Σ^n 就是长为 n 的字符串的集合,$\Sigma^* = \Sigma^0 \cup \Sigma^1 \cup \Sigma^2 \cup \cdots$ 就是由 Σ 中字母组成的所有语言的集合,任意 $L \subseteq \Sigma^*$ 都是一个 Σ 中字组成的语言。

乔姆斯基从产生语言中句子的角度,给出了语言的形式化描述工具,那就是文法。下面首先给出文法的形式定义:

定义 3.31 文法(Grammar)G 是一个四元组 $G = (V, T, P, S)$,其中:

- V 为变量(Variable)的非空有穷集。$\forall A \in V, A$ 称为一个语法变量,简称为变量,也可称为非终结符。它表示一个语法范畴(Syntactic Category)。
- T 为终结符(Terminal)的非空有穷集,也就是前面所说的字母表 Σ。$\forall a \in T, a$ 称为终结符。由于 V 中变量表示语法范畴,T 中的字符是语言的句子中出现的字符,所以有 $V \cap T = \Phi$。
- P 为产生式(Production)的非空有穷集合。P 中的元素均具有形式 $\alpha \to \beta$,被称为产生式,读作 α 定义为 β。其中 $\alpha \in (V \cup T)^+$,且 α 中至少有 V 中元素的一个出现。$\beta \in (V \cup T)^*$。α 称为产生式 $\alpha \to \beta$ 的左部,β 称为产生式 $\alpha \to \beta$ 的右部。产生式又称为定义式或者语法规则。
- $S \in V$,为文法 G 的开始符号(Start Symbol)。

例 3.36 以下四元组都是文法。

(1) $(\{A\}, \{0,1\}, \{A \to 01, A \to 0A1, A \to 1A0\}, A)$。

(2) $(\{A, B\}, \{0,1\}, \{A \to 01, A \to 0A1, A \to 1A0, B \to AB, B \to 0\}, A)$。

(3) $(\{S\}, \{0,1\}, \{S \to 00S, S \to 11S, S \to 00, S \to 11\}, S)$。

给定一个文法,我们说文法中的每个语法变量都各自代表了一个语法范畴。那么,它们对应的集合是什么样的呢?如何得到这些集合呢?我们最初的目的是要用文法来定义语言,那么文法、变量对应的这些集合与语言又是什么样的关系呢?为此,我们先给出关于推导的定义。

定义 3.32 设 $G = (V, T, P, S)$ 是一个文法,如果 $\alpha \to \beta \in P, \gamma, \delta \in (V \cup T)^*$,则称 $\gamma \alpha \delta$ 在 G 中直接推导出 $\gamma \beta \delta$,记作:

$$\gamma \alpha \delta \Rightarrow_G \gamma \beta \delta$$

读作 $\gamma \alpha \delta$ 在文法 G 中直接推导出 $\gamma \beta \delta$。在不特别强调推导的直接性时,"直接推导"可以简称为推导(Derivation),有时我们也称推导为派生。

显然,$\Rightarrow_G$ 是 $(V \cup T)^*$ 上的二元关系。为方便起见,我们用 $\Rightarrow_G^+$ 代表 $(\Rightarrow_G)^+$,用 $\Rightarrow_G^*$ 代表 $(\Rightarrow_G)^*$,用 $\Rightarrow_G^n$ 代表 $(\Rightarrow_G)^n$。

读者不难看出,按照二元关系合成的定义有

- $\alpha \Rightarrow_G^n \beta$:表示 α 在 G 中经过 n 步推导出 β。即,存在 $\alpha_1, \alpha_2, \cdots, \alpha_{n-1} \in (V \cup T)^*$ 使得 $\alpha \Rightarrow_G \alpha_1, \alpha_1 \Rightarrow_G \alpha_2, \cdots, \alpha_{n-1} \Rightarrow_G \beta$。当 $n=0$ 时,有 $\alpha = \beta$,即 $\alpha \Rightarrow_G^0 \alpha$。
- $\alpha \Rightarrow_G^+ \beta$:表示 α 在 G 中经过至少 1 步推导出 β。
- $\alpha \Rightarrow_G^* \beta$:表示 α 在 G 中经过若干步推导出 β。

当我们讨论的问题中只有唯一的一个文法 G 时,所进行的推导只能是 G 中的推导而不会引起误解。当意义清楚时,我们将符号 $\Rightarrow_G$、$\Rightarrow_G^+$、$\Rightarrow_G^*$、$\Rightarrow_G^n$ 中的 G 省去,分别用 $\Rightarrow$、$\Rightarrow^+$、$\Rightarrow^*$、$\Rightarrow^n$ 代表它们。

例 3.37 设 $G = (\{S, A, B\}, \{0, 1\}, \{S \to A | AB, A \to 0 | 0A, B \to 1 | 11\}, S)$,我们有如下一些推导:

$S \Rightarrow A$	使用产生式 $S \to A$
$S \Rightarrow AB$	使用产生式 $S \to AB$
$A \Rightarrow 0$	使用产生式 $A \to 0$
$A \Rightarrow 0A$	使用产生式 $A \to 0A$
$\Rightarrow 00A$	使用产生式 $A \to 0A$
......	
$\Rightarrow 0\cdots 0A$	使用产生式 $A \to 0A$
$\Rightarrow 0\cdots 00$	使用产生式 $A \to 0$

即:对于 $n \geq 1$,

$A \Rightarrow^n 0^n$	首先连续 $n-1$ 次使用产生式 $A \to 0A$,最后使用产生式 $A \to 0$
$A \Rightarrow^n 0^n A$	连续 n 次使用产生式 $A \to 0A$
$B \Rightarrow 1$	使用产生式 $B \to 1$
$B \Rightarrow 11$	使用产生式 $B \to 11$

由此可知:

- 语法范畴 A 代表的集合 $L(A)$ 为:$\{0, 00, 000, 0000, \cdots\} = \{0^n | n \geq 1\}$。
- 语法范畴 B 代表的集合 $L(B)$ 为:$\{1, 11\}$。

由于 S 可以是 A,也可以是 A 后紧跟 B,所以,语法范畴 S 代表的集合

$$L(S) = L(A) \bigcup L(A)L(B)$$
$$= \{0, 00, 000, 0000, \cdots\} \cup \{0, 00, 000, 0000, \cdots\}\{1, 11\}$$
$$= \{0, 00, 000, 0000, \cdots\} \cup$$
$$\bigcup \{01, 001, 0001, 00001, \cdots\}$$
$$\bigcup \{011, 0011, 00011, 000011, \cdots\}$$

上述关于 A 的推导和 $L(A)$ 告诉我们,对任意的 $x \in \Sigma^+$,我们要使一个语法范畴 D 代表的集合为 $\{x^n | n \geq 1\}$,可以用产生式组 $\{D \to x | xD\}$ 来实现。

例 3.38 设 $G=(\{A\},\{0,1\},\{A\to 01,A\to 0A1\},A)$，则在 G 中有如下推导：

$A\Rightarrow^n 0^n A 1^n$　　　　　　　　$n\geqslant 0$

$0^n A 1^n\Rightarrow 0^{n+1}A 1^{n+1}$　　　　　$n\geqslant 0$

$0^n A 1^n\Rightarrow 0^{n+1}1^{n+1}$　　　　　$n\geqslant 0$

$0^n A 1^n\Rightarrow^i 0^{n+i}A 1^{n+i}$　　　　$n\geqslant 0,i\geqslant 0$

$0^n A 1^n\Rightarrow^i 0^{n+i}1^{n+i}$　　　　$n\geqslant 0,i\geqslant 0$

$0^n A 1^n\Rightarrow^* 0^m A 1^m$　　　　　$n\geqslant 0,m\geqslant n$

$0^n A 1^n\Rightarrow^+ 0^m 1^m$　　　　　$n\geqslant 0,m\geqslant n+1$

$0^n A 1^n\Rightarrow^+ 0^m A 1^m$　　　　$n\geqslant 0,m\geqslant n+1$

$0^n A 1^n\Rightarrow^+ 0^m 1^m$　　　　　$n\geqslant 0,m\geqslant n+1$

由此可知：语法范畴 A 代表的集合 $L(A)$ 为 $\{01,0011,000111,00001111,\cdots\}=\{0^n 1^n\mid n\geqslant 1\}$。读者不难看出：对任意的 $x,y\in\Sigma^+$，我们要使一个语法范畴 D 代表的集合为 $\{x^n y^n\mid n\geqslant 1\}$，可用产生式组 $\{D\to xy,D\to xDy\}$ 来实现。

进而，对任意的 $x\in\Sigma^+$，我们要使一个语法范畴 D 代表的集合为 $\{x^n\mid n\geqslant 0\}$，可用产生式组 $\{D\to\varepsilon,D\to xD\}$ 来实现。

对任意的 x、$y\in\Sigma^+$，我们要使一个语法范畴 D 代表的集合为 $\{x^n y^n\mid n\geqslant 0\}$，可用产生式组 $\{D\to\varepsilon,D\to xDy\}$ 来实现。

对于任意文法 $G=(V,T,P,S)$，我们给开始符号 S 所表示的集合以特殊的意义。

定义 3.33 设文法 $G=(V,T,P,S)$ 则称

$$L(G)=\{w\mid w\in T^* \& S\Rightarrow^* w\}$$

为文法 G 产生的语言(Language)。$\forall w\in L(G)$，w 称为 G 产生的一个句子(Sentence)。

显然，对于任意一个文法 G，G 产生的语言 $L(G)$ 就是该文法的开始符号 S 所对应的集合。

定义 3.34 设文法 $G=(V,T,P,S)$，对于 $\forall \alpha\in(V\bigcup T)^*$，如果 $S\Rightarrow^*\alpha$，则称 α 是 G 产生的一个句型(Sentential Form)。

对于任意文法 $G=(V,T,P,S)$，G 产生的句子和句型的区别在于句子 $w\in T^*$，而句型 $\alpha\in(V\bigcup T)^*$。这就是说：

- 句子 w 是从 S 开始，在 G 中可以推导出来的终结符号行，它不含语法变量。
- 句型 α 是从 S 开始，在 G 中可以推导出来的符号行，它可能含有语法变量。

所以，句子一定是句型；但句型不一定是句子。

例如，对于文法 $G=(\{A\},\{0,1\},\{A\to 01,A\to 0A1\},A)$，$0^n A 1^n(n\geqslant 0)$ 和 $0^n 1^n(n\geqslant 0)$ 是句型，$0^n 1^n(n\geqslant 1)$ 是句子，$0^n A 1^n(n\geqslant 0)$ 不是句子。对于文法 $G=(\{S,A,B\},\{0,1\}$, $\{S\to A,S\to AB,A\to 0,A\to 0A,B\to 1,B\to 11\},S)$，$S$、$AB$、$0^n A(n\geqslant 0)$、$0^n AB(n\geqslant 0)$、$0^n B(n\geqslant 1)$、$0^n A 11(n\geqslant 0)$、$0^n(n\geqslant 1)$、$0^n 1(n\geqslant 1)$、$0^n 11(n\geqslant 1)$ 都是句型，$0^n(n\geqslant 1)$、$0^n 1(n\geqslant 1)$、$0^n 11(n\geqslant 1)$ 都是句子。

3.9.2 二元关系的概念

例 3.39 设 A、B 为集，$f:2^A\to 2^B$，$\forall E$、$F\subseteq A$，如果 $f(E\bigcup F)=f(E)\bigcup f(F)$，则称

f 为可加映射。试证：一个从 A 到 B 的二元关系可以定义为从 2^A 到 2^B 的一个可加映射。

【证明方法一】 令 $\varphi:\{R|R:A\to 2^B\}\to\{f|f:2^A\to 2^B, f\text{ 是可加映射}\}, \forall R\in\{R|R:A\to 2^B\}, \varphi(R)=f_R\in\{f|f:2^A\to 2^B, f\text{ 是可加映射}\}, \forall E\in 2^A, f_R(E)=\bigcup_{x\in E}R(x)$。只需证明 φ 是双射。

假设 $R_1,R_2\in\{R|R:A\to 2^B\}, R_1\neq R_2$，则 $f_{R_1}\neq f_{R_1}$，亦即 $\varphi(R_1)\neq\varphi(R_2)$，因此，$\varphi$ 是单射。

对于 $\forall f\in\{f|f:2^A\to 2^B, f\text{ 是可加映射}\}$，构造 $R_f:A\to 2^B, \forall x\in A, R_f(x)=f(\{x\})$，则 $\varphi(R_f)=f_{R_f}, f_{R_f}:2^A\to 2^B$，因为 f 是可加映射，因此，$\forall E\in 2^A, f_{R_f}(E)=\bigcup_{x\in E}R_f(x)=\bigcup_{x\in E}f(\{x\})=f(E)$，故 $f_{R_f}=f$，亦即 $\varphi(R_f)=f$，所以 φ 是满射。

综上可知，φ 是双射，也就是说，一个从 A 到 B 的二元关系可以定义为从 2^A 到 2^B 的一个可加映射。

【证明方法二】 令 $\varphi:\{R|R\subseteq A\times B\}\to\{f|f:2^A\to 2^B, f\text{ 是可加映射}\}, \forall R\in\{R|R\subseteq A\times B\}, \varphi(R)=f_R\in\{f|f:2^A\to 2^B, f\text{ 是可加映射}\}, \forall E\in 2^A, f_R(E)=\bigcup_{x\in E}\{y|y\in B,(x,y)\in R\}$。只需证 φ 是双射。

假设 $R_1,R_2\in\{R|R\subseteq A\times B\}, R_1\neq R_2$，则 $f_{R_1}\neq f_{R_1}$，亦即 $\varphi(R_1)\neq\varphi(R_2)$，因此，$\varphi$ 是单射。

对于 $\forall f\in\{f|f:2^A\to 2^B, f\text{ 是可加映射}\}$，构造 $R_f\subseteq A\times B, \forall x\in A, R_f=\bigcup_{x\in A}\{x\}\times f(\{x\})$，则 $\varphi(R_f)=f_{R_f}, f_{R_f}:2^A\to 2^B$，因为 f 是可加映射，因此，$\forall E\in 2^A, f_{R_f}(E)=\bigcup_{x\in E}\{y|y\in B,(x,y)\in R_f\}=\bigcup_{x\in E}f(\{x\})=f(E)$，故 $f_{R_f}=f$，亦即 $\varphi(R_f)=f$，所以 φ 是满射。

综上可知，φ 是双射，也就是说，一个从 A 到 B 的二元关系可以定义为从 2^A 到 2^B 的一个可加映射。

【证明方法三】 令 $\varphi:\{R|R:A\times B\to\{\text{是},\text{否}\}\}\to\{f|f:2^A\to 2^B, f\text{ 是可加映射}\}, \forall R\in\{R|R:A\times B\to\{\text{是},\text{否}\}\}, \varphi(R)=f_R\in\{f|f:2^A\to 2^B, f\text{ 是可加映射}\}, \forall E\in 2^A, f_R(E)=\bigcup_{x\in E}\{y|y\in B, R(x,y)=\text{是}\}$。只需证 φ 是双射。

假设 $R_1,R_2\in\{R|R:A\times B\to\{\text{是},\text{否}\}\}, R_1\neq R_2$，则 $f_{R_1}\neq f_{R_1}$，亦即 $\varphi(R_1)\neq\varphi(R_2)$，因此，$\varphi$ 是单射。

对于 $\forall f\in\{f|f:2^A\to 2^B, f\text{ 是可加映射}\}$，构造 $R_f:A\times B\to\{\text{是},\text{否}\}, \forall(x,y)\in A\times B$，有

$$R_f(x,y)=\begin{cases}\text{是} & y\in f(\{x\})\\ \text{否} & y\notin f(\{x\})\end{cases}$$

则 $\varphi(R_f)=f_{R_f}, f_{R_f}:2^A\to 2^B$，因为 f 是可加映射，因此，$\forall E\in 2^A, f_{R_f}(E)=\bigcup_{x\in E}\{y|y\in B, R(x,y)=\text{是}\}=\bigcup_{x\in E}f(\{x\})=f(E)$，故 $f_{R_f}=f$，亦即 $\varphi(R_f)=f$，所以 φ 是满射。

综上可知，φ 是双射，也就是说，一个从 A 到 B 的二元关系可以定义为从 2^A 到 2^B 的一个可加映射。∎

3.9.3 二元关系的闭包

例 3.40 设 R 是 X 上的二元关系。试证：如果 R 是对称的，则 R^+ 是对称的。

【证明】 $\forall (x,y) \in R^+, \exists m \in \mathbb{N}$,使得$(x,y) \in R^m$,于是$\exists y_1, y_2, \cdots, y_{m-1} \in X$,使得$(x, y_1), (y_1, y_2), \cdots, (y_{m-1}, y) \in R$,因为$R$是对称的,所以$(y, y_{m-1}), \cdots, (y_2, y_1)$, $(y_1, x) \in R$,故$(y,x) \in R^m$,从而$(y,x) \in R^+$,因此R^+是对称的。

例 3.40 的结论还可以这样来理解:关系的传递闭包运算保留了运算对象的对称性。

例 3.41 设 R 是 X 上的二元关系,R 的自反闭包就是 X 上包含 R 的所有自反关系的交,记为 $r(R)$,易见,R 是自反的 $\Leftrightarrow r(R) = R$。R 的对称闭包就是 X 上包含 R 的所有对称关系的交,记为 $s(R)$,易见,R 是对称的 $\Leftrightarrow s(R) = R$。根据上述定义不难看出,$r(R) = R^0 \cup R = I_X \cup R, s(R) = R \cup R^{-1}$,试证明:

(1) $r(s(R)) = s(r(R))$。

(2) $r(R^+) = (r(R))^+ = R^*$。

(3) $s(R^+) \subseteq (s(R))^+$。

【证明】

(1) $s(r(R)) = s(R^0 \cup R) = (R^0 \cup R) \cup (R^0 \cup R)^{-1} = (R^0 \cup R) \cup (R^0 \cup R^{-1}) = R^0 \cup (R \cup R^{-1}) = R^0 \cup s(R) = r(s(R))$。

(2) $r(R^+) = (R^+)^0 \cup R^+ = R^0 \cup R^+ = R^*$,而

$$(r(R))^+ = (R^0 \cup R)^+ = \bigcap_{\substack{R \subseteq R' \\ R'\text{是自反传递的}}} R' = R^0 \cup \bigcap_{\substack{R \subseteq R' \\ R'\text{是传递的}}} R' = R^0 \cup R^+ = R^*$$

所以 $r(R^+) = (r(R))^+ = R^*$。

(3) 根据定理 3.17 的证明方法,传递闭包相对于"$\subseteq$"是单调的,则因为 $R \subseteq s(R)$,所以 $R^+ \subseteq (s(R))^+$,不难验证,将求 R 的对称闭包看作一个函数时它相对于"$\subseteq$"也是单调的,故 $s(R^+) \subseteq s((s(R))^+)$,由例 3.40 可知,$(s(R))^+$ 是对称的,于是 $s((s(R))^+) = (s(R))^+$,因此,$s(R^+) \subseteq (s(R))^+$。

3.9.4 二元关系与映射

例 3.42 设 $f: A \to B$,根据 f 在 A 上定义二元关系 $\mathrm{Ker}(f)$ 如下:

$$\mathrm{Ker}(f) = \{(x,y) \mid (x,y) \in A \times A \text{ 且 } f(x) = f(y)\}$$

令 $g, h: A \to A$,证明:$\mathrm{Ker}(g) \supseteq \mathrm{Ker}(h)$ 当且仅当存在 $r: A \to A$ 使得 $g = r \circ h$。

【证明】 必要性$\Rightarrow$:设 $\mathrm{Ker}(h) \supseteq \mathrm{Ker}(g)$。定义 $r: A \to A$ 如下:$\forall x \in A$,有 $h(x) \in h(A)$。定义 $r(h(x)) = g(x)$,于是,r 在 $h(A)$ 上已定义好,但在 $A \setminus h(A)$ 尚无定义,对于 $\forall x \in A \setminus h(A)$,定义 $r(x) = x_0$,x_0 为 A 中某个固定元素。

现在证明已经完成了 r 的定义:由于 $\mathrm{Ker}(h) \subseteq \mathrm{Ker}(g)$,所以如果 $(x, y) \in \mathrm{Ker}(h)$,则 $(x, y) \in \mathrm{Ker}(g)$,从而 $h(x) = h(y) \Rightarrow g(x) = g(y)$。因此,$r(h(x)) = g(x)$ 的值是唯一的,故 r 确实已定义完成。

其次,$\forall x \in A, r \circ h(x) = r(h(x)) = g(x)$。

充分性$\Leftarrow$:设 $g = r \circ h$,只需证 $\mathrm{Ker}(h) \subseteq \mathrm{Ker}(g)$。

设 $(x,y) \in \mathrm{Ker}(h)$,则 $h(x) = h(y)$,于是

$$g(x) = r \circ h(x) = r(h(x)) = r(h(y)) = r \circ h(y) = g(y)$$

因此,$(x,y) \in \mathrm{Ker}(g)$,故 $\mathrm{Ker}(h) \subseteq \mathrm{Ker}(g)$。

例 3.43 设 $f, g: A \to A$,则 $f(A) \subseteq g(A)$ 当且仅当存在一个 $h: A \to A$ 使得 $f = g \circ h$。

【证明】 必要性⇒：设 $f(A)\subseteq g(A)$，则 $\forall x\in A$ 有 $f(x)\in f(A)\subseteq g(A)$，从而 $\exists y\in A$ 使 $g(y)=f(x)$。令 $h:A\to A$，$\forall x\in A$，$h(x)=y$，其中 y 是 $g^{-1}(f(x))$ 中一个特定元。于是，$g\circ h(x)=g(h(x))=g(y)=f(x)$。所以，$f=g\circ h$。

充分性⇐：设 $f=g\circ h$，则 $f(A)=g(h(A))$，但 $h(A)\subseteq A$，所以 $g(h(A))\subseteq A$。∎

例 3.44 设 $f,g:A\to A$，证明：$|f(A)|\leqslant|g(A)|$ 当且仅当存在 $u,v:A\to A$，使得 $f=u\circ g\circ v$。

【证明】 充分性⇐：设 $f=u\circ g\circ v$，则 $f(A)=u(g(v(A)))$，则 $|f(A)|\leqslant|g(v(A))|\leqslant|g(A)|$。

设 $|f(A)|\leqslant|g(A)|$，往证 $f=u\circ g\circ v$。

首先构造一个映射 $t:A\to A$ 使得 $\mathrm{Ker}(t)=\mathrm{Ker}(f)$ 且 $t(A)\subseteq g(A)$：因为 $|f(A)|\leqslant|g(A)|$，所以存在一个子集 $P\subseteq g(A)$ 使得 $f(A)\sim P$，设此一一对应为 φ。又因为 $A/\mathrm{Ker}(f)\sim f(A)$，所以不妨设此一一对应为 ψ，γ 是 A 到 $A/\mathrm{Ker}(f)$ 的自然映射。

令 $t:A\to P$，$\forall x\in A$，$t(x)=\varphi\circ\psi\circ\gamma$，即 $t=\varphi\circ\psi\circ\gamma=\eta\circ\gamma$。

显然，$t(A)=\varphi\circ\psi\circ\gamma(A)=\varphi\circ\psi(A/\mathrm{Ker}(f))=\varphi(f(A))=P\subseteq g(A)$。

其次，证明 $\mathrm{Ker}(t)=\mathrm{Ker}(f)$。实际上，$\forall(x,y)\in\mathrm{Ker}(t)$ 有 $t(x)=t(y)$，即 $\eta\circ\gamma(x)=\eta\circ\gamma(y)$，由 η 的单射性便有 $\gamma(x)=\gamma(y)$，从而有 $[x]=[y]$，即 $f(x)=f(y)$，所以 $(x,y)\in\mathrm{Ker}(f)$，因此，$\mathrm{Ker}(t)\subseteq\mathrm{Ker}(f)$。其次，设 $(x,y)\in\mathrm{Ker}(f)$，则 $f(x)=f(y)$，故 $[x]=[y]$。于是，$t(x)=\eta\circ\gamma(x)=\eta([x])=\eta([y])=\eta\circ\gamma(y)=t(y)$，从而 $(x,y)\in\mathrm{Ker}(t)$，即 $\mathrm{Ker}(t)\subseteq\mathrm{Ker}(f)$。因此，$\mathrm{Ker}(t)=\mathrm{Ker}(f)$。

由 $\mathrm{Ker}(t)=\mathrm{Ker}(f)$ 及例 3.42 知存在 $u:A\to A$ 使得 $f=u\circ t$。再由 $t(A)\subseteq g(A)$ 知存在 $v:A\to A$ 使得 $t=g\circ v$，从而 $f=u\circ g\circ v$。∎

例 3.45 设 R_1 和 R_2 是集合 X 上的两个二元关系，并且 $R_1\circ R_2=I_X$。

(1) 若 X 是有穷集合，证明：存在 X 到 X 的双射 f_1 和 f_2，使得 $f_2\circ f_1=I_X$ 且 $aR_1b\Leftrightarrow b=f_1(a)$，$cR_2d\Leftrightarrow d=f_2(c)$。

(2) 若 X 为无穷集合，举例说明(1)的结论不成立。

【证明】 (1) 因为 $R_1\circ R_2=I_X$，所以 $\forall x\in X$ 必 $\exists y\in X$，使得 xR_1y 且 yR_2x。其次，设 $x_1,x_2\in X$ 且 $x_1\neq x_2$，则对 X 中每个 y，x_1R_1y，x_2R_1y 不能同时成立，而且 yR_2x_1 与 yR_2x_2 也不能同时成立。由于 X 为有穷集合，所以对每个 $x\in X$ 有且仅有一个 $y\in X$ 使 xR_1y 且 yR_2x。

于是，$\forall x\in X$ 存在唯一的 y 使 xR_1y；同样地，对每一个 x，有唯一的 y 使 yR_2x。因此，我们证明了 $R_2=R_1^{-1}$，且 R_1 是 X 到 X 的双射，$R_2=R_1^{-1}$ 是 R_1 的逆映射。

令 $f_1=R_1$，$f_2=f_1^{-1}=R_1^{-1}$，则 $aR_1b\Leftrightarrow b=f_1(a)$，$cR_2d\Leftrightarrow d=f_2(c)$。

(2) 设 $X=\mathbf{N}=\{1,2,3,\cdots\}$。$f_1:\mathbf{N}\to\mathbf{N}$，$f_2:\mathbf{N}\to\mathbf{N}$，$\forall n\in\mathbf{N}$，$f_1(n)=n+1$，$f_2(1)=1$，如果 $n\geqslant2$，则 $f_2(n)=n-1$，令 $R_1=f_1$，$R_2=f_2$，则 $R_1\circ R_2=f_2\circ f_1=I_X$，此时(1)的结论不成立。∎

注意：有穷与无穷存在本质的区别，处理无穷要特别小心，第 4 章我们将详细讨论无穷集合及其性质。

3.9.5 等价关系和偏序关系

例 3.46 设 R 是 X 上的二元关系。试证：R 是一个等价关系当且仅当(1) $\forall x \in X$，xRx；并且(2)若 xRy 且 xRz，则 yRz。

【证明】 必要性⇒：显然。

充分性⇐：假设(1)和(2)成立，只需证 R 是等价关系。我们可以将(2)看作是一条推理规则。

由(1)知 R 是自反的；假设 xRy，则 xRy 且 xRx，由(2)可得 yRx，所以 R 是对称的；假设 xRy 且 yRz，则由对称性知 yRx，于是，yRx 且 yRz 成立，由(2)可得 xRz，所以 R 是传递的。综上可得，R 是等价关系。 ∎

例 3.47 $X=\{1,2,3\}$，$Y=\{1,2\}$，$Y^X=\{f \mid f:X \to Y\}$，在 Y^X 上定义二元关系 $\cong$：$\forall f$、$g \in Y^X$，$f \cong g \Leftrightarrow f(1)+f(2)+f(3)=g(1)+g(2)+g(3)$，试证：

(1) $\cong$ 是等价关系。

(2) 求 $Y^X/\cong$。

【证明】 (1) 下面依次证明 $\cong$ 是自反的、对称的和传递的。

① $\forall f \in Y^X$，$f(1)+f(2)+f(3)=f(1)+f(2)+f(3)$，所以 $f \cong f$，即 $\cong$ 是自反的。

② $\forall f, g \in Y^X$，假设 $f \cong g$，则 $f(1)+f(2)+f(3)=g(1)+g(2)+g(3)$，即 $g(1)+g(2)+g(3)=f(1)+f(2)+f(3)$，于是 $g \cong f$，即 $\cong$ 是对称的。

③ $\forall f, g, h \in Y^X$，假设 $f \cong g$ 且 $g \cong h$，则 $f(1)+f(2)+f(3)=g(1)+g(2)+g(3)$ 且 $g(1)+g(2)+g(3)=h(1)+h(2)+h(3)$，从而 $f(1)+f(2)+f(3)=h(1)+h(2)+h(3)$，于是 $f \cong h$，即 $\cong$ 是传递的。

综上，$\cong$ 是等价关系。 ∎

【解】 (2) 令 $Y^X=\{f_1,f_2,f_3,f_4,f_5,f_6,f_7,f_8\}$，

$f_1=\{(1,1),(2,1),(3,1)\}$， $f_2=\{(1,1),(2,1),(3,2)\}$， $f_3=\{(1,1),(2,2),(3,1)\}$，

$f_4=\{(1,1),(2,2),(3,2)\}$， $f_5=\{(1,2),(2,1),(3,1)\}$， $f_6=\{(1,2),(2,1),(3,2)\}$，

$f_7=\{(1,2),(2,2),(3,1)\}$， $f_8=\{(1,2),(2,2),(3,2)\}$，

则 $Y^X/\cong=\{[f_1],[f_2],[f_4],[f_8]\}$。

例 3.48 设 R_1、R_2 是 X 上的等价关系，C_1、C_2 是 R_1、R_2 导出的划分。试证：C_1 的每个划分块都包含在 C_2 的某个划分块中 $\Leftrightarrow R_1 \subseteq R_2$。

【证明】 充分性⇐：$R_1 \subseteq R_2$，令 $C_1=\{A_1,A_2,\cdots,A_k,\cdots\}$，$C_2=\{B_1,B_2,\cdots,B_l,\cdots\}$。$\forall A_k \in C_1, A_k \neq \Phi$，从 A_k 中任取一个元素 $a, a \in X$，因此，$\exists B_l \in C_2$ 使得 $a \in B_l$，于是，对于 $\forall b \in A_k$，$(a,b) \in R_1 \subseteq R_2$，由划分的定义可知，$b \in B_l$，所以 $A_k \subseteq B_l$，亦即 C_1 的每个划分块都包含在 C_2 的某个划分块中。

必要性⇒：$\forall (a,b) \in R_1$，a 和 b 在 C_1 的同一个划分块中，从而 a 和 b 在 C_2 的某一个划分块中，故 $(a,b) \in R_2$，因此 $R_1 \subseteq R_2$。 ∎

例 3.49 设 R 是 X 上的偏序关系。试证：R 是 X 上的全序关系 $\Leftrightarrow X \times X = R \cup R^{-1}$。

【证明】 必要性⇒：$\forall (x,y) \in X \times X$，因为 R 是全序关系，所以 $(x,y) \in R$ 或 $(x,y) \in$

R^{-1} 必有一个成立,亦即 $(x,y)\in R\cup R^{-1}$,因此 $X\times X\subseteq R\cup R^{-1}$。反之,因为 $R\subseteq X\times X$ 且 $R^{-1}\subseteq X\times X$,所以 $R\cup R^{-1}\subseteq X\times X$。综上,$X\times X=R\cup R^{-1}$。

充分性⇐：$\forall (x,y)\in X\times X=R\cup R^{-1}$,有 $(x,y)\in R$ 或 $(x,y)\in R^{-1}$,亦即 $(x,y)\in R$ 或 $(x,y)\in R^{-1}$ 必有一个成立,故 R 是 X 上的全序关系。

3.10 本章小结

1. 重点

(1) 概念：关系及其自反、传递、对称性、二元关系的合成、闭包、等价关系、偏序关系。

(2) 理论：关系的性质、关系的合成运算的性质、关系的闭包的性质。

(3) 方法：证明两个集合相等的方法的应用,闭包的计算(Warshall 算法)。

(4) 应用：建立语言的数学模型。

2. 难点

(1) 等价关系与集合的划分。

(2) 求等价类。

习题

1. 设 $X=\{a,b,c\}$,给出 X 上的一个二元关系,使其同时不满足自反性、反自反性、对称性、反对称和传递性,并画出 R 的关系图。

2. 设 R 是 X 上的二元关系,下面的结论是否正确？并证明你的结论.

(1) 如果 R 是自反的,则 $R\circ R$ 也是自反的。

(2) 如果 R 是对称的,则 $R\circ R$ 也是对称的。

(3) 如果 R 是反自反和传递的,则 R 是反对称的。

3. 设 R、S 是 X 上的二元关系,试证：$(R\cup S)^{-1}=R^{-1}\cup S^{-1}$。

4. 设 R、S 为 X 上的二元关系,试证：$(R\cup S)^{+}\supseteq R^{+}\cup S^{+}$。

5. 由置换 $\sigma=\begin{pmatrix}1&2&3&4&5&6&7&8\\3&6&5&8&1&2&7&4\end{pmatrix}$ 确定了 $X=\{1,2,\cdots,8\}$ 上的一个关系 $\cong$：$i,j\in X$,$i\cong j$ 当且仅当 i 与 j 在 σ 的循环分解式中的同一循环置换中,证明：$\cong$ 是 X 上的等价关系,求 $X/\cong$。

6. 设 $S=\{1,2,3,4\}$,$A=S\times S$,$R\subseteq A\times A$,$\forall (a,b),(c,d)\in A$,$(a,b)R(c,d)\Leftrightarrow a+b=c+d$,证明：

(1) R 是等价关系。

(2) 求 A/R。

7. 设有偏序集 $(A,\leqslant)$,$A=\{1,2,3,4\}$,$B=\{2,3\}$

$\leqslant=\{(1,1),(2,2),(3,3),(4,4),(4,1),(2,1),(4,2),(4,3)\}$,

(1) 画出 $(A,\leqslant)$ 的 Hasse 图。

(2) 求 B 的上界、上确界、下界及下确界。

8. 设 $(S,\leqslant_1),(T,\leqslant_2)$ 是偏序集。在 $S\times T$ 上定义二元关系 $\leqslant_3$ 如下：
$$\forall (s,t),(s',t')\in S\times T,(s,t)\leqslant_3(s',t')\Leftrightarrow(s\leqslant_1 s',t\leqslant_2 t')$$
证明：(1) $\leqslant_3$ 是 $S\times T$ 上的偏序关系。

(2) 若 $(s,t)\leqslant_3(s',t')\Leftrightarrow s\leqslant_1 s'$ 或 $t\leqslant_2 t'$，则 $\leqslant_3$ 是 $S\times T$ 上的偏序关系吗？

9. 设 R 是 X 上的自反且传递的二元关系，则

(1) 给出 R 的一个实例。

(2) 在 X 上定义二元关系 $\sim$：$x\sim y\Leftrightarrow xRy,yRx$。

证明：$\sim$ 是 X 上的等价关系。

(3) 在商集 $X/\sim$ 上定义二元关系 $\leqslant$：$[a]\leqslant[b]\Leftrightarrow aRb$。

证明：$\leqslant$ 是 $X/\sim$ 上的偏序关系。

10. 设 R 是 X 上的偏序关系，证明：R 是 X 上的全序关系 $\Leftrightarrow X\times X=R\cup R^{-1}$。

11. 设 $n=2^3 3^3$，X 为 n 的所有因子之集，$1,n\in X$，$\forall x,y\in X,x\leqslant y\Leftrightarrow x|y$。

(1) 画出偏序集 $(X,\leqslant)$ 的 Hasse 图。

(2) 给出偏序集 $(X,\leqslant)$ 的一条最长链和一条最长反链。

(3) $(X,\leqslant)$ 有最大元素吗？

(4) 证明：$(X,\leqslant)$ 的最长链的最大元素一定是 $(X,\leqslant)$ 的最大元素。

12. 是否存在一个偏序关系 $\leqslant$，使得 $(X,\leqslant)$ 中有唯一的极大元素，但没有最大元素？若有请给出一个具体例子；若没有，请证明之。

第 4 章

无穷集合及其基数

乔治·康托(Georg Cantor,1845—1918,德国数学家)当年所创立的集合论就是本章的内容。本章要回答的主要问题是：什么是无穷？无穷之间能否比较大小？无穷有些什么特殊性质？

康托利用对角线法证明了有一个集合不是可数集,读者必须要掌握这种对角线证明方法,现代数学和计算机科学中都会用到这种方法。由于康托的这一独创性的贡献,使我们对无穷有了更为深入的认识,虽然无穷仍然不可捉摸且包含着矛盾,其中若干悖论的提出都是对无穷集合理论的挑战。

最终,人们通过建立集合论公理系统 ZFC 排除了已经发现的悖论,但仍然无法保证今后不会出现悖论。因此,在处理与无穷有关的问题时要特别小心,不要把有穷的规律想当然地用于无穷上。

本章首先利用映射(一一对应)建立起可数集的概念,然后利用对角线法证明了[0,1]是一个不可数集,再利用映射(一一对应)建立起连续统的概念。本章的主要内容是研究可数集和连续统的性质,进而得到无穷集合的特征性质,并将有穷集合基数的概念推广到了无穷集合上。

从第 5 章开始,我们将陆续遇到一些困难的问题,为了对所遇到的问题的难度有一个直观的理解,我们有必要简单介绍一下可计算性(可计算函数的集合是可数的)和计算复杂性的有关知识。为此,需要给出图灵机的定义和工作过程,使用的正是第 1~3 章学到的数学工具,图灵机的数学模型及其工作过程的数学描述是应用这些数学工具的完美展现,图灵还用康托的对角线法证明了停机问题是不可判定的。当然,这些内容仅限于帮助读者理解问题的固有难度,相关主题会在后续的形式语言与自动机理论、算法设计与分析、计算理论等课程中进行深入探讨。

4.1 可数集

4.1.1 关于无穷

最早关于无穷的记载出现在印度的《夜柔吠陀》(成书于公元前 1200—公元前 900 年,又译作《祭祀明论》)一书中,书中说："如果你从无穷中移走或添加一部分,剩下的还是无穷(Infinite)。"

伽利略(1564—1642,物理学家、天文学家及哲学家)最先发现一个集合与它自己的真子集可以有相同的大小,这个集合就是自然数集 **N**,与其真子集 $\{n^2 \mid n \in \mathbf{N}\}$ 的大小相同,伽利略就是使用一一对应作为研究工具的。

数学中,阿基米德(公元前 287—公元前 212)曾在其著作《方法》中试图计算无穷大的数目,说明他已经意识到无穷的差异性。

约翰•沃利斯最先于 1655 年在其著作《算术的无穷大》中开始使用符号 ∞ 来表示无穷。

康托凭借古代与中世纪哲学著作中关于无穷的思想导出了关于数的本质的新的思想模式,建立了处理数学中的无穷的基本技巧。

从历史来看,集合论的创立过程是漫长的,集合论的创立相对于康托来讲也是有迹可循的,这也反映出我们人类的某些重大发现或发明创造往往是人类知识沉积的结果,这对科学工作者是一种启发。

4.1.2 可数集的定义

我们使用一一对应(双射)技术来研究无穷,抽象地看,如果两个集合间存在一个一一对应,那么它们是不可区分的。最简单的无穷集合,莫过于全体正整数的集合——自然数集 $\mathbf{N} = \{1,2,3,\cdots\}$。

我们在第 2 章已经说过,如果存在一一对应 $\varphi: X \to Y$,则称 X 与 Y 对等,记为 $X \sim Y$。显然,$X \sim X$;如果 $X \sim Y$,则 $Y \sim X$;如果 $X \sim Y$ 且 $Y \sim Z$,则 $X \sim Z$。因此,$\sim$ 是一个等价关系,互相对等的集合其本质上是一样的,其整体就是一个等价类,可数集(Countable Set)就是自然数集所在的等价类——[**N**]。

定义 4.1 如果集合 A 与自然数集 **N** 对等,则称 A 为可数集或可列集。即如果存在一一对应 $\varphi: \mathbf{N} \to X$(或 $X \to \mathbf{N}$),则称 X 为可数集。

例 4.1 全体偶自然数的集合、奇自然数的集合、自然数的平方的集合都是可数集。

例 4.2 全体整数的集合 **Z** 是可数集。实际上,**N** 与 **Z** 的一一对应如下:

$$\mathbf{N}: \quad 1 \quad 2 \quad 3 \quad 4 \quad 5 \quad 6 \quad 7 \quad \cdots$$
$$\mathbf{Z}: \quad 0 \quad 1 \quad -1 \quad 2 \quad -2 \quad 3 \quad -3 \quad \cdots$$

4.1.3 可数集的性质

定理 4.1 集合 A 是可数集当且仅当 A 的全部元素可以排成一个没有重复项的无穷序列 $a_1, a_2, \cdots, a_n, \cdots$。

无穷序列 $a_1, a_2, \cdots, a_n, \cdots$ 实际上就是 **N** 到 A 的一个一一对应 $\varphi: \mathbf{N} \to A$,$\forall n \in \mathbf{N}$,$\varphi(n) = a_n$。根据定理 4.1,$A$ 可以记为 $A = \{a_1, a_2, \cdots, a_n, \cdots\}$,定理 4.1 只是定义 4.1 的另外一种等价的直观描述,但这种直观描述非常有用,可以当作一种证明工具来使用。

例 4.3 全体整数的集合 **Z** 是可数集。

全体整数的集合 **Z** 可以排列成没有重复项的无穷序列 $0, 1, -1, 2, -2, 3, -3, \cdots$。

例 4.4 自然数的平方的集合是可数集。

自然数的平方的集合可以排列成没有重复项的无穷序列 $1, 4, 9, 16, 25, 36, \cdots$。注意,这与整体大于部分的直觉相矛盾(被称为"伽利略悖论"),实际上这不是悖论,是主观认识上的错误造成的,因为"多少"没有定义。"整体大于部分"只适用于有穷,对于无穷,部分可能等于整体,而这正是无穷的本质所在。

定理 4.2 任一无穷集 X 都含有一个可数子集 A。

注意：本定理的证明实际上使用的是公理化集合论中的"选择公理"。无穷集取之不尽，则如果边取边列，就可以得到一个没有重复项的无穷序列。

【证明】
$x_1 \in X, x_2 \in X \setminus \{x_1\}, \cdots, x_n \in X \setminus \{x_1, x_2, \cdots, x_{n-1}\}, \cdots$，于是我们有
$$A = \{x_1, x_2, \cdots, x_n, \cdots\} \subseteq X$$
显然，A 是可数集。

定理 4.3 可数集 A 的任一无穷子集也是可数集。

【证明】
假设 $A = \{a_1, a_2, \cdots, a_n, \cdots\}$，$B \subseteq A$，$B$ 是无穷集，则依次查看 A 的序列，不时发现 B 中元素，按照发现的顺序依次让它们对应 $1, 2, \cdots, n, \cdots$，则 B 中元素将形成一个没有重复项的无穷序列，因此 B 是可数集。

推论 4.1 如果 A 为可数集，$B \subseteq A$ 为有穷集，则 $A \setminus B$ 是可数集。

定理 4.4 如果 A 为可数集，B 为有穷集，则 $A \cup B$ 是可数集。

【证明】令 $A = \{a_1, a_2, \cdots, a_n, \cdots\}$，$P = A \cap B$，$B \setminus P = \{b_1, b_2, \cdots, b_r\}$，则 $A \cap (B \setminus P) = \Phi$，且 $A \cup B = A \cup (B \setminus P)$ 中元素可以排列成如下没有重复项的无穷序列：
$$b_1, b_2, \cdots, b_r, a_1, a_2, \cdots, a_n, \cdots$$
根据定理 4.1，$A \cup B$ 是可数集。

定理 4.5 设 $A_1, A_2, \cdots, A_n, (n \geq 1)$ 都是可数集，则 $\bigcup_{i=1}^{n} A_i$ 也是可数集。

【证明】不妨设 $A_1, A_2, \cdots, A_n$ 两两不相交，这种假设是一种保守的假设，亦即往多了算的意思。如果 $A_1 = \{a_{11}, a_{12}, a_{13}, \cdots\}$，$A_2 = \{a_{21}, a_{22}, a_{23}, \cdots\}$，$\cdots$，$A_n = \{a_{n1}, a_{n2}, a_{n3}, \cdots\}$，则 $\bigcup_{i=1}^{n} A_i$ 中元素可以排列成如下的没有重复项的无穷序列：
$$a_{11}, a_{21}, \cdots, a_{n1}, a_{12}, a_{22}, \cdots, a_{n2}, a_{13}, a_{23}, \cdots, a_{n3}, \cdots$$
根据定理 4.1，$\bigcup_{i=1}^{n} A_i$ 是可数集。

定理 4.6 设 $A_1, A_2, \cdots, A_n, \cdots$ 是以集合为项的无穷序列。如果每个 A_n 都是有穷集合，则 $\bigcup_{m=1}^{\infty} A_n$ 至多为可数集。"至多可数"意即"或有穷或无穷可数"。

【证明】假设 $A_1 = \{a_{11}, a_{12}, a_{13}, \cdots, a_{1r_1}\}$
$A_2 = \{a_{21}, a_{22}, a_{23}, \cdots, a_{2r_2}\}$
$\vdots$
$A_n = \{a_{n1}, a_{n2}, a_{n3}, \cdots, a_{nr_n}\}$
$\vdots$

则 $\bigcup_{i=1}^{\infty} A_i$ 中元素可以排列成如下的没有重复项的无穷序列：
$$a_{11}, a_{12}, a_{13}, \cdots, a_{1r_1}, a_{21}, a_{22}, a_{23}, \cdots, a_{2r_2}, \cdots, a_{n1}, a_{n2}, a_{n3}, \cdots, a_{nr_n}, \cdots$$
根据定理 4.1，$\bigcup_{i=1}^{\infty} A_i$ 是可数集。

定理 4.7 设 $A_1, A_2, \cdots, A_n, \cdots$ 是（两两不相交的）可数集的无穷序列，则 $\bigcup_{m=1}^{\infty} A_n$ 为可

数集。

【证明】 不妨设 $A_1, A_2, \cdots, A_n, \cdots$ 两两不相交，假设 $A_1 = \{a_{11}, a_{12}, a_{13}, a_{14}, \cdots\}$，$A_2 = \{a_{21}, a_{22}, a_{23}, a_{24}, \cdots\}$，$A_3 = \{a_{31}, a_{32}, a_{33}, a_{34}, \cdots\}$ $A_4 = \{a_{41}, a_{42}, a_{43}, a_{44}, \cdots\} \cdots, A_n = \{a_{n1}, a_{n2}, a_{n3}, \cdots\}, \cdots$，如图 4.1 所示，$\bigcup\limits_{i=1}^{\infty} A_i$ 中元素可以排列成如下的没有重复项的无穷序列：

$$a_{11}, \underline{a_{21}, a_{12}}, \underline{a_{13}, a_{22}, a_{31}}, \underline{a_{41}, a_{32}, a_{23}, a_{14}}, \underline{a_{15}, a_{24}, a_{33}, a_{42}}, \cdots\cdots$$

根据定理 4.1，$\bigcup\limits_{i=1}^{\infty} A_i$ 是可数集。

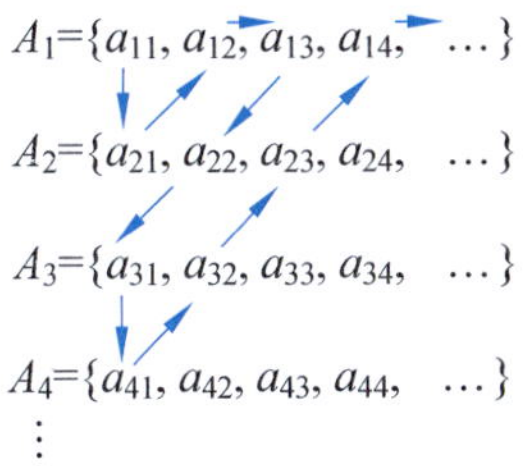

$A_1 = \{a_{11}, a_{12}, a_{13}, a_{14}, \cdots\}$
$A_2 = \{a_{21}, a_{22}, a_{23}, a_{24}, \cdots\}$
$A_3 = \{a_{31}, a_{32}, a_{33}, a_{34}, \cdots\}$
$A_4 = \{a_{41}, a_{42}, a_{43}, a_{44}, \cdots\}$
$\vdots$

图 4.1 $\bigcup\limits_{i=1}^{\infty} A_i$ 中元素排列顺序示意图

定理 4.8 设 $A_1, A_2, \cdots, A_n (n \geqslant 2)$ 都是可数集，则 $A_1 \times A_2 \times \cdots \times A_n$ 也是可数集。

【证明】 采用数学归纳法。施归纳于 n。$n=2$ 时，令 $A_1 \times A_2 = \bigcup\limits_{k=1}^{\infty} B_k$，对于 $\forall k(k \geqslant 1)$，$B_k = \{(a_k, b_j) | j = 1, 2, 3, \cdots\}$ 是可数集，因此 $A_1 \times A_2 = \bigcup\limits_{k=1}^{\infty} B_k$ 也是可数集。同理，假设 $A_1 \times A_2 \times \cdots \times A_n$ 是可数集，易证 $A_1 \times A_2 \times \cdots \times A_n \times A_{n+1}$ 也是可数集。综上，定理得证。

推论 4.2 整系数代数多项式有可数个。

对于固定的自然数 n，n 次整系数多项式的全体可以与 $n+1$ 个自然数集的笛卡儿乘积对等，所以它是可数集，从而各次整系数多项式的全体是可数集。

例 4.5 平面上所有的整点（坐标均为整数的点）的集合是可数集。

【证明】 对于 $\forall m \in \mathbf{Z}$，令 $A_m = \{(m, n) | n \in \mathbf{Z}\}$，则根据定理 4.6 可知，$\bigcup\limits_{i=1}^{\infty} A_i$ 和 $\bigcup\limits_{i=-\infty}^{-1} A_i$ 都是可数集，再根据定理 4.4，平面上所有的整点的集合 $\bigcup\limits_{m=-\infty}^{\infty} A_m$ 也是可数集。

例 4.6 全体有理数的集合 $\mathbf{Q}$ 是可数集。

【证明】 由于 $\mathbf{Z} \times (\mathbf{Z} \setminus \{0\})$ 是可数集，而 $\mathbf{Q}$ 与它对等，所以 $\mathbf{Q}$ 是可数的。

定义 4.2 整系数代数多项式的根称为代数数（Algebraic number）。如果一个代数数是实数，则称其为实代数数，不是代数数的实数称为超越数（Transcendental number）。

例 4.7 所有代数数的集合是可数集。

4.1.4 无穷集合

定理 4.9 设 M 是一个无穷集，A 至多可数，则 $M \sim M \cup A$。

【证明】 不妨设 $A \cap M = \Phi$。设 P 为 M 中的一个可数子集，则 $M = (M \setminus P) \cup P$，由于 $M \cup A = (M \setminus P) \cup (P \cup A)$ 且 $(M \setminus P) \cap P = \Phi$ 且 $(M \setminus P) \cap (P \cup A) = \Phi$，而 $M \setminus P \sim M \setminus P$，$P \sim P \cup A$，因此 $M \sim M \cup A$。

定理 4.10　设 M 是一个无穷集，A 至多可数，如果 $M\backslash A$ 仍然是无穷集合，则 $M\sim M\backslash A$。

【证明】　不失一般性，不妨设 $A\subseteq M$，则由定理 4.9 可知，$M\backslash A\sim (M\backslash A)\bigcup A = M$，即 $M\sim M\backslash A$。

于是，我们有：

定理 4.11（戴德金（Richard Dedekind），1831—1916，德国数学家）　集合 S 是无穷集合当且仅当 S 与其某个真子集对等。

定义 4.3　如果集合 S 对等于它的某个真子集，则称 S 为无穷集合。

定理 4.9 和定理 4.10 说明，可数集是无穷得最不厉害的那一个，这两个定理还可以作为一种证明技术。

4.2　连续统集

是否所有无穷集均可数？如果是，则根本不用引入可数这个概念。这一节我们要证明有一个集合不可数，但它是无穷集合，区间 $[0,1]$ 上的实数集不可数，因为无论如何都没法把其上的元素排成一个没有重复项的无穷序列，用的方法叫对角线法。对角线法在现代数学和计算机科学中都非常有用，要求必须掌握，1931 年，哥德尔证明不完全定理时借鉴了该方法，图灵用该方法证明了停机问题是不可判定的。接下来，将区间 $[0,1]$ 上的实数集作为标准，与之对等的集合都是一样的无穷，本节还将研究它的性质，它与数集有什么联系，以及它在计算机科学中有什么用。

4.2.1　康托对角线法

区间 $[0,1]$ 中任一数 a 均可表示成无限小数 $0.a_1a_2a_3\cdots$，其中 $a_i\in\{0,1,\cdots,9\}$。除了将 1 表示成 $0.999\cdots$ 之外，约定有穷位的小数后面均添加无限个 0 而非 9，例如，0.5 表示成 $0.5000\cdots$ 而非 $0.4999\cdots$，于是，$[0,1]$ 中的每个数均可唯一地表示成十进制无限位小数形式。

定理 4.12　区间 $[0,1]$ 中所有数的集合是不可数的。

【证明】　采用反证法。

假定 $[0,1]$ 是可数集，则其元素可排列成一个没有重复项的无穷序列，假设 $[0,1]$ 中所有元素所排成的没有重复项的无穷序列为 $a_1,a_2,a_3,\cdots$，每个 a_n 可写成无穷小数 $a_n=0.a_{n1}a_{n2}\cdots a_{nn}\cdots$ 的形式。现构造一个小数 $0.b_1b_2b_3\cdots$ 使 $b_1\neq a_{11},b_2\neq a_{22},\cdots,b_n\neq a_{nn},\cdots$。于是，$b=0.b_1b_2b_3\cdots\in[0,1]$，但 $b\neq a_i$，$i=1,2,\cdots$，亦即 b 没有出现在无穷序列 $a_1,a_2,a_3,\cdots$ 中，这与 $[0,1]$ 中所有元素均在无穷序列 $a_1,a_2,a_3,\cdots$ 中相矛盾，因此 $[0,1]$ 是不可数的。

构造小数 b 的方法称为"康托对角线法"。

此时我们禁不住会问：应用康托的对角线法是否也能证明 $[0,1]$ 中的全体有理数的集合是不可数集呢？

事实上，根据 $[0,1]$ 中的全体有理数仿对角线法构造出来的小数 $b=0.b_1b_2b_3\cdots$ 不仅不能证明是有理数，反而恰好可以断定 b 是 $[0,1]$ 中的无理数。

在计算理论中，康托对角线法是为数不多的几个方法之一，是证明某些问题不可判定的基础。例如，有没有这样的函数，不能用计算机编程计算它？有没有这样的语言，文法无法表示它？

例 4.8　用康托的对角线法证明汉字的无穷序列的全体构成的集合是不可数的。

【证明】　采用反证法。假设汉字的无穷序列的全体构成的集合是可数的，则可以将它们排列成没有重复项的无穷序列 $a_1, a_2, \cdots, a_n, \cdots$，不妨设

$$a_1 = a_{11} a_{12} a_{13} \cdots a_{1n} \cdots$$
$$a_2 = a_{21} a_{22} a_{23} \cdots a_{2n} \cdots$$
$$\vdots$$
$$a_n = a_{n1} a_{n2} a_{n3} \cdots a_{nn} \cdots$$
$$\vdots$$

令 $b = b_1 b_2 b_3 \cdots b_n \cdots$，$\forall i \in N, b_i = \begin{cases} 大 & a_{ii} = 小 \\ 小 & a_{ii} \neq 小 \end{cases}$，显然，$b$ 是汉字的无穷序列，但 b 没有被列在 $a_1, a_2, \cdots, a_n, \cdots$ 之中，矛盾。因此，汉字的无穷序列的全体构成的集合是不可数的。

"在这个领域什么都不是自明的，其真实性陈述，常常会引起悖论(paradox)，而且似乎越有理的东西，往往是错的。"——豪斯道夫(F. Hallsdorff, 1868—1942)

4.2.2　连续统

定义 4.4　凡与 $[0,1]$ 对等的集合称为连续统集，简称连续统。

例 4.9　设 a 和 b 为实数且 $a < b$，则 $[a,b] \sim [0,1]$。

【证明】　实际上，令 $\varphi : [0,1] \to [a,b]$，$\forall x \in [0,1], \varphi(x) = a + (b-a)x$，则易见 φ 是一一对应。因此，$[a,b] \sim [0,1]$。

例 4.10　由 4.1 节的定理 4.9 与 4.10 可得，$[a,b] \sim [a,b) \sim (a,b] \sim (a,b) \sim (0,1) \sim [0,1) \sim (0,1] \sim [0,1]$。

例 4.11　全体实数的集合 R 是连续统。

【证明】　实际上，$(0,1)$ 上的余切函数 $\cotan \pi x$ 就是一个 $(0,1)$ 到 R 的一一对应。

4.2.3　连续统的性质

定理 4.13　如果 $A_1, A_2, \cdots A_n$ 是两两互不相交的连续统，则 $\bigcup\limits_{i=1}^{n} A_i$ 是连续统。

【证明】　设 $0 = p_0 < p_1 < p_2 < \cdots < p_{n-1} < p_n = 1$，则由例 4.10 可知，$[0, p_1) \sim A_1$，$[p_1, p_2) \sim A_2, \cdots, [p_{n-1}, p_n] \sim A_n$，因此，$\bigcup\limits_{i=1}^{n} A_i \sim [0,1]$。

定理 4.14　如果 $A_1, A_2, \cdots$ 是两两互不相交的连续统的无穷序列，则 $\bigcup\limits_{i=1}^{\infty} A_i$ 为连续统。

【证明】　设 $0 = p_0 < p_1 < p_2 < \cdots < p_n < \cdots < \lim\limits_{n \to \infty} p_n = 1$，从而 $[0, p_1) \sim A_1$，$[p_1, p_2) \sim A_2, \cdots, [p_{n-1}, p_n) \sim A_n, \cdots$，因此，$\bigcup\limits_{i=1}^{\infty} A_i \sim [0,1]$。

推论 4.3　全体实数的集合为连续统。

推论 4.4　全体无理数的集合为连续统。

推论 4.5　全体超越数的集合为连续统。

定理 4.15 0、1 的无穷序列的全体是连续统。

【证明】 0、1 的无穷序列分为三种,第一种从某项开始,其后每项均为 1,第二种从某项开始,其后每项均为 0,剩下的为第三种。

令 T 为 0、1 的无穷序列的集合,除了全部为 1 的无穷序列外,T 中的每一个序列从某项开始不能全为 1。假设 S 是从某项开始其后每项全为 1 的 0、1 的无穷序列的集合,则 S 为可数集。B 为所有的 0、1 的无穷序列的集合。根据定理 4.10,$T=B\setminus S \sim B$,于是,只需证明 T 是连续统即可。为此,令 $\varphi:T\to[0,1]$,$\forall \{a_n\}_{n=1}^{\infty}\in T, \varphi(\{a_n\}_{n=1}^{\infty})=0.a_1a_2a_3\cdots$,易见 φ 为一一对应,因此,$T\sim[0,1]$,即 0、1 的无穷序列的全体是连续统。

定理 4.15 有什么用呢?这对计算机科学提出了一个严肃的理论问题:能否编写一个程序,该程序正好能计算 $f:N\to\{0,1\}$。程序可以看成是 0、1 的有穷序列,有可数个。而 0、1 的无穷序列可以看成一个函数 $f:N\to\{0,1\}$,是不可数的,也就是说,有无穷多个这样的函数不能通过编程来计算,是不可计算的。此时,我们可能需要思考这样的一些问题:什么叫计算?什么叫不可计算?什么样的函数是可计算的?什么样的函数是不可计算的?这些问题直到 1936 年才由图灵彻底解决,详见 4.6 节。

将 $f:N\to\{0,1\}$ 看作特征函数时 f 代表 N 的一个子集,于是有:

定理 4.16 令 $S=\{f|f:N\to\{0,1\}\}$,则 S 是连续统。于是,若 A 为可数集,则 $2^A\sim[0,1]$。

【证明】 因为 $A\sim N$,因此只需证明 $2^N\sim[0,1]$ 即可。

构造 $\varphi:S\to 2^N$,$\forall f\in\{f|f:N\to\{0,1\}\},\varphi(f)=\{i|f(i)=1,i\in N\}\subseteq N$,$\varphi(f)\in 2^N$,容易验证 φ 为一一对应,因此 $\{f|f:N\to\{0,1\}\}\sim 2^N$,根据定理 4.15,$\{f|f:N\to\{0,1\}\}\sim (0,1)$,故 $2^N\sim 2^A\sim(0,1)$。

定理 4.17 自然数的无穷序列的全体构成的集合是连续统。

【证明】 令 T 为单调递增的自然数的无穷序列的集合,亦即 $\forall \{k_i\}_{i=1}^{\infty}\in T$,均有 $k_1<k_2<\cdots<k_n<\cdots$。令 $\varphi:T\to(0,1)$,$\forall \{k_i\}_{i=1}^{\infty}\in T,\varphi(\{k_i\}_{i=1}^{\infty})=0.a_1a_2\cdots a_n\cdots$,其中,$a_j=\begin{cases}0 & j\neq k_i, i=1,2,3,\cdots \\ 1 & j=k_i, i=1,2,3,\cdots\end{cases}, j=1,2,3,\cdots$。

容易验证 φ 为一一对应,从而 $T\sim(0,1)$。

今证 T 与自然数的无穷序列的集合 S 对等。构造 $\psi:T\to S$,$\forall \{k_i\}_{i=1}^{\infty}\in T,\psi(\{k_i\}_{i=1}^{\infty})=n_1,n_2,n_3,\cdots,n_i,\cdots=\{n_i\}_{i=1}^{\infty}$,其中,$n_1=k_1,n_i=k_i-k_{i-1},i=2,3,\cdots$。

容易验证 ψ 为一一对应,从而 $T\sim S\sim(0,1)$,亦即,自然数的无穷序列的集合是连续统。

定理 4.18 若 A_1 和 A_2 为连续统,则 $A_1\times A_2$ 为连续统。一般地,若 $A_1,A_2,\cdots A_n$ 为连续统,则笛卡儿乘积 $A_1\times A_2\times\cdots\times A_n$ 为连续统。

【证明】 因为 A_1 和 A_2 为连续统,由定理 4.15,A_1 和 A_2 中的每个元素均对应一个 0、1 的无穷序列。于是,$\forall (a,b)\in A_1\times A_2$,假设 a 对应的 0、1 的无穷序列为 $n_1,n_2,n_3,\cdots,b$ 对应的 0、1 的无穷序列为 $m_1,m_2,m_3,\cdots$,则令 (a,b) 对应 0、1 的无穷序列 $n_1,m_1,n_2,m_2,n_3,m_3,\cdots$,这样即可建立起 $A_1\times A_2$ 和 0、1 的无穷序列的集合间的一个一一对应,根据定理 4.15,$A_1\times A_2$ 是连续统。

有了上面的结论,再使用数学归纳法容易证明:若 $A_1,A_2,\cdots A_n$ 是连续统,则它们的笛

卡儿乘积 $A_1 \times A_2 \times \cdots \times A_n$ 是连续统。

推论 4.6 n 维欧几里得空间中的点集是连续统。

定理 4.19 设 $I \sim [0,1]$ 且 $\forall l \in I$ 有 $A_l \sim [0,1]$，则 $\bigcup\limits_{l \in I} A_l$ 为连续统。

【证明】 不妨假设 $\forall l_1, l_2 \in I$，如果 $l_1 \neq l_2$，则 $A_{l_1} \bigcap A_{l_2} = \Phi$。因为 $I \sim [0,1] \sim R$，又因为平面直角坐标系对应于 $R \times R$，于是，I 可以看作是平面直角坐标系的 y 轴，$\forall l \in I$，l 对应于 y 轴上的某个点 $(0, y_l)$。又因为 $A_l \sim [0,1] \sim R$，则 A_l 与过 $(0, y_l)$ 点平行于 x 轴的直线的点一一对应，如图 4.2 所示，于是 $\bigcup\limits_{l \in I} A_l \sim R \times R \sim [0,1]$。

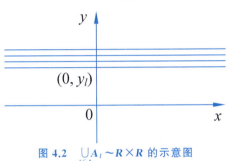

图 4.2 $\bigcup\limits_{l \in I} A_l \sim R \times R$ 的示意图

定理 4.19 可以直观地表述为"连续统那么多的连续统的并仍然是连续统"，因为无穷集合的基数的概念尚未引入，因此这种表述目前还是不确切的。

4.2.4 例题

例 4.12 建立开正方形 $-\dfrac{\pi}{2} < x < \dfrac{\pi}{2}, -\dfrac{\pi}{2} < y < \dfrac{\pi}{2}$ 的点与平面的点之间的一一对应。

【解】 用 $X = \tan x, Y = \tan y$ 将 $\left(-\dfrac{\pi}{2}, \dfrac{\pi}{2}\right) \times \left(-\dfrac{\pi}{2}, \dfrac{\pi}{2}\right)$ 中的点 (x, y) 映射到平面上的点 (X, Y)。

例 4.13 建立一一对应 $\varphi: (0,1] \times (0,1] \to (0,1]$。

【解】 $\forall (x, y) \in (0,1] \times (0,1]$，$x = 0.x_1 x_2 \cdots, y = 0.y_1 y_2 \cdots, \varphi(x, y) = 0.x_1 y_1 x_2 y_2 \cdots$。如果 x、y 为有穷位小数，则规定只能在其后写 $99 \cdots$。例如，$0.5 = 0.4999 \cdots$，而不准写为 $0.5 = 0.5000 \cdots$。

例 4.14 若 $A \backslash B \sim B \backslash A$，则 $A \sim B$。

【证明】 $A = (A \backslash B) \bigcup (A \bigcap B)$，$B = (B \backslash A) \bigcup (A \bigcap B)$。
又 $(A \backslash B) \bigcap (A \bigcap B) = \Phi, (B \backslash A) \bigcap (A \bigcap B) = \Phi$，而 $A \backslash B \sim B \backslash A, A \bigcap B \sim A \bigcap B$，所以 $A \sim B$。

例 4.15 证明：若 $A \subseteq B$ 且 $A \sim A \bigcup C$，则 $B \sim B \bigcup C$。

【证明】 容易验证 $B = A \bigcup (B \backslash A), B \bigcup C = (A \bigcup (C \backslash B)) \bigcup (B \backslash A)$。
因为 $A \bigcap (B \backslash A) = \Phi, (A \bigcup (C \backslash B)) \bigcap (B \backslash A) = \Phi$，且由 $A \subseteq A \bigcup (C \backslash B) \subseteq A \bigcup C, A \sim A \bigcup C$ 可得 $A \sim A \bigcup (C \backslash B)$，所以 $B \sim B \bigcup C$。

例 4.16 如下的论断："若 $A \sim C, B \sim D$，并且 $B \subseteq A, D \subseteq C$，则 $A \backslash B \sim C \backslash D$"正确与否？

【答】 不正确。例如 $A = \{1,2,3,\cdots\}, B = \{2,3,4,\cdots\}, C = A, D = \{3,4,5,\cdots\}$。这时 $A \sim C, B \sim D, B \subseteq A, D \subseteq C$，而 $A \backslash B \not\sim C \backslash D$（$A \backslash B$ 由一个元素组成，$C \backslash D$ 由两个元素组成）。

例 4.17 下面论断是否正确？

(1) 若 $A \sim B, C \supseteq A, C \supseteq B$，则 $C \backslash A \sim C \backslash B$。

(2) 若 $A \sim B, C \subseteq A, C \subseteq B$，则 $A \backslash C \sim B \backslash C$。

【答】 均不正确。

例 4.18 设 E 为平面上一个不可数集，则可以找到圆心在原点的一个圆，它是含有 E 中之点的不可数集。此论断正确吗？

【答】 不正确。

例 4.19 若集 E 是一个连续统，则 E 的一切有穷子集及可数子集组成的集是否是连续统？

【答】 是连续统。

4.3 基数及其比较

我们已经学习了两种无穷集合，即可数集与连续统，并得到了它们之间的运算关系，当然是集合运算，例如，$2^N \sim R \sim N^N \sim R^N$。

我们当然还想知道无穷间的一些复杂关系，例如，$R^R \sim 2^R$？$R \times R^R \sim 2^R$？

为此，我们引入无穷集合的基数概念，并在无穷基数上引入类似于传统的数间的求和、求积和方幂那样的运算，这样，我们不仅可以比较无穷的大小，还能对无穷执行算术运算！

4.3.1 基数的定义

定义 4.5 对于每个集合 A，我们赋予 A 一个记号，称为 A 的基数（Cardinal numbers），使得两个集合 A 和 B 被赋予同一个记号的充要条件是 $A \sim B$。A 的基数记为 $|A|$（或 $\overline{A}$，Card A）。若 $A \sim B$，则称 A 与 B 的基数相等。

前面说过，对等关系 $\sim$ 是一个等价关系，于是，A 的基数就是 A 所在的等价类的名字。

定义 4.6（冯·诺依曼） 凡与 A 对等的集合形成的集族称为 A 的基数。

这是学生最难理解的概念，即使对数学系的学生也是如此。因此，给出该定义前要分析它的直观背景：

人类智慧所创造的数，可用来表示各种集合中的对象的个数，它与对象所特有的性质无关。例如数"3"是从所有包含 3 个东西的实际集合（即{{♥，♥，♥}，{♣，♣，♣}，{♠，♠，♠}，…}）中抽象出来的，是具有 3 个元素的集合的共同性质，它不依赖这些对象的任何性质，也不依赖于表示它所采用的符号。只有在智力发展到一个比较先进的阶段，数字概念的抽象性才变得清楚了。

幸而数学家不必去讨论从具体对象的集合转化到抽象数的概念的哲学性质，所以，在这里我们不去讨论关于"基数"的数理哲学问题。

(1) 基数定义的合理性和应用的广泛性。定义 4.5 中的集合对等是等价关系，其本质正是集合的抽象意义上的同质性，是所有对等的集合都具有的共同特征，这正说明了定义 4.5 的合理性和应用的广泛性。

(2) 直观集合论中"基数"的模糊性。上述基数定义多少有点含糊不清,因为其中并未弄清这些所谓"记号"的确切含义。由于我们研究集合论时采用直观方法,某些这种模糊是不可避免的,但对我们今后的应用来说这已经足够了。

至于代表"基数"的符号是什么无关紧要,要紧的是基数是如何适合所定义的"大小"关系和运算。

4.3.2 基数的比较

如果让学生回答"教室中学生多还是椅子多",相信每个学生简单扫视一下教室就可以快速给出正确答案,学生使用的是一一对应这个工具。对这一过程的抽象得到的就是下面的定义。

定义 4.7 设 A、B 为集合,其基数分别为 α、β。如果 A 与 B 的一个真子集对等,但 A 与 B 不对等,则称 α 小于 β,记为 $\alpha < \beta$。

约定,$\alpha \leqslant \beta$ 当且仅当 $\alpha < \beta$ 或 $\alpha = \beta$;$\beta > \alpha$ 当且仅当 $\alpha < \beta$;$\beta \geqslant \alpha$ 当且仅当 $\alpha \leqslant \beta$。

可数集的基数记为 a,连续统的基数记为 c,于是有 $a < c$。

4.3.3 连续统假设

问题:是否存在一个基数 b 使得 $a < b < c$? 即是否存在一个不可数的实数集合 S 使 $S \subset [0,1]$ 且 $a < |S| < c$?

集合论的创始人康托认为:"不存在基数 b 使 $a < b < c$。"但康托并未证明这个论断。所以,人们把这个论断称为"康托连续统假设"。

1900 年 8 月 6 日,第二次国际数学家代表会议在巴黎召开。年方 38 岁的法国数学家大卫·希尔伯特(David Hilbert,1862—1943)走上讲台,第一句话就问道:"揭开藏在未来之中的面纱,探索未来世界的发展前景,谁不高兴呢?"接着,他向到会者——也向国际数学界提出了 23 个数学问题,预示 20 世纪数学发展的进程。这 23 个数学问题的第 1 个问题就是要数学家们解决康托的连续统假设问题,也就是"或者证明康托的断言,或者否定康托的断言"。

这个问题目前已进展到这样的程度:1938 年,哥德尔证明了连续统假设与 ZF 集合论公理系统是无矛盾的。因此,承认连续统假设不会推出矛盾,亦即从 ZF 公理出发根本不能证明连续统假设是错的,但这并不等于证明了连续统假设是正确的。1963 年美国数学家 P. Cohen 证明了连续统假设与 ZF 公理系统是彼此独立的,即从 ZF 公理出发不能证明连续假设正确。

4.3.4 康托定理

定理 4.20(康托定理) 设 A 为任意一个集合,则 $|A| < |2^A|$。

【证明】 如果 $A = \Phi$,则 $|A| = 0 < 1 = |2^A| = |2^\Phi|$。

假设 $A \neq \Phi$,往证 $|A| < |2^A|$。

(1) A 与 2^A 的一个真子集 S 对等:令 $S = \{\{x\} \mid x \in A\}$,则显然有 $A \sim S$,S 是 2^A 的真子集。

(2) 采用反证法证明 A 与 2^A 不对等:假设 $A \sim 2^A$,则存在一个一一对应 $\varphi : A \to 2^A$,于是对 A 的每个元素 a,$\varphi(a) \subseteq A$,从而或者 $a \in \varphi(a)$,或者 $a \notin \varphi(a)$。

令 $T=\{x\mid x\notin\varphi(x),x\in A\}$，则显然有 $T\subseteq A$，从而有 $T\in 2^A$。于是，由 φ 是满射可知 $\exists b\in A$ 使 $\varphi(b)=T$。此时只有两种可能：不是 $b\in T$ 就是 $b\notin T$。若有 $b\in T$，则由定义有 $b\notin\varphi(b)=T$，所以有 $b\notin T$，这是不可能的；若有 $b\notin T=\varphi(b)$，则由 T 的定义有 $b\in T$，这又是一个矛盾。因此，A 不与 2^A 对等，故有 $|A|<|2^A|$。

康托定理在集合论的发展史上具有重要意义，它首先揭示了这样一个事实：存在一系列集合，其基数越来越大，并且没有穷尽；也就是说，任意给定一个集合 M，总有基数比 $|M|$ 大的集合。康托定理的证明本质上使用的也是对角线方法。

利用康托定理，我们可以递归地定义基数的无穷序列：如果把全体自然数集合的基数记为 $\aleph_0$（读作阿列夫零），则阿列夫一 $\aleph_1=2^{\aleph_0}$，对于 $\forall n\in N, n\geq 2$ 时有 $\aleph_{n+1}=2^{\aleph_n}$。根据康托定理，$\aleph_0<\aleph_1<\cdots<\aleph_{n-1}<\aleph_n<\cdots$。

思考：因为实数中的无理数是不确定的(或不可指称的)，因此在像实数这样的连续统中，每个无理数所对应的就不是它的一个确定的元素，此时，使用一一对应技术来讨论连续统中的每个元素 a 在其幂集中的对应物 $\varphi(a)$ 以及 a 与 $\varphi(a)$ 之间的所属关系是否是合理的呢？

4.4 康托-伯恩斯坦定理

4.4.1 问题

我们已经定义了集合的基数及基数间的"大小"关系 $\leq$。显然，$\leq$ 是自反的、传递的，但是否是反对称的呢？即基数的"小于或等于"关系是否是偏序关系呢？更进一步地，这个关系是否是线性序关系呢？

自然数作为有穷集的基数，其间的"小于或等于"关系"$\leq$"是偏序关系，而且还是线性序关系，即 $m\leq n$ 与 $n\leq m$ 必有一个成立，或等价地，$m=n$、$m<n$ 与 $n<m$ 中有且仅有一个成立。由于基数的"大小"的定义适合于自然数大小的比较，所以人们自然认为对任意两个基数 α、β 应该有：如果 $\alpha\leq\beta$ 且 $\beta\leq\alpha$，则 $\alpha=\beta$。

4.4.2 康托-伯恩斯坦定理的定义

定理 4.21（康托-伯恩斯坦定理） 设 α、β 是两个基数。如果 $\alpha\leq\beta$ 且 $\beta\leq\alpha$，则 $\alpha=\beta$。

由 4.3 节的定义 4.5 知道，集合都有基数，每个基数都是某集合的基数。α、β 为基数，则有集合 A、B 使得 $|A|=\alpha$，$|B|=\beta$。$\alpha\leq\beta\Leftrightarrow$ 存在单射 $f:A\to B$；$\beta\leq\alpha\Leftrightarrow$ 存在单射 $g:B\to A$。于是，定理 4.21 可改述为"若有单射 f、g，$f:A\to B$，$g:B\to A$，则有一一对应 $h:A\to B$。"

由已知存在单射 $f:A\to B$ 及 $g:B\to A$ 的前提下证明存在一一对应 $h:A\to B$ 的基本思想是由 f 和 g 来定义 h。为此，我们设想，若能找到集合 $D\subseteq A$ 使得

$$g(B\setminus f(D))=A\setminus D$$

那么由 f 和 g 就可构造一一对应 $h:A\to B$ 如下，$\forall x\in A$，

$$h(x)=\begin{cases}f(x),&\text{当 }x\in D\\g^{-1}(x),&\text{当 }x\in A\setminus D\end{cases}$$

现在 $D=A\setminus g(B\setminus f(D))$。但这样的 D 存在吗？如果存在，又应如何去定义 D 呢？D 中的元素是哪些呢？显然，若 D 存在，则集 $P=A\setminus g(B)\subseteq D$，亦即 $P\subseteq A\setminus g(B\setminus f(D))=$

D。易见 D 是映射 $\varphi: 2^A \to 2^A$ 的不动点,其中 $\forall E \subseteq A, \varphi(E) = A \setminus g(B \setminus f(E))$。

【证明】 令 $f: A \to B, g: B \to A$, f 和 g 都是给定的单射。

定义 $\varphi: 2^A \to 2^A$ 如下, $\forall E \subseteq A$,

$$\varphi(E) = A \setminus g(B \setminus f(E))$$

易见,如果 $E \subseteq $ ...

令 $\mathscr{D} = \{E \subseteq A \mid E \subseteq \varphi(E)\}$

则易见, $P \in \mathscr{D}$ ... D,并且 $E \subseteq \varphi(E) \subseteq \varphi(D)$。因此, $D \subseteq \varphi(D)$。其 ... ,故 $\varphi(D) \in \mathscr{D}$。所以 $\bigcup_{E \in D} E = D \supseteq \varphi(D)$,从而 $\varphi(D) $ ...

于是, $A \setminus D = g($ ...

... 是一一对应,所以 α ...

康托-伯恩斯坦定 ... 较的全部知识。它无非断言 $\alpha < \beta, \alpha = \beta$ 和 $\beta < \alpha$ ... 中至多有一个成立,而为了证明必有一个成立,需 ...

推论 4.7 设 $A_1 \subseteq $ ...

【证明】 由 $A_1 \subseteq A_2 \subseteq $ ... A 得 $|A_1| = |A|$,所以 $|A_2| \leqslant |A_1|$。由定理 4.21 ...

关于康托-伯恩斯坦定 ... 著名的定理——巴拿赫映射划分定理和塔斯基不动 ... 射划分定理的特例,而巴拿赫映射划分定理是塔斯基不 ...

定义 4.8 如果 $(A, \leqslant)$ 是偏 ... ,则称 $(A, \leqslant)$ 为完备格。

定义 4.9 设 $(A, \leqslant)$ 是偏序集 ... A,如果 $x \leqslant y$,则 $f(x) \leqslant f(y)$。

定理 4.22(塔斯基(波兰数学家、 ... 代数逻辑)不动点定理) 每个完备格 $(A, \leqslant)$ 上的单调函 ... x),且 f 的全体不动点在 $\leqslant$ 下也形成完备格。

定理 4.23(巴拿赫(波兰数学家,泛函分析的创始人之一)映射划分定理) 设 $f: A \to B$, $g: B \to A$,则存在 A 的划分 $\{A_1, A_2\}$ ($A = A_1 \bigcup A_2, A_1 \bigcap A_2 = \Phi$) 和 B 的划分 $\{B_1, B_2\}$ ($B = B_1 \bigcup B_2, B_1 \bigcap B_2 = \Phi$),使得 $f(A_1) = B_1, g(B_2) = A_2$。

设 $f: A \to B, g: B \to A$, $(2^A, \subseteq)$ 是完备格,令 $h: 2^A \to 2^B$, $\forall D \in 2^A, h(D) = g(B \setminus f(A \setminus D))$,则 h 是 $(2^A, \subseteq)$ 上的单调函数,得不动点 A_2,有 $A_1 = A \setminus A_2, B_1 = f(A_1), B_2 = B \setminus B_1$,即存在 A 的划分 $\{A_1, A_2\}$ ($A = A_1 \bigcup A_2, A_1 \bigcap A_2 = \Phi$) 和 B 的划分 $\{B_1, B_2\}$ ($B = B_1 \bigcup B_2$, $B_1 \bigcap B_2 = \Phi$),使得 $f(A_1) = B_1, g(B_2) = A_2$,因此巴拿赫映射划分定理是塔斯基不动点定理的特例。

如果取 f、g 分别为 A 到 B 的单射和 B 到 A 的单射,则易见康托-伯恩斯坦定理就是巴拿赫映射划分定理的特例。

4.4.3 选择公理

在代数分析和拓扑的研究中,人们往往感到初等集合论的工具太不够用了,很难提出所需要的构造,证明集合的定义。20 世纪初期,德国数学家 E.Zermelo(1871—1953)提出了一个貌似简单、实则很深奥的公理——选择公理(Axiom of Choice),它有许多应用,也激发起了蓬勃的争论。

定义 4.10　设 $\{A_i\}_{i \in I}$ 是任意一个集族。集族 $\{A_i\}_{i \in I}$ 的笛卡儿乘积是适合以下条件的一切函数 x 组成的集,记作 $\underset{i \in I}{X} A_i$: 每个函数 x 的定义域是 I,而且对每个 $i \in I$ 有 $x_i = x(i) \in A_i$。每个这样的函数 x 都称为集族 $\{A_i\}_{i \in I}$ 的一个选择函数。设 $x \in \underset{i \in I}{X} A_i$,且 $i \in I$,则值 x_i 称为 x 的第 I 个坐标。

人们或许要问,一个已知集族,是否必存在一个选择函数呢? 当然,如果 $I = \Phi$,那么对于以 I 为指标集的任意集族,空函数 Φ 就是它的一个选择函数。如果 $I \neq \Phi$ 且对某个 $C \in I, A_C = \Phi$,那么 $\underset{c \in I}{X} A_c = \Phi$。这两种情况都没有多大意义。一般来说,在集合论的普通公理基础上无法回答上述问题。

因此,我们将用以下公理作出回答。

选择公理　非空集合组成的任意一个非空集族的笛卡儿乘积是一个非空集合,这就是说,如果 $\{A_c\}_{c \in I}$ 是一个集族: $I \neq \Phi$,且对于每个 $C \in I, A_C \neq \Phi$,则集族 $\{A_c\}_{c \in I}$ 至少存在一个选择函数。

美国数学家 P.J. Cohen 于 1964 年证明了选择公理独立于集合论的其他公理。

可以证明选择公理等价于 Tukey 引理: 凡具有有穷特征的集族 $\mathcal{T}$(对每个集合 $A, A \in \mathcal{T} \Leftrightarrow A$ 的每个有穷子集在 $\mathcal{T}$ 中。)都有一个极大元。由此可证明:

定理 4.24　设 α、β 是两个基数,则不是 $\alpha \leqslant \beta$,便是 $\beta \leqslant \alpha$。

所以,基数间的"小于或等于关系"("$\leqslant$")是线性序关系。

4.4.4 基数的算术运算

无穷集合的基数是从自然数推广过来的,已知任意两个自然数可以做加法、乘法运算,无穷基数间能否执行运算呢? 基数 α、β 间有无加、减、乘、除法? 当然,基数上定义的运算应该对有穷和无穷皆适用。

定义 4.11　设 α、β 为基数且 $|A| = \alpha$,$|B| = \beta$,$A \cap B = \phi$,则 $A \cup B$ 的基数 γ 称为 α 与 β 的和,记为 $\gamma = \alpha + \beta$。

定义 4.12　设 α、β 为任意两个集合,集合 A 与 B 的基数分别为 α 与 β,则称 $A \times B$ 的基数 γ 为 α 与 β 的乘积,记为 $\gamma = \alpha \cdot \beta$,简记为 $\gamma = \alpha\beta$。

定义 4.13　设 α、β 为两个不同时为 0 的基数,而 A 和 B 为两个集合且 $|A| = \alpha$,$|B| = \beta$,则集合 $\{f | f: A \rightarrow B\} = B^A$ 的基数称为 β 的 α 次幂,记为 β^α。当 $\alpha = 0$ 时,定义 $\beta^0 = 1$; 当 $\alpha \neq 0$ 时,$0^\alpha = 0$。

由 4.1 节、4.2 节讲过的理论我们有如下的定理 4.25 和定理 4.26 成立。

定理 4.25 设 a 为可数集的基数，c 为连续统的基数，$N = \{1,2,3,\cdots\}$，则

(1) $\forall n \in N \cup \{0\}$，有 $n+a = a$。

(2) $\forall n \in N$，有 $n \cdot a = a$；$n \cdot c = c$。

(3) $\forall n_i \in N, i = 1,2,\cdots$，有 $\sum_{i=1}^{\infty} n_i \leqslant a$。

(4) $a \cdot c = c, c \cdot c = c$。

(5) $2^a = c$。

(6) $a^a = 2^a = c, (2^a)^a = 2^a$。

定理 4.26 设 α, β, γ 为任意基数，则

(1) $\alpha + \beta = \beta + \alpha, \alpha\beta = \beta\alpha$。

(2) $(\alpha + \beta) + \gamma = \alpha + (\beta + \gamma), (\alpha\beta)\gamma = \alpha(\beta\gamma)$。

(3) $\alpha(\beta + \gamma) = (\alpha\beta) + (\alpha\gamma)$。

(4) $\alpha^{\beta+\gamma} = \alpha^\beta \alpha^\gamma, (\alpha^\beta)^\gamma = \alpha^{\beta\gamma}$。

(5) $(\alpha\beta)^\gamma = \alpha^\gamma \beta^\gamma$。

(6) 如果 $2 \leqslant \alpha \leqslant \beta$，则 $\alpha^\beta = 2^\beta$。

【证明】 (6) $2^\beta \leqslant \alpha^\beta \leqslant 2^{\alpha\beta} = 2^\beta$。

因为 $a - a = x \Leftrightarrow x + a = a, x$ 可以是 $1, 2, 3, \cdots, a$ 中的任何一个，说明 a 与 a 间执行减法的结果不唯一，因此无法定义基数的减法运算。

因为 $c \div c = x \Leftrightarrow x \cdot c = c, x$ 可以是 $a、c$ 或 n，说明 c 与 c 间执行除法的结果不唯一，因此无法定义基数的除法运算。 ■

4.5 公理化集合论

集合论是数学的基础，它的相容性(即无矛盾)是整个数学相容性的支柱。遗憾的是，集合论的诞生与发展过程中，却偏偏出现了一系列的矛盾，人们称之为悖论。

所谓悖论，从字面上说就是荒谬的理论，从逻辑上讲就是导致逻辑矛盾的命题，这种命题，如果承认它是真的，那么它又是假的；如果承认它是假的，那么它又是真的。

当然，任何一个悖论都是相对于某个理论系统而言的，即如果某个理论系统的公理和推理规则原则上看上去是合理的，但在这个理论系统中却推出一个互相矛盾的命题，或者证明了这样一个命题，它表现为两个互相矛盾的命题的等价形式，则说这个理论系统包含了一个悖论。

为了消除悖论，人们建立了集合论的公理系统。在公理系统中，只承认按系统中公理所允许的限度内构造出来的集合才是集合，凡是超出系统中的公理所允许的限度而构造出来的集合概不承认是集合。特别是所有的集合的集合不被该系统承认为集合。目前，已出现的悖论在公理集合论中都被消除掉了，但尚不确定是否还会出现新的悖论。

1908 年策梅洛建立了他的集合论公理系统，后来弗兰克尔等在 1921—1923 年给出了严格的解释和改进，形成了著名的 ZF 系统。加上选择公理，就是 ZFC 系统。

4.5.1 直觉集合论中一些著名的悖论

例 4.20 康托悖论。这个悖论是康托于 1899 年发现的。

如果 U 为所有集合的集合，则对于 $\forall A \in 2^U, A \in U$，从而 $2^U \subseteq U$，于是 $|2^U| \leq |U|$，但根据定理 4.20，$|U| < |2^U|$，矛盾。这就是康托悖论。康托发现后并没有将其公开，认为这可能是因为牵扯到太多概念所导致的，只要对某些定理的证明做出调整和修改，就可以解决该问题。

例 4.21 罗素悖论。

罗素(Bertrand Russell，1872—1970)，英国哲学家、数学家、逻辑学家，1950 年诺贝尔文学奖获得者。

对于描述或刻画人们直观的或思维的对象 x 的任一性质或条件 $P(x)$，都存在一个集合 S，它的元素恰好是具有性质 P 的那些对象，亦即 $S = \{x \mid P(x)\}$，式中 $P(x)$ 是指"x 具有性质 P"或说 $P(x)$ 为真的。这样，就有 $\forall x (x \in S \leftrightarrow P(x))$。

任意的对象都可以作为集合的元素，特别地，集合也是人们思维的对象，所以集合也可以作为集合的元素。因此，对于任意的集合 x 和 y，$x \in y$ 是 x 的一个性质，$x \bar{\in} y$ 也是 x 的一个性质，特别地，$x \in y$ 与 $x \bar{\in} y$ 都是 x 的性质。这样，由概括原则，我们有集合：

$$T = \{x \mid x \notin x, x \text{ 为集}\} \tag{4.1}$$

在式(4.1)中，x 是任意对象。由概括原则，T 是一个集合，所以也是一个对象，我们可以问，T 是否在 T 中呢？

假设 $T \in T$，则由式(4.1)，T 具有性质 $T \notin T$，这与假设 $T \in T$ 相矛盾。

假设 $T \notin T$，则由式(4.1)，T 就是集合 T 的一个元素，所以有 $T \in T$，这与假设 $T \notin T$ 相矛盾。

这就是 1902 年罗素发现的著名的集合论悖论。

在逻辑学中，所谓悖论，是指这样一个命题 A，由 A 出发，可以找到一个命题 B，然后，若假定 B，就推出 $\neg B$；若假定 $\neg B$，就推得 B。根据上述论证，T 为集合引出一个悖论，相应的命题 B 就是 $T \in T$，$\neg B$ 就是命题 $T \notin T$。

4.5.2 一些非数学上的悖论

例 4.22 "这句话(命题)是错的。"

例 4.23 "所有的法则都有例外"，而这个陈述作为一个法则也必应有例外，那么这个例外是什么呢？于是，存在一个没有例外的法则。

这一类陈述是指向自身并否定自身。

例 4.24 "上帝是全能的，全能就是胜过一切。"试问这个句子的真假如何？设其为真，则可问："上帝能否创造一个对手来击败上帝?"如果能，则上帝并非全能；如果不能，则上帝还有做不到之事。合并而言，不论真还是假，这句话为假。但假定此话假并不导致任何矛盾。因此，这不是一个真正意义上的悖论。不过，由其真可推出其假，就足以使我们震撼了。

此例表明这样一个逻辑推理：当否定者自身包括在被否定的对象之中时，则否定者必走向它的反面。

4.5.3 公理集合论简介

公理集合论是由德国数学家策梅洛所开创。1908 年他首先提出了 7 组集合公理。这些公理是用自然语言和数学语言进行描述的。1921年弗兰克尔(Frankel)指出这些公理不足以证明某些特定集合的存在性。1922年弗兰克尔用一阶逻辑语言对策梅洛的公理系统进行完善,形成了ZFC公理系统,其中Z指策梅洛,F指弗兰克尔,C指选择公理(axiom of choice)。几乎同时斯克莱姆(Skolem)也在做这项工作,并于1922年独立于弗兰克尔提出了ZFC公理系统中的替换公理。1925年,冯·诺依曼在其博士论文中指出这个公理系统不能排除包含自己的集合,并提出正则公理(axiom of regularity)以排除这个现象。目前,ZFC公理系统共有10组公理,被普遍接受为数学的严格基础。

ZFC公理系统包括8个公理和2个公理模式。公理模式包含无穷多个具有相同模式的公理。

(1) 外延公理:$\forall x \forall y(\forall z(z \in x \leftrightarrow z \in y) \rightarrow x = y)$。

集合由元素完全确定,即:如果两个集合x和y所含的元素完全相同,则这两个集合相等,记为$x = y$。

根据外延公理,我们有$\{a,b\} = \{b,a\}$和$\{a,a,b\} = \{a,b\}$,亦即:集合中没有重复元素,集合中的元素是无序的。

(2) 空集存在公理:$\exists x \forall y(\neg y \in x)$。

存在一个不包含任何元素的集合,称为空集,记作Φ。

(3) 对公理:$\forall x \forall y \exists z \forall u(u \in z \leftrightarrow u = x \vee u = y)$。

对任意的集合x和y,存在集合z,z的元素正好是x,y。

(4) 分离公理模式:$\forall y \exists z \forall u(u \in z \leftrightarrow u \in y \wedge P(u))$。

对于任何集合A和命题函数$P(x)$,可以分离出集合$\{x | x \in A \wedge P(x)\}$。

分离公理模式又称为子集公理模式,即$\{x | x \in A \wedge P(x)\}$是$A$的子集,根据空集公理与分离公理模式,空集是任何集合的子集。

根据分离公理模式还可以得到如下两个集合运算:

① $A_1 \cap A_2 = \{x | x \in A_1 \wedge x \in A_2\}$。

② $A_1 \setminus A_2 = \{x | x \in A_1 \wedge x \notin A_2\}$。

(5) 并集存在公理:$\forall x \exists y \forall z(z \in y \leftrightarrow \exists u(u \in x \wedge z \in u))$。

$\exists u(u \in x \wedge z \in u)$表示$z$是$x$的所有元素的元素,于是$y$就是$x$的所有元素的元素构成的集合。亦即:对于任何集合$A$,存在$A$的并集$\cup A = \{x | \exists y(y \in A \wedge x \in y)\}$,$\cup A$称为$A$的广义并运算,例如,若$A = \{\{1,2\},\{2,3\}\}$,则$\cup A = \{1,2,3\}$。

由广义并运算还可以得到两个集合的并运算:

$$A_1 \cup A_2 = \cup \{A_1, A_2\}$$

(6) 幂集存在公理:$\forall x \exists y \forall z(z \in y \leftrightarrow \forall u(u \in z \rightarrow u \in x))$。

如果A是集合,则A的所有子集组成一个集合,称为A的幂集,记为$P(A)$或者2^A,其定义为$2^A = \{x | x \subseteq A\}$。

显然,对于任何集合A,都有$\cup 2^A = A$。

(7) 无穷公理:$\exists x(\Phi \in x \wedge \forall y \in x(y \cup \{y\} \in x))$。

存在一个集合A,$\Phi \in A$且对任何$x \in A$都有$x \cup \{x\} \in A$。具有该性质的集合称为归纳集(inductive set)。

(8) 替换公理模式:$\forall x \exists y(y = f(x) \wedge \forall z(z = f(x) \rightarrow z = y)) \rightarrow \forall x \exists y \forall z(z \in y$

↔ $\exists u \in x(z = f(u))$)。

任何集合 A 在任何一元函数 f 下的像 $f(A)$ 是集合。

(9) 正则公理：$\forall x(x \neq \Phi \rightarrow \exists y \in x \forall z \in y(\neg z \in x))$。

不空集有最小元素，可以避免出现成员隶属关系循环（如 $x \in x$ 或者 $x \in y \wedge y \in x$ 等）和无限 $\in$-序列。根据正则公理，如果 x 是集合，则 $\forall x(x \notin x)$ 就是永真式，于是 $\{x | x \in x\}$ 是空集，而 $\{x | x \notin x\}$ 不是集合，罗素称其为类，$\{x | x \notin x\}$ 实际上就是包含所有集合的集合。

(10) 选择公理：$\forall x \forall y \in x(y \neq \Phi \rightarrow \exists f(FUN(f) \wedge \forall y \in x(f(y) \in y))$。

$FUN(f)$ 表示 f 是一个函数。

根据 ZFC 公理系统，任何一个非空集合都是根据分离公理模式从某个已有的集合得到的，假设存在一个能用于分离出其他集合的原始集合 A 和 $P(x) =$ "$x \notin x$"，则存在集合 $A_1 = \{x | x \in A \wedge x \notin x\}$，从而有 $A_1 \in A_1 \Leftrightarrow A_1 \notin A_1$，矛盾，所以不存在一个用于分离出其他集合的原始集合 A，于是，罗素悖论得以消除，其代价是需要引入类及真类的概念。

4.6 图灵机、可计算性与计算复杂性

可计算性理论主要讨论如下问题：什么是可计算的？什么问题是可计算的？什么问题是不可计算的？要证明某些问题不可计算，工具就是图灵机。计算复杂性理论讨论的则是解决特定问题的最好复杂性。

截止到目前，至少已经出现过 12 个等价的计算模型（如算盘机、寄存器机、递归函数、λ 演算、生命游戏、波斯特系统、计数器机、马尔可夫算法等），是在从不同的角度研究"什么是可计算的"时发现的，它们都是等价的，这足以说明，人们已经抓住了"什么是可计算的"这一问题的本质，那就是图灵机，"可计算"这个概念不依赖于任何模型，这是认识论上的一个伟大胜利。

人们公认图灵机最好懂，与计算机最接近，人们也普遍接受了"图灵机能计算的就是可计算的"这一关于可计算性的判断标准。图灵机的数学模型正是利用第 1~3 章的数学工具来定义的，其工作过程也就是图灵机能识别的语言及其能计算的函数等也都是利用第 1~3 章的数学工具来讨论的，图灵还用康托的对角线法证明了停机问题是不可判定的。

4.6.1 图灵机产生的背景

是什么促使图灵研究计算模型问题的呢？1900 年，在巴黎召开的国际数学家大会上，戴维·希尔伯特提出了 23 个亟待解决的数学问题，其第 10 个问题为：能否用一种由有限步构成的一般算法判断一个丢番图方程的可解性？即有理系数的多项式有没有整数解？

(1) 有理系数的多项式有没有整数解？要求给出一个算法来判定，这是一个判定问题，当时，算法的概念尚不清晰。1970 年，苏联数学家尤里·弗拉基米罗维奇·马季亚谢维奇证明没有这种算法，亦即该问题是不可判定的。当然，在此之前，许多数学家在这一问题上做了大量的工作。

(2) 1928 年，在意大利的国际数学家大会上，希尔伯特提出了一个宏伟的计划：建立一

个形式系统(公理系统),可以判定任一数学命题的真假。这一计划催生了许多副产品,如拉姆齐理论(解决上述问题的特例时发现的):事物多到一定程度,一定有一个规则子结构。例如,6个人中一定有3个人互相认识或3个人互不认识。但事隔三年,奥地利数学家哥德尔就粉碎了希尔伯特的计划,哥德尔于1931年证明了如下结论:任何一个有充分表示能力的形式系统都是不完全的,亦即:有一个公式既不能证明也不能证伪。这就是著名的哥德尔不完全定理,哥德尔不完全定理解释了数学的局限性,是20世纪最伟大的发现之一。当时,图灵对哥德尔不完全定理很感兴趣。

(3) 20世纪30年代,一阶逻辑已经比较完备,图灵当年选修了一门数理逻辑课。数理逻辑的核心(根本)问题就是数理逻辑的能行性,或者叫机械过程,当时不叫算法或可计算,亦即有没有有穷规则,可以机械地证明一阶逻辑的命题。

(4) 莱布尼兹对图灵也产生了很大的影响。莱布尼兹有一句名言——"思维就是计算"。

在上述背景下,图灵想发明一个模型,该模型既能处理判定问题,又能处理符号(思维),这一想法还为人工智能埋下了种子。当时的能行性过程(机械过程)就是现在的算法,所谓机械过程(又叫有效过程或算法)没有严格定义,经有穷步能够做完就行,之后对计算模型的研究进展表明,抽象出概念非常重要。

4.6.2 图灵其人

阿兰·麦席森·图灵,1912年生于英国伦敦,1954年死于英国的曼彻斯特,英国数学家、逻辑学家,是计算机逻辑的奠基者,许多人工智能的重要方法也源自于这位伟大的科学家,被称为"人工智能之父"。1931年图灵进入剑桥大学国王学院,毕业后到美国普林斯顿大学攻读博士学位,第二次世界大战爆发后回到剑桥,后曾协助军方破解德国的著名密码系统Enigma,帮助盟军取得了第二次世界大战的胜利。他对计算机的重要贡献在于他提出的有限状态自动机也就是图灵机的概念,对于人工智能,他提出了重要的衡量标准"图灵测试",如果有机器能够通过图灵测试,那它就是一个完全意义上的智能机,与人没有区别了。他杰出的贡献使他成为计算机界的第一人,现在人们为了纪念这位伟大的科学家将计算机界的最高奖定名为"图灵奖"。

1936年,图灵向伦敦权威的数学杂志投了一篇论文,题为《论数字计算在决断难题中的应用》。在这篇开创性的论文中,图灵给"可计算性"下了一个严格的数学定义,并提出著名的"图灵机"(Turing Machine)的设想。"图灵机"不是一种具体的机器,而是一种思想模型,可制造一种十分简单但运算能力极强的计算装置,用来计算所有能想象得到的可计算函数。"图灵机"与"冯·诺伊曼机"齐名,被永远载入计算机的发展史中。

1950年,图灵来到曼彻斯特大学任教,同时还担任该大学自动计算机项目的负责人。就在这一年的十月,他又发表了另一篇题为《机器能思考吗》的论文,成为划时代之作。也正是这篇文章,为图灵赢得了"人工智能之父"的桂冠。在这篇论文里,图灵第一次提出"机器思维"的概念。他逐条反驳了机器不能思维的论调,做出了肯定的回答。他还对智能问题从行为主义的角度给出了定义,由此提出一个假想:即一个人在不接触对方的情况下,通过一种特殊的方式,与对方进行一系列的问答,如果在相当长时间内,他无法根据这些问题判断对方是人还是计算机,那么,就可以认为这个计算机具有同人相当的智力,即这台计算机是能思维的。这就是著名的"图灵测试"(Turing Testing)。当时全世界只有几台计算机,根本无法通过这一测试。但图灵预言,在 20 世纪末,一定会有计算机通过"图灵测试"。终于他的预言在 IBM 公司的"深蓝"身上得到彻底实现。当然,卡斯帕罗夫和"深蓝"之间不是猜谜式的泛泛而谈,而是你输我赢的彼此较量。

4.6.3 图灵机的直观模型

图灵喜欢长跑,有一天中间休息的时候图灵突发灵感,他在思考如下问题时得到了一个直观模型:什么是计算?人利用纸笔按照已知的规则计算时最本质的动作是什么?

首先,让我们来看一看模型和数学模型的直观概念。

定义 4.14　**模型**是实物、过程的表示形式,是人们认识事物的概念框架。

定义 4.15(E. A. Bender)　**数学模型**是关于部分现实世界和为一种特殊目的而作的一个抽象、简化的数学结构。

具体地讲,数学模型就是一种抽象的模拟,它用数学符号、数学式子、程序、图形等刻画出客观事物的本质属性与内在联系,是现实世界的简化而又本质的描述。

纸的作用是存储,可以抽象为一个方格带,如图 4.3 中的输入带,二维和一维没有本质区别,为简单起见,假设输入带是一条一维的无穷长的方格带,每个方格里可以存放一个符号。

图 4.3　图灵机的直观模型

眼睛注视的区域就是输入带上的方格,假设一次注视一个方格,眼睛看可以抽象为输入带上的一个读头,手拿笔写则可以抽象为输入带上的一个写头,合在一起就是输入带上的一个读/写头,如图 4.3 所示。

大脑则抽象为一个带有规则库的有穷控制器,按照规则计算时,每计算一步为一个思想状况,思想状况抽象掉具体的意义就是状态,例如,执行加法时的一个状态可以是"当前正在个位数相加"。

于是计算的过程就可以抽象为:根据现在的思想状态 q、读头读到的符号 a 和规则进行计算,并决定进入新的思想状态和读下一个符号。该过程完全是机械过程,不需要智能,真正需要的动作也非常简单。一个动作包含如下三方面内容:①写入一个符号;②读/写头向左/右移一格;③进入下一个状态。

于是,从开始状态出发,一个动作一个动作地做下去,直到进入终止状态或得到了所需的计算结果为止,这一过程就是计算。后面将会严格定义什么叫动作?什么叫一个动作一个动作地做下去?什么叫图灵机识别的语言?

图灵通过对人利用纸笔计算的过程进行抽象,得到了如图 4.3 所示的一个模型,该模型主要由三部分组成,一条无穷长的输入带、一个读/写头和一个有穷控制器,这就是著名的图灵机模型,人能计算的该模型都能计算。

4.6.4 图灵机的形式定义

定义 4.16 一个单向无穷带确定的图灵机是一个七元组：$M=(Q,\Sigma,\Gamma,\delta,q_0,B,F)$，其中，

Q——状态的非空有穷集合。$\forall q\in Q,q$ 称为 M 的一个状态。

Σ——输入字母表，也是一个非空有穷集合。$\forall a\in\Sigma,a$ 称为一个符号。

Γ——带字母表。$\Sigma\subset\Gamma$。

δ——状态转移函数。

δ 是 $(Q\backslash F)\times\Gamma$ 到 $Q\times\Gamma\times\{L,R\}$ 的一个部分映射，因为 M 在终止状态上没有动作，所以 δ 在 F 上没有定义。

q_0——$q_0\in Q$，是 M 的开始状态。

B——空白格，占一个字符的位置，是区分不同输入的间隔符。$B\in\Gamma$，但 $B\notin\Sigma$。

F——$F\subseteq Q$，是 M 的接受状态(终止状态)集合。$\forall q\in F,q$ 称为 M 的终止状态。

定义 4.17 形式地描述了一个模型，但还是静止的，怎样让它动起来呢？让我们再回到直观上来。

直观解释：如果 $\delta(q,X)=(p,Y,L)$，则解释为 M 处在状态 q，带头注视的符号为 X 时，图灵机 M 将转到状态 p，在带上 X 处打上 Y，读头向左移一格，这就是一个动作。如果 $\delta(q,X)=(p,Y,R)$，则解释为 M 处在状态 q，带头注视的符号为 X 时，图灵机 M 将转到状态 p，在带上 X 处打上 Y，读头向右移一格。也可以让带头保持不动，只要左移一格再右移一格即可。

带在哪里呢？带头在哪里呢？如何描述？单向带、确定的怎样用数学来描述呢？为此，需要引入一个新的概念：图灵机的瞬时描述 ID(Instant Description)，也叫格局或快照，用于描述某个时刻 t，图灵机 M 的状态(类似于中断时计算机的现场)。需要描述的内容为：①带上的内容(最左方格到最后一个 B 之前)；② 某一时刻带头注视的方格(带头的位置)；③有穷控制器正处的位置(当前状态)。图灵机的瞬时描述如图 4.4 所示，带头正在读 β 的第一个符号，我们可以用一个表达式 $\alpha q\beta$ 来描述它，也可以用 $X_1X_2\cdots X_{i-1}qX_i\cdots X_n$ 来代替 $\alpha q\beta$。

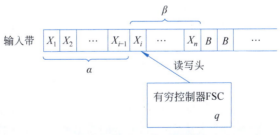

图 4.4 图灵机的瞬时描述

定义 4.17 图灵机 M 的一个瞬时描述(ID)是一个表达式 $\alpha q\beta$，其中，$\alpha\in\Gamma^*,\beta\in\Gamma^*,q\in Q$。

让我们再回到直观上来，在一个瞬时描述 $\alpha q\beta$ 中，① 带上的内容是 $\alpha\beta$，即从最左方格到最右非空白方格的各方格中的符号构成的串；② 带头正注视 β 的第一个符号(β 为空时读 B)；③M 正处在状态 q。

于是，初始瞬时描述 $I_0=q_0a_1a_2\cdots a_n$，如果 $q\in F$，则 $X_1X_2\cdots X_{i-1}qX_i\cdots X_n$ 就是一个接受瞬时描述。

定义 4.18 假设 $I_1=X_1X_2\cdots X_{i-1}qX_i\cdots X_n$，$I_2=X_1X_2\cdots X_{i-1}YpX_{i+1}\cdots X_n$ 是图灵机 M 的两个 ID，则 $\Gamma^*Q\Gamma^*$ 上的二元关系⇒称为一步推导关系：$I_1\Rightarrow I_2$ 当且仅当 $\delta(q,X_i)=(p,Y,R)$；如果 $I_2=X_1X_2\cdots X_{i-2}pX_{i-1}YX_{i+1}\cdots X_n$，则 $I_1\Rightarrow I_2$ 当且仅当 $\delta(q,X_i)=(p,Y,L)$。

如果 $I_1\Rightarrow I_2$，则称从 I_1 经一个动作到达 I_2，如果 $I_1\Rightarrow I_2\Rightarrow\cdots\Rightarrow I_m$，则称从 I_1 到 I_m 经过了若干动作，亦即 $I_1\Rightarrow^* I_m$，$\Rightarrow^*$ 是⇒的自反传递闭包。⇒是一步推导，$\Rightarrow^*$ 是多步推导。

$I\Rightarrow^* J$ 当且仅当经 0 个或有穷个动作从 I 达到 J。

有了这个概念就可以定义图灵机接受的语言了。

定义 4.19 设 M 是一个图灵机，$\forall w\in\Sigma^*$，如果 $q_0w\Rightarrow^* \alpha q\beta$，$q\in F$，则称 M 接受 w，M 接受的字符串的全体构成的集合称为 M 接受的语言，记为 $L(M)$，即 $L(M)=\{w\mid w\in\Sigma^*,q_0w\Rightarrow^* \alpha q\beta,q\in F\}$。

图灵机和有穷自动机的区别是：① 输入带无穷长；② 读/写头可以在带上写符号；③ 读/写头可以左右移动。

一个图灵机只能处理一个语言，作为计算器只能算一个函数，能否构造一个图灵机，能够模拟各种图灵机，这就是通用图灵机，它是现代计算机的抽象模型。

设有图灵机 $M=(\{q_1,q_2,\cdots,q_n\},\{0,1\},\{0,1,B\},q_1,B,\{q_2\})$，符号表为 $\{0,1\}$，其他符号可用 0、1 编码，终止状态只有 q_2，如果有其他终止状态则可以让它们都转到 q_2。假设 $X_1=0,X_2=1,X_3=B,D_1=L,D_2=R$，如果 $\delta(q_i,X_j)=(q_k,X_l,D_m)$，$1\leqslant i,k\leqslant n,1\leqslant j,l\leqslant 3,1\leqslant m\leqslant 2$，则令 code $=0^i10^j10^k10^l10^m$，于是，图灵机 M 可以编码为 $111\text{code}_111\text{code}_211\cdots11\text{code}_n111$，记为 $<M>$，如果 w 为输入，则记为 $<M>w$。按照这种编码，一个图灵机对应一个二进制整数，但这种编码不是唯一的，因为先编哪个动作不一定。

图灵机接受的语言称为递归可枚举语言，和自然数一样多（是可数集），图灵机不能接受的语言和实数一样多。

定义 4.20 语言 $L_u=\{<M>w\mid M=(Q,\{0,1\},\{0,1,B\},q_1,B,\{q_2\}),w\in\{0,1\}^*,w\in L(M)\}$ 称为通用语言。如果存在一个图灵机 M_u 使得 $L(M_u)=L_u$，则 M_u 称为通用图灵机。

4.6.5 可计算性

现代对可计算性的研究始于 1900 年左右，1918 希尔伯特启动了第二个计划："是否有可能提供一个判定程序，允许一个人决定一个句子的有效性。"该问题称为判定问题，最早提出判定问题这一概念的是莱布尼兹，后来又被施罗德于 1895 年、洛文海姆于 1915 年、希尔伯特于 1918 年分别提出。1828 年，希尔伯特和阿克曼在《数学逻辑原理》上声称："当我们知道一个过程允许任何给定的逻辑表达式通过有限次运算来决定其有效性时，判定问题就解决了。"

1933 年，哥德尔第二不完性定理"没有一个包含皮亚诺算术的一致公理系统能证明其自身的一致性"证明了该计划的内在谬误。

1933 年,阿隆佐·邱奇开始研究判定问题,1934 年,基于 λ 演算,邱奇给出了可计算性的第一个定义:"一个函数是有效可计算的当且仅当它是 λ 可定义的"。1936 年,基于赫尔布兰特-哥德尔的递归函数,邱奇和克林给出了可计算性的第二个定义:"当且仅当正整数上的函数是递归的时,它是有效可计算的"。邱奇和克林后来又证明了 λ 可定义函数和赫尔布兰特-哥德尔递归函数在形式上是等价的。

1936 年,图灵在《伦敦数学学会学报》上发表的论文将可计算性定义为:"一个函数是直观可计算的(有效可计算),当且仅当它可以被图灵机计算"。图灵在论文中指出邱奇的"有效可计算"等价于他的"图灵机可计算"。也就是在这同一年,邱奇和图灵先后证明了判定问题的不可判定性。

如果将可计算数定义为:"可以通过有限终止算法计算到任何所需精度的实数",则利用图灵机可以如下来判断实数 a 的可计算性:"有一个图灵机,在输入带上给定 n,以实数 a(编码在输入带上)的第 n 位结束"。形式化地,实数 a 是可计算的,如果可以用可计算函数 $f:\mathbf{N} \to \mathbf{Z}$ 来近似 a,使得给定 $\forall n \in \mathbf{N}$,$\dfrac{f(n)-1}{n} \leqslant a \leqslant \dfrac{f(n)+1}{n}$。

例 4.25 π 是可计算的,存在有限长度的算法可以确定它的每个小数位。

由 4.6.4 节可知,通过用 0、1 对图灵机进行编码可以将每个图灵机对应到一个二进制整数,于是,每个可计算序列都至少对应着一个编码(至少一个是因为一个可计算序列可以通过不同的动作序列来计算,因而对应着不同的编码),但一个编码只对应一个可计算序列。由于整数是可数的,而可计算序列又和整数编码存在着一对多的关系,所以可计算序列也是可数的,即可计算数是可数的,当然,由图灵机构成的集合也是可数的。由于可计算数是可数的,而实数是不可数的,所以实数中存在着很多不可计算的数。注意,这些不可计算的数并不是传统意义上所说的超越数,因为图灵机可以计算某些非随机(数字排列上有着一定规律)的"超越数"。

定义 4.21 假设 $M=(Q,\Sigma,\Gamma,\delta,q_0,B,F)$ 是一个图灵机,I_1、I_p 是 M 的 ID。如果 $I_1 \Rightarrow^* I_p$ 且不存在任何 ID I',使得 $I_p \Rightarrow I'$,则称 M 对 I_1 做了一个计算,即有一个 ID 序列 $I_1,I_2,\cdots,I_p,I_1 \Rightarrow I_2,I_2 \Rightarrow I_3,\cdots,I_{p-1} \Rightarrow I_p$ 称为 M 的一个计算,$<I_p>=<\alpha q\beta>=\alpha\beta$ 称为计算结果。

ID 序列是一个计算的关键是① $I_1 \Rightarrow^* I_p$,② I_p 没有后继 ID(停机)。该计算可能成功,也可能不成功(不停机或者停在非终止状态)。图灵首先用对角线法证明了问题"第 i 个图灵机不接受它本身的编码吗"是不可判定的,然后以此为基础证明了停机问题等很多问题是不可判定的。

定义 4.22 设 M 是一个图灵机,如果 $\forall w \in \Sigma^*$,总有一个 M 的 ID $\alpha q\beta$ 使得 $q_0 w \Rightarrow^* \alpha q\beta$,且 $q \in F$,则称 M 为总停机的图灵机。设 L 是一个递归可枚举语言,如果有一个总停机的图灵机 M 使得 $L(M)=L$,则称 L 是递归的。

定义 4.23 设 $f(x)$ 是一个整数函数,如果存在一个图灵机 M 使得 M 对应的函数 $\psi_M(x)=f(x)$ 且① 如果 x 在 f 的定义域中,则 $\psi_M(x)=f(x)$;② 如果 x 不在 f 的定义域中,则 M 永不停机,称 f 为(图灵)可计算的。

定义 4.24 设 f 是 $\mathbf{N}$ 上的 k 元全函数,如果 $\forall(n_1,n_2,\cdots,n_k)\in \mathbf{N}^k$,有一个图灵机 M

能在输入 $(n_1,n_2,\cdots,n_k)$ 下经有限步停机且此时带上内容为 $f(n_1,n_2,\cdots,n_k)$，则称 f 是可计算的全函数。

定义 4.25 设 g 是 N^k 上的部分函数，如果有一个图灵机 M 使得 $\forall (n_1,n_2,\cdots,n_k)\in N^k$，如果 $f(n_1,n_2,\cdots,n_k)$ 有定义，则 M 能计算出 $f(n_1,n_2,\cdots,n_k)$；如果 $f(n_1,n_2,\cdots,n_k)$ 没有定义，则 M 在输入 $(n_1,n_2,\cdots,n_k)$ 上永不停机，则称 g 是部分可计算的。

可计算全函数对应着递归语言，即存在一个总停机的图灵机接受它，总停机的图灵机称为算法。部分可计算函数对应着递归可枚举语言，不对应着算法，对于无定义的输入，图灵机永不停机，亦即图灵机不能停机并告诉我们输入没有定义。

今天，在数学和计算机科学中，图灵机是定义可计算函数的主要形式。然而，为了承认邱奇首先掌握了这些函数的本质，关于可计算函数本质的假设的现代公式被称为邱奇-图灵命题："一个函数是可计算的，当且仅当它可计算的图灵机，或等价地，如果它是指定的递归函数。"尽管这个命题被广泛采用，但由于没有明确的方法来证明或反驳它的有效性，它仍然是一个猜想。

4.6.6 计算复杂性

集合论与图论课程的主要目的是培养学生能够对现实世界或应用场景进行建模，并进而用形式化的数学语言描述问题与分析问题，为求解问题打下基础或提供便利，为此，我们需要对问题及其计算复杂性(求解难度)有所了解。

定义 4.26 设图灵机 $M=(Q,\Sigma,\Gamma,\delta,q_0,B,F)$，如果 $\delta:Q\times\Gamma\to 2^{Q\times\Gamma\times\{L,R\}}$ 是一个多值函数，则称 M 是一个不确定的图灵机。

语言 $L\subseteq\Sigma^*$ 是递归可枚举语言当且仅当有一个不确定的图灵机 M 使得 $L(M)=L$。

给定一个问题，需要给出问题所具有的参数 X、Y、Z，而且不仅要描述参数的类型(取值范围)及其关系，还要描述解的结构。如果 X、Y、Z 的值给定了，则得到该问题的一个实例。如果一个问题的每个实例的解不是"是"就是"否"，则称该问题为判定问题。非判定问题亦可转化为判定问题，但并不比原始问题简单，甚至会更难。

库克认为，一个问题是实际可计算的，当且仅当它在图灵机上经过多项式步骤后得到正确的结果。

给定一个问题，它到底有多难是指求解一个问题的最少工作量是多少。问题的难度是由问题的内在性质决定的，与求解的具体算法无关。

定义 4.27 如果对于某个判定问题 Π，存在一个非负整数 k，对于输入规模为 n 的实例，存在一个总停机的确定的图灵机 M 能够在 $O(n^k)$ 个动作内得到"是"或"否"的答案，则该判定问题 Π 是一个 P 类问题。

定义 4.28 如果对于某个判定问题 Π，存在一个非负整数 k，对于输入规模为 n 的实例，存在一个总停机的不确定的图灵机 M 能够在 $O(n^k)$ 个动作内得到"是"或"否"的答案，则该判定问题 Π 是一个 NP 类问题。

显然 $P\subseteq NP$，而 $P=NP$ 是否成立则是 21 世纪 7 大数学难题的第 1 题。

定义 4.29 假设算法 A 能够求解问题 Π'，且算法 A 在输入实例是 I' 时求解问题 Π' 的输出为 O'，问题 Π 要求在输入实例是 I 时的输出为 O，则从问题 Π 到问题 Π' 的归约是指下面的过程：

(1) 输入转换：把问题 Ⅱ 的输入 I 转换为问题 Ⅱ′ 的输入 $I′$；

(2) 问题求解：对问题 Ⅱ′ 应用算法 A 得到输出 $O′$；

(3) 输出转换：把问题 Ⅱ′ 的输出 $O′$ 转换为问题 Ⅱ 对应于输入 I 的输出 O。

如果能够在多项式时间内完成上面的输入转换和输出转换，则称问题 Ⅱ 以多项式时间归约到 Ⅱ′，记作 $Ⅱ \propto_p Ⅱ′$。Ⅱ′ 至少具有 Ⅱ 的难度。

将问题 Ⅱ 归约为问题 Ⅱ′ 的过程如图 4.5 所示。

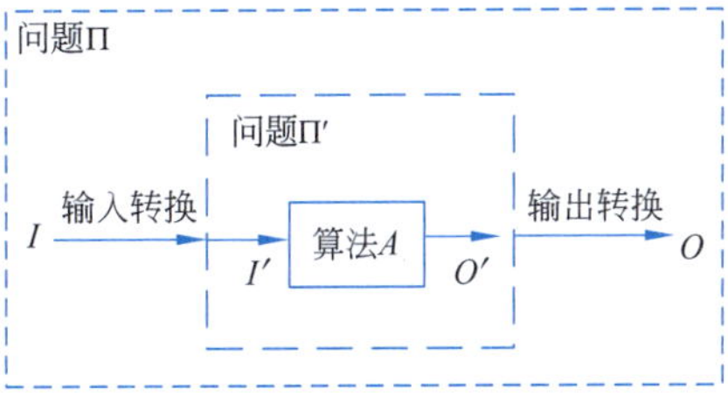

定义 4.30 假设 Ⅱ 是一个判定问题，如果 Ⅱ 属于 NP 类问题，并且对 NP 类问题中的每一个问题 Ⅱ′ 均有 $Ⅱ′ \propto_p Ⅱ$，则称 Ⅱ 是一个 NP 完全问题（NP Complete Problem），记为 NPC。

图 4.5 问题 Ⅱ 到问题 Ⅱ′ 的归约示意图

NPC 是 NP 类问题中最难的一类问题，其中任一个问题至今都没有找到多项式时间算法。

如果一个 NPC 问题能在多项式时间内得到解决，那么每个 NP 类问题都可以在多项式时间内求解。

定义 4.31 假设 Ⅱ 是一个判定问题，如果对于 NP 类问题中的每一个问题 Ⅱ′ 均有 $Ⅱ′ \propto_p Ⅱ$，则称判定问题 Ⅱ 是一个 NP 难问题。

NP 完全问题必定是 NP 类问题，NP 难问题不一定是 NP 类问题。一般而言，若判定问题属于 NP 完全问题，则相应的最优化问题属于 NP 难问题。

4.7 习题选解

4.7.1 可数集

例 4.26 直线上互不相交的开区间的全体至多是可数集。

【证明】 直线上互不相交的开区间个数有可能是有穷的，如 $(-\infty, 0)$ 和 $(0, \infty)$；如果直线上互不相交的开区间个数是无穷的，假设 (a, b) 是其中的任意一个，令 $A = \left\{ x \mid x = \dfrac{n}{10^m}, \dfrac{1}{10^m} < |b-a|, n \in Z, m \in N \right\}$，则 $A \subseteq Q$，且 $A \cap (a, b) \neq \Phi$，因此 (a, b) 中必包含着有理数。从而我们可以从每个开区间取一个有理数作为该开区间的代表，这些有理数的集合是无穷集合且是 Q 的子集，因此是可数的。

例 4.27 单调函数的不连续点的全体至多可数。

【证明】 设 f 是一个单调递增函数，f 的不连续点的集合记为 T，只须证明当 T 为无穷时，T 是可数的即可。$\forall x_0 \in T$，x_0 对应一个开区间 $(\lim\limits_{x \to x_0 - 0} f(x), \lim\limits_{x \to x_0 + 0} f(x))$，由于 f 是递增函数，因此这些开区间互不相交，根据例 4.26 可知，T 是可数的。

例 4.28 设 A 为可数集，则 A 的所有有穷子集共有可数个。

【证明方法一】 不妨设 $A = \{a_1, a_2, a_3, \cdots\}$，$A$ 的所有有穷子集的集合为 $S = \{C \mid C \subseteq A, |C| < \infty\}$，显然 S 是无穷的。$\forall C \in S$，因为 $|C| < \infty$，C 中元素总有一个下标最大，令 C 的特征函数为 $\chi_C : A \to \{0, 1\}$，则 χ_C 对应一个 0、1 的无穷序列，且某一位后全为 0，该序列对应的小数 $0.a_{i_1} a_{i_2} a_{i_3} \cdots a_{i_n} 000 \cdots$ 是有理数，亦即 A 的每个有穷子集对应一个有理数，S 必然

是有理数的子集，因此可数。

【证明方法二】 令 $A_1=\{a_1\}$，则 2^{A_1} 是有穷集；$A_2=\{a_1,a_2\}$，则 2^{A_2} 是有穷集；…… $A_n=\{a_1,a_2,\cdots,a_n\}$，则 2^{A_n} 是有穷集；……，$\bigcup_{n=1}^{\infty} 2^{A_n}$ 是可数集。令 A 的所有有穷子集的集合为 $S=\{C|C\subseteq A,|C|<\infty\}$，显然 S 是无穷的。$\forall C\in S$，不妨设 $C=\{a_{i_1},a_{i_2},\cdots,a_{i_k}\}$，且 $i_1<i_2<\cdots<i_k$，则 $C\subseteq A_{i_k}$，即 $C\in 2^{A_{i_k}}\subseteq \bigcup_{n=1}^{\infty}2^{A_n}$，因此 $S\subseteq \bigcup_{n=1}^{\infty}2^{A_n}$，故 S 是可数集。∎

例 4.29 设 Σ 是一个有穷字母表，Σ 上所有字（包括空字 ε）的集合记为 Σ^*。证明：Σ^* 是可数集。

【证明】 不妨设 $\Sigma=\{a_1,a_2,\cdots,a_n\}$，令

$A_0=\{\varepsilon\}$

$A_1=\{a_1,a_2,\cdots,a_n\}$

$A_2=\{a_1a_1,a_1a_2,\cdots,a_1a_n,a_2a_1,a_2a_2,\cdots,a_2a_n,\cdots,a_na_1,a_na_2,\cdots,a_na_n\}$

⋮

$\forall n\in N$，A_n 是所有长度为 n 的字构成的集合，A_n 是有穷集。则根据定理 4.6 知 $\Sigma^*=\bigcup_{n=0}^{\infty}A_n$ 是可数集。∎

$\forall L\subseteq \Sigma^*$，$L$ 是定义在 Σ 上的语言，因为 2^{Σ^*} 是连续统，因此定义在 Σ 上的语言的集合是不可数的。因为文法是语言的有穷描述，因此用文法只能生成可数个语言，还有大量的语言无法用文法进行形式化描述。

4.7.2 对角线法

例 4.30 假设 A 是一个可数集，证明：2^A 是不可数的。

【证明】 $2^A\sim Ch(A)$，$\forall B\in 2^A$，$\chi_B:A\rightarrow\{0,1\}$，$\forall x\in A$，$\chi_B(x)=\begin{cases}0 & x\notin B \\ 1 & x\in B\end{cases}$，则 χ_B 为 0、1 的无穷序列。

采用反证法。假设 2^A 可数，则可以将其元素排列成如下的没有重复项的无穷序列：

$$B_1 \rightarrow \chi_{B_1}:b_{11}b_{12}b_{13}\cdots b_{1n}\cdots$$
$$B_2 \rightarrow \chi_{B_2}:b_{21}b_{22}b_{23}\cdots b_{2n}\cdots$$
$$\vdots$$
$$B_n \rightarrow \chi_{B_n}:b_{n1}b_{n2}b_{n3}\cdots b_{nn}\cdots$$
$$\vdots$$

令 $b=b_1b_2b_3\cdots b_n\cdots$，$\forall i\in N$，$b_i=\begin{cases}0 & b_{ii}=1 \\ 1 & b_{ii}=0\end{cases}$，则 $b=\chi_B$ 对应的 $B\in 2^A$，但没有被列入，矛盾。因此，2^A 是不可数的。∎

例 4.31 设 $A=B\cup C$，$A\sim[0,1]$。证明：B 与 C 中至少有一个与 $[0,1]$ 对等。

【证明方法一】 因为 $A\sim[0,1]$，所以 $B\cup C\sim R\times R$，于是 $\exists \varphi:B\cup C\rightarrow R\times R$，$\varphi$ 是双射，因此，只需证明 $\varphi(B)=c$ 或者 $\varphi(C)=c$ 即可。又因为 $|\varphi(B)|\leqslant c$ 且 $|\varphi(C)|\leqslant c$，故只需证明 $|\varphi(B)|\geqslant c$ 或者 $|\varphi(C)|\geqslant c$ 即可。

(1) 如果 $\exists x_0\in R$，使得 $\{(x_0,y)|y\in R\}\cap\varphi(B)=\Phi$，则 $\{(x_0,y)|y\in R\}\subset\varphi(C)$，因此

$|\varphi(C)| \geqslant |\{(x_0, y) | y \in R\}| = c$。

(2) 否则,对于任意固定的 x,均有 $\{(x,y) | y \in R\} \cap \varphi(B) \neq \Phi$,则取 $(x, y_x) \in \{(x,y) | y \in R\} \cap \varphi(B)$,从而有 $\{(x, y_x) | x \in R\} \subset \varphi(B)$,因此 $|\varphi(B)| \geqslant |\{(x, y_x) | x \in R\}| = c$。

综合(1) 和(2),$|\varphi(B)| \geqslant c$ 或者 $|\varphi(C)| \geqslant c$ 成立,故 $\varphi(B) = c$ 或者 $\varphi(C) = c$ 成立。

【证明方法二】

因为 $A = B \cup C$ 且 $A \sim [0,1]$,不妨设 $B \cup C = E = \{(x, y) | 0 < x < 1, 0 < y < 1\}$。

(1) 如果 $\exists x (0 < x < 1)$ 使得 $B \supset E_x = \{(x, y) | 0 < y < 1\}$,则因为 $|E_x| = c$,所以 $|B| \geqslant c$,又因为 $B \subseteq E$,因此 $|B| \leqslant c$,故 $|B| = c$。

(2) 如果 $\forall x (0 < x < 1) E_x \not\subset B$,则 $C \cap E_x \neq \Phi$,所以 $\exists (x, y_x) \in C$,于是 $C \supset \{(x, y_x) | 0 < x < 1\}$,而 $|\{(x, y_x) | 0 < x < 1\}| = c$,故 $|C| \geqslant c$,又因为 $C \subseteq E$,因此 $|C| \leqslant c$,故 $|C| = c$。

综合(1) 和(2),B 与 C 中至少有一个与 $[0,1]$ 对等。

4.7.3 康托-伯恩斯坦定理的应用

例 4.32 利用康托-伯恩斯坦定理证明 $(0,1) \sim [0,1]$。

【证明】 令 $f : (0,1) \to [0,1]$,$\forall x \in (0,1), f(x) = x$,易见 f 为单射。令 $g : [0,1] \to (0,1)$,$\forall y \in [0,1], g(y) = \frac{1}{2} y + \frac{1}{4}$,易见 g 也是单射。根据康托-伯恩斯坦定理可得 $(0,1) \sim [0,1]$。

例 4.33 定义在 $[0,1]$ 上的连续函数的集合与 $[0,1]$ 对等。

【证明】 设 $[0,1]$ 上的连续函数的集合记为 C,则令 $f : R \to C$,$\forall x \in R, f(x) =$ 值为 x 的常数函数,易知 f 为单射。

下面构造 C 到 $[0,1]$ 的单射。

【方法一】 令 $g : C \to 2^{Q \times Q}$,$\forall \varphi \in C, g(\varphi) = \{(s, t) | (s, t) \in Q \times Q, s \in [0,1], t \leqslant \varphi(s)\}$,即每个连续函数与它下方的有理点的集合对应,易知 g 为单射。又因为 $2^{Q \times Q} \sim 2^N \sim [0,1]$,再根据康托-伯恩斯坦定理可得 $C \sim [0,1]$。

【方法二】 令 $g : C \to R^N$,假设 $[0,1]$ 上的有理数点为 $r_1, r_2, \cdots$,则 $\forall \varphi \in C, g(\varphi) = \varphi(r_1), \varphi(r_2), \cdots$,即每个连续函数和用实数的无穷序列表示的函数图像对应,易知 g 为单射。又因为 $R^N \sim 2^N \sim [0,1]$,再根据康托-伯恩斯坦定理可得 $C \sim [0,1]$。

例 4.34 实数的无穷序列的全体是连续统。

【证明】

设实数的无穷序列的全体记为 R^∞,令 $B = \{x_1, x_2, x_3, \cdots | 0 < x_n < 1, n = 1, 2, 3, \cdots\}$,构造映射 $\varphi : B \to R^\infty$,$\forall x \in B$,有

$$\varphi(x) = \left\{ \tan\left(x_1 - \frac{1}{2}\right)\pi, \tan\left(x_2 - \frac{1}{2}\right)\pi, \cdots, \tan\left(x_n - \frac{1}{2}\right)\pi, \cdots \mid 0 < x_n < 1, n = 1, 2, 3, \cdots \right\}$$

显然 φ 为一一对应。

下面我们利用康托-伯恩斯坦定理来证明 B 为连续统。

令 $f : (0,1) \to B$,$\forall x \in (0,1), f(x) = x, x, x, \cdots$,易见 f 为单射。

令 $g : B \to (0,1)$,$\forall y = y_1, y_2, \cdots, y_n, \cdots \in B$,令

$$y_1 = 0.y_{11}y_{12}\cdots y_{1n}\cdots$$
$$y_2 = 0.y_{21}y_{22}\cdots y_{2n}\cdots$$
$$\vdots$$
$$y_n = 0.y_{n1}y_{n2}\cdots y_{nn}\cdots$$
$$\vdots$$

$g(y) = 0.y_{11}y_{21}y_{12}\cdots y_{n1}y_{(n-1)2}\cdots y_{1n}\cdots$,显然 $g(y) \in (0,1)$ 且 g 为单射。根据康托-伯恩斯坦定理可得,$B \sim (0,1)$,从而 $R^\infty \sim (0,1)$,即实数的无穷序列的全体是连续统。 ∎

例 4.35 证明:$c^c = 2^c$。

【证明】 假设 $[0,1]$ 上的全体实函数的集合记为 $F = \{f \mid f:[0,1] \to R\}$,则 $|F| = c^c$。$Ch([0,1]) = \{\chi \mid \chi:[0,1] \to \{0,1\}\}$。

(1) 令 $\varphi:2^{[0,1]} \to Ch([0,1]) \subset F, \forall A \in 2^{[0,1]}, \varphi(A) = \chi_A:[0,1] \to \{0,1\}, \forall x \in [0,1]$,
$$\chi_A(x) = \begin{cases} 0 & x \notin A \\ 1 & x \in A \end{cases}$$
,易见 φ 是单射,φ 的扩展 $\varphi:2^{[0,1]} \to F$ 也是单射。

(2) 令 $\psi:F \to 2^{R \times R}, \forall f \in F, \psi(f) = A_f \in 2^{R \times R}, A_f = \{(t, f(t) \mid t \in [0,1]\}, A_f$ 就是 f 在直角坐标系中的图像,易见 ψ 是单射,又因为 $R \times R \sim [0,1], \psi$ 可以收缩为 F 到 $2^{[0,1]}$ 的单射。

根据康托-伯恩斯坦定理可得,$c^c = |F| = |2^{[0,1]}| = 2^c$。 ∎

4.7.4 连续统

例 4.36 设 A 为可数集,则 A 的所有无穷子集的集合是连续统。

【证明】 假设 B 为 A 的所有无穷子集的集合,只需证明 $B \sim [0,1]$。

令 $f:B \to [0,1], \forall M \in B, f(M) = \sum_{k \in M} \frac{1}{2^k}$,易见 f 是单射,往证 f 是满射。

$\forall y \in [0,1], y$ 的二进制记为 $0.a_1 a_2 a_3 \cdots a_k \cdots, a_k \in \{0,1\}, y = \sum_{k=1}^{\infty} \frac{a_k}{2^k}$,令 $M = \{k \mid a_k$ 在 $y = \sum_{k=1}^{\infty} \frac{a_k}{2^k}$ 中为 $1\}$,则 $f(M) = y$,因此 f 是满射。

综上,f 是一一对应,因此 $B \sim [0,1]$,即 A 的所有无穷子集的集合是连续统。 ∎

例 4.37 设 A、B 为集合,$B \subseteq A, a = |B| < |A| = c$。证明:$|A \backslash B| = c$。

【证明】 设 $P = A \backslash B$,则 P 是无穷集合,这是因为 $P \cup B = A$,如果 P 是有穷集合,而 $|B| = a$,则 $|A| = a$ 与 $|A| = c$ 矛盾,故 P 是无穷集合。于是 $\exists D \subseteq P, |D| = a$。令 $M = P \backslash D$,则 $P = M \cup D, A = P \cup B = M \cup D \cup B$。又因为 $|B| = |D| = a$,所以 $D \cup B \sim D$,再加上 $M \sim M$ 且 $M \cap (D \cup B) = \Phi$ 且 $M \cap D = \Phi$,则 $M \cup (D \cup B) \sim M \cup D$,即 $A \sim P$,于是 $|A \backslash B| = |A| = c$。 ∎

4.8 本章小结

1. 重点

(1) 概念:无穷、可数集、连续统、基数及其比较、基数的运算。

(2) 理论:可数集的性质、连续统的性质、康托定理。

(3) 方法：对角线法、一一对应技术、康托-伯恩斯坦定理。

(4) 应用：利用符号逻辑建立公理化集合论(选学内容)，图灵机、可计算性与计算复杂性(选学内容)。

2. 难点

(1) 无穷集合的基数。

(2) 康托-伯恩斯坦定理。

习题

1. 证明：平面上坐标为有理数的点构成的集合是可数集。

2. 任一可数集 A 的所有有限子集构成的集合是可数集。

3. 利用康托对角线法证明 0、1 的无穷序列的全体构成的集合是不可数集。

4. 证明：[0,1]上的全体无理数构成的集合是不可数的。

5. 设 $|N|=a$，$|R|=c$，证明：$a^a=c$，亦即证明：自然数的无穷序列的全体构成的集合是连续统。

6. 设 $|N|=a$，$|R|=c$，证明：$c^a=c$，亦即证明：实数的无穷序列的全体构成的集合是连续统。

7. 设 $|R|=c$，利用康托-伯恩斯坦定理证明 $c^c=2^c$。

第 5 章

图

回顾一下前面学过的集合论,主要学习了三种数学工具:集合及其运算、映射和关系,使用它们可以描述各种各样的事物及其联系。图论是集合论部分的延续,研究图及其性质。什么是图呢?直观地讲,就是点线组成的图形,用来刻画有穷系统的结构。

图作为一种数学模型,用于描述一个其上恰好有一个二元关系的有穷系统,用图做模型的好处是:①直观易懂,应用广泛;② 使问题形象化,有助于分析问题;③有助于更好地理解问题,进而解决问题。

图论部分具有如下特点:
(1) 概念多,但都可以在图形上发现。
(2) 术语未统一,开头要定义一下自己的术语。
(3) 结论比较初等,但有大量难题能难倒最老练的数学家。
(4) 习题不好做,没有模板可套,需要独立思考。

学习图论部分的目的或应用图论解决问题的途径如下:
(1) 为实际问题(交通网络等)建立图模型。
(2) 对图模型,给出图论问题(求最短路径等),可以请教图论专家。
(3) 用图论的知识(Dijkstra算法等)解答上述图论问题。
(4) 返回到原问题上(基于实时路况的动态路径规划等)。

本章主要介绍图的基本概念,首先给出一些利用图模型解决问题的示例,然后给出相关的术语定义,主要包括图、路和圈、双图、补图、欧拉图、哈密顿图、邻接矩阵等,最后给出加权图的定义和几个与加权图有关的重要问题。

5.1 利用图模型解决问题

图论起源于1736年欧拉对哥尼斯堡七桥问题的抽象和论证。1736年,欧拉发表首篇关于图论的文章,研究了哥尼斯堡七桥问题,欧拉也因此被称为"图论之父"。1750年,欧拉又提出了拓扑学的第一个定理,凸多面体暨平面图的欧拉公式:$|V|-|E|+|F|=2$。

1840年,A. F. Mobius 提出了完全图(Complete Graph)和二分图(Bipartite Graph)的概念。

1847年,G. Kirchhoff 在计算电网或电路中的电流时使用了图论思想,提出了树的概念。

1852年,F. Guthrie 提出了四色问题——平面或球面上的任何地图能够只用四种颜色来着色，使得没有两个相邻国家有相同的颜色。

1857 年，A. Cayley 在研究同分异构体的数目时提出树的概念，并催生了枚举图论（Enumerative Graph Theory）的研究。

1859 年，T. P. Kirkman 和 W. R. Hamilton 研究了多面体上的行遍问题，并通过研究仅访问某些地点一次的旅行，提出了哈密顿图的概念。

1878 年，J. Sylvester 在将"量子不变量"与代数和分子图的协变量进行类比时第一次提出"图"的概念——图由一些顶点（实体）和连接这些顶点的边（关系）组成。

1878 年，A. Kempe 给出了四色定理的证明。

1890 年，P. Heawood 推翻了 A. Kempe 关于四色定理的证明，并利用 A. Kempe 的证明技巧证明了平面图的五色定理。

1891 年，J. Petersen 发表了关于图论理论知识的第一篇论文。

1907 年，W. Mantel 证明的曼特尔定理被认为是极值图论的发端。

1930 年，F. P. Ramsey 在研究图的着色问题时得到了一个重要的定理——拉姆齐定理，由此催生的拉姆齐理论是组合数学领域的一个重要分支，拉姆齐定理也是极值图论的发端。

1930 年，C. Kuratowski 给出了平面图的判定定理，该定理"是图论中断了近两百年研究而又重新复苏的转折点"。

1936 年，D. König 出版了第一本图论专著《有限图与无限图的理论》，图论成为一门独立学科。

1941 年，P. Turán 证明的图兰定理与曼特尔定理被认为是极值图论研究的第一个里程碑。图兰定理后来成为发现 Erdös-Stones 定理等结果的前提。

1946 年，P. Erdös 和 A. Stone 证明的 Erdös-Stone 定理被称为极值图论基本定理。

1959 年，P. Erdös 和 A. Rényi 提出了随机图模型，这是最早的复杂网络模型之一。

1976 年，K. Appel 和 W. Haken 利用计算机证明了四色定理。

1978 年，B. Bollobas 出版了关于极值图论问题的经典著作《极值图论》。

1998 年，D. Watts 和 S. Strogatz 提出了小世界模型，1999 年，A. Barabasi 和 R. Albert 提出了无标度模型，这两个模型引发了复杂网络研究的热潮。钱学森将复杂网络定义为具有自组织、自相似、吸引子、小世界、无标度中部分或全部性质的网络。

随着互联网的迅猛发展，社交网络、交通网络、通信网络等的规模不断扩大，而且结构复杂，节点与连接多种多样，网络拓扑动态变化，于是，用于刻画它们的复杂网络也就得到了广泛深入的研究。

进入 21 世纪以来，随着计算机科学的进步，图论更是以惊人的速度向前发展，产生了许多新的理论分支，如拓扑图论、代数图论、算法图论、应用图论、极值图论、拟阵图论、模糊图论、网络图论、超图理论、随机图论等。

5.1.1　图论史上的标志性问题

例 5.1　五行学说。

五行学说是我国传统哲学的重要内容。五行学说认为世界上的一切事物，都是由木、火、土、金、水五种基本物质之间的运动变化而生成的，世界是一个五行相生相克的动态平衡。

五行学说最早在道家学说中出现。它强调整体概念,描绘了事物的结构关系和运动形式。如果说阴阳是一种古代的对立统一学说,则五行可以说是一种原始的系统论。

五行的概念源自对构成世界的五种基本物质的概括,形成于夏商之际;而五行的相生相胜(克)源自古人对中原地区五时气象特征的抽象,形成于春秋末期。最早记载完整的五行相生的文献是春秋后期由稷下学宫学者们整理成的《管子》,最早提出完整的五行相胜顺序的是春秋末期的《左传》,五材、五时观互相补充共同形成秦汉之后的五行学说。

西周末年,已经有了一种朴素唯物主义观点的"五材说"。从《国语·郑语》"以土与金、木、水、火杂,以成万物"和《左传》"天生五材,民并用之,废不可",再到《尚书·洪范》"五行:一曰水,二曰火,三曰木,四曰金,五曰土,水曰润下,火曰炎上,木曰曲直,金曰从革,土爰稼穑。润下作咸,炎上作苦,曲直作酸,从革作辛,稼穑作甘"的记载,开始把五行属性抽象出来,推演到其他事物,构成一个固定的组合形式。

《内经》把五行学说应用于医学,是构成中医理论体系的基本构架,是中医理论的精髓所在。五行及其思想广泛渗透到我国古代自然科学、社会文化、政治制度、语言文字等各方面,在中国文化中占据重要地位。

图 5.1 所示的五行图应该是伴随着五行学说的相胜(克)相生的思想而出现的,它经常跟太极图、河图、洛书一起出现在我国的古文献之中,表达了一种对立统一关系下的结构变化,应该是一种非常古老的图模型了。

例 5.2 星图。

星图是描绘天上恒星分布和排列组合的图像,它不仅是人们认识和记录星空的某种反映,也是研究和学习天文学的重要工具。最初人们仰观天空,并不能理解其中的规律,随着对星空观察的不断深入,人们对不同星体位置及特征的认识不断清晰起来。于是,为了方便观测和记忆,先人把夜空中的繁星划分成群、联合成象,形成了不同的星官或星座。为了传播和交流这些星官,人们将其绘制于不同材质之上,便逐渐形成了如图 5.2 所示的星图。

图 5.1 五行图

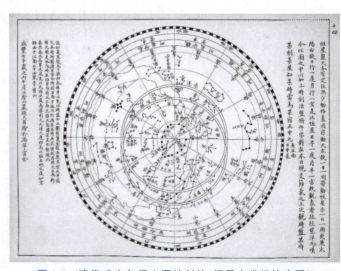

图 5.2 清代咸丰年间六严绘制的《恒星赤道经纬度图》

图 5.3 是绘制于唐代的《敦煌星图》的一部分,现藏于大英博物馆,是现存星数最多的古星图。《敦煌星图》形同一幅长卷,长 3.94 米,宽 0.244 米,完整展现了从中国大地上能够观

测到的全部的北天星空模样，星数高达一千三百五十多颗。

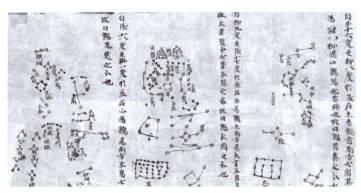

图 5.3 《敦煌星图》局部

《敦煌星图》从 12 月开始，按照每月太阳所在的位置把赤道带附近的天区分成十二份，每一份投影到一张长方形的平面图上。每月星图下方的文字，说明了太阳在二十八宿的宿次，每月星图之间的文字说明了十二次起点和终点的度数。北极附近的紫微垣以北天极为中心投影到一张圆形的平面图上。简单地说，就是把北天极附近的星画在圆图上，把赤道上空的星画在横图上，这种画法一直延续到今天。敦煌星图上恒星的位置并不是按照测量数据点定，而是用眼睛估计星与星之间的相对距离而描绘的，但却极为精细。另外，绘制者还用不同的颜色区分了甘、石、巫三家星官。根据推测，这幅星图观测地点的地理纬度在北纬 35°左右，即如今的西安洛阳一带。

1987 年，考古工作者在西安发现了一幅绘制于西汉时期的"天象图"壁画，如图 5.4 所示。壁画中线的一侧画着一轮朱红色的太阳，太阳中间有一只飞翔的黑色金乌，中线的另一侧画着一轮白色的月亮，月中有一只蟾蜍和一只奔跑的兔子。太阳和月亮四周绘满了彩色祥云，祥云中间还有几只振翅高飞的仙鹤。围绕四周的一条环状圆带将太阳和月亮围在中间，二十八宿天文星图便画在这个环带当中。

图 5.4 西汉时期的星图

例 5.3 哥尼斯堡七桥问题。

欧拉(1707—1782)之所以被公认为是图论的创始人,是因为他利用图模型完全彻底地解决了哥尼斯堡七桥问题。在东普鲁士的哥尼斯堡有七座桥将普林格尔河中的两个岛和河岸联结在一起,如图 5.5 所示。问题是:能否从四块陆地中的任何一块出发,经过每一座桥正好一次再回到起点。人们尝试通过试验来解决该问题,但都没有成功。

欧拉通过建立图模型证明了哥尼斯堡七桥问题没有解。欧拉将每一块陆地用一个点来代替,将每一座桥用联结相应的两个点的一条线来代替,从而得到了一个图,如图 5.6 所示。

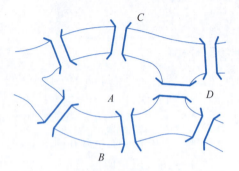
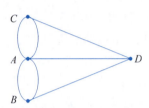

图 5.5 哥尼斯堡普林格尔河上的七座桥　　　图 5.6 哥尼斯堡七桥问题的图

证明这个问题没有解,等价于证明从某个点开始不能将图 5.6 一笔画成并回到起点。欧拉不限于解决这一个问题,而是对其进行了推广,得到了一个判定法则:对于任意一个给定的图,可以一笔画成并回到起点的充要条件是图连通且每个顶点关联偶数条边。欧拉的这一工作反映了他的科学态度,是科学精神的一种体现。

例 5.4 电网络。

1847 年,G. Kirchhoff 为了解一类线性方程组而发展了树的理论,该方程组是描述一个电网络的每一条支路中环绕每一个圈的电流的。G. Kirchhoff 虽然是一个物理学家,但他像数学家一样思考问题,将电网络及其中的电阻、电容、电感等都抽象掉了,而代之以点和线组成的图。他还证明,为了解这个方程组,不需要分别考虑代表电网络的图中的每一个圈,只要考虑图的任何一个生成树所决定的那些独立圈就可以了,如图 5.7 所示。

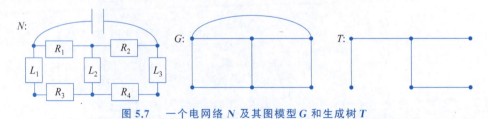

图 5.7 一个电网络 N 及其图模型 G 和生成树 T

例 5.5 同分异构体的计数。

1857 年,化学家 A. Cayley 在研究具有 n 个碳原子的碳氢化合物 $C_n H_{2n+2}$ 的同分异构体的数目时发现了一类重要的图——树。

A. Cayley 抽象地给出了这一问题:求具有 p 个顶点的树的数目,其中每个点的度不是 1 就是 4。A. Cayley 通过依次讨论有根树、树、每个点的度至多为 4 的树的数目而解决了这一问题。系统地研究树的则是约当,约当把树作为一个纯数学的对象而独立发现了它,而一点也没有觉察到它与现代化学学说有关,约当最终解决了树的计数问题。

5.1.2 游戏类问题

例 5.6 四色方柱问题。

问题描述:四个大小相同的立方体,每个立方体的每个面涂上红(R)、蓝(B)、绿(G)和黄(Y)四色之一。试将四个立方体堆成一个柱体,使得四种颜色在柱体的每个侧面上同时出现。例如,已涂色的四个立方体①、②、③、④的面展开图如图 5.8 所示。

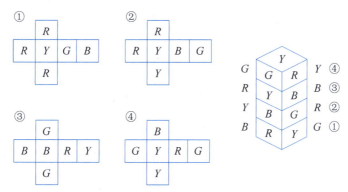

图 5.8 涂色立方体的图表示

(1) 首先考虑立方体面的涂色状况的表示——建立图模型。

方法:以四种颜色 R、B、G 和 Y 为四个顶点,立方体的一对相对面所对应的颜色间连一条边。得到的图可能带环或有多重边,如图 5.9 所示。

(2) 把四个立方体对应的图重叠在一起得到一个如图 5.10 所示的伪图 H,每条边标上立方体的编号。

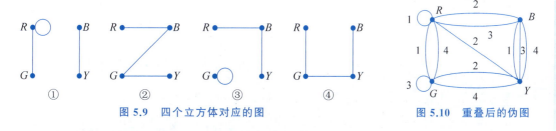

图 5.9 四个立方体对应的图   图 5.10 重叠后的伪图

(3) 判断 H 中是否有具有以下两个性质的子图 H_1 和 H_2。

(a) H_1 和 H_2 没有公共边且每个顶点均关联两条边。

(b) H_1 和 H_2 边的标号中 1、2、3、4 均出现。

如果不存在一对这样的 H_1 和 H_2,则无解;否则有解并且可按下法构造解(堆积成所要的柱体)。

在我们的例子中,H_1 和 H_2 存在且如图 5.11 所示。

(4) 以 H_1 作为堆成的柱体的前后面对应的图,以 H_2 作为左右面对应的图。

现在要问:这个方法是怎么想出来的?

关键在想到用图来表示染色方法。这是灵感!然后倒推回去,便会整理出这种方法。

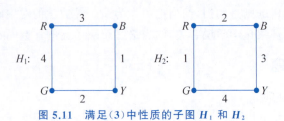

图 5.11　满足(3)中性质的子图 H_1 和 H_2

例 5.7　马踏棋盘问题。

在 8×8 的国际象棋棋盘上,用一个马按照马步跳遍整个棋盘,要求每个格子都只跳到一次,最后回到出发点。

马踏棋盘问题是旅行商问题的一个特例。旅行商问题是一个经典的组合优化问题：一个商品推销员要去若干城市推销商品,该推销员从一个城市出发,要求经过所有城市后再回到出发地。问题：应如何选择行进路线以使总的行程最短？从图论的角度来看,该问题实质是在一个带权完全无向图中,找一个权值最小的哈密顿圈。

5.1.3　应用类问题

通过建立图模型有助于解决各种各样的应用类问题,下面给出几个常见的应用问题。

例 5.8　社交网络中的影响力问题。

在社交网络中,每个用户都有一定的影响力,而影响力的大小会受到多种因素的影响,如用户的粉丝数量、互动频率、发布内容的质量等。社交网络中用户影响力的评估及意见领袖的识别在商业营销、舆情控制及社会管理等方面具有重要意义。广告商和营销人员可以利用社交网络中最有影响力的人来传播信息或推销商品,还可以通过影响力阻断最大化来控制竞争对手的信息传播。

例 5.9　金融风险控制中的反欺诈问题。

金融借贷业务的流程是：用户前来申请借贷,会先经过欺诈识别,把欺诈团伙和主观欺诈的个人拒绝掉,然后对通过的人做信用评估,最后根据额度模型,算出利润最大化时的放款金额。

图有助于欺诈交易的异常模式的发现,基于节点相似性的社区划分等社团发现算法则有助于团伙欺诈行为的识别。

例 5.10　物流配送路线规划问题和配送中心选址问题。

物流公司由配送中心和配送终端组成,配送中心衔接配送终端,配送终端将货物从配送中心送到最终客户手中,而从配送中心到终端用户之间的路线就是配送路线。物流公司可以使用图论知识优化配送人员的路线和配送中心的选址,以便提高响应时间,降低物流成本。

5.2　基本概念

5.2.1　图的定义

设 V 为非空有穷集合,V 的所有二元子集构成集合 $\mathscr{P}_2(V) = \{\{u,v\} \mid u,v \in V, u \neq v\}$。

定义 5.1　设 V 为非空有穷集合,$E \subseteq \mathscr{P}_2(V)$,则二元组 $G = (V, E)$ 称为一个无向图,简

称为图。

用二元子集表述无向图的边,利用的是集合中元素的无序性。

给定 $G=(V,E)$,V 称为 G 的顶点集,$\forall v \in V$,v 称为 G 的顶点。E 称为 G 的边集,如果 $\{u,v\} \in E$,则 $\{u,v\}$ 称为 G 的边,简记为 uv 或 vu,这时,称 u 与 v 邻接,uv 与 u 或 v 的关系则称为关联关系,顶点 u,v 又称为边 uv 的端点。

设 $V=\{v_1,v_2,v_3,v_4\}$,$E=\{\{v_1,v_2\},\{v_1,v_4\},\{v_1,v_3\}$,$\{v_2,v_4\}\}$,则 $G=(V,E)$ 就是一个形如图 5.12 所示的无向图。用图 5.12 表示图的这种方法称为图的图解表示法,这种方法非常直观。将现实问题建模为图以后,再用这种图解表示出来并基于它来思考问题要比思考真实场景容易得多。

图 5.12　无向图的图解

无向图还可以用如图 5.13 所示的邻接矩阵来表示,如果两个顶点间有边则对应的矩阵值为 1,否则为 0,使用这种表示法允许我们用线性代数的办法(矩阵理论)来研究图的性质,而且便于在计算机中保存图。

	v_1	v_2	v_3	v_4
v_1	0	1	1	1
v_2	1	0	0	1
v_3	1	0	0	0
v_4	1	1	0	0

图 5.13　无向图的邻接矩阵表示

设 $G=(V,E)$,如果 $|V|=p$,$|E|=q$,则称 G 是一个 (p,q) 图。$(1,0)$ 图称为平凡图,$G=(V,\Phi)$ 称为零图。

假设 $G=(V,E)$,$H=(U,F)$ 是两个图,则 $G=H \Leftrightarrow V=U,E=F$。

如果将 E 看作关系,则 E 是对称的、反自反的,$G=(V,E)$ 就是在 V 上定义了一个反自反且对称的二元关系后形成的有穷系统。

定义 5.2　设 V 为非空有穷集合,$A \subseteq V \times V \setminus \{(u,u) | u \in V\}$,则称二元组 $D=(V,A)$ 为有向图(Digraph)。

用序对来表示有向图的边,利用的是序对的有序性。

给定 $D=(V,A)$,V 称为 D 的顶点集,$\forall v \in V$,v 称为 D 的顶点。A 称为 D 的有向边(弧)集,如果 $(u,v) \in A$,则 (u,v) 称为 D 的有向边(弧),简记为 uv。

假设 $u,v \in V$,$x=uv \in A$,则 u 和 v 邻接,v 和 u 不邻接,u 是 x 的起点,v 是 x 的终点,x 和 u,v 关联,u 是 v 的前驱,v 是 u 的后继。

$D=(V,A)$ 就是在 V 上定义了一个反自反的二元关系后形成的有穷系统。$D^T=(V,A^{-1})$ 称为 D 的反向图。

与无向图类似,有向图也可以采用如下几种形式来表示。

(1) 形式化定义。设 $D=(V,A)$,给出 V 和 A 的定义即可,这种表示形式不直观。

例 5.11　给定 $D=\{v_1,v_2,v_3,v_4\}$,$A=\{(v_1,v_2),(v_2,v_4),(v_3,v_1),(v_1,v_4)\}$,则 $D=(V,A)$ 就是一个有向图。

(2) 图解。设 $D=(V,A)$，V 中的每个顶点用一个圆点来表示，若 $x=uv\in A$，则从 u 到 v 画一条带箭头的线，图解比较直观，图的某些性质从图解就可以很容易地看出来。

例 5.12 对于例 5.11 所给出的有向图 $D=(V,A)$，其图解如图 5.14 所示。

(3) 邻接矩阵。设 $D=(V,A)$，则 D 可以表示为 $|V|\times|V|$ 的布尔矩阵，如果两个顶点间有边则对应的矩阵值为 1，否则为 0，该布尔矩阵称为 D 的邻接矩阵。

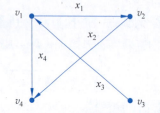

图 5.14 例 5.11 中有向图 D 的图解

例 5.13 对于例 5.11 所给出的有向图 $D=(V,A)$，其邻接矩阵如图 5.15 所示。

	v_1	v_2	v_3	v_4
v_1	0	1	0	1
v_2	0	0	0	1
v_3	1	0	0	0
v_4	0	0	0	0

图 5.15 例 5.11 中有向图的邻接矩阵

(4) 关联矩阵。设 $D=(V,A)$，则 D 可以表示为 $|V|\times|E|$ 的布尔矩阵，矩阵的每一行对应一个顶点，每一列对应一条有向边，设 $x_k=v_iv_j\in A$，则矩阵的第 i 行第 k 列为 1，第 j 行第 k 列为 -1，其他元素为 0，该布尔矩阵称为 D 的关联矩阵。

例 5.14 对于例 5.11 所给出的有向图 $D=(V,A)$，其关联矩阵如图 5.16 所示。

	x_1	x_2	x_3	x_4
v_1	1	0	-1	1
v_2	-1	1	0	1
v_3	0	0	1	0
v_4	0	-1	0	-1

图 5.16 例 5.11 中有向图的关联矩阵

具有 p 个顶点的有向图共有 2^{p^2-p} 个，具有 p 个顶点的无向图共有 $2^{C_p^2}$ 个，p 个顶点 q 条边的有向图共有 $C_{p^2-p}^q$ 个。

无向图中，端点相同的边称为环(loop)，端点不相同的边称为链(link)，两个顶点间关联多于一条边时这些边称为多重边(multiedge)；有向图中，起点和终点为同一顶点的边称为环，起点和终点分别相同的两条边称为多重边。既没有环也没有多重边的图称为简单图(simple graph)，带环图和具有多重边的图均称为伪图(pseudograph)。

无向图的定向图是指将无向图的每条无向边转换成有向弧之后得到的有向图，定向有向图的任意两个顶点间至多有一条弧。交通网络图中经常会出现交通拥挤，出现交通拥挤时能否采用定向技术，使其不拥挤？1939 年，Robbin 给出了一个充要条件：无向图 G 具有

强连通定向图 $D \Leftrightarrow G$ 连通且无桥。遗憾的是,该结论因为没有考虑边上的权重而没有实用性。

5.2.2 子图

子图的概念可以让我们从已有的图产生新图。简单地讲,图的一部分顶点和一部分边构成的图就是它的子图。

定义 5.3 设 $G=(V,E)$,如果 $V_1 \subseteq V, E_1 \subseteq E$,则图 $H=(V_1,E_1)$ 称为 G 的子图。

定义 5.4 设 $G=(V,E)$,如果 $E_1 \subseteq E$,则 G 的子图 $H=(V,E_1)$ 称为 G 的生成子图。

在图论中,"生成"两字特指"包含所有顶点"的意思,于是,G 的生成子图就是指包含 G 的所有顶点的子图。

定义 5.5 设 $G=(V,E)$,如果 $V_1 \subseteq V, V_1 \neq \Phi$,则 G 的以 V_1 为顶点集的极大子图 $<V_1>=(V_1, \mathscr{P}_2(V_1) \cap E)$ 称为由 V_1 导出的子图。

例 5.15 设 $G=(V,E)$ 是如图 5.17(a) 所示的无向图,则图 5.17(b) 给出的是 G 的子图,图 5.17(c) 给出的是 G 的生成子图,图 5.17(d) 给出的则是 G 的由 $\{v_1, v_2, v_4\}$ 导出的子图。

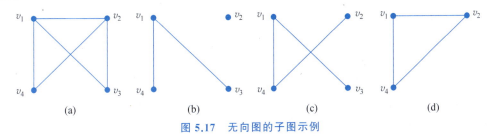

图 5.17 无向图的子图示例

设 $G=(V,E), v \in V, x \in E$,去掉顶点 v 得到的子图记作 $G-v$,去掉边 x 得到的子图记作 $G-x$。假设 $uv \notin E$,则往 G 中增加边 uv 后得到的图记作 $G+uv$。

定义 5.6 设 $D=(V,A)$,如果 $V_1 \subseteq V, A_1 \subseteq A$,则有向图 $H=(V_1,A_1)$ 称为 D 的子图。

定义 5.7 设 $D=(V,A)$,如果 $A_1 \subseteq A$,则 D 的子图 $H=(V,A_1)$ 称为 D 的生成子图。

定义 5.8 设 $D=(V,A)$,如果 $V_1 \subseteq V, V_1 \neq \Phi$,则 D 的以 V_1 为顶点集的极大子图 $<V_1>=(V_1, (V_1 \times V_1) \cap A)$ 称为由 V_1 导出的子图。

例 5.16 设 $D=(V,A)$ 是如图 5.18(a) 所示的有向图,则图 5.18(b) 给出的是 D 的子图,图 5.18(c) 给出的是 D 的生成子图,图 5.18(d) 给出的则是 D 的由 $\{v_1, v_2, v_4\}$ 导出的子图。

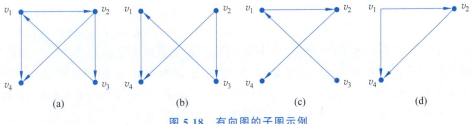

图 5.18 有向图的子图示例

5.2.3 度

定义 5.9 设 $G=(V,E)$, $v\in V$, 以 v 为端点的边的条数称为 v 的度, 记为 $\deg_G v$, 简记为 $\deg v$。

换句话说, $\deg v$ 就是与 v 邻接的顶点数, 度的概念很重要, 利用它可以得到图论的第 1 个定理, 该定理是欧拉给出的。

定理 5.1 设 $G=(V,E)$ 是 (p,q) 图, 则 $\sum\limits_{v\in V}\deg v=2q$。

【证明】 因为每一条边关联两个顶点, 因此每一条边对 $\sum\limits_{v\in V}\deg v$ 的贡献为 2, G 中共有 q 条边, 所以 $\sum\limits_{v\in V}\deg v=2q$。∎

推论 5.1 任一图中, 度为奇数的顶点的数目为偶数。

【证明】 设 $G=(V,E)$, V 中所有奇度顶点之集记为 V_1, V 中所有偶度顶点之集记为 V_2, 则根据定理 5.1, $\sum\limits_{v\in V_1}\deg v+\sum\limits_{v\in V_2}\deg v=2q$, 显然 $\sum\limits_{v\in V_2}\deg v$ 和 $2q$ 均为偶数, 因此 $\sum\limits_{v\in V_1}\deg v$ 也是偶数, 又因为 $\forall v\in V_1$, $\deg v$ 是奇数, 偶数个奇数的和才能是偶数, 因此 $|V_1|$ 必然是偶数, 亦即任一图中, 度为奇数的顶点的数目必为偶数。∎

设 $G=(V,E)$, $|V|=p$ 称为图 G 的阶, 且对于 $\forall v\in V$, $0\leqslant\deg v\leqslant p-1$, G 中顶点的最小度数记为 $\delta(G)=\min\limits_{v\in V}\{\deg v\}$, 最大度数记为 $\Delta(G)=\max\limits_{v\in V}\{\deg v\}$。

于是, 根据定理 5.1, $p\times\Delta(G)\geqslant 2q\geqslant p\times\delta(G)$。

定义 5.10 $D=(V,A)$ 是一个有向图, $v\in V$, 以 v 为起点的弧的条数称为 v 的出度, 记为 $\mathrm{od}(v)$; 以 v 为终点的弧的条数称为 v 的入度, 记为 $\mathrm{id}(v)$。

$\mathrm{id}(v)$ 就是指向 v 的弧的条数, 即 v 的前驱数, $\mathrm{od}(v)$ 就是离开 v 的弧的条数, 即 v 的后继数, 于是, $\mathrm{id}(v)=|\{(u,v)|(u,v)\in A\}|$, $\mathrm{od}(v)=|\{(v,u)|(v,u)\in A\}|$。

定理 5.2 设 $D=(V,A)$ 是一个 (p,q) 有向图, 则 $\sum\limits_{v\in V}\mathrm{id}(v)=\sum\limits_{v\in V}\mathrm{od}(v)=q$, $\sum\limits_{v\in V}(\mathrm{id}(v)+\mathrm{od}(v))=2q$。

【证明】 A 中每条边对 $\sum\limits_{v\in V}\mathrm{id}(v)$ 和 $\sum\limits_{v\in V}\mathrm{od}(v)$ 的贡献均为 1, 因为 $|A|=q$, 所以 $\sum\limits_{v\in V}\mathrm{id}(v)=\sum\limits_{v\in V}\mathrm{od}(v)=q$, 故 $\sum\limits_{v\in V}(\mathrm{id}(v)+\mathrm{od}(v))=2q$。∎

5.2.4 正则图

定义 5.11 设 $G=(V,E)$, 如果 $\forall v\in V$, $\deg v=r$, 则称 G 为 r-正则图。

于是, 根据定理 5.1, $2q=p\times r$。

3-正则图又称为 3 次图, 由定理 5.1 易知, 3 次图的顶点数为偶数。

例 5.17 具有 4 个顶点的 0-正则图、1-正则图、2-正则图、3-正则图如图 5.19 所示。

定义 5.12 设 $G=(V,E)$, $|V|=p$, 如果 $\forall v\in V$, $\deg v=p-1$, 则称 G 为完全图, 记为 K_p。图 $D=(V,(V\times V)\setminus\{(v,v)|v\in V\})$ 称为有向完全图。

具有 p 个顶点的完全图 K_p 共有 $C_p^2=\dfrac{p(p-1)}{2}$ 条边, 显然, 任意两个顶点间都有一条

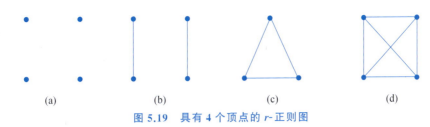

(a)　　　　　(b)　　　　　(c)　　　　　(d)

图 5.19　具有 4 个顶点的 r-正则图

边，不能再加入边了。有向完全图则有 p^2-p 条边。

例 5.18　具有 1～4 个顶点的完全图如图 5.20 所示。

K_1　　　　　K_2　　　　　K_3　　　　　K_4

图 5.20　具有 1～4 个顶点的完全图

例 5.19　具有 3 个顶点的有向完全图如图 5.21 所示。

例 5.20　n 个人组成的团体中必有两个人，这两个人在此团体中的朋友数相同。

【**证明**】　首先建立图模型：每个人作为顶点，顶点集记为 V。如果两个人是朋友关系，则在这两个人对应的顶点间有一条边，边集记为 E，于是得到图 $G=(V,E)$，原来的问题就转换成了图 G 中的问题，朋友数对应顶点的度数。翻译一下，得到定理 5.3。∎

图 5.21　具有 3 个顶点的有向完全图

定理 5.3　设 $G=(V,E)$，$|V|=p$，则 $\exists u、v\in V$，$u\neq v$，使得 $\deg u=\deg v$。

【**证明**】　采用反证法。

假设结论不成立，即 G 中任两个顶点的度数不相同，则 p 个顶点的度数分别为 $0,1,2,\cdots,p-1$，由于有一个顶点的度数为 0，又有一个顶点的度为 $p-1$，这是不可能的。因此 $\exists u,v\in V$，$u\neq v$，使得 $\deg u=\deg v$。∎

定理 5.3 的证明没用抽屉原理，用的是度的概念。

5.2.5　图的同构

请读者观察一下，图 5.22 给出的两个图具有什么关系？经过仔细观察，我们发现，图 5.22 给出的是两个完全相同的图，这是因为它们的顶点集和边集分别对应相等。如果我们将其中一个图的顶点的名字全部换成其他名字，如图 5.23 所示，它们又具有什么关系呢？

显然，图 5.23 中的两个图不是相同的图，因为它们的顶点集和边集均不相等。但它们的图解与图 5.22 相比没有任何变化，也就是说，它们的图解结构是一样的，这时，我们称它们是同构的关系，两个同构的图结构相同，其顶点的命名则可以是不同的。

定义 5.13　设 $G_1=(V_1,E_1)$，$G_2=(V_2,E_2)$ 是两个无向图，如果存在一个一一对应 φ：

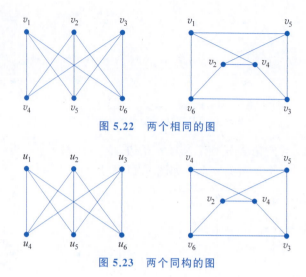

图 5.22 两个相同的图

图 5.23 两个同构的图

$V_1 \to V_2$,使得 $\forall u, v \in V_1, uv \in E_1 \Leftrightarrow \varphi(u)\varphi(v) \in E_2$,则称 G_1 与 G_2 同构,记为 $G_1 \cong G_2$。

定义 5.14 设 $D_1 = (V, A), D_2 = (U, B)$ 是两个有向图,如果存在一个一一对应 $\varphi: V \to U$,使得 $\forall u, v \in V, (u, v) \in A \Leftrightarrow (\varphi(u), \varphi(v)) \in B$,则称 D_1 与 D_2 同构,记作 $D_1 \cong D_2$。

定义 5.13 和定义 5.14 中的一一对应是对顶点重新命名的法则,而 $uv \in E_1 \Leftrightarrow \varphi(u)\varphi(v) \in E_2$ 和 $(u, v) \in A \Leftrightarrow (\varphi(u), \varphi(v)) \in B$ 则表示顶点间的邻接关系在一一对应下保持不变。显然,同构关系是一个等价关系,同一等价类中的图都是同构的。

判断两个图是否同构是一件非常困难的事情,只有上面这个定义,目前没有得到其他的简单条件。但是人们认为子图能反映图的特征,所有子图反映图的所有特征。基于此,S. Ulam 给出了如下的猜想。

乌拉姆猜想:设 $G = (V, E), H = (U, F), V = \{v_1, v_2, \cdots, v_p\}, U = \{u_1, u_2, \cdots, u_p\}$,如果 $\forall i \in \{1, 2, \cdots, p\}$ 均有 $G - v_i \cong H - u_i$,则 $G \cong H$。

设 $G = (V, E), H = (U, F)$,判断 G 中是否存在与 H 同构的子图称为子图同构问题。在化学、运筹学、计算机科学、电子学等学科经常会遇到图的同构问题和子图同构问题,特别是计算机视觉处理、信息检索、数据挖掘、VLSI 设计验证、网络理论等计算机相关领域所涉及的图匹配技术的核心本质上都是图同构或子图同构问题。

顶点和边精确匹配的精确图同构问题是 NP 问题(典型算法有 VF2 算法),精确子图同构问题(典型算法有 Ullman 算法、Nauty 算法、SD 算法和 VF 算法等)、不精确图同构问题、不精确子图同构问题都是 NP 完全问题。

5.3 路、圈与连通图

前面引入了图、子图、度、正则图、同构等概念,为了描述图的更多特征,继续引入更多概念。

从铁路交通网、公路交通网或通信网络抽象出来的图需要关注一个重要特征——连通:从一个顶点可以到达任何一个顶点,亦即任意两个顶点间有路。什么叫路?什么叫圈?

5.3.1 路与圈

为了引入与连通有关的概念,我们先来观察图 5-24 所示的图,图中带有标号和箭头的虚线给出了在图上的一个游走过程,从 v_1 经 v_1v_2 到达 v_2,再从 v_2 经 v_2v_4 到达 v_4,再经 v_4v_5 达到 v_5,经 v_5v_2 到达 v_2,经 v_2v_3 到达 v_3,这种顶点和边的交错序列称为通道。

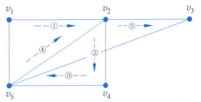

图 5-24 图上的游走

定义 5.15 设 $G=(V,E)$,G 中顶点和边的交错序列 $v_0,x_1,v_1,x_2,v_2,\cdots,x_n,v_n$ 称为 G 的一条通道(walk),其中,$x_i=v_{i-1}v_i,i=1,2,\cdots,n$,记为 $v_0v_1v_2\cdots v_n$,又称为 v_0-v_n 通道。边数 n 称为通道的长度,若 $v_0=v_n$,则称该通道为闭通道,其长度仍为 n。

通道中的顶点和边都允许重复,这种走法一般没有意义。稍重要一点的概念称为迹。

定义 5.16 设 $G=(V,E)$,G 中一条没有重复边的通道 $v_0v_1v_2\cdots v_n$ 称为 G 的一条迹(trail),边数 n 称为迹的长度,若 $v_0=v_n$,则称该迹为闭迹,其长度仍为 n。

迹的概念来源于哥尼斯堡七桥问题。

定义 5.17 设 $G=(V,E)$,G 中一条没有重复顶点的通道 $v_0v_1v_2\cdots v_n$ 称为 G 的一条路(path),边数 n 称为路的长度,若 $v_0=v_n$,则称该路为闭路或圈(circle),其长度仍为 n。

例 5.21 在图 5.24 所示的图中,$v_1v_2v_4v_5v_1v_2v_3$ 是一条通道,其长度为 6,$v_1v_2v_4v_5v_1v_2v_3v_5v_1$ 是一条闭通道,其长度为 8。$v_1v_2v_4v_5v_2v_3$ 是一条迹,其长度为 5,$v_1v_2v_4v_5v_2v_3v_5v_1$ 是一条闭迹,其长度为 7。$v_1v_2v_4v_5$ 是一条路,其长度为 3,$v_1v_2v_4v_5v_1$ 是一个圈,其长度为 4。

类似地可以定义有向图 $D=(V,A)$ 的有向通道、闭有向通道、有向迹、闭有向迹、有向路和有向圈及它们的长度等概念。

定义 5.18 设 $D=(V,A)$,D 中顶点和弧的交错序列 $v_0,x_1,v_1,x_2,v_2,\cdots,x_n,v_n$ 称为 D 的一条弱通道,其中,$x_i=v_{i-1}v_i$ 或 $x_i=v_iv_{i-1},i=1,2,\cdots,n$。如果 $v_0=v_n$,则称该弱通道为闭弱通道。如果 D 的一条弱通道上各顶点互不相同,则称此弱通道为弱路。如果闭弱通道上各顶点互不相同,则称此闭弱通道为弱圈。

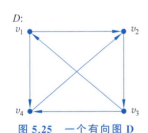

图 5.25 一个有向图 D

类似地可以定义弱迹、闭弱迹、生成弱迹、生成弱圈等概念。

例 5.22 在如图 5.25 所示的图 D 中,有向通道 $v_1v_2v_3v_1v_2$ 是一条长为 4 的有向通道,$v_1v_2v_3v_1$ 则是一条有向闭通道。$v_1v_4v_2v_3v_1v_2$ 是一条有向迹,$v_1v_4v_2$ 是一条有向路,$v_1v_4v_2v_3v_1$ 则是一个有向圈。

5.3.2 图的连通性

一个图有没有路、有没有圈至关重要,有了这个概念,则可以定义一个最重要的概念——连通图。

定义 5.19 设 $G=(V,E)$,如果 $\forall u,v\in V,u\neq v,u$ 和 v 间有一条路,则称 G 为连通图(connected graph),或说 G 是连通的,否则称 G 不连通。

为了便于讨论有向图的连通性,我们在顶点集 V 上定义一个可达关系。

定义 5.20 设 $D=(V,A)$ 是一个有向图。$R\subseteq V\times V$，如果 $\forall u、v\in V, uRv$ 当且仅当在 D 中有一条从 u 到 v 的有向路，则称 R 为可达关系。如果 uRv，则称从 u 可达到 v，或 v 是从 u 可达的。

约定从 u 可达到 u，于是，可达关系就是自反的和传递的。

定义 5.21 设 $D=(V,A)$ 是一个有向图。$\sim\subseteq V\times V$，如果 $\forall u、v\in V, u\sim v$ 当且仅当从 u 可达到 v 且从 v 也可达到 u，则称 $\sim$ 为互达关系。

易见，互达关系是 V 上的等价关系。

设 $D=(V,A)$ 是一个有向图，$\forall u、v\in V$，D 中 u 和 v 间被有向边连接的情况可以分为如下几种：

(1) u 与 v 可以互达。

(2) 从 u 可达到 v 或从 v 可达到 u。

(3) u 与 v 间有一条弱路。

上面三种情况反映的是有向图的连通程度，于是我们有下述的几个定义。

定义 5.22 设 $D=(V,A)$ 是一个有向图，如果 $\forall u、v\in V, u$ 与 v 互达，则称 D 是强连通有向图。

定义 5.23 设 $D=(V,A)$ 为有向图，如果 $\forall u、v\in V$，从 u 可达到 v 或从 v 可达到 u，则称 D 是单向连通的。

定义 5.24 有向图 $D=(V,A)$ 称为弱连通的，如果 $\forall u、v\in V, u$ 与 v 间有一条弱路。

显然，有向图 D 是强连通的，则 D 是单向连通的，但反之不真。D 是单向连通的，则 D 是弱连通的，但反之不真。

5.3.3 连通图的判定

怎样判别图的连通性？当然要根据顶点间有没有路，又因为图的顶点集是有穷的，因此每个图都有一条最长的路。

在图论中，利用最长路进行证明是一种非常有用的技巧，最长路法本质上是一种限界法，通过限界有可能减少需要分析的情况，也有可能得到有助于证明结论成立的中间结果。

为了便于讨论，我们在顶点集 V 上定义一个等价关系，并将其等价类定义为支。

如果一个图不连通，则存在两个顶点间没有路。

直观地，图会分成几块，任意两块间没有边，每一块都是连通的，而且块作为子图是最大的，亦即没有一个连通子图真包含它，图 G 的极大连通子图称为 G 的一个（连通分）支。

形式化地，设 $G=(V,E)$，V 上定义一个二元关系 $\cong$，$\cong\subseteq V\times V$，$\forall u、v\in V, u\cong v\Leftrightarrow u$ 和 v 间有一条路。我们认为，$\forall u\in V, u$ 与 u 间有长为 0 的路，所以 $\cong$ 是自反的。容易验证，$\cong$ 还是对称的和传递的，亦即 $\cong$ 是一个等价关系，其等价类之集 $V/\cong$ 是 V 的一个划分，假设 $V_i\in V/\cong$，由 V_i 导出的子图称为 G 的一个支。

利用支的概念可以比较容易地证明如下的定理 5.4。

定理 5.4 设 $G=(V,E)$ 是一个 (p,q) 图，如果对 G 的任两个不邻接的顶点 u 和 v 有 $\deg u+\deg v\geq p-1$，则 G 是连通的。

【证明方法一】 采用反证法。

假如 G 不连通，则 G 至少有两个支，不妨设 $G_1=(V_1,E_1)$ 是其中一个支，其他各支构

成的子图记为 $G_2=(V_2,E_2)$，令 $|V_1|=p_1,|V_2|=p-p_1$。

显然，$\forall u\in V_1,\deg u\leqslant p_1-1$，$\forall v\in V_2,\deg v\leqslant p-p_1-1$，$uv\notin E$，但是，$\deg u+\deg v\leqslant p_1-1+p-p_1-1=p-2<p-1$，这与假设 $\deg u+\deg v\geqslant p-1$ 相矛盾，所以 G 是连通的。

【证明方法二】 $\forall u、v\in V$，如果 u 与 v 不邻接，则 $\exists w\in V$ 使 $uw、vw\in E$，从而 u 与 v 之间有路，因而 G 是连通的。因为如果 u 与 v 不邻接且 $\neg\exists w\in V$ 使 $uw、vw\in E$，则 $\deg v\leqslant p-2-\deg u$，即 $\deg u+\deg v\leqslant p-2<p-1$，这与假设 $\deg u+\deg v\geqslant p-1$ 相矛盾。∎

证明方法二附带得到了一个结论：在定理 5.4 的条件下，任两个顶点间必有一条长度小于或等于 2 的路。

定理 5.4 给出的只是图连通的一个充分条件，不满足它的图也可能是连通的。如图 5.26 所示的两个图都是连通的，但它们均不满足定理 5.4 的条件。

定理 5.4 的条件改为 $\deg u+\deg v\geqslant p-2$ 也不行，如图 5.27 所示的两个 K_5 合在一起构成的图中，$\deg u+\deg v=8\geqslant p-2$，但该图却是不连通的。

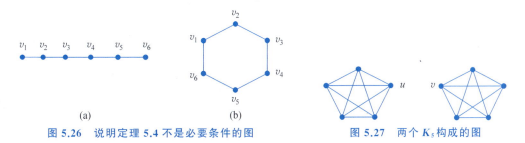

图 5.26 说明定理 5.4 不是必要条件的图　　图 5.27 两个 K_5 构成的图

推论 5.2 设 $G=(V,E)$ 是一个 (p,q) 图，如果对 $\forall v\in V$ 均有 $\deg v\geqslant\lceil p/2\rceil$，则 G 是连通的。

有向图 D 中的极大强连通子图称为 D 的一个强支。

显然，D 是强连通的当且仅当 D 是 D 的唯一强支。如果 D 不是强连通的，则 D 至少有两个强支。有向图 $D=(V,A)$ 的强支可形式化地定义如下：D 中互达关系 ~ 是 V 上的等价关系，~ 的每个等价类 V_i 导出的 D 的子图 $D_i=(V_i,(V_i\times V_i)\cap A)$ 称为 D 的强支。于是 D 的强支数等于 $|V/\sim|$。

定理 5.5 有向图 D 是强连通的当且仅当 D 中有一条生成闭通道。

有向图 D 的极大单向连通子图称为 D 的单向支。D 是单向连通的当且仅当 D 是 D 的唯一单向支。

定理 5.6 D 是单向连通的当且仅当 D 中有一个生成有向通道。

定理 5.7 有向图 $D=(V,A)$ 的每个顶点恰好在 D 的一个强支中。但每条弧至多在一个强支中，特别是，有的边可以不在任何强支中。

定理 5.8 有向图是连通的当且仅当 D 中有一条弱生成通道，或者说当且仅当忽略 D 的有向边的箭头后得到的（多重）无向图是连通的。

给定 $G=(V,E)$，编程判断：G 连通吗？可以使用如下三种方法：

（1）采用深度优先遍历。

（2）采用广度优先遍历。

（3）利用 Warshall 求邻接矩阵的传递闭包。

5.3.4 有圈图的判定

一个图有圈没圈在某些应用中至关重要,牵扯到某种安排能否实现,下面的定理 5.9 给出了一个图有圈的充分条件。

定理 5.9 设 $G=(V,E)$ 是至少有一个顶点不是孤立顶点的图,$\forall v \in V$,$\deg v$ 为偶数,则 G 中有圈。

【证明】 采用最长路法。

考察 G 中的最长路 $v_1 v_2 \cdots v_n$。由于 $\deg v_1 \geqslant 2$ 且 $v_1 v_2 \cdots v_n$ 是最长的路,所以 G 中与 v_1 邻接的顶点就都在这条路上,于是,除了 v_2 之外这条最长路上必有某个 $v_i (3 \leqslant i \leqslant n)$ 与 v_1 邻接,从而 $v_1 v_2 \cdots v_i v_1$ 是 G 的一个圈。

推广一下定理 5.9,如果 $\delta(G) \geqslant 2$,则 G 中有一个长至少为 3 的圈。

如果 $\delta(G) \geqslant m \geqslant 2$,则 G 中有一个长至少为 $m+1$ 的圈。类似地,考察 G 中的最长路 $v_1 v_2 \cdots v_n$,因为 $\deg v_1 \geqslant \delta(G) \geqslant m \geqslant 2$,所以不妨假设与 v_1 邻接的顶点为 $v_{i_1}, v_{i_2}, \cdots, v_{i_m}$,它们都在这条最长路 $v_1 v_2 \cdots v_n$ 上,且 $i_1 = 2, i_m \geqslant m+1$,于是 $v_1 v_2 \cdots v_{i_m-1} v_{i_m} v_1$ 就是一个长至少为 $m+1$ 的圈。由此可以证明存在例 5.23 所述的一种安排方式。

例 5.23 n 个人的宴会上,每个人至少有 $m(m \geqslant 2)$ 个朋友,则有不少于 $m+1$ 个人坐在一个圆桌上,每个人的左右均为朋友。

定理 5.10 设 $G=(V,E)$,$\forall u, v \in V, u \neq v$,如果 u 和 v 间有两条不同的路,则 G 中必有圈。

【证明】 $\forall u, v \in V, u \neq v$,设 P_1 和 P_2 是 u 与 v 间的两条不同的路。由于 $P_1 \neq P_2$,因此必有一条边(不妨设为 $v_1 v_2$)在 P_2 上而不在 P_1 上。于是,$P_1 \cup P_2$ 是 G 的一个连通子图,而且 $P_1 \cup P_2 - v_1 v_2$ 也是连通的,从而在 $P_1 \cup P_2 - v_1 v_2$ 中 v_1 与 v_2 间有路。于是,$P_1 \cup P_2$ 中有圈 $v_1 \cdots v_2 v_1$,从而 G 中有圈。

给定 $G=(V,E)$,编程判断:G 中有圈吗?可以使用如下两种方法:

(1) 采用深度优先遍历。
(2) 采用 Floyd 判圈算法。

在实际应用中,有向图中是否存在有向圈,对应用将起决定性作用。

定理 5.11 有向图 $D=(V,A)$ 中没有有向圈,则 D 中必有一个顶点 $v \in V$ 使得 v 的出度 $od(v)$ 为 0。

【证明】 考察 D 中最长有向路终点即得证。

定理 5.12 有向图 $D=(V,A)$ 中没有有向圈当且仅当 D 中每一条有向通道均为有向路。

【证明】 必要性$\Rightarrow$:如果有向通道 P 不是有向路,P 上必有重复顶点,从而有有向圈,矛盾。

充分性$\Leftarrow$:如果 D 有有向圈,则必有有向通道上含重复顶点,从而不是有向路,矛盾。

定理 5.13 有向图 $D=(V,A)$ 中有有向圈当且仅当 D 中有有向子图 $D_1=(V_1,A_1)$ 使得 $\forall v \in V_1$ 有
$$id_{D_1}(v) > 0 \text{ 且 } od_{D_1}(v) > 0$$

【证明】 必要性$\Rightarrow$:显然成立。

充分性⇐：设 $D_1=(V_1,A_1)$ 是 D 的子图，并且 $\forall v\in V_1$
$$\text{id}_{D_1}(v)>0,\quad \text{od}_{D_1}(v)>0$$
设 $P=v_1v_2\cdots v_n$ 是 D_1 中最长的一条有向路，由于在 V_1 中每个 v 有 $\text{id}_{D_1}(v)>0$ 且 $\text{od}_{D_1}(v)>0$，所以 $\exists v_i\in V$ 使得 $i\neq n,(v_n,v_i)\in A_1$，故 $v_iv_{i+1}\cdots v_nv_i$ 是 D 中的圈。

定理 5.14 设 $D=(V,A)$ 是一个连通有向图，如果 $\forall v\in V$ 总有 $\text{od}(v)=1$，则 D 中恰有一个有向圈。

【证明】 由定理 5.13 的证明可知 D 中有一个有向圈。若 D 中有两个有向圈 C_1 和 C_2，则 C_1 与 C_2 必有公共顶点。因为否则由 D 连通，C_1 上任一顶点与 C_2 上任一顶点必有一条弱路，则 C_1 上或 C_2 上必有某点出度至少为 2，这是不可能的。

其次，因为 $\forall v\in V$ 有 $\text{od}(v)=1$，所以 C_1 与 C_2 的公共顶点必不唯一，因为如果 v 为唯一公共顶点，则必有 $\text{od}(v)>1$，矛盾。

因此，C_1 与 C_2 至少有两个公共顶点，则这两个公共点中必有一个出度大于 1，矛盾。

5.4 补图与偶图

5.4.1 补图

直观上，设 $G=(V,E)$ 是一个 (p,q) 图，从 K_p 中去掉 G 的边以后得到的图就是 G 的补图。如图 5.28 所示，假设图 5.28(a) 为图 G，图 5.28(b) 是 K_4，图 5.28(c) 就是从 K_4 中去掉 G 的边得到的图，G 与 G 的补图合起来正好是 K_4。

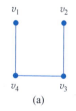
(a)
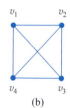
(b)
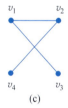
(c)

图 5.28 补图的示意图

定义 5.25 设 $G=(V,E)$，图 (V,E^c) 称为 G 的补图，记为 G^c，其中，$E^c=\mathscr{P}_2(V)\setminus E$。
直观地，$\forall u,v\in V, uv\in E\Leftrightarrow uv\notin E^c$。
设 $G=(V,E),H=(U,F)$，显然 $G\cong H\Leftrightarrow G^c\cong H^c$。

如果 $G\cong G^c$，则称 G 为自补图，或称 G 是自补的。自补图是很有意义的图类。它在对角型 Ramsey 数、关于图的香农容量、强完美图等方面的研究中都具有重要作用。

设 $G=(V,E)$ 是一个 (p,q) 图，如果 G 是自补的，则 $q=p(p-1)/4$，亦即 $p(p-1)=4q$，因此，$p=4n$ 或者 $p=4n+1$，其中，$n=1,2,3,\cdots$。

定义 5.26 设 $D=(V,A)$，有向图 $D^c=(V,A^c)$ 称为 D 的补图，其中 $A^c=((V\times V)\setminus\{(u,u)|u\in V\})\setminus A$。

为什么研究补图？有时研究 G 比较麻烦，研究其补图比较方便，举例如下。

例 5.24 任何六个人的团体中，或有三个人互相认识，或有三个人互相不认识。
建模转换成图论问题：以顶点代表人，边代表互相认识，则可得到一个具有 6 个顶点的图，该图或者其补图中含有三角形子图。

定理 5.15 设 $G=(V,E)$ 是一个 $(6,q)$ 图，则 G 中有一个三角形，或 G^c 中有一个三角形。

【证明】 设 $u \in V$，则 G 中 u 与其他 5 个顶点或者邻接或者不邻接，于是，不妨设在 G 中有 3 个顶点 $v_1、v_2、v_3$ 与 u 邻接，从而有以下两种情况：

(1) $v_1、v_2、v_3$ 中有 2 个顶点邻接（譬如 v_2 与 v_3），这时 G 中有三角形，如图 5.29 所示的图 G；

(2) $v_1、v_2、v_3$ 任两顶点间不邻接，这时 $v_1、v_2、v_3$ 在 G^c 中为一个三角形 $v_1v_2v_3$ 的三个顶点，如图 5.29 所示的图 G^c。

将定理 5.15 的 G 换成 5 个顶点的图就不成立了，如图 5.30 所示的 5 个顶点的图 G 和 G^c 均不含三角形子图。∎

图 5.29 定理 5.15 示例图   图 5.30 $(5,q)$ 图及其补图均不含三角形的示例

英国数学家 F. P. Ramsey(1903—1930)对例 5.24 的问题进行了推广，得到的理论称为 Ramsey 理论，该理论实际上是抽屉原理的引申，在设计大型通信网时有用，还可以解释星空成像现象：事物多到一定程度必有某种规整的子结构，整个宇宙不可能是完全无序的。

Ramsey 数：设 (m,n) 为任意两个正整数，求一个最小的正整数 $R(m,n)$，使得任何一个具有 $R(m,n)$ 个顶点的图 G 中有子图 K_m 或 G^c 中有子图 K_n。数 $R(m,n)$ 称为 Ramsey 数。

该问题目前还没有得到彻底解决，已经求得的 Ramsey 数如图 5.31 所示，表中的第一列对应的是 m 值，第一行对应的是 n 值，m 和 n 值所处的行列所对应的数就是 $R(m,n)$。

m \ n	3	4	5	6	7	8	9
3	6	9	14	18	23	28	36
4	9	18	25				
5	14	25					
6	18						
7	23						
8	28						
9	36						

图 5.31 Ramsey 数

近年来一些学者成功地将 Ramsey 理论应用于泛函分析等数学分支，此外，Ramsey 问题还与计算机科学与信息业中的一些实际问题密切相关：通信频道的香农容量、信息检索、分组交换网的设计、计算几何等。

5.4.2 偶图

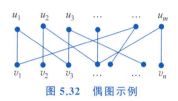

图 5.32 偶图示例

直观上,如果将一个图画在纸上,顶点可以分为两部分,每一部分的顶点间无边,这样的图就是偶图(Bipartite Graph),如图 5.32 所示。偶图在分配、网络和管理上应用广泛。

定义 5.27 设 $G=(V,E)$,如果存在一个 V 的二划分 $\{V_1,V_2\}(V_1 \cup V_2=V, V_1 \cap V_2=\Phi, V_1,V_2 \neq \Phi)$,使得 $\forall uv \in E, u \in V_1, v \in V_2$ 或者 $u \in V_2, v \in V_1$,则称 G 为偶图(或双图、二部图)。

下面的定理 5.16 刻画了偶图的特征性质。为了便于讨论,我们首先引入一个概念——顶点间的距离。

设 $G=(V,E)$,$\forall u,v \in V$,u 与 v 间最短路的长度称为 u 与 v 间的距离,记为 $d(u,v)$,如果两个顶点间没有路,则其距离为无穷大。

定理 5.16 图 $G=(V,E)$ 为偶图 $\Leftrightarrow G$ 中每个圈的长度都是偶数。

【证明】 必要性 $\Rightarrow$:G 是偶图,则 V 有划分 $\{V_1,V_2\}$,使 G 的任一条边的两个端点一个在 V_1 中,一个在 V_2 中。如果 G 中无圈,则圈长为 0,是偶数。如果 G 中有圈,且 $v_1v_2 \cdots v_nv_1$ 是 G 中的一个圈,则不妨设 $v_1 \in V_1$,于是,V_2 中的顶点的下标均为偶数,与 v_1 邻接的顶点 v_n 亦必然在 V_2 中,故 v_n 的下标亦即圈长 n 为偶数。

充分性 $\Leftarrow$:设 $v \in V$,令 $V_1=\{u \mid u \in V, d(u,v) \text{ 为偶数}\}$,$V_2=V \backslash V_1$,则 $\{V_1,V_2\}$ 为 V 的划分,只需证明 V_1 和 V_2 中任意两顶点间没有边。假若不然,如果 $\exists u,w \in V_1, uw \in E$,于是就有一个奇数长的圈,如图 5.33 所示,故 V_1 中两个顶点间无边,同理 V_2 中两个顶点间无边,因此,G 是偶图。■

图 5.33 定理 5.16 示例图

定义 5.28 设 $G=(V,E)$ 是一个偶图且 V 有二划分 $\{V_1,V_2\}$ 使得 V_1 和 V_2 中的顶点间无边,$|V_1|=m, |V_2|=n$,如果 $\forall u \in V_1, \forall v \in V_2$ 均有 $uv \in E$,则称 G 为完全偶图,记为 $K_{m,n}$。

完全偶图 $K_{m,n}$ 共有 mn 条边。

5.4.3 极值图论

极值图论是数学的一个分支,研究图的全局特性如何影响局部子结构:图的某些属性(例如顶点数(大小)、边数、边密度、色数和周长)会保证某些局部子结构的(不)存在。

图论在这一领域的主要研究对象之一是极值图,图 G 的某些全局参数是最大或最小时,图 G 包含(或不包含)局部子结构(例如团或边缘着色等)的情况。

例 5.25 通过观察偶图的一些特例我们发现,完全偶图 $K_{m,n}$ 中不含三角形且有 mn 条边,不含三角形的完全偶图边最多,设 $G=(V,E)$ 是一个 (p,q) 偶图,p 为偶数时,完全偶图 $K_{p/2,p/2}$ 的边数最多,有 $p^2/4$ 条。p 为奇数时,完全偶图 $K_{(p-1)/2,(p+1)/2}$ 的边数最多,有 $[p^2/4]$ 条。

对例 5.25 进行提升即可得到曼特尔定理或图兰定理。

定理 5.17 (Mantel,1907) 设 $G=(V,E)$ 是一个 (p,q) 图,如果 $q>p^2/4$,则 G 中包含一个三角形。

定理 5.18 (Turán,1941) 设 $G=(V,E)$ 是一个 (p,q) 图,如果 G 中没有三角形,则 $q \leq [p^2/4]$。

【证明方法一】 采用数学归纳法。

施归纳于 p。

显然,$p=1,2,3$ 时结论成立。

对 p 为奇数、偶数分别归纳。

兹证 p 为奇数时,假设对 $p=2n-1$ 结论成立,今设 G 为 $(2n+1,q)$ 图。

设 uv 为 G 的一条边,$G'=G-u-v$,则 G' 是一个 $(2n-1,q')$ 图,G' 没有三角形,根据归纳假设,$q' \leq [(2n-1)^2/4] = n^2-n$,假设 $\deg u = k$,因为 G 中没有三角形,所以 $\deg v \leq 2n+1-k$,$\deg u + \deg v \leq 2n+1$,亦即从 G 中去掉 u 和 v 之后最多去掉了 $2n$ 条边(uv 在 $\deg u + \deg v$ 中被计算了 2 次),于是,

$$q = q' + 被去掉的边数 \leq n^2 - n + 2n \leq [(2n+1)^2/4]。$$

p 为偶数的情况请读者自己证明。

【证明方法二】 借助式(5.1)所示的柯希(A.L. Cauchy,1789-1857,法国数学家)不等式可以给出另一种证明。

$$\left(\sum_{k=1}^n a_k^2\right)\left(\sum_{k=1}^n b_k^2\right) \geq \left(\sum_{k=1}^n a_k b_k\right)^2 \tag{5.1}$$

设 $G=(V,E)$ 是一个 (p,q) 图,G 不含三角形,则对每条边 $uv \in E$,没有一个顶点 w 能同时满足 $uw \in E$ 及 $vw \in E$,所以,

$$\deg u + \deg v \leq p \tag{5.2}$$

于是,按照 E 的每条边 uv 对(5.2)式两端分别求和时,就可以得到式(5.3)。

$$\sum_{u \in V} (\deg u)^2 \leq pq \tag{5.3}$$

说明:实际上,对于 G 的每个顶点 u,以 u 为端点的边有 $\deg u$ 条,所以对这些边求和时,$\deg u$ 条 u 的关联边 uv 累加了 $\deg u$ 次 $\deg u$,所以,按照 E 的每条边 $\deg u + \deg v \leq p$ 的两端对边求和时,左端恰为 $\sum_{u \in V}(\deg u)^2$,右端为 p 乘以边的条数 q。

由定理 5.1 $\sum_{u \in V} \deg u = 2q$ 及式(5.1) 可得 $(2q)^2 = \left(\sum_{u \in V} \deg u\right)^2 \leq p\left(\sum_{u \in V}(\deg u)^2\right)$。

(此处 $V=\{v_1,v_2,\cdots\cdots,v_p\}$,$a_k=1, b_k=\deg v_k$,$k=1,2,\cdots\cdots,p$。)

因此,由式(5.3)可得 $(2q)^2 \leq p^2 q$,所以,$q \leq [p^2/4]$。

对曼特尔定理或图兰定理进一步提升则可得到更一般的问题:给定图 H(如三角形),求有 p 个顶点且不含子图 H 的图中最多能含的边数。这种理论上的提升实际上是科学态度的一种体现,值得我们追求并在学习中勤加训练。

Erdös-Stone 定理可以看作是对图兰定理的加强以给出不含子图 H 的非完全图 G 的边数的上界。P. Erdös 和 A. Stone 在 1946 年证明了该定理,它被称为极值图论的基本定理。

定理 5.19 (P. Erdös, A. Stone, 1946) 给定图 H,$\mathrm{ex}(p,H)$ 表示满足 $G \not\supseteq H$ 的图 G 的最大的边数,则有 $\mathrm{ex}(p,K_r) \leq \dfrac{r-2}{2(r-1)} p^2$。

【证明】 略。

更一般地,极图理论研究的是满足某个条件下的最大图(最小图)问题,国际图论大师 P. Erdös 是极图理论的集大成者,1978 年,B. Bollobas 出版的《极值图论》一书则是系统讨论极图理论的一本专著。

例 5.26 在九个人的人群中,有一个人认识(在这里,认识即互相认识)另外两个人,有两个人认识另外四个人,有四个人认识另外五个人,余下的两个每人认识另外六个人。证明:有三个人互相认识。

【证明】 问题建模为一个 (p,q) 图 G,其中度为 2 的顶点有 2 个,度为 4 的顶点有 2 个,度为 5 的顶点有 4 个,度为 6 的顶点有 2 个。总度数等于 $1\times 2+2\times 4+4\times 5+2\times 6=42$,所以 $q=21>[p^2/4]=20$。由定理 5.17 可知,G 中有三角形。因此,有三个人互相认识。

例 5.27 唯一没有三角形的 $(p,[p^2/4])$ 图是 $K_{[p/2],[p/2]}$。

【证明】 我们已经知道 $K_{[p/2],[p/2]}$ 是 $(p,[p^2/4])$ 图。今设 $G=(V,E)$ 是一个无三角形的 $(p,[p^2/4])$ 图,往证 G 是偶图,从而是 $K([p/2],[p/2])$。因为 G 中没有三角形,所以对 G 的任一条边 uv 有 $\deg u+\deg v \leqslant p$。若有一条边 uv 使得 $\deg u+\deg v<p$,则从 G 中去掉 u 和 v 得 $G-\{u,v\}$,其边数为 $[p^2/4]-[(\deg u+\deg v)-1]>[p^2/4]-p+1=[(p-2)^2/4]$,所以 $G-\{u,v\}$ 中有三角形,这是不可能的(从无三角形的 G 去掉两个顶点后得到的图 $G-\{u,v\}$ 中不可能有三角形)。因此,G 的一条边 uv 有 $\deg u+\deg v=p$。于是 $G-\{u,v\}$ 恰有 $[(p-2)^2/4]$ 条边。对 p 的奇偶性分别使用归纳法,即知 G 是偶图,从而得证。

问题 5.1 工兵排雷问题。一个 n 个人组成的小组在一个平原地区执行一项排雷任务。任意两个人的距离如果不超过 g 米,则可用无线电保持联系。如果发生触雷意外,地雷的杀伤半径为 h 米。问:在任意两个人均能保持联系的条件下,平均伤亡人数最低的可能值是多少?

【分析】 (1)为保持通信,排雷工兵相互之间距离不能超过 g 米。因此,他们必须分布在直径是 g 米的圆形区域内。

(2)若某人 x 触雷,则与 x 的距离大于 h 米的人将是安全的,因此该问题实际上是求任意两人距离不超过 g 米时,距离大于 h 米的人数对最多有多少。

【建模】 设 n 个工兵的集合为 $A=\{x_1,x_2,\cdots,x_n\}$,A 中元素的一种分布就会对应一个图,每个工兵对应一个顶点,两个顶点之间有边当且仅当它们所代表的工兵间的距离大于 h 米,边 uv 的长度就是工兵 u 和 v 间的直线距离,根据要求,每条边的边长必须小于 g。

下面以 $g=1,h=1/\sqrt{2}$ 为例来求解该问题。

【解】 A 中元素的每一种分布均会对应一个图,所有可能的分布将对应一个图族,该图族中存在一个图,它的边数最多。可以证明,该图族中的每个图均不包含完全图 K_4。

事实上,若 G 中包含 K_4,则 K_4 的形式只能是图 5.34 所示的两种类型。

图 5.34(a) 所示的 K_4 中,由于 $\angle 123、\angle 124、\angle 324$ 中至少有一个大于 $90°$,由余弦定理,大于 $90°$ 的角所对的边的长度大于 1,与要求相矛盾。

图 5.34(b) 所示的 K_4 中,由于 $\angle 143、\angle 432、\angle 321、\angle 214$ 中至少有一个大于或等于 $90°$,由余弦定理,大于或等于 $90°$ 的角所对的边的长度大于 1,与要求相矛盾。

所以,G 中不包含 K_4。

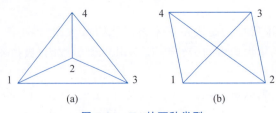

图 5.34　K_4 的两种类型

根据图兰定理的另一个结论：设 $G=(V,E)$ 是一个 (p,q) 图，如果 G 中不包含 K_4，则 $q \leqslant \lfloor p^2/3 \rfloor$。设 $A=\{x_1,x_2,\cdots,x_n\}$ 为任意一个直径为 1 的平面点集，则 A 中距离大于 $1/\sqrt{2}$ 的点对的最大数目为 $\lfloor n^2/3 \rfloor$。

5.5　欧拉图

欧拉如何解决七桥问题？如何将其推广得到了一笔画问题？一笔不能画成最少需要几笔？欧拉完全、彻底、漂亮地解决了这一问题。

5.5.1　欧拉图的定义

定义 5.29　图 G 的一条欧拉(闭)迹是 G 中包含所有顶点和所有边的(闭)迹。如果 G 中有一条欧拉闭迹，则称 G 为欧拉图。

注意，生成(闭)迹是包含所有顶点的(闭)迹，它与欧拉(闭)迹的区别在于是否包含所有边。

定义 5.30　设 $G=(V,E)$，如果 $\exists u \in V$ 使得 $uu \in E$，则称 G 为带环图。如果 $\exists u、v \in V$ 使得 u 与 v 间存在多条边，则称 G 为多重图。带环图和多重图统称为伪图。

5.5.2　欧拉定理

定理 5.20　$G=(V,E)$ 是欧拉图当且仅当 G 是连通的且每个顶点的度都是偶数。

【证明】　必要性⇒：因为 G 是欧拉图，所以 G 中有一条欧拉闭迹，从而 G 的任何两个顶点间都有路，于是 G 是连通的，而且对于 $\forall u \in V$，u 在欧拉闭迹上的每次出现都关联两条不同的边，因此 u 的度数必为偶数。

充分性⇐：因为 G 连通且每个顶点的度都是偶数，由定理 5.9，G 中有圈 C_1，如果 C_1 是欧拉闭迹，则 G 是欧拉图，否则，从 G 中去掉 C_1 上的所有边得图 G_1，显然 G_1 中每个顶点的度均为偶数(可能有零度顶点)，于是 G_1 中又有圈 C_2，从 G_1 中去掉 C_2 中边得 G_2，依此得到 n 个圈 $C_1,C_2,\cdots,C_n$，这些圈没有公共边，但有公共顶点，用数学归纳法可以证明 $C_1,C_2,\cdots,C_n$ 构成一条欧拉闭迹，因此 G 是欧拉图。∎

定理 5.21　$G=(V,E)$ 中有一条从顶点 u 到顶点 v 的欧拉开迹当且仅当 u 和 v 为仅有的两个奇度顶点且 G 连通。

【证明】　必要性⇒：仿定理 5.20 的证明可得。

充分性⇐：因为定理 5.20 对伪图亦成立，因此在 u 与 v 间加一条边，得到一个伪图 G'，G' 中有一条欧拉闭迹，从该欧拉闭迹上去掉后加的边得到一条从 u 到 v 的欧拉开迹。∎

定理 5.22　$G=(V,E)$ 是一个连通图且恰有 $2n$ 个奇度顶点，则 G 的开迹覆盖数(包含全部边的最少开迹数)为 n。

【分析】 利用一下欧拉定理,奇度顶点间加一条边得伪图,有一欧拉闭迹,去掉加上的 n 条边,分成 n 段,再证明包含全部边的开迹数不可能少于 n。

【证明】 设 G 中度为奇数的顶点为 $u_1,v_1,u_2,v_2,\cdots,u_n,v_n$,然后在 G 中加上边 u_1v_1, $u_2v_2,\cdots,u_nv_n$ 得到 G^*,G^* 是一个伪图,G^* 中每个顶点的度为偶数,G^* 也是连通的,由定理 5.20 知 G^* 中有一条欧拉闭迹,从此迹上去掉新加的边 $u_1v_1,u_2v_2,\cdots,u_nv_n$,得到 G 的 n 条迹。假设 G 中只有 q 条迹,$q<n$,这 q 条迹包含 G 的所有边,且不是端点的顶点的度为偶数,只有作为迹的端点的顶点才可能成为奇度顶点,故 $2n\leqslant 2q$,即 $n\leqslant q$,矛盾,因此开迹覆盖数为 n。

思考:焊一个如图 5.35 所示的铁笼子最少需要几根铁棍?

给定 $G=(V,E)$,编程判断:G 是欧拉图吗?可以使用如下两种方法:

(1) Fleury 算法。

(2) 套圈法(插入圈法)。

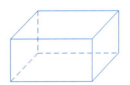

图 5.35 铁笼示意图

5.6 哈密顿图

5.6.1 哈密顿图及背景

1859 年,哈密顿(W. R. Hamilton,1805—1865)发明了一个周游世界游戏:首先制作一个具有 12 个正五边形面、20 个顶点、30 条棱的正十二面体模型,然后把 20 个顶点标上 20 个城市的名字,比如北京、哈尔滨、莫斯科、巴黎、纽约、伦敦…,把 30 条棱当作连接这些大城市的道路。

问:能否从某个城市出发,沿棱走遍所有城市,每个城市只走一次,最后返回到出发的城市?

定义 5.31 设 $G=(V,E)$,如果 G 中存在一个包含所有顶点的圈(即生成圈),则称 G 为哈密顿图,此生成圈也叫哈密顿圈。

哈密顿图广泛应用于运筹安排等生产和管理中。

5.6.2 哈密顿图的判定

如果一个图不是哈密顿图,则可以采用"染色"法来判定,但此法仅能用于证明某些图不是哈密顿图。当"染色"失效时,不能得出任何结论。

"染色"法的要求是:用两种颜色对图的顶点染色,每个顶点都要染色,每条边的两个端点染不同色,染色后染两种颜色的顶点数不相等,则不是哈密顿图。但染色后染两种颜色的顶点数相等,则不一定是哈密顿图。

例 5.28 图 5.36 所示的图是哈密顿图吗?

采用上面介绍的染色法对图 5.36 所示的图进行染色后,染黑色的顶点共有 9 个,染白色的顶点共有 7 个,染色后染两种颜色的顶点数不相等,因此,该图不是哈

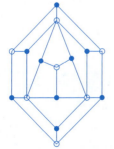

图 5.36 用染色法判定某个图不是哈密顿图的示例

密顿图。

定理 5.23 设 $G=(V,E)$ 是一个哈密顿图,则对 $\forall S \subseteq V, S \neq \Phi$,均有 $\omega(G-S) \leqslant |S|$,其中 $\omega(G-S)$ 表示 $G-S$ 的支数。

【分析】 G 是哈密顿图则有哈密顿圈,去掉 n 个点最多增加 $n-1$ 个支。

【证明】 因为 G 是哈密顿图,假设 H 是 G 的哈密顿圈,则 $\omega(H-S) \leqslant |S|$,又因为 $\omega(G-S) \leqslant \omega(H-S)$,因此 $\omega(G-S) \leqslant |S|$。

设 $G=(V,E)$ 是一个 (p,q) 图,下面给出几个哈密顿图的必要条件:

(1) G 连通且 $p \geqslant 3$。

(2) 如果 $\deg v=2$,则与 v 关联的边一定在哈密顿圈上。

(3) 如果 $\deg v \geqslant 3$,则与 v 关联的边只能有两条在哈密顿圈上。

(4) 按照条件(2)与(3)寻找哈密顿圈上的边时不能有部分顶点先形成一个圈。

5.6.3 哈密顿图的几个充分条件

完全图一定是哈密顿图,因为其顶点的任何一个全排列都是一个哈密顿圈。狄拉克(G.A. Dirac)发现,一个图不是哈密顿图一定是边不够多,顶点的度太小,如果每个顶点的度均大于或等于顶点数的一半,则该图一定是哈密顿图,这就是下面给出的狄拉克定理。

本节的重点在于使读者掌握定理证明中的一种关键技术,这种技术是匈牙利数学家波塞(L. Pósa)在证明狄拉克定理时给出的,当时波塞还只是一名中学生。

定理 5.24 (G.A. Dirac,1951)设 $G=(V,E)$ 是一个 (p,q) 图,$p \geqslant 3$,如果对 $\forall u \in V$,$\deg u \geqslant p/2$,则 G 是一个哈密顿图。

【证明】 只需证明其逆否命题:如果 $G=(V,E)$ 是一个非哈密顿 (p,q) 图,$p \geqslant 3$,则 $\exists u \in V$ 使得 $\deg u < p/2$。

设 G 不是哈密顿图,则 G 不是 K_p,于是 G 中有不邻接的顶点,在不邻接的顶点间加一条边,若得到的图不是哈密顿图,则再加边,如此进行,直到得到的图是哈密顿图为止,于是有哈密顿圈,从圈上去掉最后加的边得到图 G^*,G^* 中有哈密顿路 $v_1 v_2 v_3 \cdots v_p$,设 $\deg v_1 = k$,与 v_1 邻接的顶点为 $v_{i_1}, v_{i_2}, \cdots, v_{i_k}$,$2 \leqslant i_1 \leqslant i_2 \leqslant \cdots \leqslant i_k \leqslant p$,$v_p$ 不能和 $v_{i_j - 1}$(即哈密顿路上 v_{i_j} 的前一个顶点)邻接,否则 G^* 中有哈密顿圈,如图 5.37 所示,因此 $\deg v_p = l \leqslant p-1-k$,于是 $k+l \leqslant p-1$,因而 k 与 l 中必有一个小于 $p/2$。

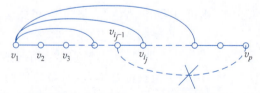

图 5.37 v_p 不能与 v_{i_j-1} 邻接的示意图

由上述定理 5.24 的证明过程,立即可以得到下面的定理 5.25。

定理 5.25(O. Ore,1960) 设 $G=(V,E)$ 是一个 (p,q) 图,$p \geqslant 3$,如果对 G 的任两个不相邻顶点 u 和 v 有 $\deg u + \deg v \geqslant p$,则 G 是哈顿图。

应用定理 5.24 的证明技术(考查最长路两个端点的度之和)还可证明下面的定理 5.26。

定理 5.26 设 $G=(V,E)$ 是一个 (p,q) 图,如果 G 的任两个不邻接的顶点 u 和 v 满足

$\deg u+\deg v\geqslant p-1$,则 G 中有一条哈密顿路。

【证明】 考虑 G 中最长路 $v_1v_2v_3\cdots v_k$,$k<p$,往证 $v_1,v_2,v_3,\cdots,v_k$ 在一个圈上。

如果 $v_1v_k\in E$,则结论成立。

如果 $v_1v_k\notin E$,则在 $v_1v_2v_3\cdots v_k$ 上 v_k 必与某个与 v_1 邻接的顶点 v_i 的前一个顶点 v_{i-1} 邻接,否则 $\deg v_1+\deg v_k<p-1$,因此这时 $v_1,v_2,v_3,\cdots,v_k$ 在同一个圈上,由 $k<p$ 知圈外至少还有一个顶点 v,又因为 G 是连通的,于是得到一条更长的路,矛盾,故 $k=p$,从而最长路就是哈密顿路。

定理 5.27 (范更华,1983)设 $G=(V,E)$ 是一个 2-连通的 (p,q) 图,如果对于 $\forall u,v\in V$,$d(u,v)=2$ 时均有 $\max\{\deg u,\deg v\}\geqslant p/2$ 成立,则 G 是哈密顿图。

2-连通的概念见 7.1.3 节,如果 G 是 2-连通的则去掉 G 的任意一个顶点后 G 仍然连通。

【证明】 略。

设 $G=(V,E)$,依次连接 G 中度数和至少为 p 的不邻接顶点所得到的图称为 G 的闭包,记为 $C(G)$。

定理 5.28 图 G 的闭包 $C(G)$ 是唯一的。

【证明】 采用反证法。

假设 G 有两个不同的闭包 G_1、G_2,从 G 构造 G_1 时添加的边为 $e'_1,e'_2,\cdots,e'_k$,从 G 构造 G_2 时添加的边为 $e''_1,e''_2,\cdots,e''_l$,假设 $e'_{n+1}=vv'$ 是按 $e'_1,e'_2,\cdots,e'_k$ 中顺序第一个不在 G_2 中的边,假设 $H=G+\{e'_1,e'_2,\cdots,e'_n\}$ 是构造 G_2 的某个中间步骤,在 H 中添加边 e'_{n+1} 可得,$\deg_{G_2}v+\deg_{G_2}v'\geqslant p$,但因为 G_2 是闭包且 e'_{n+1} 不在 G_2 中,所以 $\deg_{G_2}v+\deg_{G_2}v'<p$,矛盾。

定理 5.29 图 G 是哈密顿图当且仅当 $C(G)$ 是哈密顿图。

推论 5.3 设 $G=(V,E)$ 是一个 (p,q) 图,$p\geqslant 3$,如果 $C(G)$ 是完全图,则 G 是哈密顿图。

根据推论 5.3,①如果 $\delta(G)\geqslant p/2$,则 $C(G)$ 是完全图,于是 $p\geqslant 3$ 时 G 是哈密顿图。②$\forall u,v\in V$,uv 不是 $C(G)$ 的边时均有 $\deg u+\deg v<p$,则 $C(G)$ 是完全图,从而 G 是哈密顿图。

5.6.4 K_p 的哈密顿圈分解

完全图 K_p 是 $p-1$ 正则图,它共有 $p(p-1)/2$ 条边。当 $p\geqslant 3$ 时,K_p 中必有哈密顿圈,K_p 的每个哈密顿圈是 K_p 的一个 2-正则子图,圈上共有 p 条边。两个哈密顿圈称为是边不相交的,如果一个圈上的任一条边均不同于另一个圈上的每一条边,于是,我们有:如果 K_p 能分解成若干边不相交哈密顿圈之并,则 p 是奇数。这时 K_p 是 $(p-1)/2$ 个哈密顿圈(边不相交)之并,其中 $p\geqslant 3$。

设 $p\geqslant 3$ 且 K_p 能表示成 $(p-1)/2$ 个边不相交哈密顿圈之并,则当去掉 K_p 的一个顶点后,得到的 K_{p-1} 就是 $(p-1)/2$ 条边不相交哈密顿路之并,则由于 K_{p-1} 有 $(p-1)(p-2)/2$ 条边,每条哈密顿路上有 $p-2$ 条边,所以 K_{p-1} 是 $(p-1)/2$ 条边不相交哈密顿路之并。因此,$(p-1)/2$ 为整数,p 必为奇数。

反过来,当 p 为奇数且 $p\geqslant 3$ 时,K_p 一定能表示成 $(p-1)/2$ 条边不相交哈密顿圈之并吗?为此,我们给出一种构造方法,以便列举出这 $(p-1)/2$ 个边不相交的哈密顿圈,假设 $p=2k+1$,则如图 5.38 所

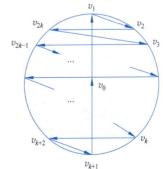

图 5.38 $p=2k+1$ 时 K_p 分解为哈密顿圈的示意图

示就是 K_p 的一个哈密顿圈,顺时针转动 π/k 圈就可以得到另一个与之边不相交的哈密顿圈,共有 k 个这样的边不相交的哈密顿圈。

p 为偶数时,K_p 可以分解为 $[(p-1)/2]$ 个边不相交的哈密顿圈,请读者参照图 5.38 的方法给出具体的分解方法。

问题 5.2 给定 $G=(V,E)$,编程判断 G 是否为哈密顿图。有算法,但没有好算法。

5.6.5 比赛图

体育比赛中的选拔赛举行循环赛,两两之间必须分出胜负,建模后得到的就是比赛图。

定义 5.32 设 $D=(V,A)$ 是一个 (p,q) 有向图,$\forall u,v \in V$,如果 $u \neq v$,则 $(u,v) \in A$ 与 $(v,u) \in A$ 有且仅有一个成立,这样的图 D 称为比赛图。

比赛图的任两个不同顶点之间有且仅有一条弧,于是,p 个顶点的比赛图就是 K_p 的定向图。

设 $D=(V,A)$ 是一个比赛图,$\forall v \in V$,$\mathrm{od}(v)$ 又称为 v 的分数,V 中顶点的分数序列是顶点出度的不增序列,如果每个顶点的出度均不同,则其分数序列只能是 $p-1,p-2,\cdots,2,1,0$。$\forall i \in \{0,1,2,\cdots,p-1\}$,如果 $v_i=i$,则 $v_{p-1},v_{p-2},\cdots,v_2,v_1,v_0$ 是一条哈密顿路。

定理 5.30 任一比赛图中都有一条有向哈密顿路。

【证明方法一】 设 D 是一个比赛图,它有 p 个顶点,则 D 中有一条最长路 $P: v_1 v_2 v_3 \cdots v_k$,如果 $k=p$ 则结论成立。如果 $k<p$,则存在 v 不在 P 上,如图 5.39 所示,如果 $v_1,v_2,v_3,\cdots,v_k$ 中没有指向 v 的顶点,则 $v v_1 v_2 v_3 \cdots v_k$ 是一条比 P 更长的路,这与 P 是最长路相矛盾。如果 $v_1,v_2,v_3,\cdots,v_k$ 中存在指向 v 的顶点,不妨假设 v_i 是 $v_1,v_2,v_3,\cdots,v_k$ 中最后一个指向 v 的顶点,则 $v_1 v_2 v_3 \cdots v_i v v_{i+1} \cdots v_{k-1} v_k$ 是一条比 P 更长的路,亦与 P 是最长路相矛盾。因此只能有 $k=p$,亦即 P 是哈密顿路。

【证明方法二】 采用数学归纳法。施归纳于比赛图的顶点数 p。

显然 $p=1$、2 时结论成立。

假设对具有 p 个顶点的比赛图结论成立,$p \geqslant 2$。假设 D 具有 $p+1$ 个顶点,往证 D 中有哈密顿路。从 D 中去掉一个顶点 v 得 $D-v$,$D-v$ 中有哈密顿路 $v_1 v_2 v_3 \cdots v_p$,则如图 5.40 所示,如果 $v_1,v_2,v_3,\cdots,v_p$ 中没有指向 v 的顶点,则 $v v_1 v_2 v_3 \cdots v_p$ 就是 D 中的哈密顿路。如果 $v_1,v_2,v_3,\cdots,v_p$ 中存在指向 v 的顶点,不妨假设 v_i 是 $v_1,v_2,v_3,\cdots,v_p$ 中最后一个指向 v 的顶点,则 $v_1 v_2 v_3 \cdots v_i v v_{i+1} \cdots v_{p-1} v_p$ 就是 D 中的哈密顿路。 ■

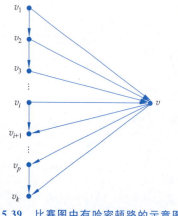

图 5.39 比赛图中有哈密顿路的示意图

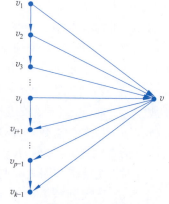

图 5.40 比赛图中有哈密顿路的示意图

5.7 图的表示

回忆一下本章开始时讲的,图作为一种数学模型可以描述现实世界的许多事物和现象,它刻画的是某个有穷系统及其结构。

正如欧拉在解决七桥问题时所展现的,图可以使问题形象化,能让我们更好地理解问题,从而更容易找到解决问题的方法。

而且,建立了图模型以后,实际问题就可以转化为图论问题,这时,图论专家研究所得的结论可以帮助我们快速找到问题的解。

例如,福州大学的范更华教授深入研究哈密顿图后,得到了定理 5.27(范更华定理):G 中每对距离为 2 的顶点中有一点的度大于或等于 $p/2$,则 G 是哈密顿图。显然,利用该定理可以改进哈密顿图判定算法的性能。

对计算机类专业来说,这只是开始,接下来面临的问题是如何在计算机中表示图,并基于其表示设计出高效的处理算法。

下面的基本思想应牢记,并自觉地融入你的思维中,对计算机科学专业的研究人员更为重要:

对所研究的一类对象,根据不同的需要提出不同的表示方法,以便清晰刻画对象或有效地处理对象,将是十分重要而有意义的。

(1) 数的位置计数法(例如十进制计数法)所表示的数,其计算规则可以用这些数码(10 个数字)的加法表和乘法表的形式表示,而且一旦记住,便永远记住。古代的计算技巧一度只限于少数专家所掌握,而现在是小学里的课程了,位置计数法的发明对人类文明有巨大意义。像这样的科学进步对日常生活有如此深刻的影响,并带来极大方便的例子还不是很多。

(2) 把排列 $i_1, i_2, \cdots, i_n$ 视为一一对应并表示成 $\begin{pmatrix} 1 & 2 & 3 & \cdots & n \\ i_1 & i_2 & i_3 & \cdots & i_n \end{pmatrix}$,使我们立即想到排列(置换)可以相乘(复合)并求逆,从而带来了一系列的便利,扩充了研究方法,思维变得更加开阔。

需要注意的是,不同的表示对求解问题的效率影响很大,这是数据结构课程要重点关注的。

给定 $G=(V,E), V=\{v_1,v_2,\cdots,v_p\}, E \subseteq \mathscr{P}_2(V)=\{(u,v)\,|\,u,v \in V, u \neq v\}$,$E$ 就是 V 上的二元关系(邻接关系),这个二元关系是反自反的、对称的,前面有 2 次讲到过类似概念的表示,一次是第 2 章的特征函数(集合的机内表示)采用的是布尔数组,另一次是第 3 章的关系(关系的机内表示)采用的是布尔矩阵。下面我们来学习一下图的几种常用表示方法。

5.7.1 邻接矩阵

定义 5.33 设 $G=(V,E)$ 是一个 (p,q) 图,$V=\{v_1,v_2,\cdots,v_p\}$,则 $p \times p$ 矩阵 $\boldsymbol{B}=(b_{ij})$ 称为 G 的邻接矩阵(adjacency matrix),其中,

$$b_{ij} = \begin{cases} 1, & v_iv_j \in E \\ 0, & v_iv_j \notin E \end{cases}$$

必须对顶点进行编号,编号不同得到不同的矩阵,但都忠实地反映了图的性质,这些矩

阵是等价的，它们之间满足矩阵的相似关系。给定一个图 G，有一个邻接矩阵 B 与之对应，给定一个邻接矩阵 B，有一个图 G 与之对应。

由于图的邻接矩阵可以进行代数运算，这样就可以用代数运算来研究图，用线性代数来研究图论了。

例 5.29 图 5.41 中给出的图 G 的邻接矩阵如图 5.42 所示。

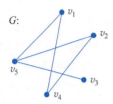

	v_1	v_2	v_3	v_4	v_5
v_1	0	0	0	1	1
v_2	0	0	0	1	1
v_3	0	0	0	0	1
v_4	1	1	0	0	0
v_5	1	1	1	0	0

图 5.41 一个图 G　　　　图 5.42 图 5.7.1 中图 G 的邻接矩阵

命题 5.1 设 $G=(V,E)$ 是一个 (p,q) 图，$B=(b_{ij})$ 是 G 的邻接矩阵，则

(1) 邻接矩阵 B 的阶是图 G 的顶点数。

(2) 邻接矩阵 B 对角线上元素全是 0。

(3) 邻接矩阵 B 是对称矩阵。

(4) 邻接矩阵 B 中，1 的个数恰好是 E 中边的条数的两倍。

(5) 顶点 v_i 的度数为 $\deg v_i = \sum_{j=1}^{p} b_{ij}$。

定理 5.31 设 $G=(V,E)$ 是一个 (p,q) 图，$B=(b_{ij})$ 是 G 的邻接矩阵，则 v_i 与 v_j 间长为 l 的通道的条数为 $(B^l)_{ij}$。

【证明】 施归纳于 l。

当 $l=1$ 时结论显然成立。

假设对 $l \geqslant 1$ 时结论成立，往证对 $l+1$ 结论也成立。实际上，$(B^{l+1})_{ij} = (B^l \cdot B)_{ij} = \sum_{h=1}^{p} (B^l)_{ih} \cdot b_{hj}$，$(B^l)_{ih}$ 表示从 v_i 到 v_h 的长为 l 的通道的条数，容易看出，$(B^{l+1})_{ij}$ 正好为 v_i 与 v_j 间长为 $l+1$ 的通道的条数。　　　　　　　　　　　　　　　　■

定理 5.31 的直观含义是：从 v_i 走到 v_j，要求走 l 步，有多少种走法？

编程：设 $G=(V,E)$，求 G 中任意两个顶点间长为 l 的通道数。

从计算机的角度看，图表示为邻接矩阵以后，计算机将对图的操作转变成对邻接矩阵的操作，而访问邻接矩阵的所有元素时算法的复杂性为 $O(p^2)$，大于 $O(p)$ 或 $O(p\log p)$，因而得不到线性算法。

定理 5.32 设 $G=(V,E)$ 是一个 (p,q) 图，$A=(a_{ij})$ 是 G 的邻接矩阵，则 G 是连通的当且仅当 $(I+A)^{p-1} > 0$，I 为单位矩阵。

命题 5.2 设 $D=(V,A)$ 是一个 (p,q) 有向图，$B=(b_{ij})$ 是 D 的邻接矩阵，则

(1) 邻接矩阵 B 的阶是图 G 的顶点数。

(2) 邻接矩阵 B 对角线上元素全是 0。

(3) D^T 的邻接矩阵为 B^T。

(4) 邻接矩阵 B 中 1 的个数恰好是 D 中弧的条数。

(5) 顶点 v_j 的入度为 $\mathrm{id}(v_j) = \sum_{k=1}^{p} b_{kj}$，顶点 v_j 的出度为 $\mathrm{od}(v_j) = \sum_{k=1}^{p} b_{jk}$。

(6) D 中 v_i 到 v_j 的长为 l 的通道的条数为 $(B^l)_{ij}$。

5.7.2 可达矩阵

定义 5.34 设 $p \times p$ 矩阵 B 为有向图 $D = (V, A)$ 的邻接矩阵，则 $R = I \vee B \vee B^{(2)} \vee \cdots \vee B^{(p-1)}$ 称为 D 的可达矩阵。

利用可达矩阵可以求有向图的强支。

定理 5.33 设 R 是有向图 $D = (V, A)$ 的可达矩阵，$C = R \wedge R^T$，C 的第 i 行上 $c_{ij_1} = c_{ij_2} = \cdots = c_{ij_k} = 1$，其他元素为 0，则 $V_i = \{v_{j_1}, v_{j_2}, \cdots, v_{j_k}\}$ 导出的子图是 D 的含 v_i 的强支。

【证明】 因为 $c_{ij_1} = c_{ij_2} = \cdots = c_{ij_k} = 1$，所以 $r_{ij_1} \wedge r_{j_1 i} = 1, r_{ij_2} \wedge r_{j_2 i} = 1, \cdots, r_{ij_k} \wedge r_{j_k i} = 1$，因此，$r_{ij_1} = 1, r_{j_1 i} = 1, r_{ij_2} = 1, r_{j_2 i} = 1, \cdots, r_{ij_k} = 1, r_{j_k i} = 1$，从而 v_i 与 v_{j_1}、v_i 与 v_{j_2}、$\cdots$、v_i 与 v_{j_k} 均是互达的，因此 $\{v_{j_1}, v_{j_2}, \cdots, v_{j_k}\}$ 中的任意两点都是互达的，即 $V_i = \{v_{j_1}, v_{j_2}, \cdots, v_{j_k}\}$ 导出的子图是 D 的含 v_i 的强支。∎

假设 B 为有向图 $D = (V, A)$ 的邻接矩阵，R 是有向图 $D = (V, A)$ 的可达矩阵，利用它们可以判断有向图的连通性：

(1) 如果 R 的元素全是 1，则 D 是强连通的。

(2) 令 $C = R \vee R^T$，如果 C 的元素全是 1，则 D 是单向连通的。

(3) 令 $E = B \vee B^T$，如果将 E 当作邻接矩阵求得的可达矩阵 $R(E)$ 的元素全是 1，则 D 是弱连通的。

5.7.3 邻接表

当 $p \gg q$ 时，邻接矩阵的空间效率太低，这时适宜用邻接表 (adjacency table) 来表示图。

设 $G = (V, E)$ 是一个 (p, q) 图，则如图 5.43 所示，对图的每个顶点 v_i 建一个链表，把与 v_i 邻接的顶点都放在此表中，再把所有顶点放到一个数组中，每个数组元素保存的就是对应顶点的链表，该数组可以看作是一个索引，合在一起就是邻接表。

例 5.30 图 5.44 中给出的图 G 的邻接表如图 5.45 所示。

图 5.43 顶点 v_i 的链表　　　图 5.44 一个图 G

5.7.4 关联矩阵

某些特殊应用（如电网络）更关注顶点和边的关联关系，这时适于用关联矩阵来表示图。

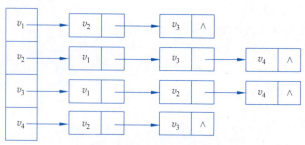

图 5.45 图 5.44 中图 G 的邻接表

邻接矩阵是根据对顶点进行编号后的图来定义的,关联矩阵(incidence matrix)则是根据对顶点和边都进行编号以后的图来定义的,它们都是布尔矩阵,关联矩阵反映的是顶点和边之间的关联关系。

设 $G=(V,E)$ 是一个 (p,q) 图,$V=\{v_1,v_2,\cdots,v_p\}$,$E=\{e_1,e_2,\cdots,e_q\}$,则 $p\times q$ 矩阵 $\boldsymbol{B}=(b_{ij})$ 称为 G 的关联矩阵,其中,

$$b_{ij}=\begin{cases}1, & v_i \text{ 与 } e_j \text{ 相关联} \\ 0, & v_i \text{ 与 } e_j \text{ 不相关联}\end{cases}$$

命题 5.3 设 $G=(V,E)$ 是一个 (p,q) 图,$\boldsymbol{B}=(b_{ij})$ 是 G 的关联矩阵,则

(1) 一般地,关联矩阵 $\boldsymbol{B}$ 不是方阵。

(2) 关联矩阵 $\boldsymbol{B}$ 的每一列有两个 1。

(3) 关联矩阵 $\boldsymbol{B}$ 的每一行的 1 的个数是相应顶点的度。

我们将在第 6 章研究关联矩阵在生成树计数时的重要应用。

例 5.31 图 5.44 中给出的图 G 的关联矩阵如图 5.46 所示。

	e_1	e_2	e_3	e_4	e_5
v_1	1	1	0	0	0
v_2	0	1	1	1	0
v_3	1	0	0	1	0
v_4	0	0	1	0	1

图 5.46 图 5.44 中图 G 的关联矩阵

设 $D=(V,A)$ 是一个 (p,q) 有向图,并且 $V=\{v_1,v_2,\cdots,v_p\}$,$A=\{x_1,x_2,\cdots,x_q\}$。$p\times q$ 矩阵 $\boldsymbol{H}=(h_{ij})$ 称为 D 的关联矩阵,如果

$$h_{ij}=\begin{cases}1, & \text{如果 } v_i \text{ 是 } x_j \text{ 的始点} \\ -1, & \text{如果 } v_i \text{ 是 } x_j \text{ 的终点} \\ 0, & \text{如果 } v_i \text{ 不是 } x_j \text{ 的始点,也不是 } x_j \text{ 的终点}\end{cases}$$

有向图 D 的关联矩阵 $\boldsymbol{H}$ 具有如下特点:$\boldsymbol{H}$ 的每列有一个 1 和一个 -1,其他元素为 0。例 5.14 中给出了一个有向图的关联矩阵。

定理 5.34 设 $\boldsymbol{H}$ 是连通 (p,q) 有向图 $D=(V,A)$ 的关联矩阵,则 $\boldsymbol{H}$ 的秩等于 $p-1$。

【证明】 因为 D 连通,所以 $q\geqslant p-1$。又因为每一列有一个 1 和一个 -1,其他为 0,所

以 p 个行向量线性相关,故 H 的秩 $\leq p-1$。

设 G 是 D 对应的无向图,则 G 连通,从而有生成子图 T,T 连通且无圈。取 T 的一个度为 1 的顶点命名为 u_1,与 u_1 关联的边命名为 y_1;取 $T-u_1=T_1$ 的度为 1 的顶点命名为 u_2,与 u_2 关联的边命名为 y_2;如此继续,直到所有顶点。剩下的边继续编号,重新编号之后的图的关联矩阵之左上角有一个 $p-1$ 阶子式不为 0,故秩为 $p-1$。

5.8 带权图

应用中经常出现带权图,图的顶点和边带有信息,如公路交通网络的图模型中边带有公路的长度信息,顶点带有人口数量等信息,如图 5.47 所示。

定义 5.35 $G=(V,E,f)$ 称为顶点带权图,$f:V\to R$,$\forall v\in V,f(v)$ 称为 v 的权。$G=(V,E,f)$ 称为边带权图,$f:E\to R,\forall e\in E,f(e)$ 称为 e 的权。

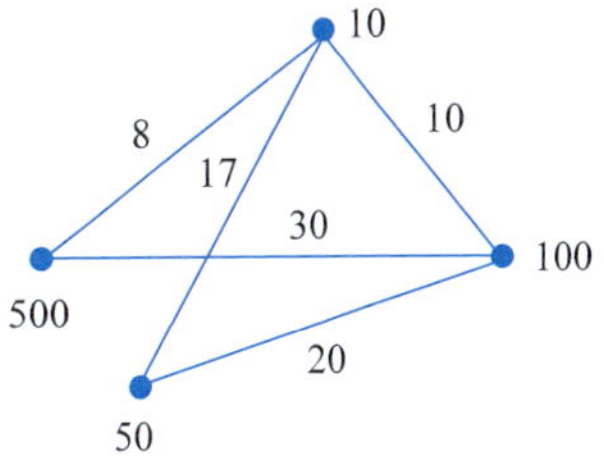

5.8.1 最短路径问题

问题 5.3 最短路径问题。在道路交通网中,汽车司机最关心的是两点间的最短路径。设 $G=(V,E,f)$ 是一个边带权图,最短路径问题的任务是求从 v_i 到 v_j 间长度最短的路(路上各边的权和称为路的长度)。

输入:(p,q) 图 $G=(V,E,f),f:E\to R$、$s,t\in V$。

输出:s 与 t 间的最短路径。

图 5.47 带有权重信息的交通网络的图模型

深入研究该问题的后续课程是数据结构与算法、算法设计与分析、计算机网络等。

求非负权单源最短路径的经典算法是 Dijkstra 算法,其时间复杂度为 $O(p^2)$,求所有点对间的最短路径的经典算法是 Floyd 算法,其时间复杂度为 $O(p^3)$,求带负权的单源最短路径问题的经典算法是 Ford 算法,其时间复杂度为 $O(pq)$。

Dijkstra 算法的基本思想为:

用 S 保存已求出最短路径的顶点。初始时,$S=[v_i],v_i$ 为源点。之后每求出一个顶点 v_j 就把它加入集合 S 中并作为求 v_i 到其他顶点最短路径的中间顶点。

数组 dist$[1..p]$ 用来保存求出的最短路径,dist$[j]$ 为 v_i 到 v_j 的距离,初始时,如果 $v_iv_j\in E$ 则 dist$[j]=f(v_iv_j)$,否则 dist$[j]=$maxint。

数组 path$[1..p]$ 用来保存求出的最短路径(顶点序列或边序列),初始时,如果 $v_iv_j\in E$ 则 path$[j]=v_iv_j$,否则 path$[j]=$null。

执行时,先从 S 以外的顶点所对应的 dist 数组元素中,找出其值最小的元素(假设为 dist$[m]$),该元素值就是从源点 v_i 到终点 v_m 的最短路径长度,对应的 path$[m]$ 中的顶点或边的序列即为最短路径。接着把 v_m 并入集合 S 中,然后将 v_m 作为求 v_i 到其他顶点最短路径的中间顶点,对 S 以外的每个顶点 v_j,比较 dist$[m]+f(v_mv_j)$ 和 dist$[j]$ 的大小,若 dist$[m]+f(v_mv_j)<$dist$[j]$,表明利用新加入的中间顶点可以得到更短的路径,则用 dist$[m]+f(v_mv_j)$ 代替 dist$[j]$,同时将 v_j 或边 v_mv_j 并入 path$[j]$ 中。重复以上过程 $p-2$ 次,即可在 dist 数组中得到从源点到其余各顶点的最短路径长度,path 数组中则保存着相应的最短

路径。

例 5.32 对图 5.48 所示的带权图 G，采用 Dijkstra 算法找出 $v_i = v_1$ 到其他各个顶点的最短路径的过程如下。

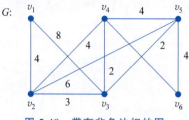

图 5.48 带有非负边权的图

（1）初始时：

	1	2	3	4	5	6
dist	0	4	8	maxint	maxint	maxint
path	v_1	v_1,v_2	v_1,v_3			

（2）第一轮：选中 $v_m = v_2$，则 $S = \{v_1, v_2\}$，计算比较 $\mathrm{dist}[2] + f(v_2 v_j)$ 与 $\mathrm{dist}[j]$ 的大小。

	1	2	3	4	5	6
dist	0	4	7	8	10	maxint
path	v_1	v_1,v_2	v_1,v_2,v_3	v_1,v_2,v_4	v_1,v_2,v_5	

（3）第二轮：选中 $v_m = v_3$，则 $S = \{v_1, v_2, v_3\}$，计算比较 $\mathrm{dist}[3] + f(v_3 v_j)$ 与 $\mathrm{dist}[j]$ 的大小。

	1	2	3	4	5	6
dist	0	4	7	8	9	maxint
path	v_1	v_1,v_2	v_1,v_2,v_3	v_1,v_2,v_4	v_1,v_2,v_3,v_5	

（4）第三轮：选中 $v_m = v_4$，$S = \{v_1, v_2, v_3, v_4\}$，计算比较 $\mathrm{dist}[4] + f(v_4 v_j)$ 与 $\mathrm{dist}[j]$ 的大小。

	1	2	3	4	5	6
dist	0	4	7	8	9	17
path	v_1	v_1,v_2	v_1,v_2,v_3	v_1,v_2,v_4	v_1,v_2,v_3,v_5	v_1,v_2,v_4,v_6

（5）第四轮：选中 $v_m = v_5$，则 $S = \{v_1, v_2, v_3, v_4, v_5\}$，计算比较 $\mathrm{dist}[5] + f(v_5 v_j)$ 与 $\mathrm{dist}[j]$ 的大小。

	1	2	3	4	5	6
dist	0	4	7	8	9	13
path	v_1	v_1,v_2	v_1,v_2,v_3	v_1,v_2,v_4	v_1,v_2,v_3,v_5	v_1,v_2,v_3,v_5,v_6

因为 G 的顶点数 $p=6$，所以执行 $p-2=4$ 轮后结束，此时通过 dist 和 path 数组可以看出：

- v_1 到 v_2 的最短路径为 $v_1\text{-}v_2$，长度为 4。
- v_1 到 v_3 的最短路径为 $v_1\text{-}v_2\text{-}v_3$，长度为 7。
- v_1 到 v_4 的最短路径为 $v_1\text{-}v_2\text{-}v_4$，长度为 8。
- v_1 到 v_5 的最短路径为 $v_1\text{-}v_2\text{-}v_3\text{-}v_5$，长度为 9。
- v_1 到 v_6 的最短路径为 $v_1\text{-}v_2\text{-}v_3\text{-}v_5\text{-}v_6$，长度为 13。

5.8.2 巡回售货员（货郎担或旅行商）问题

问题 5.4 巡回售货员问题。给定一个带正数边权的完全图 K_p，巡回售货员问题的任务是求 K_p 中具有最小权和的哈密顿圈。

输入：带正数边权的完全图 K_p。

输出：具有最小权和的哈密顿圈。

巡回售货员问题是 NP 难的，有算法，但没有好算法，常用的算法技术有近似算法、遗传算法、最近邻、最近插值、贪心、边交换等。

有 4 个人解决了美国（13 509 个城市）、德国（15 223 个城市）、瑞典（24 978 个城市）某些城市间的巡回售货员问题。

5.8.3 中国邮路问题

问题 5.5 中国邮路问题。中国邮路问题的任务是求邮递员从邮局出发走过所有街道再回到邮局的最短路程。该问题是中国学者管梅谷教授提出的，因此被称为中国邮路问题。

输入：(p,q) 图 $G=(V,E,f)$，$f:E \to R$，$v \in V$。

输出：包含所有边的最小权和 v-v 闭通道。

该问题与欧拉图和最短路径问题联系紧密：如果 G 是欧拉图，则欧拉闭迹即为中国邮路问题的解。如果 G 不是欧拉图，且 G 只有两个奇度顶点 v_i 和 v_j，则 v_i 到 v_j 的欧拉开迹加上 v_i，v_j 间的最短路径就是中国邮路问题的解。如果 G 不是欧拉图，且 G 有 $2n$ 个奇度顶点，则求出所有奇度顶点间的最短路径和距离，以奇度顶点为顶点造一个边带权的完全图 K_{2n}，其边权为顶点间的距离，设 M 为 K_{2n} 的最小匹配，造伪图 $G'=G+\{E_{ij}|E_{ij}$ 为 v_i,v_j 间最短路的边集，$v_iv_j \in M\}$，则 G' 是欧拉图，其欧拉迹就是中国邮路问题的解。

5.9 习题选解

5.9.1 连通图、圈

例 5.33 证明：若 $G=(V,E)$ 是不连通的，则 G 的补图 G^c 是连通的。

【证明】 因为 G 不连通，所以 G 至少有两个支，设 $G_1=(V_1,E_1)$ 是其中一个支，剩下

的支记为 $G_2=(V_2,E_2)$。对 $\forall u、v\in V,u\neq v$,则

(1) $u、v\in V_1$ 或 $u、v\in V_2$,如果 $u、v\in V_1$,则对于 $\forall w\in V_2,uw\in E^c$ 且 $vw\in E^c$,此时在 G^c 中 u,v 间有路 uwv;如果 $u,v\in V_2$,则对于 $\forall w\in V_1,uw\in E^c$ 且 $vw\in E^c$,此时在 G^c 中 u,v 间也有路 uwv。

(2) $u\in V_1,v\in V_2$ 或者 $u\in V_2,v\in V_1$,这两种情况下均有 $uv\in E^c$,亦即在 G^c 中 u 与 v 间也有路 uv。

综上可知,$\forall u、v\in V$,在 G^c 中 u 与 v 间均有路,因此 G^c 是连通的。

从例 5.33 可以得到一个附加结论:若 $G=(V,E)$ 不连通,则 G^c 中任意两点间的距离均小于或等于 2。

例 5.34 证明:连通的 (p,q) 图中,$q\geq p-1$。

【证明方法一】 证明其逆否命题:如果 $q<p-1$,则 G 不连通。

采用数学归纳法,施归纳于 p。

$p=2$ 时,结论显然成立。假设对 $p(p\geq 2)$ 阶图 G 结论成立,则对 $p+1$ 阶图 G,有一个顶点 u 使得 $\deg u=1$,$G-u$ 不连通,从而 G 不连通。

【证明方法二】 采用反证法。

假设 $q<p-1$,由于具有 p 个顶点的零图具有 p 个支,加一条边最多减少一个支,q 都加入,还剩下至少两个支,因此 G 不连通,矛盾,因此 $q\geq p-1$。

【证明方法三】 在学习了第 6 章的树之后,利用树的性质这道题就更容易证明了。

因为 G 连通,所以 G 有生成树 T,假设 T 是一个 (p,q') 图,则 $q\geq q'=p-1$。

例 5.35 设 $G=(V,E)$ 是一个 (p,q) 图且 $q>(p-1)(p-2)/2$,则 G 连通。

【证明方法一】 G^c 中有 $p(p-1)/2-q<p-1$ 条边,由例 5.34 可知 G^c 不连通,再由例 5.33 可知 G 是连通的。

【证明方法二】 采用数学归纳法,施归纳于 p。

$p=3$ 时,$q\geq 2$,G 连通。

假设 $p=k$ 时结论成立,当 $p=k+1$ 时,$q>k(k-1)/2$,去掉一个顶点 v 时分为如下 3 种情况:

(1) $\deg v=0$,此时 $q\leq k(k-1)/2$,这是不可能的。

(2) $\deg v=k$,则 v 与所有顶点邻接,因此 G 是连通的。

(3) $0<\deg v\leq k-1$,假设 $G-v$ 是 (k,q') 图,则 $q'>k(k-1)/2-\deg v\geq k(k-1)/2-(k-1)=(k-1)(k-2)/2$,因此 $G-v$ 是连通的,从而 G 也是连通的。

例 5.36 设 G 是一个 (p,q) 图,试证明:

(1) 如果 $q\geq p$,则 G 中有圈。

(2) 如果 $q\geq p+4$,则 G 包含两个边不相交的圈。

【证明】 (1) 因为 $q\geq p$,所以 G 不是平凡图,也不是零图,且 $p\geq 3$。采用数学归纳法证明其逆否命题:如果 G 中没有圈,则 $q\leq p-1$。

施归纳于 p,显然,$p=3$ 时,G 中没有圈,则 $q\leq 2=p-1$,结论成立。

假设 $p=k$ 时结论成立,往证 $p=k+1$ 时结论成立。此时 G 是一个 $(k+1,q)$ 图,因为 G 中没有圈,所以 G 存在一个度为 1 的顶点 v,$G-v$ 是一个 $(k,q-1)$ 图且 $G-v$ 中没有圈,根据归纳假设 $q-1\leq k-1$,亦即 $q\leq (k+1)-1=p-1$,证毕。

(2) 只需证 $q=p+4$ 时结论成立即可。施归纳于 $p,p=5$ 时结论成立。

如果 G 有三角形或四边形，则去掉一个这样的圈 C_1 得 G_1，G_1 中 $q \geqslant p$，有圈 C_2，于是存在边不相交圈 C_1 和 C_2。于是，不妨设 G 中最小圈长为5。

假设 $p \leqslant k$ 时结论成立，往证 $p=k+1$ 时结论也成立，设 $G=(V,E)$。

① 如果 $\exists v \in V$ 使得(a) $\deg v=0$，则令 $G_1=G-v-x$，$x \in E$；(b) $\deg v=1$，则令 $G_1=G-v$；(c) $\deg v=2$，不妨设 $v_1v,vv_2 \in E$，则令 $G_1=G-v+v_1v_2$。

不难看出，这三种情况下，G_1 均满足归纳假设，于是 G_1 中有两个边不相交圈，易见 G 中也有两个边不相交圈。

② $\forall v \in V,\deg v \geqslant 3$，且最小圈长大于或等于5，则 $p+4=q \geqslant 3p/2$，亦即 $p \leqslant 8$。假设最小圈长为 g，则有圈 C_g，$g \geqslant 5$，令 S_0 为 C_g 上的顶点集，S_0 中每个顶点有伸向圈 C_g 外的边，记 C_g 外与 S_0 中某个顶点距离为1的顶点之集为 S_1，则 $|S_1| \geqslant |S_0|$，所以 $p \geqslant |S_1|+|S_0| \geqslant g+g \geqslant 10$，这与 $p \leqslant 8$ 相矛盾。 ∎

5.9.2 同构

例 5.37 画出具有4个顶点的所有无向图，同构的只画一个。

【解】 设 $G=(V,E)$ 是一个 $(4,q)$ 图，根据 q 的不同，G 的可能形状如图5.49所示。

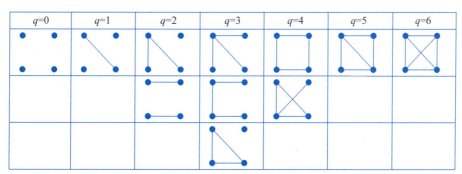

图 5.49 具有4个顶点的所有无向图

例 5.38 分别画出具有6、8、10个顶点的两个同构的三次图。

【解】 设 $G=(V,E)$ 是一个 (p,q) 三次图，$p=6,8,10$ 时的两个同构图如图5.50所示。

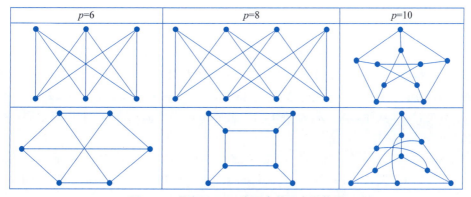

图 5.50 具有6、8、10个顶点的两个同构图

5.9.3 哈密顿图

例 5.39 设 $G=(V,E)$ 是一个 (p,q) 图，$p \geq 3$。u 和 v 是 G 的两个不邻接的顶点，并且 $\deg u + \deg v \geq p$，证明：G 是哈密顿图当且仅当 $G+uv$ 是哈密顿图。

【证明】 必要性 $\Rightarrow$：设 G 是哈密顿图，则显然 $G+uv$ 也是哈密顿图。

充分性 $\Leftarrow$：采用反证法。已知 $G+uv$ 是哈密顿图，假设 G 不是哈密顿图，则 G 中 u 和 v 间有哈密顿圈 $uv_2v_3\cdots v_{p-1}v$。令 $\deg u=k$，则因为 v 在该路上不能与和 u 邻接的顶点的前一个顶点邻接（否则有哈密顿圈），所以 $\deg v \leq p-1-k$，则 $\deg u + \deg v \leq p-1$，这与 $\deg u + \deg v \geq p$ 相矛盾，因此 G 是哈密顿图。

例 5.40 设 $G=(V,E)$ 是一个 (p,q) 图，证明：若 $q=(p-1)(p-2)/2+2$，则 G 是哈密顿图。

【证明】 由条件知 $p \geq 3$，而 K_p 有 $p(p-1)/2$ 条边，故 G^c 的边数为 $p(p-1)/2-q=p(p-1)/2-(p-1)(p-2)/2-2=p-3$。亦即 G 是从 K_p 中去掉 $p-3$ 条边得到的，不管怎么样从 K_p 中去掉 $p-3$ 条边，G 的任意两个不邻接顶点 u 与 v 仍然满足 $\deg u + \deg v \geq p$，由 Ore 定理知 G 是哈密顿图。实际上，在完全图中，u 与 v 的度数和为 $2(p-1)$，现在少了 $p-3$ 条边，最极端情况下，这 $p-3$ 条边均与 u 和 v 相关联，而且其中一条还是 uv（因为 u 与 v 不邻接），亦即 $\deg u + \deg v$ 最多少了 $p-2$，于是 $\deg u + \deg v \geq 2(p-1)-(p-2)=p$。

例 5.41 证明图 5.51(a) 所示的 Peterson 图不是哈密顿图。

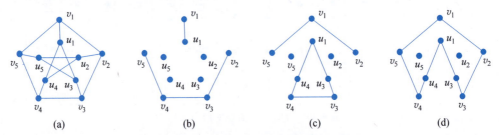

图 5.51 Peterson 图及寻找哈密顿圈的示意图

【证明】 假设 G 是哈密顿图，则有哈密顿圈，其外五边形 $v_1v_2v_3v_4v_5v_1$ 上的 5 条边不能全在某个哈密顿圈 C 上。

显然，$v_1v_2v_3v_4v_5v_1$ 只有 1 条边或 2 条边在 C 上是不可能的。

如果 $v_1v_2v_3v_4v_5v_1$ 有 3 条边在 C 上，则分为两种情况，第一种情况如图 5.51(b) 所示，此时边 v_1v_2 和边 v_5v_1 不在 C 上，于是，与 v_1 关联的边只能有 1 条在 C 上，这是不可能的。第二种情况如图 5.51(c) 所示，此时边 v_2v_3 和边 v_4v_5 不在 C 上，于是 u_3v_3、u_4v_4 在 C 上，而 u_1v_1 不在 C 上，从而 u_1u_3、u_1u_4 在 C 上，此时 $u_1u_3v_3v_4u_4u_1$ 在 C 上形成了圈，这是不可能的。

如果 $v_1v_2v_3v_4v_5v_1$ 有 4 条边在 C 上，如图 5.51(d) 所示，不妨设 v_3v_4 不在 C 上，于是 u_4v_4、u_3v_3 在 C 上，又因为 u_1v_1 不在 C 上，所以 u_1u_3、u_1u_4 在 C 上，此时 $v_1v_2v_3u_3u_1u_4v_4v_5v_1$ 在 C 上形成了圈，这是不可能的。

5.9.4 最长路

例 5.42 设 $G=(V,E)$ 是一个 (p,q) 连通图且 $p>2\delta(G)$,证明:G 有长至少为 $2\delta(G)$ 的路。

【**证明**】 设 G 中的最长路为 $P:v_0v_1v_2\cdots v_m$,由 $\{v_0,v_1,v_2,\cdots,v_m\}$ 导出的子图记为 H,与 v_0 和 v_m 邻接的顶点均在 P 上,且 v_0 与 v_m 在 G 中的度数等于在 H 中的度数。

采用反证法,假设 $m<2\delta(G)$,显然 $p>2\delta(G)\geqslant 2,m>0$(否则 G 不连通),分两种情况讨论:

(1) $m=1$,因为 $p>2$,$V-\{v_0,v_1\}\neq\Phi$,又因为 G 连通,所以 $\exists u\in V-\{v_0,v_1\}$,使得 $uv_0\in E$ 或者 $uv_1\in E$,则 uv_0v_1 或 v_0v_1u 组成长为 2 的路,与 v_0v_1 是最长路矛盾。

(2) $m>1$,如果 v_0 与 v_m 邻接则 H 是哈密顿图。如果 v_0 与 v_m 不邻接,则因为 $\deg v_0+\deg v_m\geqslant 2\delta(G)\geqslant m+1$,故在 P 上 v_m 必与某个与 v_0 邻接的顶点 v_i 的前一个顶点 v_{i-1} 邻接(否则 $\deg v_0+\deg v_m\leqslant m$),$H$ 也是哈密顿图。总之 H 有哈密顿圈 C_{m+1},又因为 G 连通,所以 $\exists u\in V-\{v_0,\cdots,v_m\}$(因为 $p>2\delta(G)\geqslant m+1$,所以 $V-\{v_0,\cdots,v_m\}\neq\Phi$),$u$ 与某个 v_i($i=0,1,2,\cdots,m$)邻接,于是得到一条更长的路,矛盾。

综上可得 $m\geqslant 2\delta(G)$,即 G 有长至少为 $2\delta(G)$ 的路。

5.10 本章小结

1. 重点

(1) 概念:无向图、有向图、子图、生成子图、导出子图、路、圈、连通图、度、入度、出度、正则图、双图、完全图、补图、同构、欧拉图、哈密顿图、比赛图、邻接矩阵。

(2) 理论:双图的性质、欧拉定理、判定哈密顿图的几个充分条件的证明技术、顶点度的应用、有向圈的性质、比赛图的性质、$\sum\limits_{v\in V}\text{id}(v)=\sum\limits_{v\in V}\text{od}(v)=q$。

(3) 方法:利用最长路进行证明的方法、波塞证明迪拉克定理的方法、用矩阵求强支的方法。

(4) 应用:最短路径问题、中国邮递员问题、旅行商问题。

2. 难点

哈密顿图的几个充分条件的证明。

习题

1. 证明:在 (p,q) 连通图中,有 $q\geqslant p-1$。

2. 证明:若 $G=(V,E)$ 是不连通图,则 G 的补图 G^c 是连通的。

3. 证明:设 $G=(V,E)$ 是一个 (p,q) 图且 $q>(p-1)(p-2)/2$,则 G 连通。

4. 在一个有 n 个人的宴会上,每个人至少有 m 个朋友($2\leqslant m\leqslant n$)。证明:有不少于 $m+1$ 个人,使得他们按某种方法坐在一张圆桌旁,每人的左、右均是他的朋友。

5. 设 G 是一个 (p,q) 图,证明:

(1) 如果 $q \geq p$，则 G 中有圈。

(2) 如果 $q \geq p+4$，则 G 包含两个边不相交的圈。

6. 证明：图 5.52 给出的 Peterson 图不是哈密顿图。

7. 画出具有 4 个顶点的所有无向图，同构的只画一个。

8. 设 $G=(V,E)$ 是一个 (p,q) 图，证明：若 $q=(p-1)(p-2)/2+2$，则 G 是哈密顿图。

9. 一个邮递员从邮局出发投递信件，然后返回邮局。若他必须至少一次走过他所管辖范围内的每条街道，那么如何选择投递路线，以便走尽可能少的路程？这个问题是我国数学家管梅谷教授于 1962 年首先提出的，称为中国邮路问题。

(1) 试将中国邮路问题用图论术语描述出来。

(2) 中国邮路问题、欧拉图问题及最短路问题之间有何联系？

10. 图 5.53 所示的两个图同构吗？为什么？

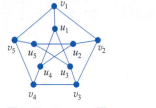
图 5.52 Peterson 图

图 5.53 判定是否同构的两个图

11. 某次会议有 n 个人参加，其中有些人互相认识。如果每两个互相认识的人都没有共同认识的人且每两个互相不认识的人都恰有两个共同的熟人。证明：每个参加会议的人有同样多的熟人。

12. 10 个学生参加一次考试，试题 10 道。已知没有两个学生做对的题目完全相同。证明：在这 10 道试题中可以找到一道试题，将这道试题取消后，每两个学生所做对的题目仍不完全相同。

13. 证明：设 $G=(V,E)$，则 G 的顶点染上黑白两色之一，存在如下一种染法：黑色顶点的邻接点中白色顶点多，白色顶点的邻接点中黑色顶点多。

14. 设 $p=mn+1$，$D=(V,A)$ 是一个具有 p 个顶点的比赛图。将 D 的弧任意染上红色与黄色之一。证明：D 中存在一条长至少为 m 的由红色弧组成的有向路，或存在一条长至少为 n 的由黄色弧组成的有向路。

15. 证明：连通图中两条最长路必有公共顶点。

16. 证明：根据定理 5.23 证明图 5.54 给出的图不是哈密顿图。

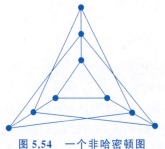
图 5.54 一个非哈密顿图

第 6 章

树和割集

图作为一种数学模型,用于描述现实世界的事物和现象;树是一种简单的图,有很好的性质:连通、无圈。现实世界的许多事物和现象可以抽象成树,如组织机构、家族谱系等,尤其是,在计算机中按照树这种结构来组织数据,可以设计出高效的处理算法,在设计通信网络、交通网络时,利用生成树可以设计出连通且成本最低的网络。

本章主要学习树的数学性质,熟悉这些性质将有助于设计好的算法、证明算法的正确性、评价算法的性能等。之所以将割集与树放在一起讨论,是因为它们共同具有的脆弱的连通性。树作为连通图太脆弱了——去掉度大于 1 的顶点即不连通,去掉边也不连通,图中也有这样的顶点和边,连通图去掉它们就不连通了,在交通网和通信网中很重要。下一章给出连通度的概念,用它可以度量对应网络的可靠程度。

6.1 树

6.1.1 树和森林

观察自然界中的一棵树,蚂蚁可到达任何叶子(意味着连通),没有圈。好算法与树有关,是一种重要的数据结构。

定义 6.1 一个连通的无圈图称为(无向)树(tree);一个没有圈的图称为森林(forest);只有一个顶点的树称为平凡树;在树中度为 1 的顶点称为叶子;不是叶子的顶点称为内顶点。树的顶点数称为树的阶。

例 6.1 一个非平凡树至少有两个叶子。

【证明】 考查最长路的两个端点即可,如果不是叶子则有圈。■

例 6.2 非平凡树 T 是双图。

【证明】 根据定理 5.16,G 是双图的充要条件为"如果 C 是 G 的圈,则 C 的长度是偶数",树 T 中没有圈,因此命题"如果 C 是 T 的圈,则 C 的长度是偶数"为真,所以树 T 是双图。

也可以用染色法证明,根据定理 6.3,树的中心或者是一个顶点,或者是两个邻接的顶点。从树的中心开始染色,如果树的中心是一个顶点,则将其染为红色;如果树的中心是两个顶点,则将它们中的一个染为红色,另一个染为蓝色。然后按照如下的规则逐层为树的其它顶点染色:如果顶点 u 和 v 邻接,且 u 已经染了红色或蓝色中的一种颜色,则将 v 染为红色或蓝色中的另一种颜色,这样逐层进行,可以得到树的一种 2-顶点着色,对应着顶点的一个 2-划分,每条边的两个端点都在不同的划分块中,所以是双图。■

例 6.3 如图 6.1(a)所示的是一棵树,图 6.1(b)所示的则是森林。

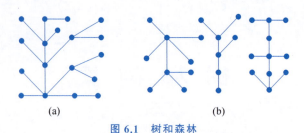

图 6.1 树和森林

6.1.2 树的性质

定理 6.1 设 $G=(V,E)$ 是一个 (p,q) 图,则下列命题等价:

(1) G 是树。

(2) G 中任何两个不同顶点间有唯一的一条路。

(3) G 是连通的且 $p=q+1$。

(4) G 中没有圈且 $p=q+1$。

(5) G 中无圈,在不邻接的两个顶点间加一条边后,所得到的图中有唯一的圈。

【证明】 按照如下的证明流程证明定理 6.1 中的命题互相等价:(1)⇒(2)⇒(3)⇒(4)⇒(5)⇒(1)。关键是抓住树无圈、连通的内涵。

要证(1)⇒(2),采用反证法。假设不然,则 $\exists u、v \in V, u \neq v, u$ 与 v 间有两条不同的路,于是 G 中有圈,矛盾,因此 G 中任何两个不同顶点间有唯一的一条路。

要证(2)⇒(3),采用数学归纳法,施归纳于 p。

显然 $p=1、2$ 时结论成立。

假设对少于 p 个顶点且满足(2)的图结论成立,今设 G 是一个具有性质(2)的 (p,q) 图,从 G 中去掉一条边,由(2)知得到一个不连通图,它有两个支 G_1 和 G_2,假设 G_1 是一个 (p_1,q_1) 图,G_2 是一个 (p_2,q_2) 图,由归纳假设,$p_1=q_1+1$,$p_2=q_2+1$,于是有 $p=p_1+p_2=(q_1+1)+(q_2+1)=(q_1+q_2+1)+1=q+1$,因此(3)成立。

要证(3)⇒(4),只需证明 G 中无圈,采用反证法。

假设 G 中有圈 C_n,C_n 上有 n 条边,$3 \leq n < p$,圈 C_n 外还有 $p-n$ 个顶点,因为 G 连通,所以 G 中至少有 $p-n$ 条边,即 G 中至少有 $n+p-n=p$ 条边,与 $p=q+1$ 矛盾,因此 G 中无圈。

要证(4)⇒(5),容易看出(1)⇒(2)⇒(5),因此只需证明 G 是树,又只需证明 G 是连通的。采用反证法。假设 G 不连通,于是 G 有 k 个支,$k \geq 2$,每个支连通,由假设 G 中无圈,所以每个支是树,假设第 $i(1 \leq i \leq k)$ 个支是一个 (p_i,q_i) 图,则 $p_i=q_i+1$,从而有 $p=\sum_{i=1}^{k} p_i = \sum_{i=1}^{k} q_i + k = q+k = q+1$,于是 $k=1$,矛盾,因此 G 是连通的。

要证(5)⇒(1),只需证明 G 是连通的即可。采用反证法。

假设 G 不连通,则 G 至少有两个支,在一个支中取顶点 u,在另一个支中取顶点 v,则 $G+uv$ 中无圈,矛盾,故 G 连通,从而 G 是树。

定理 6.1 中的树的性质都是特征性质,均可当作树的定义,但(1)最方便。下面再来学习树的一个特征性质,学习之前先引入一个概念:树作为连通图比较脆弱,是极小连通图。

定义 6.2 设 $G=(V,E)$ 是连通图,从 G 中去掉一条边就不再连通,则称 G 为极小连通图。

如果 $G=(V,E)$ 是极小连通图,则 $\forall uv \in E, G-uv$ 不连通。

定理 6.2 图 G 是树当且仅当 G 是极小连通的。

【证明】 必要性⇒:由定理 6.1 的(2),G 中任何两个不同顶点间有唯一的一条路,去掉一条边则不再连通。

充分性⇐:如果 G 有圈,则去掉一条边后仍连通,与 G 是极小连通图相矛盾,因此,G 无圈,于是 G 是树。

6.1.3　树的中心

连通的交通图四通八达,能不能找到一个(些)中心点作为仓库或社区医院,使得物流配送或去医院看病最经济。

定义 6.3 设 $G=(V,E)$ 是连通的,$v \in V$,数 $e(v)=\max\limits_{u \in V}\{d(u,v)\}$ 称为 v 在 G 中的偏心率,数 $r(G)=\min\limits_{v \in V}\{e(v)\}$ 称为 G 的半径,数 $d(G)=\max\limits_{v \in V}\{e(v)\}$ 称为 G 的直径。如果 $e(v)=r(G)$,则称 v 为 G 的中心点,中心点的集合称为 G 的中心,记作 $C(G)$。

问题:树的中心里有几个中心点?不同中心点有什么关系?

定理 6.3 树 T 的中心 $C(T)$ 中或有一个顶点或有两个顶点且 $C(T)$ 中若有两个顶点,则这两个中心点在 T 中邻接。

【证明】 采用数学归纳法,施归纳于树 T 的阶 p。

显然,$p=1,2$ 时结论成立。

假设对 $p<k(k \geqslant 3)$ 阶树结论成立,今设 T 为 k 阶树,删掉 T 的所有叶子得到的树 T' 中,每个顶点的偏心率比它们在 T 中的偏心率少 1。又因为 T 的叶子不能是中心点,所以 T 的中心点在 T' 中。如果某个顶点 u 的偏心率在 T 中最小,则在 T' 中依然是最小的,故 T 与 T' 的中心相同。因为 T' 的阶小于 k,由归纳假设,T' 的中心(也是 T 的中心)或为一个顶点,或为 2 个相邻接的顶点。

思考:对于阶数大于 2 的树,如果树的最长路的长度是奇数,则其中心顶点为 1 个顶点,否则其中心顶点就是互相邻接的 2 个顶点。2 阶树的中心顶点是互相邻接的 2 个顶点。

编程:求树 $T=(V,E)$ 的最长路。

输入:$T=(V,E)$。

输出:T 的最长路。

方法:$\forall u \in V$,以 u 为起点 $\mathrm{dfs}\{d(u,v)|v \in V\}$。设 $d(u,w)=\max\limits_{v \in V}\{d(u,v)\}$,则以 w 为起点 $\mathrm{dfs}\{d(w,v)|v \in V\}$,设 $d(w,m)=\max\limits_{v \in V}\{d(w,v)\}$,则 w 到 m 间的路为 T 的一条最长路。

注意:$\mathrm{dfs}\{d(u,v)|v \in V\}$ 表示对 T 进行先深遍历的同时求得 u 到每个顶点的距离。$dfs\{d(w,v)|v \in V\}$ 表示对 T 进行先深遍历的同时求得 w 到每个顶点的距离。

例 6.4 如图 6.2 所示的是一棵顶点标有偏心率的树 T_1，$r(T_1)=4$，$d(T_1)=8$，$C(T_1)=\{u\}$。

例 6.5 如图 6.3 所示的是另一棵顶点标有偏心率的树 T_2，$r(T_2)=2$，$d(T_2)=3$，$C(T_2)=\{u,v\}$。

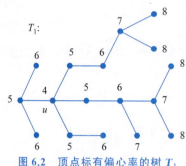

图 6.2 顶点标有偏心率的树 T_1

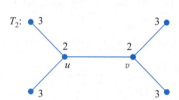

图 6.3 顶点标有偏心率的树 T_2

例 6.6 设 $T=(V,E)$ 是树，$|E|=12$，顶点的度分别为 1、2 或 5，T 恰有 3 个顶点的度为 2，试问：T 有多少叶子？

【解】 设 T 有 x 个叶子，因为 $|E|=12$，所以 $|V|=13$，由定理 5.1，$1\times x+2\times 3+5\times(13-3-x)=2\times 12$，因此 $x=8$，即 T 有 8 个叶子。

例 6.7 设 $T=(V,E)$ 是树，T 中度为 i 的顶点个数为 n_i，且 $\sum_{i=1}^{k}n_i=p$，则 $n_1=2+n_3+2n_4+3n_5+\cdots+(k-2)n_k$。

【证明】 因为 $\sum_{i=1}^{k}n_i=p$，所以 $q=\left(\sum_{i=1}^{k}n_i\right)-1$，由定理 5.1 可知，$\sum_{i=1}^{k}i\cdot n_i=\sum_{i=1}^{k}2\cdot n_i-2$，化简后记得 $n_1=2+n_3+2n_4+3n_5+\cdots+(k-2)n_k$。 ■

6.2 生成树

在通信网络、交通网络中，人们常常关心能把所有顶点连接起来的子图（生成子图），使得该生成子图各边权值之和为最小，这就是最小连接问题。

例如，农村自来水系统中，顶点代表村庄，边上标以成本，则可得到如图 6.4(a)所示的图模型，由于资金问题，只要求连通即可。如果不考虑成本最低化，则图 6.4(b)所示的子图就满足要求，它是图 6.4(a)的生成子图，而且是一棵树，称为生成树。如果考虑成本最低化，则只有图 6.4(c)所示的子图才能满足要求，它是图 6.4(a)的所有生成树中边的权值之和最低的。怎么找到权值最小的生成树有好算法。

6.2.1 生成树的定义

定义 6.4 设 $G=(V,E)$ 是图，G 的一棵生成树是包含 G 的所有顶点的子图 T，而且 T 是树。如果 T 是森林则称其为生成森林。

例如，图 6.5(b)~图 6.5(e)所示的图都是图 6.5(a)中图的生成树。

定理 6.4 图 $G=(V,E)$ 有生成树当且仅当 G 连通。

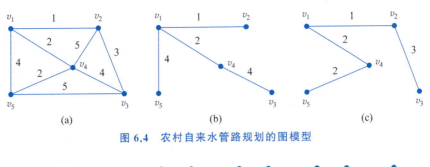

图 6.4 农村自来水管路规划的图模型

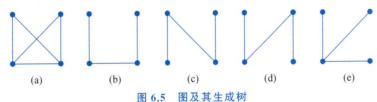

图 6.5 图及其生成树

【证明】 必要性⇒：显然成立。

充分性⇐：采用破圈法。

如果 G 中无圈，则 G 是树，从而 G 是自己的生成树。

如果 G 中有圈，则取一个圈，从圈上去掉一条边得到图 G_1，G_1 连通，重复这一过程直至得到一个图 G_n，G_n 连通且无圈，则 G_n 为 G 的生成树。

定理 6.4 的证明过程中使用的破圈法只能求一个生成树，不是求所有的生成树，求所有的生成树比较困难，但计算机中有时要求。利用破圈法也可以求任意图的一个生成森林。

推论 6.1 若 G 是一个 (p,q) 连通图，则 $q \geqslant p-1$。

例 6.8 设 $G=(V,E)$ 是一个 (p,q) 连通图，试问：

(1) G 中至少有多少个圈？

(2) 如果 $p=q$，则 G 中有多少个圈？

【解】 (1) 因为 G 连通，所以 G 有生成树，生成树有 $p-1$ 条边，剩下 $q-p+1$ 条边，加一条边得一个圈，故至少有 $q-p+1$ 个圈。

(2) 如果 $p=q$，则 G 中只有 1 个圈。

6.2.2 生成树计数

给定一个图，计算其生成树的个数将在组合数学课程中学习，本节我们只是给出几个结论。

1. 凯莱递推计数法

该方法是由英国数学家 A. Cayley(1821—1895)于 1889 年提出的。

假设 G 是一个连通图，其生成树个数记为 $\tau(G)$，则 $\tau(G)=\tau(G-e)+\tau(G.e)$，其中 e 是 G 的某个圈上的一条边，$G.e$ 是 G 对 e 进行边收缩后得到的图。

所谓边收缩是指将边的两个端点合并为一个顶点，原来与这两个端点邻接的顶点改为与合并后的顶点邻接，边收缩后得到的图可能是伪图。

递推式 $\tau(G)=\tau(G-e)+\tau(G.e)$ 的终止条件是图中无圈，最后得到的树的个数就是 G 的生成树的个数。图 6.6 给出了一个按照凯莱公式计数的过程示意图，图 6.6 中所给图的生成树共有 8 个。

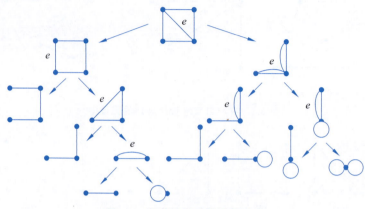

图 6.6　凯莱计数法的计数过程

直观地，$\tau(G-e)$ 是指 G 的不包含 e 的生成树个数，$\tau(G.e)$ 则是 G 的包含 e 的生成树的个数。

凯莱公式的计算量大，而且不能具体给出每棵生成树。

2. 关联矩阵计数法

1940 年，Brooks、Smith、Stone、Tutte 等第 1 次明确表述矩阵树定理及公式 $C=A \cdot A^T$。

设 $G=(V,E)$ 是一个 (p,q) 连通图，$p \times q$ 矩阵 $A=(a_{ij})$ 是 G 的关联矩阵，如果

$$e_k=v_iv_j\in E, 则\begin{cases}a_{ik}=1\\a_{jk}=-1\\a_{lk}=0\quad l\neq i, l\neq j\end{cases}$$

$C=A \cdot A^T$ 的 $p-1$ 阶主子式的行列式的绝对值就是 G 的生成树的个数。

3. 矩阵树定理

设 $G=(V,E)$ 是一个 (p,q) 连通图，$p \times p$ 矩阵 $B=(b_{ij})$ 是 G 的邻接矩阵，$p \times p$ 矩阵 $D=(d_{ij})$ 是 G 的度数矩阵，对于 $1\leqslant i,j\leqslant p$，如果 $i\neq j$ 则 $d_{ij}=0$，否则 $d_{ii}=\deg v_i$。

$C=D-B$ 的 $p-1$ 阶主子式的行列式的绝对值就是 G 的生成树的个数，C 又被称为基尔霍夫矩阵，而且 $C=D-B=A \cdot A^T$。

4. 完全图的生成树个数

1889 年，利用凯莱公式求得的完全图的生成树个数为：$\tau(K_p)=p^{p-2}$。1918 年，H. Prüfer 在证明该公式时还给出了一种用其名字命名的著名的树编码技术——Prüfer 序列。

6.2.3　最小生成树

问题 6.1　求最小生成树。设 $G=(V,E,w)$ 是一个边带权图，$w:E \to R_+$，如果 G 连通，则 G 有生成树 T，T 中各边的权值之和称为 T 的权，求权最小的 G 的生成树 T。这样的生成树 T 称为 G 的最小（最少费用）生成树。下水道、电线、电话线、光纤等的管路设计会遇到该问题。

求最小生成树算法的基本思想：

这个想法是直观而朴素的,即立即想到的方法是从 (p,q) 连通图 G 的 q 条边中找出 $p-1$ 个权尽量小的边,其唯一的限制是找出的边不形成圈。由于没有圈且有 $p-1$ 条边,所以构成一棵树——生成树。剩下要讨论的是它确实是最小生成树——边的权值最小,在直观上似乎是显然的。

实际上,上述思想是所谓"贪心策略"或"贪心法",在解最优化问题时,往往会得到最优解。

1. Kruskal 算法

该算法是由美国数学家 J. Kruskal(1928—2010)于 1956 年提出的,算法的基本思想是:从 G 的最小边开始,进行避圈式扩张。

输入:(p,q) 连通图 $G=(V,E,w),w:E\to R_+$。

输出:G 的最小生成树。

方法:

(1) 将 G 的所有边按从小到大排序。

(2) 选取当前权值最小的边;再从剩下的边中选取一个权值最小的边,但与已经选出的边不能形成圈,形成圈即跳过;如此进行,直到选出 $p-1$ 条边为止,得到的子图 $T=(V_1,E_1)$。

由上述过程可知,T 是 G 的极大无圈图,即 T 是无圈的,并且如果 u、$v\in T$ 但 $uv\in E$,则 $T+uv$ 包含圈。这时 T 是树。实际上,只须证明 T 连通即可。假如 T 不连通,则 T 至少有两支。设 u、v 分别在 T 的两个不同支中,则 $T+uv$ 中无圈,矛盾。因此,T 是树。由于 G 是连通的,所以 T 是 G 的生成树。

Kruskal 算法的时间复杂度为 $O(q\cdot\log q)$。

例 6.9　针对图 6.7(a)所示的图,Kruskal 算法依次选出标以 1、2、3、5、6、8、9 的边,形成的生成树如图 6.7(b)所示。

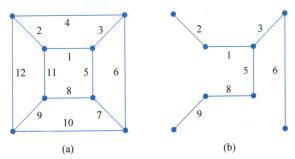

图 6.7　利用 Kruskal 算法求最小生成树示例

2. Prim 算法

该算法于 1930 年由捷克数学家沃伊捷赫·亚尔尼克(V. Jarník)发现;并在 1957 年由美国计算机科学家罗伯特·普里姆(R. C. Prim)独立发现;1959 年,艾兹格·迪科斯彻(E. W. Dijkstra,1930—2002)再次发现了该算法。因此,在某些场合,Prim 算法又被称为 DJP 算法、Jarník 算法或 Prim-Jarník 算法。

输入:(p,q) 连通图 $G=(V,E,w),w:E\to R_+$。

输出:G 的最小生成树。

方法：
(1) 任取一个顶点 v_1。
(2) 选一个与 v_1 关联的权最小的边 v_1v_2。
(3) 选一个与 $v_1\mid v_2$ 关联的权最小的边 $v_1v_3\mid v_2v_3$。
(4) 再选一个与 $v_1\mid v_2\mid v_3$ 关联的权最小的边 $v_1v_4\mid v_2v_4\mid v_3v_4$。
如此进行，直到得到一个包含 p 个顶点的树为止。
使用图的邻接矩阵表示时，Prim 算法的时间复杂度为 $O(p^2)$。

例 6.10 针对图 6.8(a) 所示的图，Prim 算法从顶点 v_1 出发，依次选取 v_1v_2、v_2v_3、v_3v_4、v_4v_5 等边，最后形成的生成树如图 6.8(b) 所示。

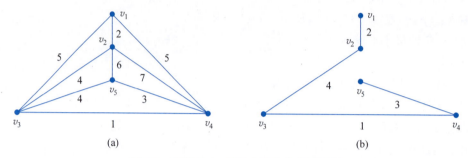

图 6.8 利用 Prim 算法求最小生成树示例

3. 管梅谷破圈法

该方法是由我国数学家管梅谷教授于 1975 年提出的。

输入：(p,q) 连通图 $G=(V,E,w)$，$w:E\to R_+$。

输出：G 的最小生成树。

方法：
(1) 任取 G 的一个圈 C_1，去掉 C_1 中权最大的一条边，该过程称为破圈。
(2) 不断破圈，直到 G 中无圈为止。

管梅谷破圈法的时间复杂度为 $O(p^3)$。

例 6.11 针对图 6.9(a) 所示的图，管梅谷破圈法输出的生成树如图 6.9(b) 所示。

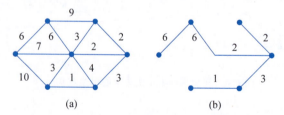

图 6.9 利用管梅谷破圈法求最小生成树示例

4. Sollin 算法

该算法是由捷克数学家 O. Borůvka(1899－1995)于 1926 年提出的，被用作 Moravia 地区的一种电网建设方法。1938 年 G. Choquet 重新发现该算法，1951 年 K. Florek、J. Łukasiewicz、J. Perkal、H. Steinhaus 和 S. Zubrzyck 等又一次发现了该算法。1965 年 G. Sollin 重新发现了该算法并将其用于并行计算。

Sollin 算法可以看作是 Kruskal 算法和 Prim 算法的综合,其基本思想是:从所有节点都孤立的森林开始,通过合并树来得到最小生成树;每次合并树的边都是连接两棵树的权最小的边。

输入:(p,q) 连通图 $G=(V,E,w)$,$w:E \to R_+$。

输出:G 的最小生成树 $T=(V_1,E_1)$。

方法:

(1) 令图 G 中每个顶点表示一棵树,从而形成一个森林 S,令 $V_1=V$,$E_1=\Phi$。

(2) 每棵树同时决定其连向其他树的最小权值邻边,并将这些边加入森林 S 中,实现树的合并,同时将这些边加入 E_1 中(注意:森林中的两棵树可选择同一条边)。

(3) 重复(2)直到森林 S 中只剩下一棵树为止。

Sollin 算法的优点是适宜于并行计算,例如,在农村自来水管路铺设问题中,每个村庄可以做出自己的决定,并着手铺设水管,而不管其他村庄干不干。当然每个村庄铺设的是终于本村庄的最廉价的一条水管。可能有两个村庄 u 和 v 都去铺设 uv 水管,则它们在中间相遇,从而 u 与 v 间的水管就铺设好了。最后,一些村庄被水管联结起来,但整个管路系统未必连通。下一步,对每个被管路相互联结的村庄群,找到通往不在该群中的某个村庄的最廉价的水管,并开始铺设那条水管。重复同样的过程,直到获得连通系统为止。

采用图的边集数组表示时,Sollin 算法的时间复杂度为 $O(p^2)$。

例 6.12 针对图 6.10(a)所示的图,Sollin 算法寻找生成树的过程如图 6.10(b)~图 6.10(d)所示。

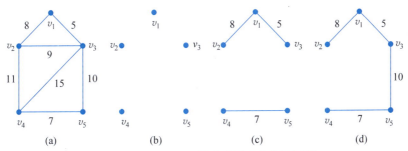

图 6.10 利用 Sollin 算法求最小生成树示例

6.3 有根树与有序树

6.3.1 有根树

定义 6.5 没有弱圈的弱连通有向图称为有向树。

这个概念没什么用处,常用的是有根树,它是自然界中的树、国家行政机关的结构图、书的目录、家谱等的抽象。它们的特点是无圈、连通、根可达任何顶点、根在顶部的话所有边的方向都向下。

定义 6.6 有向树 D 称为有根树,如果 D 中有一个顶点其入度为 0。其余每个顶点入度为 1。有根树中,入度为 0 的顶点称为根顶点;出度为 0 的顶点称为叶子;非叶顶点称为内顶点。

有根树也称为出树，根也称为"源"。

定义 6.7 有根树 D 的反向树称为入树。

入树中只有一个出度为 0 的顶点，称为"汇"，其余每个顶点的出度均为 1。

定理 6.5 有向图 $D=(V,A)$ 是一个有根树当且仅当 D 有一个顶点可以达到其他任一顶点且没有弱圈。

【证明】 必要性$\Rightarrow$：假设 D 是一个有根树，则 D 是弱连通的且没有弱圈，从而根顶点到其他任何顶点均有一条唯一的弱路，又因为，除根顶点外每个顶点的入度均为 1，所以，根顶点到其他每个顶点的弱路都是有向路。因此，从根顶点可以达到其他任何一个顶点。

充分性$\Leftarrow$：假设有向图 D 中没有弱圈且有一个顶点 v 可以达到其他任何一个顶点，则 D 是弱连通的且没有弱圈，于是，D 是有向树，再根据由 v 能达到其他任一顶点可知 v 的入度为 0，不然的话，假设 $uv \in A$，则从 v 到 u 的路和 uv 构成圈，矛盾。假设 $w \in V$ 且 $w \neq v$，则 $\mathrm{id}(w)=1$。否则，如果 $\mathrm{id}(w) \geqslant 2$，则 $\exists v_1, v_2 \in V$ 使得 $v_1 w、v_2 w \in A$，因为从 v 可以达到 v_1 和 v_2，所以从 v 到 w 有两条不同的路，从而 D 中有圈，矛盾。因此，D 是有根树。∎

定理 6.6 有向图 $D=(V,A)$ 是一个入树当且仅当 D 中没有弱圈且有一个顶点 v，其他任何一个顶点均可达到 v。

由于忽略了弧的方向有根树和入树都是无向树，所以在有根树和入树中顶点数 p 与弧数 q 之间的关系仍是 $q=p-1$。

例 6.13 图 6.11(a) 给出了一个有根树的图解，图 6.11(b) 给出的则是一个入树的图解。

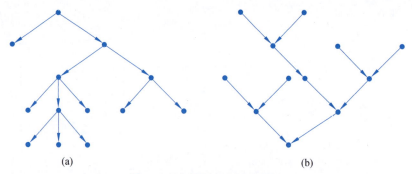

图 6.11 有根树和入树的图解

例 6.14 设 $D=(V,A)$ 是一个有根树，每个顶点的出度不是 0 就是 2。求顶点数 p、弧数 q、叶数 n 之间的关系。

【解】

① $p=q+1$。——顶点数 p 与弧数 q 间的关系。

② 内顶点数 $=p-n$。

③ $2(p-n)=p-1$。——出度总和等于入度总和。

④ $p=2n-1, q=2(n-1)$。——顶点数 p（弧数 q）与叶数间的关系。

⑤ $n=(p+1)/2, n=(q+2)/2$。

⑥ 内顶点数 $=p-n=2n-1-n=n-1=p/2-1/2=(p-1)/2=p-(q+2)/2$。

6.3.2 有序树

定义 6.8 设 $T=(V,A)$ 是一个有根树。如果 $uv\in A$，则称 v 是 u 的儿子，顶点 u 称为 v 的父亲。如果从顶点 u 能达到顶点 w，则称 w 为 u 的子孙，而称 u 为 w 的祖先。如果 u 是 w 的祖先且 $u\neq w$，则称 u 为 w 的真祖先，w 则称为 u 的真子孙。

根据定义 6.8，每个顶点既是自己的子孙，也是自己的祖先。

定义 6.9 设 $T=(V,A)$ 是以 v_0 为根的有根树，$v\in A$，从 v_0 到顶点 v 的有向路的长度称为顶点 v 的深度。从顶点 v 到 T 的叶子的最长有向路的长度称为 v 在 T 中的高度。根顶点 v_0 的高度称为树 T 的高度。

定义 6.10 设 $T=(V,A)$ 是一个有根树，$v\in A$，由 v 及其子孙导出的 T 的子图称为 T 的以 v 为根的子树。

有根树中，深度相同的顶点称为一层，深度为 i 的顶点所处的层称为第 i 层。层与层之间有次序，但同层顶点之间没有次序。实际应用中，同层顶点之间往往是有序的，为此，我们引入有序树的概念。

定义 6.11 设 $T=(V,A)$ 是一个有根树。如果 T 的每个顶点的儿子们排定了次序，则称 T 为有序树。

例 6.15 用于表示目录、句子的语法结构、算术表达式的结构的树都是有序树。

定义 6.12 如果有序树 T 每个顶点的出度均小于或等于 m，则称 T 为 m 元有序树。如果 m 元有序树 T 的出度不是 0 就是 m，则称 T 为正则 m 元有序树。如果有根树 T 每个顶点的出度均小于或等于 m，则称 T 为 m 元有根树。如果 m 元有根树 T 的出度不是 0 就是 m，则称 T 为正则 m 元有根树。

定理 6.7 高为 h 的正则 m 元树最多有 m^h 个叶顶点。

定理 6.8 正则 m 元树若有 i 个内顶点，则有 $mi+1$ 个顶点。

推论 6.2 设正则 m 元树的顶点数为 n，叶子数为 l，内顶点数为 i，则 n、l 和 i 可以从任意两个推出另一个。

定义 6.13 每个顶点最多有 2 个儿子的有序树称为二元树，只有一个儿子时需指明左右。

定理 6.9 高为 h 的二元树至多有 $2^{h+1}-1$ 个顶点。

【证明】 第 0 层有 1 个顶点，第 1 层至多 2 个顶点，$\cdots$，第 k 层至多有 2^k 个顶点，$\cdots$，第 h 层至多有 2^h 个顶点。于是，至多有 $1+2+\cdots+2^k+\cdots+2^h=2^{h+1}-1$ 个顶点。∎

由定理 6.9 可知，$\log_2 p\leqslant h+1$，用树当索引，搜索叶子上的数据，最好的算法的复杂度可能达到 $O(\log_2 p)$。

定义 6.14 高为 h 且恰有 $2^{h+1}-1$ 个顶点的二元树称为满二元树。

定理 6.10 高为 h 的二元树至多有 2^h 个叶子。

【证明】 施归纳于 h。$h=0$ 时结论成立。假设高不大于 $k\geqslant 0$ 时，至多有 2^k 个叶子，往证高为 $k+1$ 的二元树至多有 2^{k+1} 个叶子。为此，去掉根得两个二元树，每个高至多为 k，每个子树至多有 2^k 个叶子，从而高为 $k+1$ 的二元树至多有 $2^k+2^k=2^{k+1}$ 个叶子。∎

定理 6.11 设 T 是一个二元树，叶顶点数为 n_0，出度为 2 的顶点数为 n_2，则 $n_0=n_2+1$。

【证明】 设 n_1 为出度为 1 的顶点数，则 $p=n_0+n_1+n_2$。$q=p-1$，总的入度为

$n_0 + n_1 + n_2 - 1 =$ 出度 $n_1 + 2n_2$,所以 $n_0 = n_2 + 1$。

定义 6.15 高为 h 且 1 到 $h-1$ 层的顶点数都达到最大的二元树称为完全二元树,如果其第 h 层的顶点连续集中在最左边。

数据结构中解决某些问题的算法要用到这种树。

定义 6.16 如果完全二元树每个顶点的值不大于其儿子的值则称为堆。

显然,堆的子树仍然是堆。

Dijkstra、Prim 算法用堆作为数据结构才能得到优化。

定理 6.12 高为 h 的完全二元树的顶点数 p 满足关系式 $2^h \leqslant p \leqslant 2^{h+1} - 1$。

6.4 割点、桥和割集

观察一棵树,有什么特点呢?连通、无圈、有叶子,去掉叶子后仍连通,去掉度大于 1 的顶点即不连通,去掉边亦不连通,作为连通图太脆弱了。图中也有这样的顶点和边——割点和桥。这两个概念在交通网和通信网中非常重要,第 7 章还会给出连通度的概念,用它可以度量对应网络的可靠性程度。

6.4.1 割点和桥

对于一个具有割点或桥的连通图而言,去掉割点或桥后就不连通了,亦即分支变多了,于是,我们给出如下的定义。

定义 6.17 设 $G = (V, E)$ 是一个图,令 $w(G)$ 表示 G 的分支数,$v \in V, x \in E$,如果 $w(G-v) > w(G)$,则称 v 是 G 的一个割点(cut vertex);如果 $w(G-x) > w(G)$,则称 x 为 G 的一座桥(bridge)(割边)。

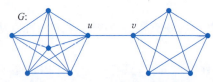

图 6.12 一个具有割点和桥的图

容易看出,不论在军事上还是经济上,交通网络中的割点和桥都具有重要的意义,而通信网络中的割点和桥则是应该尽量避免的。

例 6.16 如图 6.12 所示,顶点 u 和 v 均为 G 的割点,边 uv 是 G 的桥。

桥的端点不一定是割点,如树的叶子不是割点,但树的每条边都是桥。如果桥的端点的度大于或等于 2,则一定是割点。有割点的图一定不是哈密顿图,有桥的图也不是哈密顿图。

推论 6.3 非平凡连通图至少有两个顶点不是割点。

【证明】 图连通则有生成树,至少有两个叶子,叶子不是割点。

6.4.2 割点和桥的特征性质

定理 6.13 设 $G = (V, E)$ 是一个连通图,$v \in V$,则下列命题等价:

(1) v 是 G 的一个割点。

(2) $\exists u, w \in V, u \neq w$,使得 v 在 u 与 w 间的每条路上。

(3) 存在 $V \setminus \{v\}$ 的一个 2-划分 $\{U, W\}$,使得 $\forall u \in U, \forall w \in W, v$ 在 u 与 w 间的每条路上。

【证明】 按照如下的证明流程证明定理 6.13 中的命题互相等价：(1)⇒(3)⇒(2)⇒(1)。

要证(1)⇒(3)，设 v 是 G 的一个割点，则 $G-v$ 是一个不连通图，从而 $G-v$ 至少有两个支，设 G_1 是 $G-v$ 的一个支，其他支形成的子图记为 G_2，不妨设 $G_1=(U,E_1)$，$G_2=(W,E_2)$，显然 $U\cup W=V\setminus\{v\}$，$U\cap W=\Phi$，$\forall u\in U$，$\forall w\in W$，由 G 连通知在 G 中 u 与 w 间有路，但在 $G-v$ 中没有路，所以在 G 中 u 与 w 间的每条路必经过 v。

要证(3)⇒(2)，因为(2)是(3)的特例，所以(3)⇒(2)。

要证(2)⇒(1)，有如下两种方法。

【证明方法一】 只需证明 $G-v$ 不连通即可。由于 $\exists u、w\in V$，$u\neq w$，使得在 G 中 u 与 w 间的每条路都通过 v，所以 $G-v$ 中 u 与 w 间无路，从而 $G-v$ 不连通，所以 v 是 G 的一个割点。

【证明方法二】 采用反证法证明 $G-v$ 不连通。假设 $G-v$ 连通，则 u 与 w 间有路不经过 v，矛盾，因此 $G-v$ 不连通。∎

定理 6.14 设 $G=(V,E)$ 是一个连通图，$x\in E$，则下列命题等价：

(1) x 是 G 的一座桥。

(2) x 不在 G 的任何一个圈上。

(3) 存在 G 的两个不同顶点 u 和 w，使得边 x 在 u 与 w 的每条路上。

(4) 存在 V 的一个 2-划分 $\{U,W\}$，使得 $\forall u\in U$，$\forall w\in W$，边 x 在 u 与 w 间的每条路上。

【证明】 按照如下的证明流程证明定理 6.14 中的命题互相等价：(1)⇒(4)⇒(3)⇒(2)⇒(1)。

要证(1)⇒(4)，因为 G 是一个连通图且 x 是 G 的一座桥，因此 $G-x$ 恰好有两个支，设 G_1 是 $G-x$ 的一个支，G_2 是 $G-x$ 的另一个支，假设 $G_1=(U,E_1)$，$G_2=(W,E_2)$，显然 $U\cup W=V$，$U\cap W=\Phi$，即 $\{U,W\}$ 是 V 的一个 2-划分，对于 $\forall u\in U$，$\forall w\in W$，由 G 连通知在 G 中 u,w 间有路，但在 $G-x$ 中没有路，所以 G 中边 x 在 u 与 w 间的每条路上。

要证(4)⇒(3)，因为(3)是(4)的特例，所以(4)⇒(3)。

要证(3)⇒(2)，采用反证法。假设 $x=v_1v_2$ 在 G 的某个圈 C 上，由(3)知存在 G 的两个不同顶点 u 和 w，使得边 x 在 u 与 w 的每条路上，即 u 与 w 的每条路均经过 x，于是 v_1 与 v_2 间存在一条不经过 x 的路 P。如果 u 与 w 均不在圈 C 上，u 与 v_1 间的路加上 P 再加上 v_2 与 w 间的路就是一条 u 与 w 间的不经过 x 的路，矛盾。如果 u 与 w 均在圈 C 上，则 u 与 w 间存在一条不经过 x 的路，矛盾。如果 u 与 w 只有一个顶点(不妨设 w)在圈 C 上，则在圈 C 上 v_1 与 w 间有不经过 x 的路，于是 u 与 v_1 间的路加上 v_1 与 w 间不经过 x 的路就是一条 u 与 w 间的不经过 x 的路，矛盾。综上可得，x 不在 G 的任何一个圈上。

要证(2)⇒(1)，采用反证法。假设 $x=v_1v_2$ 不是 G 的一座桥，则 $G-x$ 仍然连通，于是在 $G-x$ 中 v_1 与 v_2 间有路 P，从而 $P+x$ 是 G 的一个圈，且 x 在圈 $P+x$ 上，这与 x 不在 G 的任何一个圈上相矛盾。因此 x 是 G 的一座桥。∎

树和带有割点或桥的图的连通性很脆弱，这不免使我们想到这样的问题：是否可以比较连通的程度？如何比较？讨论图的连通程度有没有意义？我们猜想，图的连通程度应该是一个数，详细地讨论连通度是第 7 章的内容。

6.4.3 割集

割集是桥的概念的一种推广,是能够破坏连通程度的满足包含关系的边集中最小的那一个,是这种边集的一个上确界。

定义 6.18 设 $G=(V,E)$ 是一个图,$S \subseteq E$,令 $w(G)$ 表示 G 的分支数。如果 $w(G-S)>w(G)$,且对 $\forall T \subset S$,均有 $w(G-T) \leqslant w(G)$,则称 S 为 G 的一个割集。

注意,如果 S 是 G 的一个割集,则 S 中的边数未必是所有割集中最少的。其次,如果 $|S| \geqslant 2$,则 S 中每条边都不是 G 的桥。

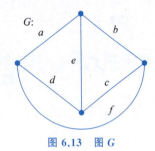

图 6.13 图 G

在通信网络或交通网络中,割集可以看作是对网络中某些线路崩溃的容忍与否。

例 6.17 图 6.13 所示的图 G 中,$S_1=\{a,b,e\}$ 和 $S_2=\{a,c,e,f\}$ 均为 G 的割集。

由例 6.17 可以看出,图 G 可有多个割集 S_1、S_2、S_3、……,而且两个割集的基数也不见得相等,但图 G 的各个割集中,必有一个边数最少的割集,这个边数最少的割集称为 G 的最小割集,简称最小割。

在运输网络等流网络中,最大流的值等于最小割的容量,有关网络流的详细内容见第 7 章。

定理 6.15 设 $G=(V,E)$ 是一个连通图,S 是 G 的割集,则 $G-S$ 恰有两个支。

【证明】 采用反证法。假设 $w(G-S)>2$,则有 $T \subset S$ 使得 $w(G-T)=2>w(G)$,因而 S 不是 G 的割集,矛盾。∎

推论 6.4 不连通图的割集必是某个支的割集。

定理 6.16 设 T 是图 $G=(V,E)$ 的生成树,S 是 G 的割集,则 S 与 T 至少有一条公共边。

【证明】 采用反证法。假设 S 与 T 没有公共边,则 T 是 $G-S$ 的生成树,即 $G-S$ 是连通的,这与 S 是 G 的割集相矛盾,因此 S 与 T 至少有一条公共边。∎

定理 6.17 连通图 G 的每个圈与 G 的割集有偶数条公共边。

【证明】 假设 C 是连通图 G 的一个圈,S 是 G 的一个割集,则 $G-S$ 恰有两个支,分别记为 G_1 和 G_2,如果 C 在 G_1 或 G_2 中,则 C 与 S 没有公共边,从而 C 与 S 有 0 条公共边,结论成立。

假设 C 与 S 有公共边,则 C 上既有 G_1 的顶点又有 G_2 的顶点。于是,当从 G_1 的某个点 v_1 沿着圈 C 周游时,一定会经过一条其端点分别在 G_1 和 G_2 中的边而进入 G_2 中,然后在某一时刻又会经过一条这样的边而返回 G_1,如此进行下去,周游完 C 的边回到 v_1 时,必定经过偶数条其端点分别在 G_1 和 G_2 中的边,这些边都是 S 中的边,因此,C 与 S 有偶数条公共边。∎

问题:编程求图的割点和桥。

输入:$G=(V,E)$ 的关联矩阵。

输出:G 的割点和桥。

很明显,割集可以将图的某些顶点分离开,门格尔发现,分离顶点 s 和 t 需去掉的最少

顶点数等于 s 和 t 间不相交路的条数,进而考虑用任意两点间不相交路的条数来刻画图的连通程度,引申出了一大批与匹配、覆盖等有关的理论,相关内容详见第 7 章。

6.5 习题选解

例 6.18 $a_1,a_2,\cdots,a_p$ 是正整数,$\sum_{i=1}^{p}a_i=2(p-1)$,$p\geqslant 2$。证明:有一棵树 $T=(V,E)$,$|V|=p$,使 $a_1,a_2,\cdots,a_p$ 为 T 的各个顶点的度。

【证明】 采用数学归纳法,施归纳于 p。

因为 $a_1+a_2=2(p-1)=2\times(2-1)=2$,所以 $a_1=a_2=1$,对应一棵两个顶点的树,因此 $p=2$ 时结论成立。

假设 $a_1,a_2,\cdots,a_{p-1}$ 满足条件时有树 T 使得 $a_1,a_2,\cdots,a_{p-1}$ 为 T 的度序列。

今设 $a_1,a_2,\cdots,a_p$ 为正整数序列,且 $\sum_{i=1}^{p}a_i=2(p-1)$,往证有一棵 p 个顶点的树 T,使其各顶点的度分别为 $a_1,a_2,\cdots,a_p$。易见 $a_1,a_2,\cdots,a_p$ 中必有一个数为 1,不妨设 $a_1=1$;又必有一个数大于或等于 2,不妨设 $a_p\geqslant 2$,于是,$a_2,a_3,\cdots,a_p-1$ 是满足条件的 $p-1$ 个正整数,由归纳假设有一棵树 T',将 T' 增加一个顶点 u,并将其与对应度为 a_p-1 的顶点间加一条边得树 T,则 T 的顶点度序列正好是 $a_1,a_2,\cdots,a_p$。∎

例 6.19 某镇居民有 1000 人,每天他们中的每一个人把昨天听到的消息告诉认识的人。已知任何消息,只要镇上有人知道,都会经这种方式逐渐地为全镇人所知道。

证明:可选出 90 名代表,使得只要同时向他们传达某一消息,经过 10 天后,就会为全镇居民所知道。

【证明】 首先利用图来建模,用 1000 个顶点表示 1000 名居民。如果两个人互相认识,则在相应两个顶点间加一条边,否则两顶点间无边。

因为"如果任何消息只要镇上有人知道,都会经过这种方式逐渐为全镇人知道",所以图是连通的,于是有生成树 T,将树的直径即最长的路记为 $v_1v_2v_3\cdots v_k$。

取 v_{11} 作为一个居民代表,并去掉 $v_{11}v_{12}$ 边,则 T 被分为两棵树,左边的树中每个顶点到 v_{11} 的距离 $\leqslant 10=d(v_1,v_{11})$(否则 $v_1v_2v_3\cdots v_{11}v_{12}\cdots v_k$ 就不是最长路),因此任何消息通知 v_{11} 后,这一片居民在 10 天内便会全都知道。

对右边的树采取同样的方法处理,依次产生出代表 $v_{11}^{(1)},v_{11}^{(2)},v_{11}^{(3)},\cdots,v_{11}^{(89)}$。

每个居民代表至少能(在 10 天内)把消息通知 11 个人(包括他本人),所以 89 个代表可负责把消息通知 $89\times 11=979$ 个人。余下的至多 $1000-979=21$ 个人,组成的树的直径 $\leqslant 21$,因而再选一个代表 $v_{11}^{(90)}$ 即可。∎

例 6.20 如果 (p,q) 图 G 是树且 $\Delta(G)\geqslant k$。证明:G 至少有 k 个叶子。

【证明】 采用反证法,假设 G 有 s 个叶子,且 $s<k$,令 $\deg v=\Delta(G)$,则除了 v 和 s 个度为 1 的顶点,其他顶点的度均大于或等于 2,于是

$$2q=\sum_{u\in V}\deg u=\sum_{u\in V\setminus\{v\}}\deg u+\deg v\geqslant \sum_{u\in V\setminus\{v\}}\deg u+k\geqslant 2(p-s-1)+k+s$$
$$=2(p-1)+(k-s)>2(p-1)$$

因此 $q>p-1$,这与 $q=p-1$ 相矛盾,故 G 至少有 k 个叶子。

例 6.21 设 T 是具有 $k+1$ 个顶点的树。证明：如果图 G 的最小度数 $\delta(G) \geqslant k$,则 G 有一个同构于 T 的子图。

【证明】 采用数学归纳法,施归纳于 k。

当 $k=0,1$ 时,结论显然成立。

假设对 $k(k \geqslant 2)$ 个顶点的树 T_1, $\delta(G) \geqslant k-1$ 的每个图 G, T_1 同构于 G 的某个子图。今设 T 是具有 $k+1$ 个顶点的树,且 $\delta(G) \geqslant k$。

设 u 是 T 的树叶,v 是 u 的邻接点,则 $T-u$ 是 k 阶树, $\delta(G) \geqslant k \geqslant k-1$,由归纳假设, $T-u$ 同构于 G 的某个子图 F(F 也是 k 阶树),设 v_1 是与 T 中 v 相对应的 F 中的点,因为 $\deg_G v_1 \geqslant k$,所以 v_1 在 G 中一定有相异于 F 中点的邻点 w,则 $F+v_1 w$ 是 G 的子图且同构于 T。

例 6.22 证明：若 G 的直径大于 3,则 G^c 的直径小于 3。

【证明】 设 $G=(V,E)$, $G^c=(V,E^c)$, $\forall u,v \in V$。

(1) 如果 $uv \notin E$,则 $uv \in E^c$,从而在 G^c 中 $d(u,v)=1$。

(2) 如果 $uv \in E$,则 $uv \notin E^c$,则分如下两种情况讨论。

① G 中任意顶点至少与 u 或 v 之一相连,此时,G 中任意两个顶点 w 和 w' 有 $d(w,w') \leqslant 3$,这与 G 的直径大于 3 相矛盾。

② $\exists w \in V$,使得 $uw \notin E$ 且 $vw \notin E$,则在 G^c 中,有 uw、$vw \in E^c$,此时 $d(u,v)=2$。

综上,在 G^c 中,对于 $\forall u,v \in V$ 均有 $d(u,v) \leqslant 2$,因此,G^c 的直径小于 3。

例 6.23 证明：设 $G=(V,E)$ 是连通图,G 的任意一条边必是它的某个生成树的一条边。

【证明】 因为 G 连通,所以有生成树 $T=(V,E_1)$, $\forall uv \in E$, $uv \in E_1$ 或 $uv \notin E_1$,如果 $uv \in E_1$ 则结论成立;如果 $uv \notin E_1$,则 $T+uv$ 有圈 C,去掉 C 上除 uv 以外的一条边得到 G 的另一棵生成树 T', uv 是 T' 的一条边。因此,G 的任意一条边必是它的某个生成树的一条边。

例 6.24 证明：设 $G=(V,E)$ 连通,$e \in E$,则 e 属于 G 的所有生成树 $\Leftrightarrow e$ 是 G 的桥。

【证明】 充分性 $\Leftarrow$：因为 e 是 G 的桥,因此 $G-e$ 不连通,因而没有生成树,所以 G 的所有生成树必含有 e。

必要性 $\Rightarrow$：采用反证法。假设 e 不是 G 的桥,则 $G-e$ 连通,从而 G 有生成树不含 e,矛盾,因此 e 是 G 的桥。

例 6.25 设 T 是一个正则 2 元树,它有 i 个内顶点(出度为 2),如果 E 为所有内顶点深度之和,I 为所有叶顶点深度之和。证明：$I=E+2i$。

【证明方法一】 树 T 中的内顶点数为 i,所以叶顶点数就必为 $i+1$,从而弧的条数就为 $2i$。

现在考虑树 T 中的一条弧 (u,v),弧 (u,v) 包含在以 v 为根的子树中的内顶点和叶顶点的度数计算中,由于这个子树中叶顶点比内顶点恰好多一个,所以 (u,v) 在 I 的计算中比在 E 的计算中多计算了一次,对所有边重复这个推断,我们得到 $I=E+T$ 中边的条数 $=E+2i$。

【证明方法二】 采用数学归纳法。施归纳于 i。

显然 $i=1$ 时结论成立。

假设内顶点数少于 i 时结论成立,往证内顶点数为 i 时结论成立。

去掉 T 的根顶点得两个正则二元树 T_1 和 T_2,假设 T_1 具有 i_1 个内顶点,E_1 为 T_1 的所有内顶点深度之和,I_1 为 T_1 的所有叶节点深度之和,T_2 具有 i_2 个内顶点,E_2 为 T_2 的所有内顶点深度之和,I_2 为 T_2 的所有叶节点深度之和,则因为 $i_1 < i, i_2 < i$,根据归纳假设,$I_1 = E_1 + 2i_1, I_2 = E_2 + 2i_2$,又因为 $E = E_1 + E_2 + i_1 + i_2, I = I_1 + I_2 + i_1 + i_2 + 2$,所以 $I = E + 2i$。

例 6.26 设 T 是一个正则 m 元树,它有 i 个内顶点(出度为 m)。如果 E 为所有内顶点深度之和,I 为所有叶顶点深度之和。证明:$I = (m-1)E + mi$。

【证明】 同例 6.25,T 有 $mi+1$ 个顶点,mi 条弧。T 的叶子数为 $(mi+1) - i = (m-1)i+1$ 个。

6.6 本章小结

1. 重点

(1) 概念:树、森林、叶子、树的中心、生成树、有根树、有序树、二元树、割点、桥。
(2) 理论:树的特征性质、有序树的性质、割点的特征性质、桥的特征性质。
(3) 方法:破圈法、贪心法。
(4) 应用:求最小生成树算法的基本思想。

2. 难点

生成树计数。

习题

1. $a_1, a_2, \cdots, a_p$ 是正整数,$\sum_{i=1}^{p} a_i = 2(p-1), p \geq 2$。证明:有一棵树 $T = (V, E), |V| = p$,使 $a_1, a_2, \cdots, a_p$ 为 T 的各个顶点的度。

2. 证明:若 G 的直径大于 3,则 G^c 的直径小于 3。

3. 证明:设 $G = (V, E)$ 是连通图,G 的任意一条边必是它的某个生成树的一条边。

4. 证明:设 $G = (V, E)$ 连通,$e \in E$,则 e 属于 G 的所有生成树 $\Leftrightarrow e$ 是 G 的桥。

5. 设 T 是一个正则 2 元树,它有 i 个内顶点(出度为 2),如果 E 为所有内顶点深度之和,I 为所叶顶点深度之和。证明:$I = E + 2i$。

6. 证明:一个三次图有一个割点当且仅当它有一座桥。

7. 证明:恰有两个顶点不是割点的连通图是一条路。

8. 什么样的树是完全双图?

9. 设 $T = (V, E)$ 是一个 p 阶树,$p \geq 3$。证明:T 的直径等于 2 当且仅当 T 是星形图。

10. 用 2 元有序树表示算术表达式 $((A+B)*C)/(A+B)-E/(C+D*F)$。

第 7 章

连通度、匹配和覆盖

图的连通程度是图的一种重要性质,特别是通信网或交通网的图模型,连通程度高意味着这类网络的稳定性高或便利性强,但也预示着更高的建造成本。为了刻画图的连通性,我们引入连通度这一概念,又分为顶点连通度和边连通度,这是因为单独一种在有些情况下不能精确刻画图的连通程度。有时,我们甚至只能知道这种度量的一个下界,为了刻画这一类图的连通程度,我们又引入了 n-连通这一概念,如 2-连通,只知道其连通度大于或等于 2,但也马上可以知道:这类图没有桥、没有割点、任两点在圈上。

门格尔等人认为,连接两点间不相交路的条数也可以用来刻画图的连通程度,门格尔定理可以推出霍尔定理,引出了一大类重要的应用问题:偶图的匹配问题,与匹配问题相关的概念或问题包括但不限于独立集、团、覆盖、支配等。

门格尔定理还可以推出最大流最小割定理(最大流最小割定理也可以推出门格尔定理),又引出了一大类重要的组合优化问题:网络流问题。网络流模型有助于优化自来水管路的设计和运输网络的管控。

本章的能力训练侧重于加深对相关问题及其转换关系或关联关系的理解。稳定匹配理论和方法在人才市场和经济学领域的成功应用激励我们要积极探索交叉学科的问题。

7.1 连通度

7.1.1 连通度的定义

树作为一种连通图其连通性非常脆弱,其度大于或等于 2 的顶点都是割点,其边均为桥。显然,完全图的连通性最好,但铁路网、通信网和电话网等又不能建成完全图,那么,如何衡量图的连通程度呢?

观察图 7.1 所示的两个图,直观上看,图 7.1(b)的连通程度高一些,但去掉一个顶点即可令其不连通,而图 7.1(a)的连通程度明显要低一些,但要想让它不连通也最少需要去掉一

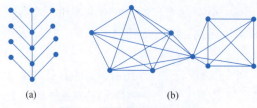

图 7.1 连通程度对比示意图

个顶点,因此,单纯从顶点的角度来刻画图的连通程度是不够的。如果从边的角度来刻画图的连通程度的话,则只要去掉任何一条边即可令图 7.1(a)不连通,而无论去掉 7.1(b)的哪一条边,它都仍然是连通的,因而从边的角度来看,图 7.1(b)的连通程度要更高一些。

定义 7.1 设 $G=(V,E)$,为了从 G 得到一个不连通图或平凡图所需从 G 中去掉的最少顶点或边的数目称为 G 的顶点或边连通度,记为 $\kappa(G)$ 或 $\lambda(G)$。

例 7.1 如果 G 不连通,则 $\kappa(G)=0, \lambda(G)=0$;如果 G 连通并且不是平凡图,则 $\kappa(G) \geqslant 1, \lambda(G) \geqslant 1$,如果 G 连通且有割点,则 $\kappa(G)=1$,如果 G 连通且有桥,则 $\lambda(G)=1$;$\kappa(K_1)=0, \lambda(K_1)=0$;如果 $p>1$,则 $\kappa(K_p)=p-1, \lambda(K_p)=p-1$;如果 T 为非平凡树,则 $\kappa(T)=1, \lambda(T)=1$。

7.1.2 $\kappa(G)$、$\lambda(G)$、$\delta(G)$ 的关系

定理 7.1 设 $G=(V,E)$,则 $\kappa(G) \leqslant \lambda(G) \leqslant \delta(G)$。

【证明】 (1) 先证 $\lambda(G) \leqslant \delta(G)$。

① 如果 G 不连通,则 $\lambda(G)=0 \leqslant \delta(G)$。

② 如果 G 连通,设 $\deg v=\delta(G)$,则去掉与 v 关联的 $\delta(G)$ 条边后得到一个不连通图,从而 $\lambda(G) \leqslant \delta(G)$。

(2) 再证 $\kappa(G) \leqslant \lambda(G)$。

① 如果 G 是不连通图或平凡图,则 $\kappa(G)=\lambda(G)=0$。

② 如果 G 连通且是非平凡图,则如果 G 有桥 x,则 $\lambda(G)=1$。而从 G 中去掉 x 的某个端点后便去掉了边 x,得到一个不连通图或平凡图,所以 $\kappa(G)=1$。现在设 G 没有桥,则 $\lambda(G)>0$,亦即从 G 中去掉 $\lambda(G)$ 条边会得到一个不连通图,显然去掉这 $\lambda(G)$ 条边的每条边的一个端点也会得到一个不连通图或平凡图,因此,$\kappa(G) \leqslant \lambda(G)$。∎

$\kappa(G)$、$\lambda(G)$、$\delta(G)$ 可以衡量一个图的连通程度,是一种标准,于是,从工程角度,给定 $0 \leqslant a \leqslant b \leqslant c$,能否设计一个通信网,使得 $\kappa(G)=a, \lambda(G)=b, \delta(G)=c$? 能否改进定理 7.1 的结论?

定理 7.2 对任何整数 a、b、c,且 $0 \leqslant a \leqslant b \leqslant c$,存在一个图 G 使得 $\kappa(G)=a, \lambda(G)=b, \delta(G)=c$。

【证明】 采用构造法,分以下几种情况讨论。

(1) $a=b=c$,此时令 $G=K_{a+1}$ 即有 $\kappa(G)=a, \lambda(G)=b, \delta(G)=c$。

(2) $a=b<c$,此时构造如图 7.2 所示的图 G,则有 $\kappa(G)=a, \lambda(G)=b, \delta(G)=c$。

(3) $a<b=c$,此时令 $G=2K_{b-a+1}+K_a$,如图 7.3 所示,G 中 K_a 的每个顶点与每个 K_{b-a+1} 的每个顶点间均连有一条边,则有 $\kappa(G)=a, \lambda(G)=b, \delta(G)=c$。

图 7.2 满足 $\kappa(G)=\lambda(G)<\delta(G)$ 的图

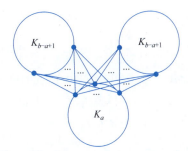

图 7.3 满足 $\kappa(G)<\lambda(G)=\delta(G)$ 的图

(4) $a<b<c$,此时构造如图 7.4 所示的图 G,则有 $\kappa(G)=a$,$\lambda(G)=b$,$\delta(G)=c$。

定理 7.2 的结果表明,如果不对图 G 加任何限制,定理 7.1 的结论不能再改进了。要想改进定理 7.1 的结论,需对 G 加以限制。直观地,连通程度大则边多,顶点度数就会大,如果 $\delta(G)$ 充分大,譬如 $\delta(G)\geqslant[p/2]$,则有 $\lambda(G)=\delta(G)$。

定理 7.3 设 $G=(V,E)$ 是一个 (p,q) 图,如果 $\delta(G)\geqslant[p/2]$,则 $\lambda(G)=\delta(G)$。

【证明方法一】 由定理 7.1 可知 $\lambda(G)\leqslant\delta(G)$,因此只需证明 $\lambda(G)\geqslant\delta(G)$ 即可。又因为 $\delta(G)\geqslant[p/2]$,所以 G 连通。由于 $p=1$ 时 $\lambda(G)=\delta(G)=0$,所以不妨设 $p\geqslant2$。于是,$\lambda(G)>0$,从而存在 $\lambda(G)$ 条边,从 G 中去掉这 $\lambda(G)$ 条边后得一个有两个支的图,如图 7.5 所示。

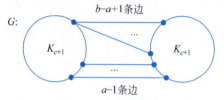

图 7.4 满足 $\kappa(G)<\lambda(G)<\delta(G)$ 的图

图 7.5 边连通度为 $\lambda(G)$ 的图

设 A 是一个支的所有顶点之集,另一个支的顶点集就是 $V\setminus A$。此时在 G 中,这 $\lambda(G)$ 条边的每一条的一个端点在 A 中,另一个端点在 $V\setminus A$ 中。

设 $|A|=m$,则因为 $\sum_{v\in V}\deg v=2q$,所以 G 中两个端点均在 A 中的边的条数至少为 $(m\delta(G)-\lambda(G))/2$。假如 $\lambda(G)<\delta(G)$,则 $(m\delta(G)-\lambda(G))/2>(m\delta(G)-\delta(G))/2=\delta(G)(m-1)/2$。

如果 $m\leqslant\delta(G)$,则 $(m\delta(G)-\lambda(G))/2>m(m-1)/2$,这是不可能的,所以 $\delta(G)<m$。于是,

$$m\geqslant\delta(G)+1\geqslant\left[\frac{p}{2}\right]+1\geqslant\left[\frac{p+1}{2}\right]$$

同理可证 $|V\setminus A|\geqslant\left[\frac{p+1}{2}\right]$,所以 $|V|=p\geqslant p+1$,矛盾。

因此,$\lambda(G)\geqslant\delta(G)$。

所以,$\lambda(G)=\delta(G)$。

【证明方法二】 因为 $\lambda(G)\leqslant\delta(G)$,只需证明 $\lambda(G)\geqslant\delta(G)$。因为 $\delta(G)\geqslant\left[\frac{p}{2}\right]$,所以 G 连通,$\lambda(G)\geqslant1$。去掉某些 $\lambda(G)$ 条边得 G 的两个支 G_1 和 G_2,根据平均值原理,设 G_1 的顶点数为 $m\leqslant\left[\frac{p}{2}\right]$,则 $\delta(G)\geqslant\left[\frac{p}{2}\right]\geqslant m$,从而 $\delta(G)(m-1)\geqslant m(m-1)$,即 $(\delta(G)-(m-1))m\geqslant\delta(G)$。又因为 G_1 中顶点的度大于或等于 $\delta(G)>(m-1)$,所以 G_1 中每个顶点至少有 $\delta(G)-(m-1)$ 条边与 G_2 中顶点相连,故 $\lambda(G)\geqslant(\delta(G)-(m-1))m\geqslant\delta(G)$。

因此,$\lambda(G)=\delta(G)$。

例 7.2 构造一个 (p,q) 图,使得 $\delta(G)=\left[\frac{p}{2}-1\right]$,$\lambda(G)<\delta(G)$。

【解】 $p \geqslant 6$ 时,令 $n = \left[\dfrac{p}{2}\right]$,构造如图 7.6 所示的图 G,则 $\delta(G) = n - 1 = \left[\dfrac{p}{2} - 1\right] > 1 = \lambda(G)$。

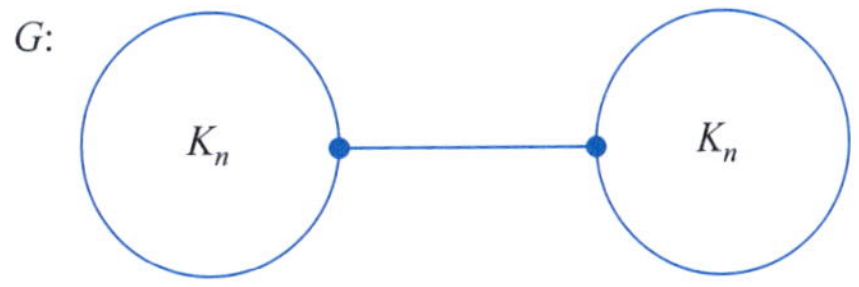

定理 7.4 设 $G = (V, E)$ 是一个 (p, q) 图,则

(1) 如果 $q < p - 1$,则 $\kappa(G) = 0$。

(2) 如果 $q \geqslant p - 1$,则 $\kappa(G) \leqslant \left[\dfrac{2q}{p}\right]$。

图 7.6 满足 $\delta(G) = \left[\dfrac{p}{2} - 1\right]$ 且 $\lambda(G) < \delta(G)$ 的图

【证明】 (1) 如果 $q < p - 1$,则 G 不连通,因此 $\kappa(G) = 0$。

(2) 如果 $q \geqslant p - 1$,则因为 $\sum\limits_{v \in V} \deg v = 2q$,则 G 中顶点的平均度数为 $\left[\dfrac{2q}{p}\right]$,所以 $\delta(G) \leqslant \left[\dfrac{2q}{p}\right]$,由定理 7.1 得 $\kappa(G) \leqslant \left[\dfrac{2q}{p}\right]$。

7.1.3 n-连通

有时不能精确给出某个图的连通度,只知其某个下限,例如,假设 G 没有割点,则虽然无法确定 G 的连通度,但可知 $\kappa(G) \geqslant 1$,为了方便描述这一类图的连通度而引入 n-连通的概念。

定义 7.2 设 $G = (V, E)$, $n \geqslant 0$,如果 $\kappa(G) \geqslant n$,则称 G 是 n-顶点连通的,简称 n-连通的;如果 $\lambda(G) \geqslant n$,则称 G 是 n-边连通的。

注意,如果 G 是 n-顶点(边)连通的,则 $\kappa(G) = n (\lambda(G) = n)$ 未必成立,但 $\kappa(G) \geqslant n (\lambda(G) \geqslant n)$ 一定成立。

定理 7.5 设 $G = (V, E)$ 是 (p, q) 图,且 $p \geqslant 3$,则 G 是 2-连通的 $\Leftrightarrow G$ 的任两个不同顶点在 G 的同一个圈上。

【证明】 充分性 $\Leftarrow$:因为 G 的任两个不同顶点都在 G 的某个圈上,所以 G 是连通的且没有割点,因此 $\kappa(G) \geqslant 2$,从而 G 是 2-连通的。

必要性 $\Rightarrow$:因为 G 是 2-连通的,$\kappa(G) \geqslant 2$,所以 G 连通且无桥。

对于 $\forall u, v \in V, u \neq v$,采用数学归纳法证明 u, v 在 G 的某个圈上,施归纳于 $d(u, v)$(这种证明思想可以称为最短路法,类似于最长路法,它们在本质上都是限界法)。

$d(u, v) = 1$ 时,$uv \in E$,因为 uv 不是桥,所以 uv 在 G 的某个圈上。

假设对 $d(u, v) < k$ 的任两个不同顶点 u 和 v,u 和 v 在 G 的某个圈上,往证对 $d(u, v) = k$ 的任两个顶点 u 和 v,u 和 v 也在 G 的某个圈上。

为此,考虑 u 与 v 间的一条长为 k 的路 $u v_1 v_2 \cdots v_{k-1} v$,$d(u, v_{k-1}) = k - 1$,由归纳假设 u 与 v_{k-1} 在 G 的某个圈上,从而 u 与 v_{k-1} 间有两条没有内部公共顶点的路 W 和 Q。因为 $\kappa(G) \geqslant 2$,所以 G 没有割点,于是 $G - v_{k-1}$ 是连通的。因此,在 $G - v_{k-1}$ 中 u 与 v 间有路,记为 S。现在,u 是路 W、Q、S 的公共顶点。除 u 外,S 与 Q 或 S 与 W 必有公共顶点(否则 u 和 v 即在边 $v_{k-1} v$、S 与 Q 构成的圈上,也在边 $v_{k-1} v$、S 与 W 构成的圈上),从而必有接近于 v 的公共顶点 w,不妨设 $w \in Q$,如图 7.7 所示。于是,Q 上的 u-w 段,S 上的 w-v 段,边 $v_{k-1} v$ 及 W 形成 G 的含 u 与 v 的圈。

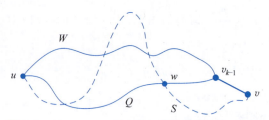

图 7.7 $d(u,v)=k$ 时 u 与 v 在某个圈上的示意图

定理 7.6 图 $G=(V,E)$ 是 n-边连通的 $\Leftrightarrow$ 不存在 V 的真子集 A 使 G 中连接 A 中一点与 $V\backslash A$ 中一点的边数小于 n。

【证明】 必要性 $\Rightarrow$：因为图 $G=(V,E)$ 是 n-边连通的，所以 $\lambda(G)\geqslant n$，如果存在 V 的真子集 A 使 G 中连接 A 中一点与 $V\backslash A$ 中一点的边数为 $j,j<n$，则去掉这 j 条边 G 就不连通了，于是 $\lambda(G)\leqslant j<n$，矛盾，因此不存在 V 的真子集 A 使 G 中连接 A 中一点与 $V\backslash A$ 中一点的边数小于 n。

充分性 $\Leftarrow$：如果图 $G=(V,E)$ 不是 n-边连通的，则 $\lambda(G)<n$，从而存在 V 的真子集 A 使 G 中连接 A 中一点与 $V\backslash A$ 中一点的边数为 $\lambda(G)<n$，矛盾，因此图 $G=(V,E)$ 是 n-边连通的。

7.2 门格尔定理

门格尔（K. Menger）发现，连接两点间不相交路的条数也可以刻画图的连通程度，这种独特的视角引出了双图的匹配问题和网络流问题。

1955 年，美国数学家丹齐格和富尔克森证明了"最大流最小割定理可以推出门格尔定理"。同一年，美国数学家鲁拜克尔则证明了"门格尔定理可以推出最大流最小割定理"。

定义 7.3 设 $G=(V,E)$，u 与 v 是 G 的两个不同顶点，连接 u 与 v 的两条路称为顶点不相交的（简称为不相交的），如果这两条路除了 u 和 v 外不再有其他公共顶点；如果连接 u 和 v 的两条路没有公共边，则称这两条路是边不相交的。

定义 7.4 图 $G=(V,E)$ 的顶点集 V 的子集 S 称为分离 G 的两个不邻接的顶点 u 和 v，如果 u 和 v 分别在 $G-S$ 的不同支中；G 的边集 E 的子集 F 称为分离 G 的两个不同顶点 u 和 v，如果 u 和 v 分别在 $G-F$ 的不同支中。

注意，不存在分离两个邻接的顶点的顶点集。

7.2.1 门格尔定理及推论

定理 7.7（K. Menger，1927） 分离图 G 的两个不邻接的顶点 u 和 v 的顶点的最少数目等于联结 u 和 v 的顶点不相交路的最多数目。

门格尔定理一开始只是"关于一般曲线理论"中的一个引理，放到柯尼希（Dénes König）的《有限图和无限图的理论》中才广为人知。柯尼希还发现了门格尔定理的证明中存在漏洞，从而导致其证明了图论中的最大最小定理——偶图的最大匹配数等于最小覆盖数。

推论 7.1（H. Whitney，1932） 图 G 是 n-顶点连通的当且仅当每一对顶点间至少有 n 条顶点不相交路，其中 $n\geqslant 2,p\geqslant 2$。

$n=2$ 时，推论 7.1 就是定理 7.5。

定理 7.8（F.R.Ford，D.R.Fulkerson，1956） 一个图的任何两个顶点，连接它们的边不相交路的最多数目等于分离它们的边的最少数目。

推论 7.2 图 G 是 n-边连通的当且仅当每一对不同的顶点间至少有 n 条边不相交路。

定理 7.9 定理 7.7 等价于定理 7.8。

定理 7.10 设 $G=(V,E)$，$V_1,V_2 \subseteq V$，$V_1 \neq \Phi$，$V_2 \neq \Phi$，$V_1 \cap V_2 = \Phi$，联结 V_1 和 V_2 的不相交路的最多数目等于分离 V_1 和 V_2 的顶点的最少数目。

定理 7.11 设 $G=(V,E)$ 是一个 (p,q) 图，$p \geqslant 2n$，图 G 是 n-顶点连通的当且仅当对 $\forall V_1, V_2 \subseteq V, |V_1|=n, |V_2|=n, V_1 \cap V_2 = \Phi$，存在 n 条联结 V_1 和 V_2 的不相交路。

定理 7.12 分离图 G 的两个顶点 u 和 v 的不相交的边割集的最多数目等于 u 和 v 的距离 $d(u,v)$。

对于布尔矩阵(0-1 矩阵) M，M 的一行或一列称为 M 的一条线，M 中的 1 又称为 M 的单位元。设 A 是 M 的一个线集，如果 M 的每个单位元均在 A 的某条线上，则称 A 覆盖 M。如果 M 中的两个单位元既不在同一行也不在同一列(亦即不在一条线上)，则称它们是独立的。柯尼希利用这些术语给出了门格尔定理的一个变形，见定理 7.13，读者可以将其与定理 7.26 做一下对比。

定理 7.13 在任何一个布尔矩阵 M 中，互相独立的单位元的最多数目等于覆盖 M 的线集的最小基数。

例 7.3 假设 $A = \begin{bmatrix} 0 & 0 & 1 & 0 & 0 & 0 \\ 1 & 1 & 0 & 1 & 0 & 1 \\ 0 & 0 & 1 & 0 & 0 & 1 \\ 0 & 1 & 1 & 0 & 1 & 0 \\ 0 & 0 & 1 & 0 & 0 & 1 \end{bmatrix}$，请读者验证一下定理 7.13 的结论。

如果将布尔矩阵看作是集合与元素的关联矩阵，则定理 7.13 又与霍尔定理密切相关，见定理 7.19。

7.2.2 网络流

许多实际问题要求把一些物品从一个地方转移到另一个地方。例如，自来水公司要把自来水从自来水厂输送到千家万户，长途电话公司要把消息从一个城市传送到另一个城市。在这两种情况下，一次可以移动的物品数量都有限制。自来水流经的管道容量限制了自来水公司可以输送的水量，电话公司的电缆和交换设备容量限制了可以处理的电话呼叫的数目。

网络流(Network Flows)是一种类比水流的解决问题方法，与线性规划密切相关，随着网络流理论和应用的不断发展，还出现了具有增益的流、多终端流、多商品流以及网络流的分解与合成等，网络流的应用已遍及通信、运输、电力、工程规划、任务分派、设备更新以及计算机辅助设计等众多领域。

1955 年，T. E.哈里斯在研究铁路最大通量时首先提出在一个给定的网络上寻求两点间最大运输量的问题。1956 年，L. R.福特和 D. R.富尔克森等给出了解决这类问题的算法，从而建立了网络流理论。

在一个输油管道网中,顶点 $v_1, v_2, \cdots, v_n$ 表示 n 座城镇, v_1 表示发送点, v_n 表示接收点,其他点表示中转站,各边的权值表示该段管道的最大输送量。问:需要怎样安排输油线路才能使从 v_1 到 v_n 的总运输量为最大?这样的问题称为最大流问题。

在交通运输问题中,往往要求在完成运输任务的前提下,寻求一个使总运输费用最省的运输方案,这就是最小费用流问题。如果只考虑单位货物的运输费用,那么这个问题就变成最短路问题。由此可见,最短路径问题是最小费用流问题的基础。

定义 7.5 设 $D=(V,A,w)$ 是一个带权有向图,如果 $\exists s, t \in V$,使得 $\mathrm{id}(s)=0, \mathrm{od}(t)=0$,则将 s 称为源点,t 称为汇点,$\forall u \in V \setminus \{s,t\}$,$\mathrm{id}(u)>0$ 且 $\mathrm{od}(u)>0$,u 称为中间点。$w: A \to R$,$\forall x \in A, w(x) \geqslant 0$,$w(x)$ 称为 x 的容量,D 称为容量网络。

例 7.4 如图 7.8 所示的就是一个容量网络,源点为 s,汇点为 t,弧上的数值就是弧的容量。

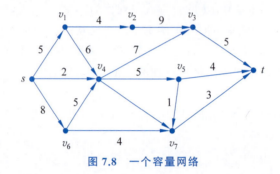

图 7.8 一个容量网络

为简单起见,我们只讨论具有 1 个源点和 1 个汇点的网络。具有多个源点和汇点时可以通过引入 1 个新的源点和 1 个新的汇点,新的源点分别有指向原有源点的弧,其上的权重均设为 ∞,原有汇点则分别有指向新汇点的弧,其上的权重也都设为 ∞,这样就可以得到一个只有一个源点和一个汇点的容量网络。

定义 7.6 设 $D=(V,A,w)$ 是一个容量网络,$f: A \to R$,$\forall x \in A, 0 \leqslant f(x) \leqslant w(x)$,$f(x)$ 称为 x 上的流量,弧上的流量集合 $\{(x, f(x)) | x \in A\}$ 称为网络流,简称流。如果 $f(x)=w(x)$,则称 x 为 f 饱和弧,否则称 x 为 f 不饱和弧。$\forall v \in V$,$\sum_{uv \in A} f(uv)$ 称为流入 v 的流量或 v 的流入量,$\sum_{vu \in A} f(vu)$ 称为流出 v 的流量或 v 的流出量。

定义 7.7 $D=(V,A,w)$ 是一个容量网络,D 的源点为 s,汇点为 t,$f: A \to R$ 是 D 的一个流,如果对 $\forall v \in V \setminus \{s,t\}$ 均有 $\sum_{uv \in A} f(uv) = \sum_{vu \in A} f(vu)$,则称 f 为可行流。

$\forall v \in V \setminus \{s,t\}$,$\sum_{uv \in A} f(uv) = \sum_{vu \in A} f(vu)$ 又称为平衡条件,是指流量只能从 s 流向 t,不会凭空出现或消失。

定理 7.14 $D=(V,A,w)$ 是一个容量网络,$f: A \to R$ 是 D 的一个可行流,D 的源点为 s,汇点为 t,则 s 的净流出流量等于 t 的净流入流量,即 $\sum_{su \in A} f(su) = \sum_{ut \in A} f(ut)$。

【证明】 为便于讨论,如果 $uv \notin A$,则令 $f(uv)=0$,于是,我们有

$$\sum_{u \in V} \sum_{v \in V} f(uv) = \sum_{u \in V} \sum_{v \in V} f(vu) = \sum_{uv \in A} f(uv),$$ 亦即,

$$0 = \sum_{u \in V}\sum_{v \in V} f(uv) - \sum_{u \in V}\sum_{v \in V} f(vu) = \sum_{u \in V}\Big(\sum_{v \in V} f(uv) - \sum_{v \in V} f(vu)\Big)$$

$$= \sum_{u \in V \setminus \{s,t\}}\Big(\sum_{v \in V} f(uv) - \sum_{v \in V} f(vu)\Big) + \Big(\sum_{v \in V} f(vs) - \sum_{v \in V} f(sv)\Big) + \Big(\sum_{v \in V} f(vt) - \sum_{v \in V} f(tv)\Big)$$

$$= \sum_{u \in V \setminus \{s,t\}}\Big(\sum_{v \in V} f(uv) - \sum_{v \in V} f(vu)\Big) + \Big(\sum_{v \in V} f(vs) - \sum_{v \in V} f(tv)\Big) + \Big(\sum_{v \in V} f(vt) - \sum_{v \in V} f(sv)\Big)$$

对于 $\forall v \in V$ 均有 $f(vs) = f(tv) = 0$，且 $u \in V \setminus \{s,t\}$ 时 $\sum_{v \in V} f(uv) - \sum_{v \in V} f(vu) = 0$，因此，$\sum_{v \in V} f(vt) - \sum_{v \in V} f(sv) = 0$，即 $\sum_{v \in V} f(vt) = \sum_{v \in V} f(sv)$，亦即 $\sum_{su \in A} f(su) = \sum_{ut \in A} f(ut)$。 ∎

定义 7.8　$D = (V, A, w)$ 是一个容量网络，D 的源点为 s，汇点为 t，$f : A \to R$ 是 D 的一个可行流，s 的流出量 $\sum_{su \in A} f(su)$ 或 t 的流入量 $\sum_{ut \in A} f(ut)$ 称为 f 的流量，记为 $f.value$。D 中流量最大的可行流称为 D 的最大流。

7.2.3　割集

定义 7.9　$D = (V, A, w)$ 是一个容量网络，源点为 s，汇点为 t，$S \subseteq V$，$T = V \setminus S$，$s \in S$，$t \in T$，弧集 $C = \{uv \mid uv \in A, u \in S, v \in T\}$ 称为网络 D 的 $S\text{-}T$ 割集（本节简称割集），割集 C 中弧的容量之和 $\sum_{x \in C} w(x)$ 称为 C 的容量，记为 $C.capacity$。具有最小容量的割集称为最小割集，简称最小割。

例 7.5　如图 7.9 所示的容量网络中，弧集 $\{v_1v_2, v_3v_4\}$ 是一个割集，其容量为 7，弧集 $\{sv_3, v_2v_3, v_2v_4, v_2t\}$ 也是一个割集，其容量为 26。

定理 7.15　$D = (V, A, w)$ 是一个容量网络，f 是 D 的一个可行流，C 是 D 的一个 $S\text{-}T$ 割集，则 $f.value \leqslant C.capacity$。

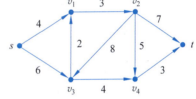

图 7.9　割集及其容量

【证明】　为便于讨论，如果 $uv \notin A$，则令 $f(uv) = 0$，于是，我们有

$$\sum_{v \in S}\sum_{u \in S} f(uv) = \sum_{v \in S}\sum_{u \in S} f(vu),$$ 从而有

$$f.value = \sum_{v \in V} f(sv) = \sum_{v \in S}\sum_{u \in V} f(vu) - \sum_{v \in S}\sum_{u \in V} f(uv)$$

$$= \sum_{v \in S}\sum_{u \in S} f(vu) + \sum_{v \in S}\sum_{u \in T} f(vu) - \sum_{v \in S}\sum_{u \in S} f(uv) - \sum_{v \in S}\sum_{u \in T} f(uv)$$

$$= \sum_{v \in S}\sum_{u \in T} f(vu) - \sum_{v \in S}\sum_{u \in T} f(uv) \leqslant \sum_{v \in S}\sum_{u \in T} f(vu) \leqslant \sum_{v \in S}\sum_{u \in T} w(vu)$$

$$= C.capacity \qquad ∎$$

定理 7.16　$D = (V, A, w)$ 是一个容量网络，f 是 D 的一个可行流，C 是 D 的一个 $S\text{-}T$ 割集，则

(1) 如果 $C.capacity = f.value$，则 f 是最大流且 C 是最小割。

(2) $C.capacity = f.value$ 当且仅当

① 如果 $x \in C$，则 $f(x) = w(x)$。

② 如果 $x \in \{uv \mid uv \in A, u \in T, v \in S\}$，则 $f(x) = 0$。

【证明】 (1) 假设 f' 是 D 的最大流,C' 是 D 的最小 S'-T 割集,则由定理 7.15 可知,$f'.value \leqslant C'.capacity$,再根据最大流和最小割的定义,$f.value \leqslant f'.value$,$C'.capacity \leqslant C.capacity$,于是,$f.value \leqslant C.capacity$,又因为 $C.capacity = f.value$,因此 $f.value = f'.value$ 且 $C'.capacity = C.capacity$,亦即 f 是最大流且 C 是最小割。

(2) 必要性由(1)可得,下面给出充分性的证明。

根据定理 7.15 的证明过程可知,$f.value = \sum\limits_{v \in S}\sum\limits_{u \in T} f(vu) - \sum\limits_{v \in S}\sum\limits_{u \in T} f(uv) \leqslant \sum\limits_{v \in S}\sum\limits_{u \in T} w(vu) = C.capacity$。如果 ① 和 ② 同时成立,则 $\sum\limits_{v \in S}\sum\limits_{u \in T} f(uv) = 0$,$\sum\limits_{v \in S}\sum\limits_{u \in T} f(vu) = \sum\limits_{v \in S}\sum\limits_{u \in T} w(vu) = C.capacity$,因此,$C.capacity = f.value$。

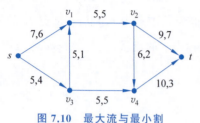

图 7.10 最大流与最小割

例 7.6 如图 7.10 所示的容量网络 D 中,每条弧上标注的两个数分别为弧的容量和可行流 f 的流量,易见,$f.value = 10$。令 $S = \{s, v_1, v_3\}$,$T = \{v_2, v_4, t\}$,则 $C = \{v_1 v_2, v_3 v_4\}$ 是 D 的一个 S-T 割集,且 $C.capacity = 10$,根据定理 7.16 性质(1)可知,f 是最大流且 C 是最小割。

7.2.4 求最大流

问题 7.1 求容量网络的最大流。

输入:容量网络 $D = (V, A, w)$,源点 s,汇点 t。

输出:D 的最大流。

定义 7.10 $D = (V, A, w)$ 是一个容量网络,D 的源点为 s,汇点为 t,$f: A \to R$ 是 D 的一个可行流,P 是 s 到 t 的一条弱路,如果 P 上的前向弧是 f 非饱和弧,后向弧的流量不为 0,则称 P 是一条 f 增广路,P 上的前向弧之集记为 P^+,P 上的后向弧之集记为 P^-。

因为流量最大的可行流称为最大流,因此,求最大流的过程可以看作是对可行流进行改进的过程,如果可行流中存在增广路就找出它,并沿着该增广路更新(增加、改进)流量。沿着增广路改进可行流的操作称为增广,可增广则意味着可行流的流量还可以增大。

设 $D = (V, A, w)$ 是一个容量网络,D 的源点为 s,汇点为 t,f 是 D 的一个可行流,P 是一条 f 增广路,

(1) 如果 P 上的每条弧都是前向弧且都是 f 非饱和弧,则通过增加 P 上每条弧的流量显然可以增大 f 的流量,其最大增值为 P 上所有弧的剩余容量的最小值,即 $\min\limits_{uv \in P^+}(w(uv) - f(uv))$。

(2) 否则,P 上既有前向弧又有后向弧,因为 P 是一条 f 增广路,因此,P 上的前向弧均为 f 非饱和弧,后向弧的流量均不为 0,于是,通过增加 P 上前向弧的流量、减少 P 上后向弧的流量同样可以增大 f 的流量,其最大增值为 P 上所有前向弧的剩余容量和后向弧的流量中的最小值,即 $\min\{\min\limits_{uv \in P^+}(w(uv) - f(uv)), \min\limits_{uv \in P^-}(f(uv))\}$。

定理 7.17(增广路定理) $D = (V, A, w)$ 是一个容量网络,D 的源点为 s,汇点为 t,$f: A \to R$ 是 D 的一个可行流,f 为最大流 $\Leftrightarrow D$ 中不存在 f 增广路。

【证明】 必要性 $\Rightarrow$:假设 f 为最大流,其值为 $f.value$,如果 D 中存在 f 增广路 P,则令 $\Delta = \min\{\min\limits_{uv \in P^+}(w(uv) - f(uv)), \min\limits_{uv \in P^-}(f(uv))\}$,根据定义 7.10 可知,$\Delta > 0$。于是,构

造一个新的流 f' 如下：

$$f'(uv) = \begin{cases} f(uv)+\Delta, & uv \in P^+ \\ f(uv)-\Delta, & uv \in P^- \\ f(uv), & uv \text{ 不在 } P \text{ 上} \end{cases}$$

不难验证，f' 仍是 D 的一个可行流，其流量为 $f'.value = f.value + \Delta > f.value$，这与 f 是最大流相矛盾，因此，D 中不存在 f 增广路。

充分性⇐：设 f 是 D 的一个可行流，D 中不存在 f 增广路。令 $S = \{s\} \cup \{u \mid u \in V, D$ 中存在 s 到 u 的 f 增广路$\}$，$T = V \setminus S$，则 $s \in S, t \in T, C = \{uv \mid uv \in A, u \in S, v \in V \setminus S\}$ 为 D 的 S-T 割集，对于 $\forall x \in C$，均有 $f(x) = w(x)$，且对于 $\forall x \in \{uv \mid uv \in A, u \in T, v \in S\}, f(x) = 0$，则由定理 7.16 的证明可知，$f$ 是最大流且 C 是最小割。∎

根据定理 7.16 性质（2）的充分性的证明过程可知，每个容量网络中都存在一个最大流 f 和最小割 C 使得 $f.value = C.capacity$。于是有下面的定理 7.18。

定理 7.18（最大流最小割定理） 容量网络的网络流中，其最大流的流量等于最小割的容量。

【证明】 假设 f 是容量网络 D 的最大流，根据定理 7.17 可知，D 中不存在 f 增广路。假设 S-T 割集 C 是 D 的最小割，则根据定理 7.16 性质（2）可知，$\forall x \in C$，均有 $f(x) = w(x)$，且对于 $\forall x \in \{uv \mid uv \in A, u \in T, v \in S\}, f(x) = 0$，于是，$\sum_{v \in S}\sum_{u \in T} f(vu) = C.capacity$ 且 $\sum_{v \in S}\sum_{u \in T} f(uv) = 0$，因此，$f.value = \sum_{v \in S}\sum_{u \in T} f(vu) - \sum_{v \in S}\sum_{u \in T} f(uv) = C.capacity$。∎

例 7.7 求最大流的过程示意。

令 max 表示最大流，d 表示增广路上的可增加流量，则对于图 7.11(a)所示的容量网络，$s = v_1, t = v_5$。初始时，max=0，各边上的流量均为 0。

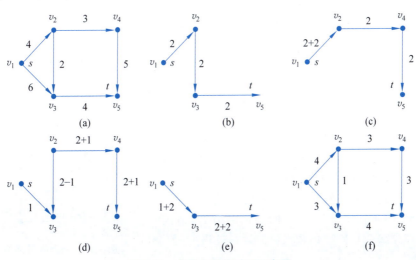

图 7.11 求最大流的过程示意图

（1）存在增广路 $v_1 \to v_2 \to v_3 \to v_5$，$d = \min\{4,2,4\} = 2$，于是沿增广路 $v_1 \to v_2 \to v_3 \to v_5$ 增加流量，更新后的流量如图 7.11(b)所示，此时 max=2。

（2）存在增广路 $v_1 \to v_2 \to v_4 \to v_5$，$d = \min\{4-2, 3, 5\} = 2$，于是沿增广路 $v_1 \to v_2 \to v_4 \to$

v_5 增加流量，更新后的流量如图 7.11(c)所示，此时 max=4。

(3) 存在增广路 $v_1\to v_3\to v_2\to v_4\to v_5$，$d=\min\{6,2,3-2,5-2\}=1$，于是沿增广路 $v_1\to v_2\to v_3\to v_5$ 增加流量，更新后的流量如图 7.11(d)所示，此时 max=5。

(4) 存在增广路 $v_1\to v_3\to v_5$，$d=\min\{6-1,4-2\}=2$，于是沿增广路 $v_1\to v_3\to v_5$ 增加流量，更新后的流量如图 7.11(e)所示，此时 max=7。

此时，网络中已经不再存在增广路，最终的网络流如图 7.11(f)所示，最大流 max=7，恰好等于最小割，即最小割集 $\{v_2v_4,v_3v_5\}$ 的容量。

1957 年，Ford 和 Fulkerson 最早提出了求最大流的算法，其基本思想为：从已知的可行流 f（例如零流）出发，寻找 f 增广路，如果不存在，则 f 就是最大流，否则按照定理 7.17 必要性证明中给出的方法改进 f，得到一个流量更大的流，重复上述过程直到不能再继续为止。

算法 7.1（Ford-Fulkerson 算法） 求最大流。

输入：容量网络 $D=(V,A,w)$，源点为 s，汇点为 t。

输出：D 的最大流。

方法：

设 f 是 D 的可行流，初始时，$\forall x\in A$，令 $f(x)=0$，$S=\Phi$ 用于保存已标记的顶点，$U=V$ 用于保存未检查的顶点。

(1) 将 s 标记为 $(s,+,\Delta(s)=\infty)$，$S\leftarrow\{s\}$，$u\leftarrow s$。

(2) 对于 $\forall r\in V\setminus S$ 令 $v\leftarrow r$，如果 $uv\in A$ 或者 $vu\in A$，则

① 如果 $uv\in A$ 且 $f(uv)<w(uv)$，则将 v 标记为 $(u,+,\Delta(v))$，其中 $\Delta(v)=\min\{\Delta(u),w(uv)-f(uv)\}$，$S\leftarrow S\cup\{v\}$；

② 如果 $vu\in A$ 且 $f(vu)>0$，则将 v 标记为 $(u,-,\Delta(v))$，其中 $\Delta(v)=\min\{\Delta(u),f(vu)\}$，$S\leftarrow S\cup\{v\}$。

(3) 如果 $v=t$ 则转(4)，如果 $v\neq t$ 则令 $U\leftarrow U\setminus\{u\}$。若 $S\cap U=\Phi$ 则结束算法，当前流为最大流；若 $S\cap U\neq\Phi$，则任选 $u\in S\cap U$ 并转(2)。

(4) $z\leftarrow t$。

(5) 如果 z 的标记为 $(g,+,\Delta(z))$，则令 $f(gz)=f(gz)+\Delta(z)$，$h\leftarrow g$；如果 z 的标记为 $(g,-,\Delta(z))$，则令 $f(zg)=f(zg)-\Delta(z)$，$h\leftarrow g$。

(6) 如果 $h=s$，则取消所有顶点的标记并转(1)，否则令 $z\leftarrow h$ 并转(5)。

算法 7.1 的复杂度与容量有关，因此，可能不是有效算法。Ford 和 Fulkerson 曾给出一个例子，说明当弧的容量为无理数时，算法不能在有穷步内停止，而且计算过程中得到的流序列也不收敛于最大流。

例 7.8 给定如图 7.12 所示的容量网络 D，请读者给出根据算法 7.1 求 D 的最大流的运行过程。

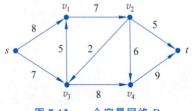

图 7.12　一个容量网络 D

7.3 匹配

在日常生活和实际工作中经常会遇到配对问题，这些问题用图来刻画就是匹配问题，匹配问题也是运筹学中的一类重要问题。

7.3.1 匹配问题及模型

例 7.9 结婚问题。据说欧洲民间流传着这样一个数学游戏问题：姑娘和小伙子们都渴望结婚，但姑娘不愿意通过媒人介绍嫁给她不认识的小伙子，实际上，每个姑娘心中有一个可接受作为配偶的小伙子们的名单。问：在什么条件下，按一夫一妻制能把这些姑娘都嫁出去，使得每一对夫妻原先互相认识？

如果觉得这个问题不够严肃，那下面这个工作安排问题却是一个十分有用的严肃问题，实际上，它们是等价的。

例 7.10 工作安排问题。一个车间里有若干名工人，每人只能熟练地干其中的若干件工作，每件工作仅需一名工人干。问：在什么条件下车间主任能为每个工人分配一件他能胜任的工作？

这两个问题实际上是一样的，抽象地，都是问一个偶图 $G = (V_1 \bigcup V_2, E)$ 是否有一个完全匹配。在这里 V_1 是女孩之集（工人之集），V_2 是男孩之集（任务之集），而 E 中的每条边的一个端点在 V_1 中，另一个端点在 V_2 中，表示对应的姑娘（工人）愿意嫁给（能够胜任）对应的小伙子（任务）。问题是能否把所有姑娘（为每个工人）嫁出去（分配一项任务），亦即寻找 G 中的 $|V_1|$ 条边使得任意两条边没有公共端点。

7.3.2 独立集

直观地，相互独立的边的集合就是一个匹配，相互独立的顶点的集合则称为独立集，匹配就是一个边独立集。

例 7.11 考试安排问题。首先建立图模型：每门课程对应一个顶点，如果某个学生同时选修了课程 c_1 和 c_2，则在 c_1 和 c_2 对应的顶点间连一条边。因为同一时间一个学生不能参加两门课程的考试，因此，给定图 G，从中选取某些顶点为其安排某个时间段的一场考试时，任意两个被选中的顶点间不能有边。这些可以同时考试的课程称为一个独立集。问：至少需要安排多少场考试？

定义 7.11 设 $G = (V, E)$，$I \subseteq V$，如果对 $\forall u, v \in I, u \neq v$，均有 $uv \notin E$，则称 I 为 G 的一个顶点独立集。假设 I 是 G 的独立集，如果对于 $\forall u \in V \setminus I, I \bigcup \{u\}$ 都不是独立集，则称 I 为极大独立集。G 的所有独立集中顶点数最多的独立集称为 G 的最大独立集。G 的最大独立集 I 的基数 $|I|$ 称为 G 的独立数，记为 $\alpha(G)$。

显然，图的极大独立集不一定是唯一的，图的最大独立集也不一定唯一。

问题 7.2 求最大独立集。

> 输入：$G = (V, E)$。
> 输出：G 的最大独立集。

问题 7.2 是一个 NP 完全问题，有算法——穷举法，但没有好算法。通过为图构造一个布尔表达式，可以将求最大独立集的问题转换为布尔表达式的可满足性问题。

设 $G = (V, E), V = \{v_1, v_2, \cdots, v_p\}$，$\forall u \in V$，将 u 当作一个布尔变量，如果 $uv \in E$，则有 $u \wedge v$，亦即 $u \wedge v$ 表示包含 u 和 v，$u \vee v$ 表示包含 u 或者包含 v，$\bar{u}$ 表示不包含 u。

对于 $G=(V,E)$，令 $u\wedge v$ 对应 G 的一条边，则 $\varphi=\bigvee\limits_{uv\in E}(u\wedge v)$ 就是 G 的所有边集的布尔和，根据德·摩根定律，$\overline{\varphi}=\bigwedge\limits_{uv\in E}(\overline{u}\vee\overline{v})$，$\varphi$ 和 $\overline{\varphi}$ 都是包含布尔变量 $v_1,v_2,\cdots,v_p$ 的布尔表达式，因为 G 的极大独立集不包含任何一条边的两个端点，所以 φ 在任何一个极大独立集上的取值为 0，反之，令 φ 取值为 0 的顶点集是 G 的极大独立集。对应地，使 $\overline{\varphi}$ 取值为 1 的顶点集也是 G 的极大独立集。

假设 $\overline{\varphi}=\varphi_1\vee\varphi_2\vee\cdots\vee\varphi_k$ 是 $\overline{\varphi}$ 的主析取范式（主析取范式的求法请参考数理逻辑教材），亦即 $\varphi_i=r_1\wedge r_2\wedge\cdots\wedge r_p$，$i=1,2,\cdots,m$，$r_j\in\{v_j,\overline{v}_j\}$，$j=1,2,\cdots,p$。于是，使 φ_i 取值为 1 的顶点集都是极大独立集。

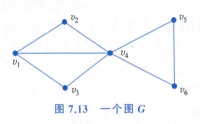

图 7.13 一个图 G

例 7.12 给定如图 7.13 所示的图 G，求 G 的极大独立集。

【解】 根据图 G 构造如下的布尔表达式：
$$\varphi=(v_1\wedge v_2)\vee(v_1\wedge v_3)\vee(v_1\wedge v_4)\vee(v_2\wedge v_4)\vee(v_3\wedge v_4)\vee(v_4\wedge v_5)$$
$$\vee(v_4\wedge v_6)\vee(v_5\wedge v_6)$$

于是，
$$\overline{\varphi}=(\overline{v}_1\vee\overline{v}_2)\wedge(\overline{v}_1\vee\overline{v}_3)\wedge(\overline{v}_1\vee\overline{v}_4)\wedge(\overline{v}_2\vee\overline{v}_4)\wedge(\overline{v}_3\vee\overline{v}_4)$$
$$\wedge(\overline{v}_4\vee\overline{v}_5)\wedge(\overline{v}_4\vee\overline{v}_6)\wedge(\overline{v}_5\vee\overline{v}_6)$$

通过布尔表达式的等价变换可得 $\overline{\varphi}$ 的主析取范式为
$$\overline{\varphi}=(\overline{v}_1\wedge v_2\wedge v_3\wedge \overline{v}_4\wedge v_5\wedge \overline{v}_6)\vee(\overline{v}_1\wedge v_2\wedge v_3\wedge \overline{v}_4\wedge \overline{v}_5\wedge v_6)$$
$$\vee(v_1\wedge \overline{v}_2\wedge \overline{v}_3\wedge \overline{v}_4\wedge v_5\wedge \overline{v}_6)\vee(v_1\wedge \overline{v}_2\wedge \overline{v}_3\wedge \overline{v}_4\wedge \overline{v}_5\wedge v_6)$$
$$\vee(\overline{v}_1\wedge \overline{v}_2\wedge \overline{v}_3\wedge v_4\wedge \overline{v}_5\wedge \overline{v}_6)$$

于是，图 G 的所有极大独立集分别为 $\{v_2,v_3,v_5\}$，$\{v_2,v_3,v_6\}$，$\{v_1,v_5\}$，$\{v_1,v_6\}$，$\{v_4\}$。

利用独立集的概念，可以给出图兰定理或曼特尔定理的一种更为简单清晰的证明。

例 7.13 设 $G=(V,E)$ 是一个 (p,q) 图，如果 G 中没有三角形，则 $q\leq[p^2/4]$。

【证明】 假设 A 是 G 的最大独立集，$B=V\setminus A$，因为 G 中没有三角形，所以对 $\forall v\in V$，$\deg(v)\leq|A|$，且 G 中每条边均与 B 中某个点相关联，于是我们有
$$q\leq\sum_{v\in B}\deg(v)\leq\sum_{v\in B}|A|\leq|A|\times|B|\leq\left(\frac{|A|+|B|}{2}\right)^2=[p^2/4]$$

定义 7.12 设 $G=(V,E)$，$C\subseteq V$，如果对 $\forall u,v\in C$，$u\neq v$，均有 $uv\in E$，则称 C 为 G 的一个团。假设 C 是 G 的一个团，如果对于 $\forall u\in V\setminus C$，$C\cup\{u\}$ 都不是团，则称 C 为极大团。G 的所有团中顶点数最多的团称为 G 的最大团。G 的最大团 C 中的顶点数称为 G 的团数，记为 $\omega(G)$。

问题 7.3 求最大团。

输入：$G=(V,E)$。
输出：G 的最大团。

问题 7.3 也是一个 NP 完全问题,它是问题 7.2 的对偶问题,实际上,G 的最大团就是 G^c 的最大独立集。1973 年,荷兰数学家 C. Bron 和 J. Kerbosch 提出的 Bron-Kerbsch 算法是求最大团的一种比较有代表性的算法。

定义 7.13 设 $G=(V,E)$,且 x、$y \in E$,如果 x 和 y 没有公共端点,则称 x 与 y 独立。$S \subseteq E$,如果 $\forall x, y \in S, x \neq y$,均有 x 与 y 独立,则称 S 为 G 的边独立集,也称为 G 的一个匹配。G 的所有匹配中边数最多的匹配称为 G 的最大匹配。G 的最大匹配中的边数称为 G 的匹配数,记为 $\alpha'(G)$。

结婚问题用偶图建模,就是求偶图中独立的边。

定义 7.14 设 $G=(V,E)$ 是一个偶图,V 对应的 2-划分为 $\{V_1, V_2\}$,如果 G 中存在一个匹配 S 使得 $|S| = \min\{|V_1|, |V_2|\}$,则称 S 是 G 的一个完全匹配,如果 $|S| = |V_1| = |V_2|$,则称 S 是 G 的一个完美匹配,完美匹配是 G 的一个生成子图,其每个顶点的度均为 1,又称为 G 的 1-因子。

设 $G=(V,E)$ 是一个偶图,V 对应的 2-划分为 $\{V_1, V_2\}$,$V_1 = \{u_1, u_2, \cdots, u_m\}$,$V_2 = \{v_1, v_2, \cdots, v_n\}$,$\forall u_j \in V_1$ 令 $\Gamma(u_j) = \{u | u_j u \in E, u \in V_2\}$,则得到 V_2 的子集序列 $\Gamma(u_1), \Gamma(u_2), \cdots, \Gamma(u_m)$。

于是,偶图 G 的完全匹配问题就变成在什么条件下,存在 $u_{j_k} \in \Gamma(u_k), k = 1, 2, \cdots, m$,使得 $u_{j_1}, u_{j_2}, \cdots, u_{j_m}$ 两两不同。

7.3.3 相异代表系

上述问题及其类似的一些问题可以抽象为相异代表系的数学问题。

定义 7.15 设 $A_1, A_2, \cdots, A_m$ 是集合 X 的 m 个子集(可以相同),$A_1 \times A_2 \times \cdots \times A_m$ 的任一元素 $(a_1, a_2, \cdots, a_m)$ 称为 $A_1, A_2, \cdots, A_m$ 的一个代表系。

定义 7.16 非空集合 X 的一些有穷子集构成的序列 $T: A_1, A_2, \cdots, A_m$ 称为一个系统。如果存在 m 个不同元素 $a_1, a_2, \cdots, a_m$ 使得 $a_j \in A_j$, $j = 1, 2, \cdots, m$,且当 $i \neq j$ 时 $a_i \neq a_j$,则称 $(a_1, a_2, \cdots, a_m)$ 为系统 T 的一个相异代表系(set of distinct representatives,SDR)。

假设 $A = \{a_1, a_2, \cdots, a_m\}$,只要令 $V_1 = A, V_2 = X, \forall a_j \in A, x \in X, a_j$ 与 x 间联一条边当且仅当 $x \in A_j$,这样就得到了一个偶图 G,寻找 G 的完全匹配问题就变为求 T 的相异代表系问题,于是,我们只要讨论系统 T 存在相异代表系的条件即可。

例 7.14 设 $S = \{a, b, c, d, e\}$,$m = 4$,$A_1 = \{a, b\}$,$A_2 = \{b, c\}$,$A_3 = \{a, c\}$,$A_4 = \{d, e\}$,$T: A_1, A_2, A_3, A_4$ 是一个系统,(a, b, c, d) 是 T 的一个相异代表系,而 (a, b, e, d) 不是 T 的相异代表系。

在研究有限群的性质时会用到一个与相异代表系类似的概念——划分的公共代表组。

定义 7.17 设 S 是一个非空有穷集,$\{A_1, A_2, \cdots, A_m\}$ 与 $\{B_1, B_2, \cdots, B_m\}$ 是 S 的两个划分。如果存在一个 S 的 m 元子集 E 使得 $A_i \cap E \neq \Phi$ 且 $B_j \cap E \neq \Phi$, $i, j = 1, 2, \cdots, m$,则这 $2m$ 个非空不交集都是单元素集,我们称 E 为 S 的划分 $\{A_1, A_2, \cdots, A_m\}$ 与 $\{B_1, B_2, \cdots, B_m\}$ 的公共代表组(System of Common Representatives,SCR)。

不难发现,$\{A_1, A_2, \cdots, A_m\}$ 与 $\{B_1, B_2, \cdots, B_m\}$ 有公共代表组的充要条件是存在 $\{1, 2, \cdots, m\}$ 上的置换 $\sigma: \{1, 2, \cdots, m\} \to \{1, 2, \cdots, m\}$ 使得 $A_{i\sigma} \cap B_i \neq \Phi, i = 1, 2, \cdots, m$。

7.3.4 Hall 定理

系统 T 存在相异代表系的充要条件的基本定理是 Hall 于 1935 年给出的,但这个定理的等价形式,由 König 和 Egervary 于 1931 年给出了证明,而这两种形式都可以从 1927 年的 Menger 定理推出,从而也可以从最大流最小割定理推出。由于它有不同的等价形式,所以在不同应用场合下应该选择适合于应用的形式。

在这里,我们仅从最基本的原理出发来证明此定理,就是这样,也有几个不同的证明方法,我们介绍其中的两个。从上面的介绍中可以看到它的重要性,至于具体应用可在交叉开关网络中找到。

定理 7.19(Hall,1935) 设 $T: A_1, A_2, \cdots, A_m$ 是有穷集合 X 的子集构成的系统,则系统 T 有相异代表系的充分必要条件是对 $I=\{1,2,\cdots,m\}$ 的任一子集 $J \subseteq I$ 有

$$\left| \bigcup_{j \in J} A_j \right| \geqslant |J| \tag{7.1}$$

即对任一正整数 k 及任一序列 $1 \leqslant j_1 \leqslant j_2 \leqslant \cdots \leqslant j_k \leqslant m$,$|A_{j_1} \cup A_{j_2} \cup \cdots \cup A_{j_k}| \geqslant k$,亦即对任一正整数 k 以及任意 k 个姑娘,她们认识的小伙子总数至少为 k。

【证明方法一】 该证明是由 Halmos 和 Vaughan 给出的,我们使用做媒的方法。设姑娘数为 m,小伙数为 n,应用对姑娘数 m 的归纳法来证明条件是充分的,至于必要性是显然的。有趣的是这个简单的必要条件也是充分的。

当 $m=1$ 时,条件显然是充分的。因此,我们假设 $m \geqslant 2$ 且对小于 m 的值条件是充分的。

(1) 假设任意的 $k(1 \leqslant k \leqslant m-1)$ 个姑娘至少认识 $k+1$ 个小伙子。这时我们可任意安排一对配偶。剩下的 $m-1$ 个姑娘和 $n-1$ 个小伙子仍满足式(7.1),按归纳假设这 $m-1$ 个姑娘也可嫁出去。

(2) 假设对某个 $k(1 \leqslant k \leqslant m-1)$,恰好存在 k 个姑娘,她们正好认识 k 个小伙子。这时由归纳假设,这 k 个姑娘可先嫁出去。其他姑娘如何处理呢?剩下的 $m-k$ 个姑娘和 $n-k$ 个小伙子,她们仍满足式(7.1),从而也可以嫁出去。事实上,如果剩下的 $m-k$ 个姑娘中的 l 个姑娘,她们认识剩下的 $n-k$ 个小伙中的总数少于 l 个,则这 l 个姑娘与先前那 k 个姑娘共 $k+l$ 个,她们认识的小伙数就会少于 $k+l$,这与假设式(7.1)成立相矛盾。

思考一下看看能不能把上面(1)、(2)两种情况合并为一种。

【证明方法二】 该证明是由 Rado 给出的。定理 7.19 的图论形式的描述为:

设有双图 $G=(V_1 \cup V_2, E)$,$\Gamma: V_1 \to 2^{V_2}$,$\forall v \in V_1, \Gamma(v)=\{u | uv \in E, u \in V_2\}$,则 G 有完全匹配当且仅当

$$\forall S \subseteq V_1, |\Gamma(S)| \geqslant |S|, \Gamma(S)=\{u | u \in V_2, \exists v \in S, uv \in E\} \tag{7.2}$$

令 G 是满足条件的边数最少的一个极小图,只要证明 G 包含一个 $|V_1|$ 条边的边独立集即可。

假若不然,则 G 中有两条不同边 $u_1 u、u_2 u$,其中 $u_1、u_2 \in V_1, u \in V_2$。因为 G 是满足条件的含边最少的极小图,所以从 G 中去掉边 $u_1 u$ 与 $u_2 u$ 中随便哪一条,都将使条件式(7.2)不成立,所以存在这样的集合 $T_1, T_2 \subseteq V_1$,使得 $|\Gamma(T_1)|=|T_1|, |\Gamma(T_2)|=|T_2|$ 且 u_1 是 T_1 中邻接于 u 的唯一顶点,u_2 是 T_2 中邻接于 u 的唯一顶点。于是,

$$|\Gamma(T_1) \cap \Gamma(T_2)| = |\Gamma(T_1\setminus\{u_1\})| + |\Gamma(T_2\setminus\{u_2\})| \geqslant |\Gamma(T_1 \cap T_2)| \geqslant |T_1 \cap T_2|$$

这就蕴含下面的矛盾：
$$|\Gamma(T_1) \cup \Gamma(T_2)| = |\Gamma(T_1)| + |\Gamma(T_2)| - |\Gamma(T_1) \cap \Gamma(T_2)|$$
$$\leqslant |T_1| + |T_2| - |T_1 \cap T_2|$$

推论 7.3 正则偶图有完全匹配。

【证明】 只需证明式(7.1)成立即可。假设式(7.1)不成立，则存在一个 k，使得（不妨设）$|\bigcup_{i=1}^{m} A_i| < k$，由于是正则偶图，所以每个 $u \in X$ 在 $\bigcup_{i=1}^{m} A_i$ 中出现 $|X|$ 次。因此，$\bigcup_{i=1}^{m} A_i$ 中共出现 $k \times |X|$ 次（含重复），而 $\bigcup_{i=1}^{m} A_i$ 的每个元素仅出现 $|X|$ 次，所以共出现 $|X| \times |\bigcup_{i=1}^{k} A_i| < |X| \times k$ 次，矛盾。

定理 7.20（König-Egervary, 1931） 每个正则图都有一个 1-因子，每个 k-正则偶图都可分离出 k 个 1-因子。

Egervary 给出的定理 7.20 的证明方法是 7.3.5 节介绍的"匈牙利方法"的来源。

3.8.4 节的 Dilworth 定理也等价于霍尔定理，请读者自己做一下对比。

设 $V_1 = \{x_1, x_2, \cdots, x_m\}$，$V_2 = \{y_1, y_2, \cdots, y_n\}$，$G$ 是以 $V_1 \cup V_2$ 为顶点集的偶图，并且 x_j 与 y_j 相连当且仅当工人 x_j 能胜任工作 y_j。问：G 是否存在一个完全匹配，如果存在求出这个完全匹配？

按照 Hall 定理，或者 G 存在一个完全匹配，或者存在 V_1 的子集 S 使得 $|\Gamma(S)| < |S|$。

问题 7.4 求完全匹配。

输入：偶图 $G = (V_1 \cup V_2, E)$；

输出：G 的一个完全匹配 M，如果不存在一个完全匹配，则输出 V_1 的一个子集 S 使得 $|\Gamma(S)| < |S|$。

定理 7.21 集合 S 的两个划分 $\{A_1, A_2, \cdots, A_m\}$ 与 $\{B_1, B_2, \cdots, B_m\}$ 有公共代表组的充要条件是：对任意正整数 k，$1 \leqslant k \leqslant m$，以及 $\{1, 2, \cdots, m\}$ 的任意 k 元子集 $\{i_1, i_2, \cdots, i_k\}$，$A_{i_1} \cup A_{i_2} \cup \cdots \cup A_{i_k}$ 至多包含 $B_1, B_2, \cdots, B_m$ 中的 k 个。

【证明】 必要性⇒：采用反证法。设 $E \subseteq S$ 是 $\{A_1, A_2, \cdots, A_m\}$ 与 $\{B_1, B_2, \cdots, B_m\}$ 的公共代表组，假如存在一个正整数 $k (1 \leqslant k \leqslant m)$，$A_1, A_2, \cdots, A_m$ 的 k 个子集之并包含 $B_1, B_2, \cdots, B_m$ 中的多于 k 个子集，则必有某个 $A_i (1 \leqslant i \leqslant k)$ 包含 E 的至少两个元素，这是不可能的。

充分性⇐：令 $\mathcal{A} = \{A_1, A_2, \cdots, A_m\}$，$\mathcal{B}_i = \{A_j | A_j \cap B_i \neq \Phi, A_j \in \mathcal{A}\}$，$i = 1, 2, \cdots, m$，则 $\mathcal{A}$ 的子集序列 $T: \mathcal{B}_1, \mathcal{B}_2, \cdots, \mathcal{B}_m$ 满足定理 7.19 的必要条件，因为假若不然，有一个 k 及 T 的 $k+1$ 项子序列 $\mathcal{B}_{i_1}, \mathcal{B}_{i_2}, \cdots, \mathcal{B}_{i_{k+1}}$ 的并只含有 $\mathcal{A}$ 中的 k 项 $A_{j_1}, A_{j_2}, \cdots, A_{j_k}$，根据 $\mathcal{B}_i$ 的定义，$A_{j_1} \cup A_{j_2} \cup \cdots \cup A_{j_k}$ 包含了 $B_1, B_2, \cdots, B_m$ 中的 $k+1$ 个集合，这与假设相矛盾。根据定理 7.19，T 有相异代表系 $(A_{i_1}, A_{i_2}, \cdots, A_{i_m})$，此时，将 A_{i_1} 重新编号为 A_1，A_{i_2} 重新编号为 $A_2, \cdots, A_{i_m}$ 重新编号为 A_m，则 $A_i \cap B_i \neq \Phi$，因此，$\{A_1, A_2, \cdots, A_m\}$ 与 $\{B_1, B_2, \cdots, B_m\}$ 有公共代表组。

定理 7.22 设 $\{A_1, A_2, \cdots, A_m\}$ 与 $\{B_1, B_2, \cdots, B_m\}$ 是集合 S 的两个划分，如果对 $\forall i \in$

$\{1,2,\cdots,m\}$，$|A_i|=|B_i|=r$，则$\{A_1,A_2,\cdots,A_m\}$与$\{B_1,B_2,\cdots,B_m\}$有公共代表组。

【证明】 对任意的k及$\{1,2,\cdots,m\}$的任意k元子集$\{i_1,i_2,\cdots,i_k\}$，$|A_{i_1}\bigcup A_{i_2}\bigcup\cdots\bigcup A_{i_k}|=kr$，且$B_1,B_2,\cdots,B_m$的任意多于$k$项的并中有多于$kr$个元素，从而定理7.21的条件成立，因此，$\{A_1,A_2,\cdots,A_m\}$与$\{B_1,B_2,\cdots,B_m\}$有公共代表组。

例7.15 设A是一个$r\times m$矩阵，

$$A=\begin{bmatrix} 1 & 2 & \cdots & m \\ m+1 & m+2 & \cdots & 2m \\ 2m+1 & 2m+2 & \cdots & 3m \\ \vdots & \vdots & \cdots & \vdots \\ (r-1)m+1 & (r-1)m+2 & \cdots & rm \end{bmatrix}$$

$r\times m$矩阵B仍以$1,2,\cdots,rm$为其全部rm个元素，只是它们不规则地分布在B的rm个位置上。证明：存在一个矩阵B的列变换，使A、B的各对应列至少有一个公共元素。

【证明】 令$A_1,A_2,\cdots,A_m$是A的各列元素的集合，则$\{A_1,A_2,\cdots,A_m\}$是$\{1,2,\cdots,rm\}$的一个划分，令$B_1,B_2,\cdots,B_m$是B的各列元素的集合，则$\{B_1,B_2,\cdots,B_m\}$也是$\{1,2,\cdots,rm\}$的一个划分。因为对$\forall i\in\{1,2,\cdots,m\}$，$|A_i|=|B_i|=r$，根据定理7.22，这两个划分有一个公共代表组，从而有$1,2,\cdots,m$的置换$j_1,j_2,\cdots,j_m$使得$A_i\bigcap B_{j_i}\neq\Phi$，$i=1,2,\cdots,m$，即有$B$的列变换使$A$、$B$的各对应列至少有一个公共元素。

7.3.5 求最大匹配

最大匹配问题具有重要的实际意义，特别是偶图的最大匹配问题在资源分配、工作安排等应用上具有十分重要的作用。

问题 7.5 求偶图的最大匹配。

输入：偶图$G=(V_1\bigcup V_2,E)$；
输出：G的一个最大匹配M。

定义 7.18 设$G=(V,E)$，M是G的一个匹配，$\forall u\in V$，如果u与M中的某条边是关联的，则称u为M饱和点，否则称u为非M饱和点。

显然，M是G的完美匹配当且仅当G的所有顶点均为M饱和点。

定义 7.19 设$G=(V,E)$，M是G的一个匹配，P是G的一条路，如果M中的边和$E\setminus M$中的边在P上交替出现，则称P是G的一条M交错路。如果M交错路P的两个端点都是非M饱和点，则称P为M可增广路。

定理 7.23 设$G=(V,E)$，G的匹配M是最大匹配当且仅当G中不存在M可增广路。

求偶图的最大匹配的算法有网络流解法和匈牙利算法，网络流解法见7.5.1节。匈牙利算法的原理为：从当前匹配M(初始时$M=\Phi$)出发，检查每一个非M饱和点u，从u出发寻找M可增广路，找到M可增广路P后对M和P执行对称差得到一个更大的匹配$M\leftarrow M\oplus P$，重复上述过程直到不存在可增广路为止。

设$G=(V,E)$，$\forall u\in V,N(v)=\{u|uv\in E\}$称为$u$的邻域。$S\subseteq V$，$N(S)=\bigcup\limits_{u\in S}N(u)$称为$S$的邻域。

算法 7.2（匈牙利算法） 求偶图的最大匹配。

> 输入：偶图 $G=(\{V_1,V_2\},E)$。
> 输出：G 的最大匹配 M。
> 方法：
> (1) $M=\Phi$。
> (2) 如果 M 饱和 V_1 则结束，否则转(3)。
> (3) 在 V_1 找一个非 M 饱和点 u，$S\leftarrow\{u\}$，$T\leftarrow\Phi$。
> (4) 如果 $N(S)=T$ 则结束，否则任选一点 $v\in N(S)\setminus T$。
> (5) 如果 v 是 M 饱和点转(6)，否则找一条从 u 到 v 的 M 可增广路 P，$M\leftarrow M\oplus P$，转(2)。/ * $\oplus$ 是对称差运算 * /
> (6) 因为 v 是 M 饱和点，所以 M 中有一条边 wv，$S\leftarrow S\cup\{w\}$，$T\leftarrow T\cup\{v\}$，转(4)。

如果加上公司招收学生人数，则学生分配问题将变成带权最优匹配问题，其典型算法为 Kuhń-Munkers 算法。

如果加上喜欢的程度，则结婚问题将变成稳定婚姻匹配问题，这种场景的变换同样适应于医学院学生分配或航空公司飞行员招聘，后面这两种场景同样重视相应匹配的稳定性。

1962 年，美国数学家 D. Gale 和 L. Shapley 发明了一种寻找稳定婚姻的策略（延迟接受算法或称 G-S 算法），只要男女生数目相同，不管他/她们的偏好如何，应用这种策略总能找到一个稳定的婚姻搭配。

L. Shapley 与 A. Roth 共同获得 2012 年经济学的诺贝尔奖，"以鼓励他们在稳定配置理论及市场设计实践上所做出的贡献"，他们研究的问题是"如何恰当地匹配不同的市场主体"，使用的算法就是 G-S 算法，效果分析使用的是博弈论中的合作与非合作分析。

算法 7.3（G-S 算法） 求稳定匹配。

> 第 1 轮：每个男生选择自己最喜欢的女孩，并向她表白，如果该女生未被男生追求过，则接受请求；如果该女生已经接受过男生的请求（亦即有男友），如果更喜欢男友则拒绝该男生，如果更喜欢该男生则拒绝男友。
> 第 2 轮：每个单身男生从未拒绝过自己的女孩中选择一个最喜欢的，并向她表白而不管其是否单身。策略同上，直到所有人不再单身。

定理 7.24 G-S 算法能停止并得到解。

【证明】 随着轮数的增加，总有一个时刻所有人都配上对。因为男生根据自己心目中的排名依次对女生表白，假如有一个没配上对，则该男生向所有女生表白了。但女生只要被表白过就不会单身，亦即所有女生都不是单身，矛盾，因此所有人都能配上对。∎

7.4 覆盖与支配集

在物联网和交通信息网等复杂网络环境下的有关应用（如信息采集、资源管理等）中，由于计算资源的限制，有时只能处理部分对象或对象间的部分联系，但又希望能够兼顾尽可能多的对象或其间的联系，为此我们需要引入覆盖和支配的概念。

7.4.1 覆盖

定义 7.20 设 $G=(V,E),C\subseteq V$，如果对 $\forall uv\in E$，均有 $C\cap\{u,v\}\neq\Phi$，则称 C 是 G 的一个点覆盖（部分点覆盖所有边）。设 C 是 G 的一个点覆盖，如果对 $\forall u\in C,C\backslash\{u\}$ 都不是 G 的点覆盖，则称 C 为 G 的极小点覆盖。G 的所有点覆盖中顶点数最少的点覆盖称为 G 的最小点覆盖。G 的最小点覆盖 C 的基数 $|C|$ 称为 G 的点覆盖数，记为 $\beta(G)$。

问题 7.6 求最小点覆盖。

> 输入：$G=(V,E)$。
>
> 输出：G 的最小点覆盖。
>
> 应用：安排最少的警察监管所有的路网，或者设置最少的收款台使得每个货柜前的顾客都能看到一个收款台。

定理 7.25 设 $G=(V,E),I\subseteq V$，I 是 G 的独立集 $\Leftrightarrow V\backslash I$ 是 G 的点覆盖。

【证明】I 是 G 的独立集 $\Leftrightarrow G$ 中每条边的两个端点不能同时属于 $I\Leftrightarrow G$ 中每条边的两个端点至少有一个在 $V\backslash I$ 中 $\Leftrightarrow V\backslash I$ 是 G 的点覆盖。∎

推论 7.4 设 $G=(V,E),I\subseteq V$，I 是 G 的极大独立集 $\Leftrightarrow V\backslash I$ 是 G 的极小点覆盖。

推论 7.5 设 $G=(V,E),\alpha(G)+\beta(G)=|V|$。

【证明】设 I 是 G 的最大独立集，C 是 G 的最小点覆盖，根据定理 7.25，$V\backslash I$ 是 G 的点覆盖，$V\backslash C$ 是 G 的独立集，于是，$|V|-\alpha(G)=|V\backslash I|\geqslant\beta(G),|V|-\beta(G)=|V\backslash C|\leqslant\alpha(G)$，因此，$\alpha(G)+\beta(G)=|V|$。∎

定理 7.26（König, 1931） 偶图 $G=(V,E)$ 中，$\alpha'(G)=\beta(G)$，即 G 的匹配数等于 G 的点覆盖数。

定义 7.21 设 $G=(V,E),C\subseteq E$，如果对 $\forall u\in V,\exists v\in V$ 使得 $uv\in C$，则称 C 是 G 的一个边覆盖（最少的边关联了所有点）。设 C 是 G 的一个边覆盖，如果对于 $\forall x\in E,C\backslash\{x\}$ 都不是 G 的边覆盖，则称 C 是 G 的极小边覆盖。G 的所有边覆盖中边数最少的边覆盖称为 G 的最小边覆盖。G 的最小边覆盖 C 的基数 $|C|$ 称为 G 的边覆盖数，记为 $\beta'(G)$。

定理 7.27 偶图 $G=(V,E)$ 中，$\beta'(G)=\alpha(G)=|V|-\alpha'(G)$，即 G 的边覆盖数等于 G 的独立数，而且等于 G 的顶点数减去 G 的匹配数。

问题 7.7 求最小边覆盖。

> 输入：$G=(V,E)$。
>
> 输出：G 的最小边覆盖。
>
> 应用：与最小生成树类似的应用。

7.4.2 支配集

定义 7.22 设 $G=(V,E),D\subseteq V$，如果对 $\forall u\in V\backslash D,\exists v\in D$ 使得 $uv\in E$，则称 D 是 G 的一个支配集（部分点支配了所有点）。设 D 是 G 的一个支配集，如果对 $\forall A\subset D,A$ 都

不是 G 的支配集,则称 D 是 G 的极小支配集。G 的所有支配集中顶点数最少的支配集称为 G 的最小支配集。G 的最小支配集 D 的基数 $|D|$ 称为 G 的支配数,记为 $\gamma(G)$。

注意:

(1) 最小支配集必是一个极小支配集,反之不然。

(2) 任一支配集必含有一个极小支配集;

(3) 极小支配集不是唯一的,最小支配集一般也不唯一;

(4) 设 $G=(\{V_1,V_2\},E)$ 是一个偶图,则 V_1、V_2 都是支配集。

定理 7.28 设 $G=(V,E)$,G 的支配集 D 是 G 的极小支配集 $\Leftrightarrow \forall u \in D$,$u$ 具有如下性质之一:

(1) $\exists v \in V \backslash D$ 使得 $N(v) \cap D = \{u\}$。

(2) $N(u) \cap D = \Phi$。

【证明】 充分性 $\Leftarrow$:如果 D 中每个顶点至少满足性质(1)和(2)中的一个,则 $D \backslash \{u\}$ 就不是支配集,因此,D 是 G 的极小支配集。∎

必要性 $\Rightarrow$:假设 D 是 G 的极小支配集,则对 $\forall u \in D$,$D \backslash \{u\}$ 不是 G 的支配集,于是,$\exists v \in V \backslash (D \backslash \{u\})$,使得 $D \backslash \{u\}$ 中没有顶点与 v 邻接。如果 $v=u$,则 D 中没有顶点和 u 邻接。假设 $v \neq u$,因为 D 是 G 的支配集且 $v \notin D$,因此,v 至少与 D 中一个顶点邻接,但 v 不与 $D \backslash \{u\}$ 中顶点邻接,所以,$N(v) \cap D = \{u\}$。

定理 7.29 设 $G=(V,E)$,G 中没有孤立顶点,则 G 存在支配集 D 使得 $\overline{D}=V \backslash D$ 也是 G 的一个支配集。

【证明】 不妨假设 G 是连通的,于是 G 有生成树 T,任取 $u \in V$,令 $D=\{v|v \in V, d_T(u,v)$ 为偶数$\}$,则 $\overline{D}=V \backslash D=\{v|v \in V, d_T(u,v)$ 为奇数$\}$,且 D 和 $\overline{D}=V \backslash D$ 都是 G 的支配集。∎

定理 7.30 设 $G=(V,E)$,G 中没有孤立顶点,如果 D 是 G 的极小支配集,则 $\overline{D}=V \backslash D$ 也是 G 的支配集。

【证明】 因为 D 是 G 的极小支配集,对于 $\forall u \in D$,u 满足定理 7.28 中的两个性质之一。

(1) $\exists v \in V \backslash D$ 使得 $N(v) \cap D = \{u\}$,亦即 u 与 $V \backslash D$ 中某个顶点邻接。

(2) D 中没有顶点与 u 邻接,则 u 是 D 的导出子图中的孤立顶点,但因为 u 在 G 中不是孤立顶点,因此,u 与 $V \backslash D$ 中某个顶点邻接。综上(1)和(2)可得,$\overline{D}=V \backslash D$ 是 G 的支配集。

推论 7.6 设 $G=(V,E)$,G 是一个没有孤立顶点的 p 阶图,则 $\gamma(G) \leqslant p/2$。

【证明】 假设 D 是 G 的极小支配集,由定理 7.30 可知,$V \backslash D$ 也是 G 的支配集,于是 $\gamma(G) \leqslant \min\{|D|, |V \backslash D|\} \leqslant p/2$。

推论 7.7 设 $G=(V,E)$,G 中没有孤立顶点,对于 G 的任一极小支配集 D_1,必存在另一个 G 的极小支配集 D_2,使得 $D_1 \cap D_2 = \Phi$。

【证明】 由定理 7.30 可知,$\overline{D_1}=V \backslash D_1$ 也是 G 的一个支配集,且 $D_1 \cap \overline{D_1} = \Phi$。又因为 $\overline{D_1}$ 中必含有一个极小支配集 D_2,则因为 $D_2 \subseteq \overline{D_1}$,故 $D_1 \cap D_2 = \Phi$。∎

定理 7.31 设 $G=(V,E)$,D 是 G 的独立支配集当且仅当 D 是 G 的极大独立集。

【证明】 充分性 $\Leftarrow$:显然,每个极大独立集是一个支配集。

必要性 $\Rightarrow$：假设 D 是 G 的一个独立支配集，则 D 是独立集且不属于 D 的每一个顶点都与 D 的一个顶点邻接，即 D 是极大独立集。

推论 7.8 图 G 的每个极大独立集是 G 的一个极小支配集。

【证明】 设 D 是图 G 的一个极大独立集，由定理 7.31 可知，D 是一个支配集，因为 D 是 G 的独立集，所以 D 的每个顶点不与 D 中其他顶点邻接，于是，D 的每个顶点满足定理 7.28 中的条件(2)，由定理 7.28 可知，D 是极小支配集。∎

定理 7.32 设 $G=(V,E)$，则 $\alpha(G) \geqslant \gamma(G)$，即独立数大于或等于支配数。

【证明】 假设 D 是 G 的一个最大独立集，则 D 也是 G 的一个极大独立集，由推论 7.8 可知，D 是 G 的一个极小支配集，因此 $\gamma(G) \leqslant |D| \leqslant \alpha(G)$。∎

问题 7.8 求最小支配集。

> 输入：$G=(V,E)$。
> 输出：G 的最小支配集。
> 应用：无线传感器网络中的簇头选择、微信公众号的监管等。

定义 7.23 设 $G=(V,E),D \subseteq E$，如果对 $\forall x \in E, \exists y \in D$ 使得 x 与 y 有公共端点，则称 D 是 G 的一个边支配集（部分边支配了全部边）。设 D 是 G 的一个边支配集，如果对 $\forall A \subset D, A$ 都不是 G 的边支配集，则称 D 是 G 的极小边支配集。G 的所有边支配集中边数最少的边支配集称为 G 的最小边支配集。G 的最小边支配集 D 的基数 $|D|$ 称为 G 的边支配数，记为 $\gamma'(G)$。

问题 7.9 求最小边支配集。

> 输入：$G=(V,E)$。
> 输出：G 的最小边支配集。
> 应用：道路网络中主干道的规划设计。

7.5 习题选解

7.5.1 建立网络流模型

例 7.16 求最大匹配。

设有偶图 $G=(\{V_1,V_2\},E), V_1=\{u_1,u_2,\cdots,u_m\}, V_2=\{v_1,v_2,\cdots,v_n\}$，如图 7.14 所示，为 G 构造一个容量网络 $D=(V,A,w)$，其中，

$$V = V_1 \cup V_2 \cup \{s,t\},$$
$$A = \{uv \mid uv \in V_1 \times V_2, uv \in E\} \cup \{s\} \times V_1 \cup V_2 \times \{t\},$$
$$w:A \to Z, \quad \forall x \in A, \quad w(x)=1.$$

直观地，从偶图 G 构造容量网络 D 的方式如下：

(1) 增加 1 个源点 s 和 1 个汇点 t。

(2) 从 s 到 V_1 中的每个顶点画一条弧，从 V_2 中的每个顶点到 t 画一条弧。

(3) 将 G 中的边均改为弧，方向是从 V_1 中的顶点指向 V_2 中的顶点。

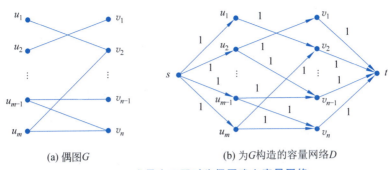

图 7.14 求最大匹配时为偶图建立容量网络

(4) 将所有弧的容量都置为1。

求出容量网络 D 的最大流 f，则在从 V_1 中顶点指向 V_2 中顶点的弧集中，流量为1的弧所对应的 G 中的边的集合就是 G 的最大匹配，最大流 f 的流量就是 G 的匹配数。

之所以这样，是因为 D 中所有弧的容量均为1，对于 G 中的边，在求最大流的过程中要么被选中(流量为1)，要么未被选中(流量为0)。

(1) 尽管在 D 中从某个 u_i 可能发出多条边，但在最大流中只能选择其中的1条边，因为从源点 s 流入 u_i 的流量不超过1。

(2) 尽管在 D 中可能有多条边进入某个 v_j，但在最大流中也只能选择其中的1条边，因为从 v_j 流入汇点 t 的流量不超过1。

(1)和(2)可以保证最大流 f 中对应 G 的边都是独立的。

例 7.17 求 G 的顶点连通度 $\kappa(G)$。

根据定理7.7，分离图 G 的两个不邻接的顶点 u 和 v 的顶点的最少数目等于联结 u 和 v 的顶点不相交路的最多数目，如果将联结 u 和 v 的顶点不相交路的最多数目记为 $P(u,v)$，如果 G 不是完全图，则 G 的顶点连通度 $\kappa(G)=\min\limits_{uv\notin E}\{P(u,v)\}$。利用网络流模型求 $P(u,v)$ 的方法如下：

(1) 设 $G=(V,E)$，为 G 构造一个容量网络 $D=(V,A,w)$。

① 对于 $\forall u \in V$，在 D 中引入两个顶点 u' 和 u''，并从 u' 到 u'' 连一条弧 $u'u''$，容量设为1。

② 对于 $\forall uv \in E$，从 u'' 到 v' 连一条弧 $u''v'$，从 v'' 到 u' 连一条弧 $v''u'$，容量均设为 ∞。

③ D 的源点 $s=u''$，汇点 $t=v'$。

(2) 求出容量网络 D 的最大流 f，则 $P(u,v)=f.value$，流量为1的弧 $u'u''$ 所对应的 G 中顶点 u 的集合(亦称为点割集)的基数就是分离 u 和 v 的顶点的最少数目。

7.5.2 连通度

例 7.18 $r \geqslant 2$，$G=(V,E)$ 是 r-正则图，$\kappa(G)=1$。证明：$\lambda(G) \leqslant \left[\dfrac{r}{2}\right]$。

【证明】 因为 $\kappa(G)=1$，所以 G 连通且有割点 v，从而 $G-v$ 至少有两个支，设一个支为 $G_1=(V_1,E_1)$，剩下的支构成的子图记为 $G_2=(V_2,E_2)$，因为 $\deg v=r$，根据抽屉原理，$|\{uv|u\in V_1,uv\in E\}| \leqslant \left[\dfrac{r}{2}\right]$ 或者 $|\{uv|u\in V_2,uv\in E\}| \leqslant \left[\dfrac{r}{2}\right]$，于是 $\lambda(G) \leqslant \left[\dfrac{r}{2}\right]$。∎

例 7.19 G 是 3-正则图，证明。$\kappa(G)=\lambda(G)$。

【证明】 如果 G 不连通,则 $\kappa(G)=\lambda(G)=0$。

设 G 连通,因为 G 是 3-正则图,因此 $\kappa(G) \leqslant 3$,分以下 3 种情况讨论。

(1) 如果 $\kappa(G)=3$,则由定理 7.1 可知,$\kappa(G)=\lambda(G)=\delta(G)=3$。

(2) 如果 $\kappa(G)=1$,则由例 7.18 可知,$\kappa(G)=\lambda(G)=1$。

(3) 如果 $\kappa(G)=2$,则可能的 3-正则图连接情况如图 7.15 所示,因此 $\lambda(G)=2$。

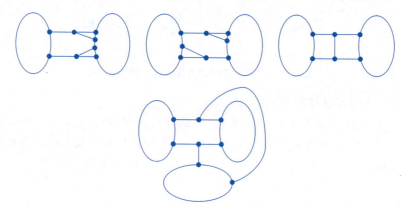

图 7.15 $\kappa(G)=2$ 时的 3-正则图连接示意图

例 7.20 设 $G=(V,E)$ 是一个 (p,q) 图,$1 \leqslant k \leqslant p-1$,如果 $\delta(G) \geqslant (p+k-1)/2$,则 G 是 k-连通的。

【证明】 从 G 中任意删掉 $k-1$ 个顶点得图 G_1,假设 G_1 是 (p_1,q_1) 图,在 G_1 中,$\delta(G_1) \geqslant (p+k-1)/2-(k-1)=(p-k+1)/2$,因为 $p_1=p-k+1$,所以 $\delta(G_1) \geqslant p_1/2$,故 G_1 连通,因此 $\kappa(G) \geqslant k$,亦即 G 是 k-连通的。

7.5.3 匹配与覆盖

例 7.21 稳定指派问题。

这是一个来自经济学上的例子,设有 n 名工人和 n 名雇主,如果工人 i 为雇主 j 工作,他们两人合作可以生产 a_{ij} 个单位的某种货物,比如面包。假定每位雇主只能雇一名工人,则谁将为谁工作,而且劳资合同双方将怎样把他们生产的面包划分为工人的工资 w 和雇主的利润 p?有一个简单的经济学上的"均衡"条件给出了回答,如果某指派方式中,某位工人 i 挣得了工资 w_i,而没有雇用工人 i 的某位雇主获得利润 p_j,那么我们就需要有 $w_i+p_j \geqslant a_{ij}$,因为如果这个不等式不成立,则 $w_i+p_j<a_{ij}$ 成立,从而 i 和 j 就会实行合作,使得他们两人都获得更多的面包。于是就产生了一个问题:是否总存在一种将工人指派给雇主的方式和一种对每对劳资合作双方所产生的面包的划分方式使得 $w_i+p_j \geqslant a_{ij}$ 成立?这样的一种配置方式称为一种稳定指派或均衡指派。

在考察这个存在性问题之前,请注意均衡指派的一个奇妙的性质,它是有时称为"经济学基本定理"的一个特例。显然,对整个社会的福利来说劳资指派关系应该使得他们生产出的面包达到尽可能大的产量,这样的一种指派称为最优的。

定理 7.33 均衡指派是最优的。

【证明】 为了记号上的方便,不妨设在一个均衡指派中工人 i 就为雇主 i 工作。因此,

我们有
$$a_{ii} = w_i + p_i \tag{7.3}$$
对式(7.3)的两边分别对 i 求和得
$$\sum a_{ii} = \sum w_i + \sum p_i \tag{7.4}$$
现在考虑任一其他指派,其中工人 i 为雇主 σ_i 工作。根据均衡指派条件
$$w_i + p_j \geq a_{ij} \tag{7.5}$$
我们有
$$\sum a_{i\sigma_i} \leq \sum w_i + \sum p_{\sigma_i} = \sum w_i + \sum p_i \tag{7.6}$$
最后一个等式成立是因为 σ 是一一对应。由式(7.4) 和式(7.6)就得到 $\sum a_{ii} \geq \sum a_{i\sigma_i}$,这正是我们要证的最优性。∎

于是,我们看到,这个均衡指派性质同一个非常自然的最大值问题相关。这提示应该用这个最大值问题来证明均衡指派的存在性。真是愚弄人,结果恰好相反,我们应该去考虑"序对"的最小值问题。在所有满足稳定式(7.5)的 $2n$ 元组 $(w_1,\cdots,w_n,p_1,\cdots,p_n)$ 中,选取一个使 $\sum w_i + \sum p_i$ 达到最小值的 w 和 p,考虑所有满足式(7.7)的序对 (i,j) 所组成的集合 s。
$$w_i + p_j = a_{ij} \tag{7.7}$$

7.5.4 门格尔定理

例7.22 从敌区的铁路交通图上发现,要使两个城市 v_1 和 v_2 的铁路交通完全断绝,至少要炸坏 k 段铁路。如果图上有一个城市 v_3,v_3 与 v_1、v_3 与 v_2 间均有一段铁路 e_1 和 e_2 相通,证明把 e_1 和 e_2 炸掉后,至少还得炸坏 $k-1$ 段铁路才能使 v_1 和 v_2 间的铁路交通完全断绝。

【证明】 以城市为顶点,两城市间有不经过其他城市的铁路,则在此二顶点间联接一条边,于是敌区铁路交通图对应一个无向图 $G = (V, E)$,$v_1, v_2, v_3 \in V$ 且 $v_1v_3, v_2v_3 \in E$。令 G' 为从 G 中去掉 $e_1 = v_1v_3$ 与 $e_2 = v_2v_3$ 后得到的图,从 G' 中再去掉 $k-2$ 条边得到的图记为 G'',G'' 是 G 中去掉 k 条边(e_1、e_2 必去掉)所得到的图,按假设 G'' 可能是分离了 v_1、v_2 的图,但是,如果 G'' 中 v_1 与 v_2 之间没有路,假设 G'' 加上边 e_1 后得到的图记为 G''',G''' 只比 G 少了 $k-1$ 条边,根据已知,G''' 中 v_1 和 v_2 间有一条路,从而在 G'' 中 v_2 与 v_3 间有一条路(否则在 G''' 中 v_1 与 v_2 间仍无路)但 v_1 与 v_3 间无路(否则在 G'' 中 v_1 与 v_2 间有路),因此,G'' 加上边 e_2 后得到的图中 v_1 和 v_2 间无路。但 G'' 加上边 e_2 后得到的图只比 G 少了 $k-1$ 条边,根据已知,该图中 v_1 和 v_2 间应该有路,矛盾。∎

7.6 本章小结

1. 重点

(1) 概念:顶点连通度、边连通度、n-连通、独立集、匹配、网络流、覆盖、支配集。
(2) 理论:$\kappa(G) \leq \lambda(G) \leq \delta(G)$、门格尔定理、霍尔定理、最大流最小割定理。
(3) 方法:稳定婚姻匹配方法。

（4）应用：结婚问题、稳定婚姻匹配问题、网络流问题。

2. 难点

门格尔定理。

习题

1. 设 G 是一个有 p 个顶点的图，$\delta(G) \geqslant ((p+k)-1)/2$。证明：$G$ 是 k-连通的。
2. 设 G 是一个三次图。证明：$k(G) = \lambda(G)$。
3. 设 $r \geqslant 2$，G 是 r-正则图且 $k(G)=1$。证明：$\lambda(G) \leqslant [r/2]$。
4. 证明：图 G 是 2-边连通的当且仅当任两个不同顶点间至少有两条边不重路。
5. 求集合 $S_1=\{1,2,3\}$，$S_2=\{1,3\}$，$S_3=\{1,3\}$，$S_4=\{3,4,5\}$ 的所有相异代表系。
6. 请给出如图 7.16 所示的图的一个最大匹配和一个最小覆盖。

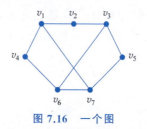

图 7.16　一个图

7. 给定如图 7.17 所示的一个运输网络，假设 v_1 为源点，v_6 为汇点，请为该网络找出一个最大流和一个最小割。

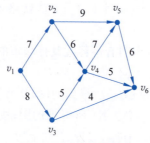

图 7.17　一个运输网络

8. 参照例 7.17 并通过查阅有关资料，给出通过为图 G 建立网络流模型来求解 G 的边连通度 $\lambda(G)$ 的方法。

9. 哈尔滨市政府想要建设一条公交观光旅游线，使得游客可以游览到这个美丽城市的各个角落。他们想让观光旅游线经过每条街道一次且仅一次，并且公交车要回到起点。已知哈尔滨市的街道有的是单向的，有的是双向的。请帮助市政府判断能否建设这样的一条观光线。提示：求混合图（既有无向边又有有向边的图）的欧拉回路，可以转换成求网络最大流。

第 8 章

平面图与图的着色

在地下管线敷设和印刷电路板布线设计等领域,人们关心的问题是"相应网络是否可以嵌入在一个平面上"。平面图的论题是欧拉在研究凸多面体时发现的。欧拉用一个简单的公式刻画了平面图的点数、边数和面数之间的关系;Grinberg 给出了可平面图有哈密顿圈的必要条件;Kuratowski 则给出了平面图的特征性质。根据平面图的有关性质人们设计了一批平面图的判定算法。图的着色问题是考试安排等问题的抽象,由地图着色引出的四色定理至今还没有一个可视化的数学证明,但一个世纪以来,四色猜想激发人们从不同角度展开了对平面图的研究,催生了一系列的研究专题。

8.1 平面图及欧拉公式

8.1.1 背景

欧拉在研究凸多面体时发现了平面图,把凸多面体的任何一个面伸展成平面时其他面均在一侧。如果把凸多面体看作是有弹性的,则当把它的一个面的边都伸展到足够长时,其所有顶点和棱在该面上的投影就是一个平面图。

例 8.1 印制电路板的设计。器件当顶点,导线不能相交,不可平面则须多层,带来成本问题。

问题 8.1 特定的电网络是否可以嵌入平面上?

例 8.2 地下管线敷设。煤气管线、自来水管线和电路管线在地下不能相交,不可平面则须采用弯路,带来可靠性问题。如图 8.1 所示,由三个建筑物三种管线构成的管网 $K_{3,3}$ 是不可平面的。

图 8.1 $K_{3,3}$ 是不可平面的

8.1.2 平面图的定义

定义 8.1 图 $G=(V,E)$ 称为可平面的,如果有一种方法可以把 G 的图解画在平面上,使得任何两条边不相交(除端点外)。如果 G 的图解已画在平面上,其边不相交,则 G 称为

平面图。

显然，如果 G 是平面图，则 G 的任何子图都是平面图；如果 G 是不可平面的，则任何以 G 为子图的图都是不可平面的。

定义 8.2 平面图 G 把平面分为若干区域，每个区域都是单连通的，称为 G 的面。无界的面称为外部面，其余的单连通区域称为内部面。包围面的边称为该面的边界，由包围每个面的所有边组成的回路（通道）长度称为该面的次数（桥计算两次）。

注意：

(1) 一个平面图可以没有内部面，但一定有外部面。

(2) 如果一条边不是桥，那么它必是两个面的公共边。

(3) 桥只能是一个面的边界。

(4) 两个至少以一条边为公共边界的面称为相邻的。

(5) 平面图 G 所有面的次数之和等于边数的 2 倍。

(6) 为方便讨论，我们不考虑带有桥的平面图，于是平面图的每个内部面就是一个圈围成的单连通区域。

例 8.3 如图 8.2(a)所示的图是一个可平面图，图 8.2(b)所示的图则是一个平面图，它共有 3 个内部面和 1 个外部面，每个面的次数均为 3。

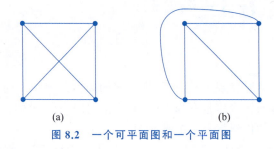

图 8.2 一个可平面图和一个平面图

8.1.3 平面图的欧拉公式

定理 8.1（Euler） 设 $G=(V,E)$ 是一个平面连通 (p,q) 图，它有 f 个面，则 $p-q+f=2$。

【证明】 采用数学归纳法，施归于面数 f。

$f=1$ 时 G 是树，$p=q+1$，则 $p-q+f=2$。

假设 G 有 $f-1$ 个面时结论成立，$f \geqslant 2$，往证对具有 f 个面的图 G 结论亦成立。因为 $f \geqslant 2$，所以 G 有内部面，内部面围成一个圈，去掉该圈上的一条边得 G'，G' 有 p 个顶点、$q-1$ 条边、$f-1$ 个面，由归纳假设，对 G' 有 $p-(q-1)+(f-1)=2$，于是 $p-q+f=2$。∎

公式 $p-q+f=2$ 称为欧拉公式。

推论 8.1 设 G 是一个平面连通 (p,q) 图，G 有 f 个面，k 个支，则 $p-q+f=k+1$。

【证明】 因为 G 是平面图，所以 G 的每个支 $G_i(1 \leqslant i \leqslant k)$ 也是平面图，设 G_i 是 (p_i, q_i) 图，则 $p_i-q_i+f_i=2$，于是 $\sum_{i=1}^{k} p_i - \sum_{i=1}^{k} q_i + \sum_{i=1}^{k} f_i = 2k$，因为 k 个支共用一个外部面，所

以 $f = \sum_{i=1}^{k} f_i - (k-1)$,再由 $p = \sum_{i=1}^{k} p_i, q = \sum_{i=1}^{k} q_i$ 得 $p - q + f = 2k - (k-1) = k+1$。

推论 8.2 设 $G=(V,E)$ 是一个平面连通 (p,q) 图,G 的每个面是由长为 n 的圈围成的,则 $q = n(p-2)/(n-2)$。

【证明】 因为每条边在两个面上,所以 $nf = 2q$,即 $f = 2q/n$,将 $f = 2q/n$ 代入欧拉公式得 $q = -2 + p + 2q/n$,亦即 $(n-2)q = n(p-2)$,因此 $q = n(p-2)/(n-2)$。

如果 G 的每个面均是三角形,则 G 称为极大平面图,即不可再往 G 中加边而不破坏其平面性。

显然,极大平面图是连通的,且不含有割点和桥。

推论 8.3 设 G 是极大平面 (p,q) 图,则 $q = 3p - 6$。

由推论 8.3 可知,任意一个平面 (p,q) 图中,$q \leq 3p - 6$。

推论 8.4 设 G 是一个平面连通 (p,q) 图,G 的每个面均由长为 4 的圈组成,则 $q = 2p - 4$。

推论 8.5 设 G 是一个平面 (p,q) 图,$p \geq 3$,如果 G 中没有三角形且 G 是 2-连通的,则 $q \leq 2p - 4$。

推论 8.6 如果 G 是一个平面 (p,q) 图,则 $\delta(G) \leq 5$。

【证明】 采用反证法。

假设 $\delta(G) \geq 6$,则由欧拉定理可知,$2q \geq 6p$,即 $q \geq 3p$,而由推论 8.3 知 $q \leq 3p - 6$,矛盾,因此 $\delta(G) \leq 5$。

8.1.4 K_5、$K_{3,3}$ 不可平面

推论 8.7 K_5 是不可平面的。

【证明】 采用反证法。

假设 K_5 是可平面的,则欧拉公式成立,$p = 6, q = 10$,从而 $f = 7$,因为每个面至少有 3 条边,且每条边在两个面上,于是 $2q = 20 \geq 3f = 21$,矛盾,因此 K_5 是不可平面的。

推论 8.8 $K_{3,3}$ 是不可平面的。

【证明】 采用反证法。

假设 $K_{3,3}$ 是可平面的,则欧拉公式成立,$p = 5, q = 9$,从而 $f = 5$,因为 $K_{3,3}$ 是双图,所以每个面至少有 4 条边,且每条边在两个面上,于是 $2q = 18 \geq 4f = 20$,矛盾,因此 $K_{3,3}$ 是不可平面的。

K_5 和 $K_{3,3}$ 这两个图对判定图 G 是否可平面至关重要,某种程度上可以看作平面图的特征。

例 8.4 证明:不存在 7 条棱的凸多面体。

【证明】 采用反证法。

假设存在 7 条棱的凸多面体,则 $q = 7$,从而 $p - 7 + f = 2$,又因为 $2 \times 7 \geq 3f, f \leq 14/3$,所以,$f = 4$,故 $p = 5$,但因为顶点的度至少为 3,则 $3p \leq 2q = 14, p = 4$,矛盾,因此,不存在 7 条棱的凸多面体。

例 8.5 对于什么样的 q 值,存在 q 条棱的凸多面体?

【解】 通过构造法证明 $q \geq 6$ 但 $q \neq 7$ 时必存在 q 条棱的凸多面体。

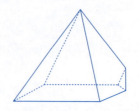

图 8.3 通过"锯掉一个小尖儿"构造具有 $2k+1$ 条棱的凸多面体

设 $k \in N, k \geq 3$ 时,以 k 边形为底的棱锥是凸多面体,共有 $2k$ 条棱。$k \geq 4$ 时,以 $k-1$ 边形为底的棱锥底角"锯掉一个小尖儿"得到的仍是凸多面体,共有 $2k+1$ 条棱,如图 8.3 所示。

例 8.6 各个面都是全等的多边形且各个多面角都是全等的多面角的多面体称为正多面体。利用欧拉公式证明:正多面体只有 5 种。

【证明】 每个正多面体对应一个平面图 G,设 $G=(V,E)$ 是一个 (p,q) 图, $\forall v \in V, \deg v=m$,则 $m \geq 3$,每个面的边数记为 n,则 $n \geq 3$,假设 G 共有 f 个面,则由欧拉定理知 $mp=2q$,从而有 $p=2q/m$,又因为每条边在两个面上,所以 $nf=2q$,于是 $f=2q/n$,将 $p=2q/m$ 和 $f=2q/n$ 代入欧拉公式得 $2q/m-q+2q/n=2$,亦即 $1/m+1/n=1/2+1/q$,因此,m 和 n 不能同时大于 3,于是,m 和 n 必有一个等于 3。如果 $m=3$,则 $n=3$、4 或 5;如果 $n=3$,则 $m=3$、4 或 5。综合这两种情况,m 和 n 的组合只有 5 种:① $m=3,n=3$;② $m=3,n=4$;③ $m=4,n=3$;④ $m=3,n=5$;⑤ $m=5,n=3$。因此,正多面体只有 5 种。

古希腊的欧几里得在《几何原本》第 13 卷的命题 13~17 中分别描述了正四面体、立方体、正八面体、正十二面体和正二十面体的作法。图 8.4 给出的是正四面体、正六面体和正八面体的示意图。

图 8.4 正四面体、正六面体和正八面体示意图

8.2 非哈密顿平面图

1968 年,在德国 Manebach 召开的一次组合数学会议上,Sachs、Kozgrev、Grinberg 等提出了可平面图有哈密顿圈的一个必要条件,由此得到一大批非哈密顿图。

定理 8.2(Grinberg, 1968) 设 $G=(V,E)$ 是 (p,q) 平面哈密顿图, C 是 G 中的哈密顿圈,对于 $i=1,2,\cdots,p$,假设 f_i 为 C 的内部由 i 条边围成的面的个数,q_i 为 C 的外部由 i 条边围成的面的个数,则

(1) $1 \cdot f_3 + 2 \cdot f_4 + 3 \cdot f_5 + \cdots = \sum_{i=1}^{p}(i-2) \cdot f_i = p-2$。

(2) $1 \cdot g_3 + 2 \cdot g_4 + 3 \cdot g_5 + \cdots = \sum_{i=1}^{p}(i-2) \cdot g_i = p-2$。

(3) $1 \cdot (f_3-g_3) + 2 \cdot (f_4-g_4) + 3 \cdot (f_5-g_5) + \cdots = \sum_{i=1}^{p}(i-2) \cdot (f_i-g_i) = 0$。

【证明】 因为由(1)和(2)即可得到(3),(2)又与(1)类似,所以只需证明(1)成立即可。

落到 C 内的边之集记为 E',令 $|E'|=q'$,先把 E' 的边全部从 G 中删掉,然后再把 E' 的边加入一条,此时 C 的内部被分成 2 个面,接着再加入一条边,又把 C 内的某个面分成 2 个面,如此进行,直到 E' 的边全加入为止。于是,C 的内部就有了 $q'+1$ 个面——这就是 C 内部的面数,因此式(8.1)成立。

$$f_1+f_2+f_3+\cdots=q'+1 \tag{8.1}$$

其次,C 的内部由 i 条边围成的面有 f_i 个,这些面上的边的总数为 $i\cdot f_i$,因此,C 的内部的 $q'+1$ 个面上的边数如式(8.2)所示。

$$\sum_{i=1}^{p} i\cdot f_i = 2q'+p \tag{8.2}$$

式(8.2)两边分别减去式(8.1)两边的 2 倍得式(8.3)。

$$\sum_{i=1}^{p} (i-2)\cdot f_i = p-2 \tag{8.3}$$

因此,(1)成立。

Grinberg 定理给出的是平面图是哈密顿图的必要条件,从而提供了一种判定某些图不是哈密顿图的方法,导致人们发现了更多的非哈密顿图。

例 8.7 应用 Grinberg 定理证明:图 8.5 所示的 Grinberg 图不是哈密顿图。

【证明】 采用反证法。

假设图 8.5 所示的 Grinberg 图是哈密顿图,则根据定理 8.2 的性质(3)可知,$3(f_5-g_5)+6(f_8-g_8)+7(f_9-g_9)=0$。由于图中次数为 9 的面只有一个,因此 $f_9-g_9=\pm 1$,从而 $3(f_5-g_5)+6(f_8-g_8)=\pm 7$,该等式左部能被 3 整除而右部不能被 3 整除,所以不成立,因此,图 8.5 所示的 Grinberg 图不是哈密顿图。

例 8.8 证明:图 8.6 中的图中,边 x 和边 y 不能同时出现在一个哈密顿圈上。

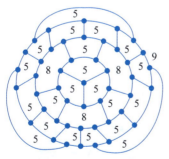

图 8.5　Grinberg 图

图 8.6　一个哈密顿平面图

【证明】 显然,图 8.6 中的图是一个哈密顿平面图。由定理 8.2 可得,$2(f_4-g_4)+3(f_5-g_5)=0$,亦即 f_4-g_4 能被 3 整除,因为 4 次面共有 5 个,因此对于每个哈密顿圈 C,有 4 个 4 次面在 C 的外部,1 个 4 次面在 C 的内部,或者有 1 个 4 次面在 C 的外部,4 个 4 次面在 C 的内部。

假设边 x 和边 y 同时出现在一个哈密顿圈 C 上,则以 x 为公共边的两个 4 次面必有 1 个在 C 的内部,1 个在 C 的外部,以 y 为公共边的两个 4 次面亦必有 1 个在 C 的内部,1 个

在 C 的外部,于是,C 的内部与外部都至少有两个 4 次面,矛盾,因此,边 x 和边 y 不能同时出现在一个哈密顿圈上。

定理 8.3(Tutte,1956) 每个 4-连通的可平面图是哈密顿图。

8.3 库拉托夫斯基定理

库拉托夫斯基定理给出了平面图的充要条件,利用库拉托夫斯基定理还可以得到平面图的判定算法,但其效率较低,对于具有 p 个顶点的图其时间复杂度为 $O(p^6)$。

受 $q \leqslant 3p-6$ 的启发,人们试图寻找一个线性时间的平面图判定算法。

1964 年,Demoucron、Mlgrance 和 Pertuiset 提出了时间复杂度为 $O(p^2)$ 的平面图判定算法——DMP 算法。

1966 年,Lempel、Even 和 Cederbaum 提出了一种基于 PQ 树的平面图判定算法,其时间复杂度也是 $O(p^2)$。其后,Tarjan 和 Even 证明其有一种线性时间的实现。1974 年,Tarjan 和 Hopcroft 提出了一种基于 DFS 搜索树的算法,这是第一个线性时间的平面图判定算法,同时还得到了一种新的数据结构——双栈堆。

定义 8.3 边加细。设 $G=(V,E)$,$uv \in E$,令 $V'=V \cup \{w\}$,$E'=(E \setminus \{uv\}) \cup \{uw, wv\}$,则称 $G'=(V',E')$ 是 G 经 1 次边加细得到的图,如果 G' 是 G 经若干次边加细得到的图,则称 G' 是 G 的边加细。

定义 8.4 边收缩。设 $G=(V,E)$,$uv \in E$,令 $V'=V \setminus \{u\}$,$E'=(E \setminus \{uw \mid uw \in E\}) \cup \{vw \mid uw \in E\}$,则称 $G'=(V',E')$ 是 G 经 1 次边收缩得到的图,如果 G' 是 G 经若干次边收缩得到的图,则称 G' 是 G 的边收缩。

定义 8.5 同胚。如果 G' 是 G 的边加细或边收缩,则称 G 与 G' 同胚,记作 $G' \sim G$。

例 8.9 如图 8.7 所示,G' 是 G 的边加细,H' 是 H 的边收缩。

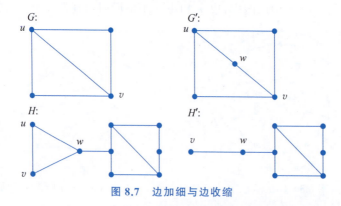

图 8.7 边加细与边收缩

定理 8.4(Kuratowski,1930) 图 G 为平面图⇔图 G 不含子图 K_5、$K_{3,3}$ 及与它们同胚的子图。

定理 8.5(Wagner,1937) 图 G 为平面图⇔图 G 不含可以收缩到 K_5、$K_{3,3}$ 的子图。

例 8.10 连通平面图 G 中删去其一生成树的所有边,所剩下的边的条数恰为 G 的有界面(内部面)的个数。

【证明】 设 $G=(V,E)$ 是有 f 个面的 (p,q) 连通平面图,则 $p-q+f=2$。G 的任一生

成树有 $p-1$ 条边,所以删去任一生成树的所有边后,所剩下的边数为 $q-p+1$。由于 $f=(q-p+1)+1$,所以 $q-p+1=f-1$。

但平面图的面中有唯一的外部面,其他面皆为内部面,所以,剩下的边数正好为内部面数。

例 8.11 n 个直径为 1 的玻璃球,$n \geq 3$,任意撒向地面,问:至多有几对球两两相外切?

【解】 落地后的 n 个球为 n 个顶点,两个顶点间有一条边当且仅当相应的两球相切,则得到一个有 n 个顶点的平面图 G。我们的问题就是要求 G 的边数 q。显然 $q \leq 3n-6$,即至多有 $3n-6$ 对球两两相切。

8.4 图的顶点着色

有时,人们想要知道:给定一个图,其顶点集最少能划分成多少个顶点不相交的独立集?由此引出了图的顶点着色问题,其基本思想是给图的每个顶点分配一种颜色,使得同一条边的两个端点的颜色不相同。

8.4.1 图的顶点着色的概念

定义 8.6 图 G 的一种顶点着色是对 G 的每个顶点指定一种颜色,使同一条边的两个端点指定不同颜色。图 G 的一个 k-着色是用 k 种颜色对 G 的顶点的一种着色。如果图 G 存在一个 k-着色则称图 G 是 k-可着色的。

着同色的顶点之集称为一个色组,在同一色组中的各顶点互不邻接,是图 G 的一个顶点独立集。一种着色法把 G 的顶点分成了若干个色组,形成了顶点集的一个划分。

形式地,设 $G=(V,E)$,则 G 的 k-着色是映射 $f:V \to \{c_1,c_2,\cdots,c_k\}$,$\forall c_i \in \{c_1,c_2,\cdots,c_k\}$,令 V_i 表示 G 中所有着 c_i 色的顶点的集合,则 $V_i = f^{-1}(c_i) = \{u \mid u \in V, f(u) = c_i\}$ 是 G 的一个独立集,于是,G 的一个 k-着色可以看作是 V 的一个 k-划分 $f = \{V_1, V_2, \cdots, V_k\}$。

例 8.12 图 8.8 给出了 Peterson 图的一种 3-着色。

定义 8.7 使图 G 为 k-可着色的最小正整数 k 称为图 G 的色数,记为 $\chi(G)$。

$\chi(G) = \min\{k \mid G \text{ 是 } k\text{-可着色的}\}$。$\chi(G)$ 是 G 中顶点不相交的独立集的最小数目。

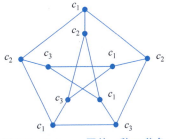

图 8.8 Peterson 图的一种 3-着色

显然,若 G 是一个 (p,q) 图,则 G 是 p-可着色的,即 $\chi(G) \leq p$。如果 G 是 k-可着色的,则对 $\forall n \geq k$,G 也是 n-可着色的。

假设 G 是图,C_{2n} 表示长度为 $2n$ 的圈构成的图,C_{2n+1} 表示长度为 $2n+1$ 的圈构成的图,T 是非平凡树,则:

(1) $\chi(G) = p$ 当且仅当 $K_p \subseteq G$。

(2) $\chi(K_p^c) = 1$。

(3) $\chi(K_{m,n}) = 2$。

(4) $\chi(C_{2n}) = 2$。

(5) $\chi(C_{2n+1})=3$。

(6) $\chi(G)\geqslant 3$ 当且仅当 G 含有长为奇数的圈。

(7) $\chi(G)=2$ 当且仅当 G 是偶图。

(8) $\chi(T)=2$。

假设 $G=(V,E)$，G 中至少有 $\chi(G)$ 个顶点的度大于或等于 $\chi(G)-1$。如果 $\chi(G)\geqslant 2$，且对于 G 的任意真子图 H 均有 $\chi(H)<\chi(G)$，则 $\lambda(G)\geqslant\chi(G)-1$，从而有 $\delta(G)\geqslant\chi(G)-1$。

例 8.13 考试安排问题。

某高校共有 n 门选修课 $c_1,c_2,\cdots,c_n$ 需要进行期末考试，同一个学生不能在同一时间段参加两门课或两门以上课的考试，问：最少需要安排几场考试？

【解】 建立图模型 $G=(V,E)$，$V=\{c_1,c_2,\cdots,c_n\}$，$c_ic_j\in E$ 当且仅当 c_i,c_j 被同一个学生选修。对图 G 进行顶点着色，于是，求最少的考试场次数的问题转换为求图 G 的色数 $\chi(G)$。

例 8.14 化学品仓库隔间设计问题。

某工厂生产 n 种化学品 $c_1,c_2,\cdots,c_n$，其中的某些制品互不相容，如果相互接触会发生化学反应甚至引起爆炸，为安全起见，该工厂必须把仓库划分成若干隔间，以便把互不相容的制品放在不同的隔间，试问该仓库至少应划分成几个隔间？

【解】 建立图模型 $G=(V,E)$，$V=\{c_1,c_2,\cdots,c_n\}$，$c_ic_j\in E$ 当且仅当 c_i 与 c_j 互不相容。对图 G 进行顶点着色，于是，求最少隔间数的问题转换为求图 G 的色数 $\chi(G)$。

求图的色数问题是 NP-完全问题，已知的所有算法在本质上都是"穷举法"，其时间复杂度为指数时间。是否有一个多项式时间算法，这是一个公开的未解决问题。

8.4.2 色数的上下界

定理 8.6 设 G 是一个 (p,q) 图，则 $\chi(G)\leqslant\Delta(G)+1$。

【证明】 施归纳于 G 的顶点数 p。

对 $p=1、2$ 结论成立。

假设对 $p-1$ 个顶点的图 G 结论成立，往证对 p 也成立，$p\geqslant 2$。

设 G 有 p 个顶点，u 是 G 的一个顶点，则 $G-u$ 是 $\Delta(G-u)+1$-可着色的，因为 $\Delta(G-u)\leqslant\Delta(G)$，所以，$G-u$ 也是 $\Delta(G)+1$-可着色的，假设已经用 $\Delta(G)+1$ 种色对 $G-u$ 着色完毕，则因为 $\deg u\leqslant\Delta(G)$，与 u 邻接的顶点至多使用了 $\Delta(G)$ 种颜色，用另一种不同于在 $G-u$ 中与 u 邻接的顶点的色染 u 即可得到一种 G 的 $\Delta(G)+1$-着色方案，于是，G 是 $\Delta(G)+1$-可着色的。

因此，$\chi(G)\leqslant\Delta(G)+1$。 ∎

定理 8.7 (R.L.Brooks,1941) 设 $G=(V,E)$ 是一个连通图且不是完全图也不是奇数长的圈，则 $\chi(G)\leqslant\Delta(G)$。

【证明】 如果 $\exists v\in V,\deg(v)<\Delta(G)$，则可以仿照定理 8.6 证明本定理成立。于是，假设 $\Delta(G)=r$，不妨设 G 是 r-正则图，$r\geqslant 3$，往证 G 是 $\Delta(G)$-可着色的。

施归纳于 G 的顶点个数，对顶点个数较少的图结论显然成立，假设对所有不超过 $p-1$ 个顶点的 r-正则图结论成立，往证对具有 p 个顶点的 r-正则图结论也成立。

对于 $\forall v\in V$，$G-v$ 具有 $p-1$ 个顶点，其顶点最大度至多为 r，由归纳假设和前面的分析可知,G-v 是 r-可着色的。假设 G 中与 v 邻接的顶点按顺时针依次为 $v_1,v_2,\cdots,v_r$,且在 G-v 的一个 r-着色方案中分别着了 $c_1,c_2,\cdots,c_r$ 色,否则会有一种剩余颜色,给 v 着此色即可得到 G 的一个 r-着色。

令 $H_{ij}=(V_{ij},E_{ij})(i\neq j,1\leq i,j\leq r)$,其中 V_{ij} 是在 G-v 的一个 r-着色方案中着 c_i 或 c_j 色的顶点集合,而 E_{ij} 就是那些一端着 c_i 色另一端着 c_j 色的边的集合。

如果 v_i 与 v_j 在 H_{ij} 的不同支中,则在含 v_i 的支中把着 c_i 色的顶点都改着 c_j 色,把着 c_j 色的顶点都改着 c_i 色,从而得到 G-v 的又一个 r-着色方案,这时用 c_i 色给 v 着色即可得到 G 的一个 r-着色。

假设 v_i 与 v_j 在 H_{ij} 的同一个支 C_{ij} 中,于是,在 C_{ij} 中 v_i 与 v_j 间有一条路。如果 v_i 与至少两个着 c_i 色的顶点邻接,则有一种颜色(不是 c_i)在与 v_i 邻接的顶点着色时未被采用,此时将 v_i 改用这种颜色着色,而用 c_i 给 v 着色即可得到 G 的一个 r-着色。假如这种情况不会发生,用类似的推理可以证明 C_{ij} 中除了 v_i 和 v_j 外的每个顶点的度都是 2。因为如果 w 是从 v_i 到 v_j 的度大于 2 的第一个顶点,就能使用与 c_i 或 c_j 不同的一种色重新给 w 着色,从而打破了 v_i 与 v_j 被 C_{ij} 中一条路联结这一性质。因此,我们可以假设对任何 i 和 j,支 C_{ij} 仅由一条从 v_i 到 v_j 的路组成。

可以假定形如 C_{ij} 和 $C_{jl}(i\neq l)$ 的路仅在 v_j 处相交,因为如果 w 是其另一个交点,则就能用与 c_i 和 c_j 及 c_l 不同的颜色给 w 重新着色,这与 v_i 和 v_j 被一条路联结相矛盾。

选择两个不邻接的顶点 v_i 和 v_j,w 是邻接于 v_i 着 c_j 色的顶点,如果对某个 $l\neq i$,C_{jl} 是一条路,我们就能交换这条路上顶点的颜色,而不影响图中其他顶点的着色。但如果我们执行这种交换,则 w 就是路 C_{ij} 和 C_{jl} 的公共交点,这与 C_{ij} 和 C_{jl} 仅在 v_j 处相交相矛盾。

定理 8.8 对于每个平面图 G,$\chi(G)\leq 6$。

【证明】 因为平面图存在一个顶点的度小于或等于 5,从而可以像定理 8.6 那样给出该定理的证明,但由 5 色定理(定理 8.11),该定理的结论是显然的。

利用定理 8.7 很容易即可求出 Peterson 图 G 的色数,由于 Peterson 图含有长为奇数的圈,故 $\chi(G)\geq 3$,又因为 Peterson 图既不是长为奇数的圈也不是完全图且 $\Delta(G)=3$,所以 $\chi(G)\leq\Delta(G)=3$。因此 $\chi(G)=3$。

定理 8.9 设 G 是一个 (p,q) 图,$l(G)$ 是 G 中最长路的长度,$\alpha(G)$ 是 G 的独立数,$\omega(G)$ 是 G 的团数,则

(1) $\chi(G)\leq\max\limits_{H\subseteq G}\delta(H)+1$。

(2) $\chi(G)\leq l(G)+1$。

(3) $\chi(G)+\alpha(G)\leq p+1$。

(4) $\chi(G)\cdot\alpha(G)\geq p$。

(5) $\chi(G)\geq\omega(G)$。

(6) $\chi(G)\geq\left\lceil\dfrac{2q}{p^2}\right\rceil+1$。

8.4.3 平面图的 4 色定理

四色问题又称四色猜想、四色定理,是世界近代三大数学难题之一。四色猜想由地图着

色引出:"任意一个无飞地的地图都可以用四种颜色染色,使得没有两个相邻国家染的颜色相同。"1852 年,格思里搞地图着色工作时发现,与其弟格里斯想要证明而没有进展,格里斯请教其老师摩根,摩根又请教好友哈密顿亦无进展。1872 年,英国数学家凯莱正式向伦敦数学学会提出该问题。四色猜想自提出以来一直得到数学界乃至大众的广泛关注。1878—1880 年,肯普和泰特提交了证明四色猜想的论文,大家认为该问题得到了解决。1890 年,赫伍德通过一个反例(如图 8.9 所示)指出了肯普的错误,并借助肯普的技巧证明了五色定理。

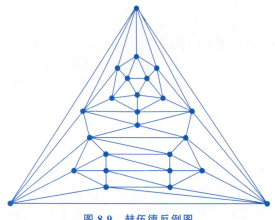

图 8.9 赫伍德反例图

1891 年,彼得森指出了泰特证明中的假设错误——"任何一个 3-正则 3-连通平面图都有哈密顿圈"。1946 年,塔特给出了该错误假设的一个反例(如图 8.10 所示),之后,莱德伯格、格林伯格等又陆续给出了其他一些反例。

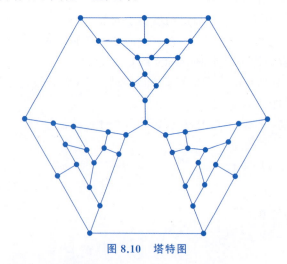

图 8.10 塔特图

1976 年,美国数学家阿贝尔和哈肯在两台不同的计算机上用了 1200 个小时,完成了四色猜想的证明,但是证明过程比较复杂,程序中的逻辑判断就执行了超过 100 亿次,其证明过程也曾引起人们的质疑。

目前尚未有一个可视的 4 色猜想证明。

对平面图 K_3、K_4，我们有 $\chi(K_3)=3$，$\chi(K_4)=4$，因此，没有平面图的 3 色定理。

但存在如下的一个判定问题：对任意给定的平面图 G，$\chi(G) \leqslant 3$ 吗？这又是一个 NP-完全问题。

定理 8.10 设 $G=(V,E)$ 是一个可平面图，则 G 是 4-可着色的。

8.4.4 平面图的 5 色定理

定理 8.11 如果 G 是一个 (p,q) 平面图，则 $\chi(G) \leqslant 5$。

此定理是 1890 年赫伍德(Heawood)证明的，其方法是 1879 年肯普(Kemple)给出的 4 色猜想的错误证明中用的方法。此法在证明 4 色猜想时虽然失败，但给人留下了一个证明技术——颜色互换，该技术在图论的着色问题中被反复使用。

【证明】 采用数学归纳法，施归纳于 p。

显然，$p \leqslant 5$ 时结论成立。

假设对具有 $p(p \geqslant 5)$ 个顶点的平面连通图 G 结论成立，今设 G 为具有 $p+1$ 个顶点的平面连通图。

设 v 是 G 的一个顶点，且 $\deg(v) \leqslant 5$，则 $\chi(G-v) \leqslant 5$，于是我们不妨假设 $G-v$ 已经用 5 种颜色着完色，从而有以下情况：

① $\deg(v) \leqslant 4$ 或者 $\deg(v)=5$ 且与 v 邻接的点只用了 4 种颜色，则在 $G-v$ 的 5-着色方案中有一种颜色是 v 的邻接点未使用的颜色，用此颜色为 v 着色即可得到 G 的一个 5-着色。

② $\deg(v)=5$，假设 $G-v$ 中与 v 邻接的顶点分别为 v_1、v_2、v_3、v_4、v_5，分别已经染上了 c_1，c_2，c_3，c_4，c_5 色，如图 8.11 所示。

考虑 $G-v$ 的子图 $G_{13}=(V_{13},E_{13})$，V_{13} 是染 c_1 或 c_3 色的顶点之集，G_{13} 就是 V_{13} 的导出子图。

(1) v_1，v_3 在 G_{13} 的两个不同的支中，则在含 v_1 的支中交换顶点的颜色，然后用 c_1 色为 v 着色得 G 的一个 5-着色。

(2) v_1，v_3 在 G_{13} 的同一个支中。

此时，G_{13} 中 v_1 与 v_3 之间必定有路，则如图 8.12 所示，G_{24} 中 v_2 与 v_4 间不能存在路，于是，G_{24} 中 v_2 与 v_4 在不同的支中，因而可以在含 v_2 的支中交换顶点的颜色，然后用 c_2 色为 v 着色得 G 的一个 5-着色。∎

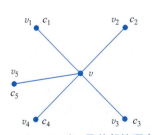

图 8.11 $\deg(v)=5$ 时 v 及其邻接顶点示意图

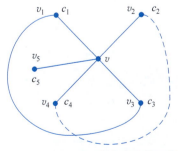

图 8.12 v_2 和 v_4 间不能存在路的示意图

8.5 图的边着色

有时,人们想要知道:给定一个图,其边集最少能划分成多少个边不相交的匹配?由此引出了图的边着色问题,其基本思想是给图的每条边分配一种颜色,使得相邻的两条边的颜色不相同。

8.5.1 边着色及边色数

定义 8.8 图 G 的一种边着色是对 G 的每条边指定一种颜色,使得相邻的两条边指定了不同的颜色。图 G 的一个 k-边着色是用 k 种颜色对 G 的边的一种着色。如果图 G 存在一种 k-边着色则称图 G 是 k-可边着色的。

形式地,设 $G=(V,E)$,则 G 的 k-边着色是映射

$$f:E\to\{c_1,c_2,\cdots,c_k\},\forall c_i\in\{c_1,c_2,\cdots,c_k\}$$,令 E_i 表示 G 中所有着 c_i 色的边的集合,则 $E_i=f^{-1}(c_i)=\{x\mid x\in E, f(x)=c_i\}$ 是 G 的一个匹配,于是,G 的一个 k-边着色可以看作是 E 的一个 k-划分 $f=\{E_1,E_2,\cdots,E_k\}$。

例 8.15 图 8.13 给出的是 Peterson 图的一种 4-边着色。

定义 8.9 使图 G 为 k-可边着色的最小正整数 k 称为图 G 的边色数,记为 $\chi'(G)$。$\chi'(G)=\min\{k\mid G \text{ 是 } k\text{-可边着色的}\}$。$\chi'(G)$ 是 G 中边不相交匹配的最小数目。

显然,每个 (p,q) 图都是 q-可边着色的。如果 G 是 k-可边着色的,则对 $\forall n\geqslant k$,G 也是 n-可边着色的。

假设 G 是图,C_{2n} 表示长度为 $2n$ 的圈构成的图,C_{2n+1} 表示长度为 $2n+1$ 的圈构成的图,则

(1) $\Delta(G)\leqslant\chi'(G)$。

(2) $\chi'(C_{2n})=2$。

(3) $\chi'(C_{2n+1})=3$。

8.5.2 几个主要结果

定理 8.12 如果 $p\neq 1$ 且为奇数,则 $\chi'(K_p)=p$;如果 p 为偶数,则 $\chi'(K_p)=p-1$。

【证明】(1)假设 $p\neq 1$ 且为奇数,设想 K_p 的 p 个顶点被安放在正 p 边形的顶点上,对正 p 边形的 p 条边分别着 p 种不同的颜色,平行于 p 边形某条边 x 的对角线的边着与 x 颜色相同的色,从而得到 K_p 的一种 p-边着色。图 8.14 给出的 K_5 的 5-边着色方案就是按

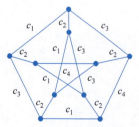

图 8.13 Peterson 图的一种 4-边着色

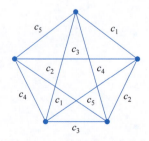

图 8.14 K_5 的一种 5-边着色

这种方式着色的。其次,如果 K_p 是 $(p-1)$-可边着色的,则着同色的边数至多为 $(p-1)/2$,于是 K_p 最多有 $(p-1)\times(p-1)/2$ 条边,矛盾。

(2) 假设 $p\geqslant 4$ 且为偶数,则在 K_{p-1} 中增加一个顶点 v 并令 v 与 K_{p-1} 的每个顶点间连一条边从而得到 K_p。用(1)中方法对 K_{p-1} 的边进行着色需要 $p-1$ 种色,这时与 K_{p-1} 每个顶点 u 关联的 K_{p-1} 的边只用了 $p-2$ 种色,剩下的那种色对 uv 着色即可得到 K_p 的一种 $(p-1)$-边着色。如图 8.15 所示,按照这种方式利用 K_5 的 5-边着色实现了 K_6 的 5-边着色。$p=2$ 时结论显然成立。

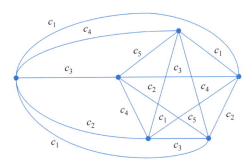

图 8.15 利用 K_5 的 5-边着色实现 K_6 的 5-边着色

定理 8.13(König,1916) 如果 G 为偶图,则 $\chi'(G)=\Delta(G)$。

推论 8.9 $\chi'(K_{m,n})=\max\{m,n\}$。

定理 8.14 $\Delta(G)\leqslant\chi'(G)\leqslant\Delta(G)+1$。

定理 8.14 是 Vizing 于 1964 年、Gupta 于 1966 年分别独立发现的。

8.6 习题选解

例 8.16 设 G 是一个没有三角形的平面图。应用欧拉公式证明 G 中有一个顶点 v 使得 $\deg v\leqslant 3$。

【证明】 采用反证法。假若不然,则对 $\forall v\in V$,均有 $\deg v\geqslant 4$,从而有 $4p\leqslant\sum_{v\in V}\deg v=2q$,亦即 $4p\leqslant 2q$;其次,由于 G 中没有三角形,所以每个面上至少有 4 条边,于是有 $4f\leqslant 2q$,故 $4(p+f)\leqslant 4q$,$p-q+f\leqslant 0$,这与 $p-q+f=2$ 相矛盾。因此,G 中存在一个顶点 v 使得 $\deg v\leqslant 3$。

例 8.17 设 G 是一个没有三角形的 (p,q) 平面图。应用数学归纳法证明 $\chi(G)\leqslant 4$(实际上可以证明 $\chi(G)\leqslant 3$)。

【证明】 施归纳于 p。

显然,$p=1,2,3,4$ 时结论成立。

假设 $p=k\geqslant 4$ 时结论成立,往证对 $p=k+1$ 结论成立。设 $G=(V,E)$ 是一个没有三角形的 $(k+1,q)$ 平面图,由例 8.16 可知,$\exists v\in V$,$\deg v\leqslant 3$。由归纳假设,$\chi(G-v)\leqslant 4$,与 v 邻接的 3 个顶点在 $G-v$ 的 4-着色方案中至多用 3 种颜色,用剩下的颜色为 v 染色即可得到 G 的一个 4-着色方案。

例 8.18 设 $G=(V,E)$ 是一个具有 p 个顶点的 d-正则图,则 $\chi(G)\geqslant p/(p-d)$。

【证明】 $\forall v \in V$，与 v 不邻接的顶点有 $(p-d-1)$ 个，与 v 同色的顶点数小于或等于 $p-d$，所以，$p \leqslant \chi(G)(p-d)$，亦即 $\chi(G) \geqslant p/(p-d)$。

例 8.19 设 $G=(V,E)$ 是一个 (p,q) 图，证明：$\chi(G) \geqslant \dfrac{p^2}{p^2-2q}$。

【证明】 给定 G 的一种 $\chi(G)$-着色方案，$\forall i (1 \leqslant i \leqslant \chi(G))$，假设着第 i 种色的顶点数为 n_i，则 $\sum_{i=1}^{\chi(G)} n_i = p$，且每个着第 i 种色的顶点 v 至少与 n_i-1 个顶点不邻接，从而至多与 $p-n_i$ 个顶点邻接，即 $\deg v \leqslant p-n_i$，根据欧拉定理可知，$2q \leqslant \sum_{i=1}^{\chi(G)} n_i(p-n_i) = p^2 - \sum_{i=1}^{\chi(G)} n_i^2$，再由柯西不等式可知，$n_i = \dfrac{p}{\chi(G)}$ 时 $\sum_{i=1}^{\chi(G)} n_i^2$ 达到最小值 $\chi(G) \left(\dfrac{p}{\chi(G)}\right)^2 = \dfrac{p^2}{\chi(G)}$，于是有 $p^2 - 2q \geqslant \sum_{i=1}^{\chi(G)} n_i^2 \geqslant \dfrac{p^2}{\chi(G)}$，因此，$\chi(G) \geqslant \dfrac{p^2}{p^2-2q}$。

例 8.20 如图 8.16 所示的图 G 中没有同时包含边 x 和 y 的哈密顿圈。

【证明】 采用反证法。假设图 8.16 中有一个同时包含边 x 和 y 的哈密顿圈，则把 x、y 两边缩为两点 s 和 t，于是，u、v 变成度为 2 的顶点，如图 8.17 所示，其两个邻边在所有哈密顿圈上，将 sur 和 tvp 分别看作一条边就可得到图 8.6，它们在一个哈密顿圈上，根据例 8.8 的证明，这是不可能的。

图 8.16 一个哈密顿图

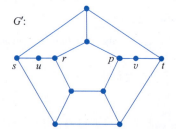

图 8.17 图 8.16 中图 G 的边收缩

例 8.21 利用例 8.20 的结论证明：图 8.18 所示的 Tutte 图不是哈密顿图。

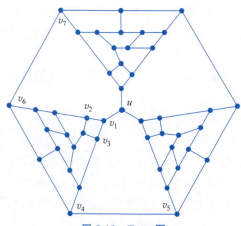

图 8.18 Tutte 图

【证明】 假设图 8.18 所示的 Tutte 图是哈密顿图,则有哈密顿圈 C,因为 $\deg u=3$,所以与 u 关联的 3 条边只能有 2 条在 C 上,不妨设 uv_1 不在 C 上,则 $G\text{-}uv_1$ 仍有哈密顿圈 C_1,此时 $\deg v_1=2$,因此 v_1v_2 和 v_1v_3 都在 C_1 上。$G\text{-}uv_1$ 中如果去掉 v_4v_5 则 v_6v_7 将变成桥,故 v_4v_5 和 v_6v_7 均在 C_1 上,且 $v_4v_5\cdots v_7v_6$ 是 C_1 上的一条路,将其收缩为 v_4v_6 后得到的图为哈密顿图,从而有哈密顿圈 C_2,且 v_4v_6 在 C_2 上,v_1v_2 和 v_1v_3 亦在 C_2 上,将 v_1v_2 和 v_1v_3 收缩为 v_2v_3 后仍在 C_2 上,即 v_2v_3 和 v_4v_6 在同一个哈密顿圈 C_2 上,根据例 8.20 的结论这是不可能的,所以,Tutte 图不是哈密顿图。∎

例 8.22 证明:如图 8.19 所示的图 G 的每个哈密顿圈均含有边 x。

【证明】 采用反证法。假设有一个哈密顿圈不含边 x,则 $G\text{-}x$ 仍有哈密顿圈 C,如图 8.20(a) 所示的 G',因为 $\deg(u)=\deg(v)=2$,所以与 u 和 v 关联的边均在 C 上,收缩 uu' 和 vv' 后得到图 8.20(b) 所示的 G'' 中,x 和 y 均在哈密顿圈 C 上,根据例 8.20,这是不可能的。∎

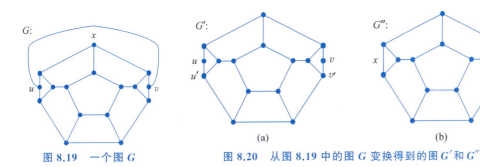

图 8.19 一个图 G

图 8.20 从图 8.19 中的图 G 变换得到的图 G' 和 G''

例 8.23 设 $G=(V,E)$ 是一个平面图,其面数为 f,$f<12$,G 中顶点的度至少为 3,则

(1) 证明:G 中存在至少由 4 条边围成的面。

(2) 举例说明,如果 $f=12$ 且对 $\forall v\in V$,均有 $\deg v\geqslant 3$ 则 (1) 不成立。

【证明】 (1) 假设 G 连通(否则讨论每个支),则 $p-q+f=2$,由已知 $f<12$ 且 $p\leqslant 2q/3$,故 $2<2q/3-q+12$,即 $q<30$。

采用反证法。假若 G 的每个面至少由 5 条边围成,则 $5f\leqslant 2q$,即 $f<2q/5$,从而 $2\leqslant 2q/3-q+2q/5$,即 $q\geqslant 30$,矛盾。因此,G 中存在至少由 4 条边围成的面。

(2) 如果 G 为正十二面体,则其围长为 5。∎

例 8.24 设 $G=(V,E)$ 是具有 p ($p\geqslant 3$) 个顶点的平面连通图,每个面为三角形,则 G 是极大平面图。

【证明方法一】 设 G 的面数为 f,边数为 q,则 $2q=3f$,即 $f=2q/3$,代入欧拉公式 $p-q+f=2$ 得 $p=q-2q/3+2=q/3+2$,亦即 $q=3p-6$,所以 G 为极大平面图。

【证明方法二】 采用反证法。假若 G 不是极大平面图,则 $\exists u,v\in V$,$uv\notin E$,但 $G_1=G+uv$ 仍为平面图。设 G_1 是具有 f_1 个面的 (p_1,q_1) 图,则 $p_1=p=q/3+2$,$q_1=q+1$,$f_1=f+1$,由 $q_1\leqslant 3p_1-6$ 得 $q+1\leqslant 3(q/3+2)-6=q$,矛盾。因此,$G$ 为极大平面图。∎

例 8.25 设 $G=(V,E)$ 是一个 (p,q) 平面连通图,其面数为 f,则

(1) 如果 $p\geqslant 3$,则 $f\leqslant 2p-4$。

(2) 如果 $\delta(G)=4$，则 G 中至少有 6 个顶点的度小于或等于 5。

【证明】 (1)因为 $p-q+f=2$，所以 $f=q+2-p$，又因为 $q \leq 3p-6$，所以 $f \leq 2p-4$。

(2) 采用反证法。假设 G 中至多含有 5 个度小于或等于 5 的顶点，则因为 $\delta(G)=4$，所以 $2q = \sum_{v \in V} \deg v \geq 5 \times 4 + 6 \times (p-5)$，亦即 $q \geq 3p-5$，这与 $q \leq 3p-6$ 矛盾。因此，G 中至少有 6 个顶点的度小于或等于 5。

例 8.26 设 $G=(V,E)$，色数 $\chi(G)=k$，则 G 中至少有 $k(k-1)/2$ 条边。

【证明】 设 G 着 $c_1,c_2,\cdots,c_k$ 色的顶点集为 $V_1,V_2,\cdots,V_k$，则对 $\forall i \forall j (i \neq j)$，$V_i$ 与 V_j 间至少有一条边，否则 V_i 与 V_j 可以着同一色，于是 $\chi(G)=k-1$，这与 $\chi(G)=k$ 矛盾。因此，G 中至少有 $C_k^2 = k(k-1)/2$ 条边。

例 8.27 设 G 是一个 (p,q) 平面图，$p \geq 4$。证明：G 中有 4 个度不超过 5 的顶点。

【证明】 只要证明极大平面图有 4 个度不超过 5 的顶点即可。用反证法。假设结论不成立，则至少有 $p-3$ 个顶点的度 ≥ 6，顶点的度数和 $\geq (p-3) \times 6 + 9 = 6p-9$，即 $2q \geq 6p-9$，$q \geq 3p-4.5$，这与平面图满足 $q \leq 3p-6$ 相矛盾。因此 G 中至少有 4 个度不超过 5 的顶点。

例 8.28 设 $p=mn+1$，D 是一个具有 p 个顶点的比赛图。对 D 的弧任意染上红色与黄色之一。证明：D 中有一条长至少为 m 的由红色弧组成的有向路，或有一条至少长为 n 的由黄色弧组成的有向路。

【证明方法一】 令 $D=(V,A)$，$V=\{u_1,u_2,\cdots,u_p\}$，假设 D 中没有红色有向圈，定义 $R \subseteq V \times V$，$\forall u_i, u_j \in V$，$u_i R u_j \Leftrightarrow u_i = u_j$ 或者从 u_i 到 u_j 有一条红色路，则知 R 为 V 上的偏序关系，根据推论 3.8.1 可知结论成立。

问：如果 D 中有红色有向圈，则如何定义上面的偏序关系 R 呢？

【证明方法二】 采用反证法。令 $D=(V,A)$，$V=\{u_1,u_2,\cdots,u_p\}$，$\forall u_i \in V$，以 u_i 为起点的最长红色路记为 P_{u_i}，其长度记为 l_{u_i}，假设结论不成立，则 $0 \leq l_{u_i} \leq m-1$，因为 $p=mn+1$，$P_{u_1},P_{u_2},\cdots,P_{u_p}$ 中必有长度相同的至少 $n+1$ 条路，假设这 $n+1$ 条路的起点分别为 $u_{i_1}, u_{i_2}, \cdots, u_{i_{n+1}}$，则 $u_{i_1}, u_{i_2}, \cdots, u_{i_{n+1}}$ 中的任意两个顶点间不存在红色弧（否则以它们为起点的最长红色路的长度就不一样了），于是，$u_{i_1}, u_{i_2}, \cdots, u_{i_{n+1}}$ 在 D 中组成一个黄色比赛图，有长为 n 的黄色路，矛盾。因此，D 中有一条长至少为 m 的由红色弧组成的有向路，或有一条至少长为 n 的由黄色弧组成的有向路。

例 8.29 设 $G=(V,E)$，则 G 的顶点染上黑白两色之一后，存在如下一种染色法：每个白色顶点的邻接顶点中，白色顶点数小于或等于黑色顶点数；每个黑色顶点的邻接顶点中，黑色顶点数小于或等于白色顶点数。

【证明方法一】 令 V_1 为所有白色顶点之集，V_2 为所有黑色顶点之集，因为 V 是有穷集合，因此 V 的 2-划分 $\{V_1,V_2\}$ 的个数也是有穷的，令 $f(\{V_1,V_2\}) = |\{uv | uv \in E, u \in V_1, v \in V_2\}|$，$f$ 取最大值时的 V_1,V_2 即为所求，假若不然，则

(1) $\exists w \in V_1$，w 的邻接顶点中，白色顶点数大于黑色顶点数，则 $f(\{V_1,V_2\}) < f(\{V_1 \setminus \{w\}, V_2 \cup \{w\}\})$。

(2) $\exists w \in V_2$，w 的邻接顶点中，黑色顶点数大于白色顶点数，则 $f(\{V_1,V_2\}) < f(\{V_1

$\bigcup\{w\}, V_2\backslash\{w\}\})$。

上述两种情况均与 $f(\langle V_1, V_2 \rangle)$ 为最大值相矛盾。因此,f 取最大值时的 V_1、V_2 即为所求。

【证明方法二】 J. Propp(普罗普)给出了只用六个单词的证明,其后,吉文撒尔(A. Giventhal)则给出了只有三个单词的证明。

普罗普的证明如下:

"Maximize the number of intherracial neighbors."

意即"使不同种族的邻居数达到最大值。"

吉文撒尔的证明如下:

"Maximize forromagenetic energy."

意即"使得铁磁能量达到最大。"

普罗普和吉文撒尔的证明画龙点睛地指出了证明的关键点。注意,由这个证明还可以导出一个好的着色算法,它最多迭代 q(图边的条数)次即可完成计算。具体地说,从任一着色方案出发。如果有一个顶点不符合条件,就改变它的颜色。对例 8.30 也可以导出一个好算法。

例 8.30 平面上有呈一般分布的 $2n$ 个点,其中 n 个白色的,n 个黑色的。证明它们能连成 $2n$ 条线段且不相交,每条线段的一端是白色的,另一端是黑色的。

【证明】 有很多方法连成 $2n$ 条线段,使得每条线段的一端是白色的,另一端是黑色的。每一种连法对应的 $2n$ 条线段的长度之和是一个正实数,总共有有穷种连法,所以必有一种连法使得这 $2n$ 条线段的长度之和为最小。

下面证明所有线段的长度之和为最小的连法所得到的 $2n$ 条线段必是不相交的 $2n$ 条线段。每个点只能用一次,否则就算是相交。采用反证法,假设有两个线段相交,则可如图 8.21 所示重新调整连法使其不相交,但可以得到更小的线段之和,矛盾。调整方法为:如果两条线段 u_1v_2 和 v_1u_2 相交的方式如图 8.21(a)所示,则将其连法调整为 u_1v_1 和 u_2v_2;如果两条线段 u_1v_2 和 v_1u_2 相交的方式如图 8.21(b)所示,则将其连法调整为 u_1v_1 和 u_2v_2。

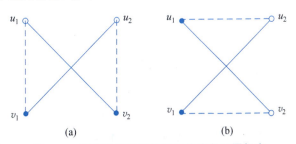

图 8.21 调整连法使两条相交的线段不再相交

例 8.31 给定平面上的一个有穷点集,经过任两点的直线必过其中另一点,试证明这些点都在一条直线上。

【证明】 假设具有给定性质的这些点不共线。于是经过两点的直线 L 和不在 L 上的点 p 组成一个点-线对 (p,L),这样的点-线对的个数是有穷的。每个点-线对 (p,L) 对应一个 p 到 L 的距离 d。于是,存在一个点-线对 (p,L) 使得 p 到 L 的距离 d 为最小。令 q 是 p 到 L 所作垂线的垂足。由假设 L 上至少有三个点 a、b、c。因此,其中必有两个点,不妨设为 a、b 使得 c 以 a、b、q 的顺序位于 q 的同一侧(c 点可在任一侧),如图 8.22 所示,但这样一来，从 b 到直线 ap 的距离 d' 就会小于 d，这与 d 为最小相矛盾。

这个简短的证明是凯利(L.M. Kelly)于 1948 年发现的，这个问题是 1893 年西尔维特(J.J. Sylesther)提出的，不论西尔维斯特本人还是他的同时代的人都没能找到一个证明，过了将近 50 年，才由 Gallai 发明了一个证明，但证明过程非常复杂。

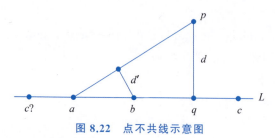

图 8.22 点不共线示意图

8.7 本章小结

1. 重点

(1) 概念：可平面图、平面图、图的顶点着色、色数、图的边着色、边色数。

(2) 理论：欧拉公式及其推论、K_5 与 $K_{3,3}$ 不是平面图、Brooks 定理、五色定理、Grinberg 定理、Kuratowski 定理、色数的上下界。

(3) 方法：每个面至少 3 条边、每条边在两个面上、五色定理的证明方法（颜色互换技术）。

(4) 应用：欧拉公式的应用、Grinberg 定理的应用、平面图的判定。

2. 难点

Grinberg 定理、Brooks 定理、Kuratowski 定理。

习题

1. 设 G 是具有 p 个顶点的平面连通图，面数为 f，则

   (1) 如果 $p \geqslant 3$，则 $f \leqslant 2p-4$。

   (2) 如果 $\delta(G)=4$，则 G 中至少有 6 个顶点的度小于或等于 5。

2. 设 $G=(V,E)$，色数 $\kappa(G)=k$，则 G 中至少有 $k(k-1)/2$ 条边。

3. 利用定理 8.2 证明图 8.23 所示的 Herschel 图不是哈密顿图。

4. 9 个顶点的极大平面图的补图是否必是平面图？10 个顶点的极大平面图的补图是否必是平面图？

5. 证明：每个哈密顿平面图都是 4-面可着色的。

6. 设 G 是一个具有 p 个顶点的 d-正则图，证明：$\chi(G) \geqslant p/(p-d)$。

7. 设 G 是一个 (p,q) 图，证明：$\chi(G) \geqslant p^2/(p^2-2q)$。

8. 证明：如果 G 是 Peterson 图，则 $\chi'(G)=4$。

9. 如果 G 是图 8.24 所示的 Grötzsch 图，证明：$\chi(G)=4$。

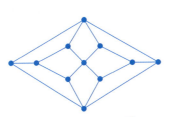
图 8.23 Herschel 图

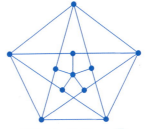
图 8.24 Grötzsch 图

10. 请指出下面给出的四色定理的证明中存在的错误之处。

【证明】 四色定理的逆否命题为"如果图 $G=(V,E)$ 不是 4-可着色的,则 G 是不可平面的。"下面通过证明四色定理的逆否命题来证明四色定理。

不妨设 $G=(V,E)$ 是一个 (p,q) 图,采用数学归纳法证明四色定理的逆否命题成立。

(1) $p=5$ 时,具有 5 个顶点且不是 4-可着色的图只能是完全图 K_5,根据定理 8.4,它是不可平面的。

(2) 假设所有具有 $p(p \geqslant 5)$ 个顶点且不是 4-可着色的图都是不可平面的,$G=(V,E)$ 是一个具有 $p+1$ 个顶点且不是 4-可着色的图,往证 G 是不可平面的。

采用反证法,假设 G 是可平面的,则由推论 8.6 可知,$\exists v \in V$,使得 $\deg v \leqslant 5$。此时如果能证明 G-v 不是 4-可着色的,则 G-v 就是一个具有 p 个顶点且不是 4-可着色的图,根据归纳假设,G-v 是不可平面的,则根据定理 8.4 可知,G-v 具有同胚于 K_5 或 $K_{3,3}$ 的子图,因而 G 也有同胚于 K_5 或 $K_{3,3}$ 的子图,所以 G 也是不可平面的,出现矛盾。

下面证明 G-v 不是 4-可着色的,仍然采用反证法。

假设 G-v 是 4-可着色的,则下面的步骤可以证明 G 也是 4-可着色的,这与 G 不是 4-可着色的相矛盾。

假设 G-v 是 4-可着色的,不妨假设 G-v 已经用 4 种颜色 c_1、c_2、c_3、c_4 完成了对顶点的着色。

① 如果 $\deg v \leqslant 3$,则与 v 邻接的顶点最多使用了 3 种颜色,从而用第 4 种颜色对 v 着色即可得到 G 的一种 4-着色,此时,G 是 4-可着色的。

② 如果 $\deg v = 4$,且与 v 邻接的顶点最多使用了 3 种颜色,则用第 4 种颜色对 v 着色即可得到 G 的一种 4-着色,此时,G 是 4-可着色的。

假设与 v 邻接的顶点 v_1、v_2、v_3、v_4 分别着了 c_1、c_2、c_3、c_4 这 4 种颜色,如图 8.25 所示。

令 G_{13} 是 G-v 的一个子图,其顶点为着 c_1 色和 c_3 色的顶点之集 V_{13},G_{13} 就是 V_{13} 导出的子图。若 v_1 和 v_3 在 G_{13} 的不同支中,则在含 v_1 的支中交换两种色,即原来着 c_1 色的顶点改着 c_3 色,原来着 c_3 色的顶点改着 c_1 色。然后用 c_1 色给顶点 v 着色即可得到 G 的一种 4-着色。

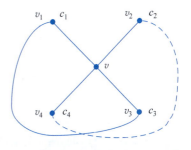
图 8.25 $\deg v = 4$ 时 v_2 与 v_4 间不能存在路的示意图

如果 v_1 和 v_3 在 G_{13} 的同一个支中,则在 G_{13} 中有一条从 v_1 到 v_3 的路。于是,在 G 中 $v_1 v v_3$ 与这条路合起来形成一个圈。这个圈或把 v_2 圈在圈内或把 v_4 圈在圈内。任一种情况下,不存在连接 v_2 和 v_4 且其上或着 c_2 色或着 c_4 色的路,如图 8.25 所示。从而,若令 G_{24} 表示 $G-v$ 的由着 c_2 或 c_4 色的顶点导出的子图,则 v_2 和 v_4 属于 G_{24} 的不同支。于是,同前面一样,交换 G_{24} 的含 v_2 支中着 c_2 色顶点与着 c_4 色顶点的颜色,然后用 c_2 色给顶点 v 着色得到 G 的一种 4-着色。

③ 如果 $\deg v=5$,且与 v 邻接的顶点最多使用了 3 种颜色,则用第 4 种颜色对 v 着色即可得到 G 的一种 4-着色,此时,G 是 4-可着色的。如果与 v 邻接的顶点着了 4 种颜色,不妨假设 v_1、v_2、v_3、v_4 分别着了 c_1、c_2、c_3、c_4 这 4 种颜色,v_5 着了 c_1、c_2、c_3、c_4 中的某一种颜色,如图 8.26 所示。

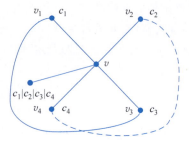

图 8.26 $\deg v=5$ 时 v_2 与 v_4 间不能存在路的示意图

令 G_{13} 是 $G-v$ 的一个子图,其顶点为着 c_1 色和 c_3 色的顶点之集 V_{13},G_{13} 就是 V_{13} 导出的子图。若 v_1 和 v_3 在 G_{13} 的不同支中且 v_5 的颜色不是 c_1,则在含 v_1 的支中交换两种色,即原来着 c_1 色的顶点改着 c_3 色,原来着 c_3 色的顶点改着 c_1 色。然后用 c_1 色给顶点 v 着色即可得到 G 的一种 4-着色。如果 v_1 和 v_3 在 G_{13} 的不同支中且 v_5 的颜色是 c_1,则在含 v_3 的支中交换两种色,即原来着 c_1 色的顶点改着 c_3 色,原来着 c_3 色的顶点改着 c_1 色。然后用 c_3 色给顶点 v 着色即可得到 G 的一种 4-着色。

如果 v_1 和 v_3 在 G_{13} 的同一个支中,则在 G_{13} 中有一条从 v_1 到 v_3 的路。于是,在 G 中 v_1vv_3 与这条路合起来形成一个圈。这个圈或把 v_2 圈在圈内或把 v_4、v_5 圈在圈内。任一种情况下,不存在连接 v_2 和 v_4 且其上或着 c_2 色或着 c_4 色的路,如图 8.26 所示。从而,若令 G_{24} 表示 $G-v$ 的由着 c_2 或 c_4 色的顶点导出的子图,则 v_2 和 v_4 属于 G_{24} 的不同支。于是,同前面类似,如果 v_5 的颜色不是 c_2,则交换 G_{24} 的含 v_2 支中 c_2 色顶点与着 c_4 色顶点的颜色,然后用 c_2 色给顶点 v 着色得到 G 的一种 4-着色,否则,交换 G_{24} 的含 v_4 支中着 c_2 色顶点与着 c_4 色顶点的颜色,然后用 c_4 色给顶点 v 着色亦可得到 G 的一种 4-着色。

上述①~③的每一种情况下均可得到 G 是 4-可着色的。也就是说,如果 $G-v$ 是 4-可着色的,则 G 也是 4-可着色的,这与 G 不是 4-可着色的相矛盾,因此,$G-v$ 不是 4-可着色的。

综上,假设 G 是可平面的,则 $\exists v \in V, \deg v \leqslant 5$ 使得 $G-v$ 不是 4-可着色的,根据归纳假设,$G-v$ 是不可平面的,再根据定理 8.4,G 也是不可平面的,矛盾。

所以,具有 $p+1$ 个顶点且不是 4-可着色的图 G 是不可平面的。∎

参 考 文 献

[1] 王义和. 离散数学引论[M]. 修订版. 哈尔滨：哈尔滨工业大学出版社，2016.
[2] 耿素云. 离散数学教程[M]. 北京：北京大学出版社，2015.
[3] 左孝凌. 离散数学[M]. 上海：上海科技文献出版社，1982.
[4] 张清华. 图论及其应用[M]. 北京：清华大学出版社，2013.
[5] 蒋宗礼，姜守旭. 形式语言与自动机理论[M]. 4版. 北京：清华大学出版社，2023.
[6] E. Goodaire，M. Parmenter. Discrete Mathematics with Graph Theory[M]. Beijing：China Machine Press，2020.
[7] J. A.邦迪，U.S.R. 默蒂. 图论及其应用[M]. 吴望名 译. 北京：科学出版社，1984.
[8] F.哈拉里. 图论[M]. 李慰萱，译. 上海：上海科学技术出版社，1980.
[9] D. B.韦斯特. 图论导引[M]. 李建中，骆吉洲，译.北京：机械工业出版社，2006.
[10] 张先迪，李正良. 图论及其应用[M]. 北京：高等教育出版社，2005.
[11] 徐俊明. 图论及其应用[M]. 4版. 合肥：中国科学技术大学出版社，2019.
[12] J. E.霍普克罗夫特，等. 自动机理论、语言与计算导论[M]. 2版. 刘田，等译. 北京：机械工业出版社，2004.
[13] J. A.多西，等. 离散数学[M]. 5版. 章炯民，等译. 北京：机械工业出版社，2020.
[14] 王桂平. 图论算法理论、实现及应用[M]. 2版. 北京：北京大学出版社，2022.
[15] R.迪斯特尔. 图论[M]. 5版. 于青林，译. 北京：科学出版社，2020.
[16] S.利普舒茨，M.L.利普森. 离散数学学习指导与习题解答[M]. 3版. 曹爱文，译. 北京：清华大学出版社，2011.
[17] S.阿罗拉，等. 计算复杂性——现代方法[M]. 骆吉洲，译. 北京：机械工业出版社，2016.
[18] G.查特朗，张萍. Introduction to Graph Theory[M]. 北京：人民邮电出版社，2006.
[19] R. L. Vaught. Set Theory：An Introduction[M]. 2nd Edition. Boston：Birkhäuser Boston，2001.
[20] B. Bollobas. Modern Graph Theory[M]. New York：Springer-Verlag New York，1998.
[21] B. Bollobas. Extremal Graph Theory[M]. New York：Academic Press Inc.，1978.
[22] W. T. Tutte. Graph Theory[M]. Cambridge：Cambridge University Press，2001.
[23] 夏道行. 实变函数论与泛函分析[M]. 2版修订本. 北京：高等教育出版社，2010.
[24] 江泽坚，等. 实变函数论[M]. 4版. 北京：高等教育出版社，2019.
[25] 程钊，等. 图论中若干重要定理的历史注记[J]. 数学的实践与认识，2013，43(1)：261-268.
[26] L.欧拉. 无穷分析引论[M]. 张延伦，译. 哈尔滨：哈尔滨工业大学出版社，2013.
[27] 龚劬. 图论与网络最优化算法[M]. 重庆：重庆大学出版社，2009.
[28] 王朝瑞. 图论[M]. 3版. 北京：北京理工大学出版社，2001.
[29] Z.道本. 康托的无穷的数学和哲学[M]. 郑毓信，等译. 大连：大连理工大学出版社，2008.
[30] 孙希文. 数理逻辑[M]. 北京：高等教育出版社，2019.
[31] 张锦文. 公理集合论导引[M]. 北京：科学出版社，1999.
[32] K. H.罗森. 离散数学及其应用[M]. 8版. 徐六通，等译. 北京：机械工业出版社，2019.
[33] 屈婉玲，耿素云，张立昂. 离散数学及其应用[M]. 北京：高等教育出版社，2011.

图书资源支持

感谢您一直以来对清华版图书的支持和爱护。为了配合本书的使用,本书提供配套的资源,有需求的读者请扫描下方的"书圈"微信公众号二维码,在图书专区下载,也可以拨打电话或发送电子邮件咨询。

如果您在使用本书的过程中遇到了什么问题,或者有相关图书出版计划,也请您发邮件告诉我们,以便我们更好地为您服务。

我们的联系方式:

清华大学出版社计算机与信息分社网站:https://www.shuimushuhui.com/

地　　址:北京市海淀区双清路学研大厦 A 座 714

邮　　编:100084

电　　话:010-83470236　010-83470237

客服邮箱:2301891038@qq.com

QQ:2301891038(请写明您的单位和姓名)

资源下载:关注公众号"书圈"下载配套资源。

书圈

清华计算机学堂

观看课程直播